页岩气田微生物腐蚀控制技术与实践

雍　锐　王振嘉　文绍牧　等编著

石油工业出版社

内容提要

本书主要介绍了页岩气田腐蚀微生物及来源、页岩气田微生物腐蚀机理及评价、页岩气田微生物腐蚀失效分析、微生物腐蚀监测/检测与预测，以及页岩气田微生物腐蚀控制技术等方面的内容，着重阐述了页岩气田微生物腐蚀控制工程技术做法与管理方法。

本书适用于从事页岩气田微生物腐蚀控制的管理和工程技术人员参考阅读，也可供相关专业高等院校师生参考学习。

图书在版编目（CIP）数据

页岩气田微生物腐蚀控制技术与实践 / 雍锐等编著 .—北京：石油工业出版社，2024.5

ISBN 978-7-5183-6684-2

Ⅰ. ①页… Ⅱ. ①雍… Ⅲ. ①油页岩 – 气田开发 – 微生物 – 防腐 – 研究 Ⅳ. ① TE375

中国国家版本馆 CIP 数据核字（2024）第 089321 号

出版发行：石油工业出版社
（北京安定门外安华里 2 区 1 号楼　100011）
网　址：www.petropub.com
编辑部：（010）64523829
图书营销中心：（010）64523633
经　　销：全国新华书店
印　　刷：北京中石油彩色印刷有限责任公司

2024 年 5 月第 1 版　2024 年 5 月第 1 次印刷
787 × 1092 毫米　开本：1/16　印张：15.5
字数：370 千字

定价：100.00 元
（如出现印装质量问题，我社图书营销中心负责调换）
版权所有，翻印必究

《页岩气田微生物腐蚀控制技术与实践》

编写组

组　长： 雍　锐

副组长： 王振嘉　文绍牧

成　员： 于　磊　黄洪发　闫　静　吴贵阳　陈　文
王　智　彭林彩　王彦然　李虹杰　王永波
喻智明　文　崭　袁　曦　吴洪波　韩维雷
张昌会　刘德华　唐永帆　霍绍全　莫　林
郑　鹤　余华利

Preface 序

在人类对能源探索与利用的道路上，页岩气以其巨大的储量与潜在的商业价值逐渐成为全球能源领域的“新宠”，其开发利用受到了世界各国的广泛关注。然而，随着页岩气田开发的日益深入，一些技术难题也逐步浮现，其中就包括了微生物腐蚀。

微生物腐蚀，这一看似微小的自然现象，实则是页岩气田开采过程中一个不容忽视的关键挑战，对页岩气田的开发与运营构成了不小的威胁。它不仅能够破坏管道与设备，还可能影响气田的稳定运行和安全生产，甚至威胁到整个产业链的经济效益和开发前景。因此，深入研究微生物腐蚀的机理，掌握其控制技术，对于保障页岩气田的长期稳定运行至关重要。该书正是针对这一挑战，集众家之长，为读者全面介绍了页岩气田微生物来源、实验方法、腐蚀机理、控制策略，以及现场应用，对于推动页岩气田的可持续发展具有重要意义。

值得一提的是，该书在理论与实践的结合上做得尤为出色，既有科学理论的介绍，又有翔实的案例解析，使得该书的内容既具有科学性，又具有可操作性，是我国页岩气田微生物腐蚀防控领域的力作，不仅填补了国内在此领域的空白，更为我国页岩气产业的健康发展提供了有力的技术支撑。

很高兴能为《页岩气田微生物腐蚀控制技术与实践》这本书撰写序言。我相信，该书的出版将为从事页岩气田开发的科研人员、工程技术人员及相关领域的学者提供有益的借鉴和参考。

最后，我衷心希望通过该书能够引起更多油气田从业人员对页岩气田微生物腐蚀问题的关注与思考，推动相关技术的不断进步。让我们携手共进，以科学技术的力量破解难题，为我国能源事业的发展贡献力量。

中国科学院海洋研究所研究员
中国工程院院士
侯保荣

Foreword # 前言

页岩油气勘探开发已在北美洲、亚洲、欧洲、南美洲和大洋洲等地区蓬勃兴起，全球正在掀起一场“页岩革命”。油气资源评价结果表明，全球页岩气储量前三的国家为中国、美国和阿根廷。我国页岩气可采储量为全球第一，约 $36.1\times10^{12}m^3$。其中，四川盆地占比51.3%，是我国页岩气勘探开发最有利地区。但随着我国经济快速发展，油气对外依存度持续走高，国家能源安全全面临严峻挑战，“十四五”规划明确指出，要加大页岩油气的勘探开发力度。

页岩气田开发面临严重的微生物腐蚀。2017 年 7 月，国内某页岩气井油管和地面采气管线出现严重腐蚀穿孔，分析发现二氧化碳与微生物的共同存在是发生腐蚀的主要原因。2019 年 10 月，国内某页岩气田集气管线发生大面积腐蚀穿孔，严重影响四川盆地页岩气开发和规模效益上产。基于此，中国石油天然气集团有限公司西南油气田公司围绕页岩气田开发微生物腐蚀问题开展科技攻关，建立了腐蚀评价方法，研发了系列杀菌剂、缓蚀剂等化学防腐药剂，同时开展了地面管线优选材质 + 内衬耐冲蚀材料，涂层油管等系列防腐措施，现场应用后取得了较好效果。

本书以页岩气田微生物腐蚀为研究对象，在介绍页岩气田微生物来源、微生物腐蚀机理和评价技术的基础上，详细阐述了微生物腐蚀控制方法及配套监测与预测技术，归纳总结页岩气田微生物腐蚀失效分析思路与流程，全面展示页岩气田从设计、建设、排采到生产等开发不同阶段，从井筒、地面集输到脱水装置等不同工艺流程的微生物腐蚀控制整体设计、主体腐蚀控制技术选择、腐蚀控制措施实施效果评价、腐蚀控制措施优化改进等系列技术，展望了页岩气田微生物腐蚀控制技术发展方向。

本书由中国石油天然气集团有限公司西南油气田公司长期从事页岩气田微生物腐蚀控制技术研究、应用和管理工作的人员，结合多年研究和实践的成果编写完成，具有较强的理论指导意义和实际应用价值。全书由雍锐、王振嘉、文绍牧主编。第一章由陈文、于磊、黄洪发编写；第二章由陈文、闫静、王智、王永波编写；第三章由李虹杰、唐永帆、袁曦编写；第四章由喻智明、吴洪波、韩维雷、张昌会、刘德华编写；第五章由王彦然、莫林、郑鹤、余华利编写；第六章由彭林彩、霍绍全、闫静编写；第七章由吴贵阳、文崭编写；第八章由陈文、黄洪发、于磊编写。

在编写过程中，东北大学徐大可、中山大学刘宏伟等专家和中国石油西南油气田公司天然气研究院从事页岩气田微生物腐蚀控制的专业技术人员提出了许多宝贵意见并提供了丰富的材料。在此对所有提供指导、关心、支持和帮助的单位、专家、技术人员，以及为本书所引用参考资料的相关作者表示衷心的感谢!

鉴于编者水平有限，难免存在一些不足之处，敬请读者批评指正。

Contents

目录

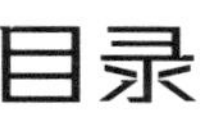

第一章　绪　　论

在人类对能源需求的推动下，能源市场正在经历一场由化石能源向新能源的重大转变。在这个关键的转折点上，天然气以其独特的清洁优势，成为这场变革中的重要桥梁。全球页岩气资源丰富，是天然气能源的重要组成。

页岩气田开发生产过程中面临最主要问题之一就是管材设备的腐蚀，普通碳钢管材设备在投入使用后，最快不到两个月就发生腐蚀穿孔，其中微生物腐蚀（Microbiologically Influenced Corrosion，MIC）是主要原因之一。本章主要介绍了页岩气田开发概况及微生物腐蚀防护技术现状。

第一节　国内外页岩气田开发概况

全球页岩气资源储量巨大，据估计，地质资源量达到 $1014\times10^{12}m^3$，可采资源量约为 $243\times10^{12}m^3$。页岩气开发经历了三个阶段：科学探索（1821—1976 年，共 155 年）、技术突破和规模应用（1977—2005 年，共 28 年）及技术升级（2006—2022 年，共 16 年）（图 1-1-1）。自 2000 年以来，页岩气产量持续高速增长，年均增速达到 17%。到 2022 年，全球页岩气产量达到 $8547\times10^{8}m^3$，占全球天然气总产量的 21.2%。

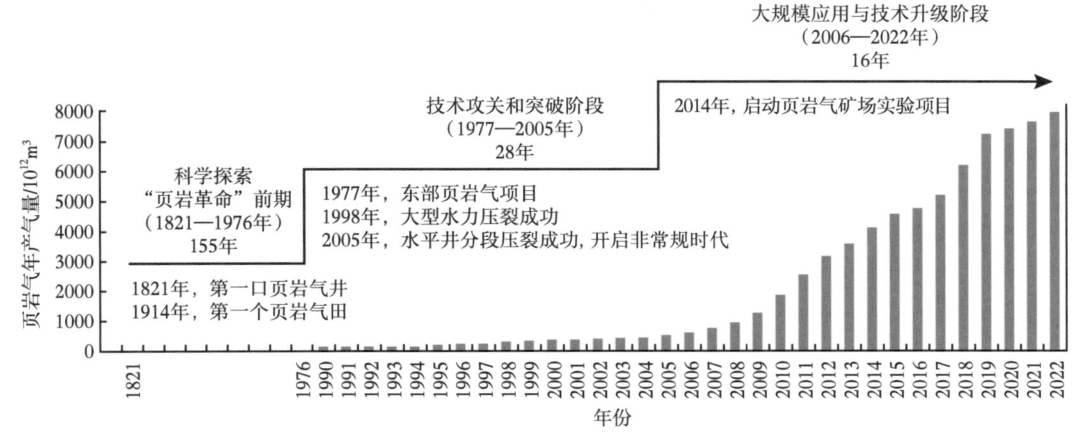

图 1-1-1　世界页岩气发展历程

未来随着技术的不断进步和应用的不断扩大，持续快速开发页岩气田已成定局[1-3]。

一、国外页岩气田开发概况

全球页岩气资源的储量丰富，开发潜力巨大。北美的“页岩气革命”是一个具有里程碑意义的成功案例，它使美国从天然气的进口大国转变为出口大国，对全球天然气供应格局产生了深远的影响。在美国的示范效应下，中国和阿根廷等国家也积极探索并实现了页岩气田的有效开发[4-6]。

1. 美国页岩气田开发概况

美国是全球最早开始研究和开发页岩气的国家，自 1821 年第一口页岩气井开钻以来，经过多年的勘探和开发，特别是在 1981 年至 1998 年，水力压裂和水平井技术的成功试验，推动了页岩气的大规模商业开发。这些技术突破不仅改变了美国国内的能源格局，也影响了全球能源市场。美国拥有多个页岩层系，分布广泛，形成了四大主力产区：Marcellus、Permian、Haynesville 和 Utica。其中，Marcellus 和 Haynesville 是最典型的页岩气藏[7]。2014 年美国已有 655 个钻探公司钻探了超 40000 口页岩气水平井；2017 年，美国的页岩气产量已经超过了 $5107\times10^8m^3$，使其成为天然气净出口国；到了 2020 年，美国的页岩气产量更是达到了 $7400\times10^8m^3$，成为全球第三大液化天然气（LNG）出口国；2022 年页岩气产量 $8068\times10^8m^3$，占全美天然气产量的 73%。

2. 国外其他地区页岩气田开发概况

在页岩气开发方面，美国率先实现了商业突破，随后加拿大、阿根廷、中东地区的沙特阿拉伯和阿联酋等国家也纷纷跟进。

加拿大是全球第二个实现页岩气商业化开发的国家，加拿大页岩气田主要分布在西加拿大沉积盆地的白垩系、侏罗系、三叠系和泥盆系。该沉积盆地不仅常规油气丰富，还蕴藏油砂、致密气、煤层气和页岩气等非常规油气资源，是加拿大最重要的页岩气资源盆地。2007 年，位于不列颠哥伦比亚省的第一个商业性页岩气藏投入开发。目前主要产区包括不列颠哥伦比亚省的霍恩河盆地、不列颠哥伦比亚省和阿尔伯塔省的蒙特尼页岩，以及加拿大东部的尤蒂卡页岩层。

阿根廷拥有南美洲最大的页岩气技术可采储量，是南美开发利用前景最好的国家，2022 年页岩气产量接近 $42\times10^8m^3$。其页岩气田主要位于阿根廷中西部内乌肯盆地的 Vaca Muerta（页岩）区块，估计储量达 230 亿桶油当量，是全球公认的最有发展潜力的页岩区块之一，吸引了世界知名油气公司的关注[8]。

中东地区拥有一些重要的页岩气田，如阿联酋 Diyab 页岩气田，沙特阿拉伯 Jafurah 气田等，但是总体来说页岩气田开发还处于起步阶段，面临着一些挑战，如解决水资源供应等问题。

欧洲据报道约有 $1.3\times10^{13}m^3$ 的可采页岩气储量[9]。但由于受油气开采能力、开采难度及环境因素的限制，欧洲页岩气开发前景存在非常多的不确定性。开发成本高、气价的不确定性、公众对页岩气开发的接受程度较低、天然气管网建设不完善等是影响欧洲页岩气开发的主要原因。

二、国内页岩气田开发概况

借鉴美国的经验，我国在页岩储层地质综合评价、关键核心技术与装备体系研发方面均取得了重大突破，在页岩气开发领域实现了跨越式发展，产量持续提高。特别是在四川盆地及周边地区，建立了威远—长宁、昭通、涪陵等国家级页岩气示范区。截至 2022 年，中国的页岩气产量已达到 $238\times10^8m^3$，对我国天然气的供应起到了重要作用。

我国从2005年起开始关注页岩气资源，历经近20年的探索攻关，经历了从无到有、从小到大的突破，此间共经历了评层选区阶段（2005—2009年）、开发试验阶段（2009—2012年）、示范区建设阶段（2012—2016年）、海相页岩气规模开发阶段（2016—2024年）4个阶段[10-15]。

1. 评层选区阶段（2005—2009年）

2005年，国土资源部油气资源战略咨询中心联合国内石油企业、高校及研究机构开展了页岩气资源调查与成藏地质条件评价工作。2008年，中国石油天然气股份有限公司西南油气田分公司（简称西南油气田）在长宁构造北翼钻探了我国第一口页岩气地质资料井——长芯1井，2009年初步创建了适合我国地质条件的页岩气评层选区技术体系，确定了四川盆地及周缘五峰组—龙马溪组为页岩气勘探开发的主力层系。

2. 开发试验阶段（2009—2012年）

该阶段国家开始重视页岩气资源的勘探开发，国内石油企业加大投入、加快勘探节奏。2010年，中国石油天然气集团公司（简称中国石油）完钻国内第一口页岩气直井——威201井，获得工业性页岩气流；2011年，中国石油实施了国内第一口水平井——宁201-H1井，获得$15.26\times10^4m^3/d$气流，实现了页岩气商业性开发突破。同年国土资源部将页岩气正式列为新发现矿种，对其按独立矿种进行管理。2012年中国石油化工集团公司（简称中国石化）在涪陵焦石坝构造发现了涪陵页岩气田。

3. 示范区建设阶段（2012—2016年）

该阶段启动了国家级页岩气示范区建设，发展完善了页岩气勘探开发主体技术和高产井培育方法，井均测试的产气量从平均$10\times10^4m^3/d$提高到$20\times10^4m^3/d$。特别是2014年3月涪陵页岩气田进入商业生产，使中国成为继美国、加拿大之后第三个实现页岩气商业开发的国家。

4. 规模开发阶段（2016—2024年）

该阶段中国页岩气勘探开发快速发展，在四川盆地及周缘五峰组—龙马溪组海相页岩建成了“万亿立方米储量、百亿立方米产量”大气田。

第二节　页岩气田微生物腐蚀及控制概况

微生物腐蚀是由微生物的存在和活动引起的腐蚀，常用MIC表示。“Biocorrosion（生物腐蚀）”这个术语在欧洲和拉丁美洲越来越多地被用作MIC的同义词，而在美国，这一术语往往被用于描述由于生物和非生物过程导致的植入物在活生命体中的腐蚀[16-17]。微生物腐蚀是一种电化学腐蚀，据统计全球每年约20%的腐蚀损失是由微生物引起的[18]。在页岩气田的生产过程中，井下返排液中含有细菌、古菌、氯离子、二氧化碳和砂砾等腐蚀性介质。这些介质相互叠加，具有强烈的腐蚀性，对气井的井筒和地面管线造成严重的微生物腐蚀，导致管壁穿孔甚至腐蚀断裂，严重影响了气田的安全和稳定生产。为了有效控制页岩气田的微生物腐蚀，需要从气田的开发方案设计阶段开始，对整个生产流程和气田的生命周期进行全面的考虑。同时，腐蚀控制措施必须考虑到经济性和可行性，以确保气田能够安全、经济和高效地开发。

一、总体腐蚀情况

目前，国内外页岩气田在生产过程中均面临严重的微生物腐蚀问题，涵盖井筒至地面全流程。其中，井筒微生物腐蚀主要发生在温度80℃以下井段，最高腐蚀速率超过30mm/a；地面管线微生物腐蚀主要集中在局部积液区域，最高腐蚀速率超过20mm/a。

1. Pinedale 页岩气田

Pinedale页岩气田位于美国怀俄明州，自2001年投产以来就面临微生物腐蚀问题，硫酸盐还原菌（SRB）含量高达10^{10}个/mL，其中油井管、站场储水罐等都发生了微生物腐蚀问题。该气田仅2009年用于微生物腐蚀控制的花费即达到约200万美元[19]。

2. Haynesville 页岩气田

Haynesville页岩气田位于得克萨斯州东部和路易斯安那州西部，渗透率低，页岩气埋藏深，大多数生产井深度为3200~4114m，井底温度138~182℃，井底压力34.5~103MPa。气田投产初期及返排期间，未检测到H_2S，但投产2年后从产出水中开始检测出了H_2S。选择Haynesville页岩气田的3口生产井开展井筒挂片，取出后发现挂片表面有垢层，在垢层下有微生物，试片均匀腐蚀速率最高达到1.01mm/a，且有明显的点蚀（图1-2-1）[20]。

图1-2-1　现场挂片取出后形貌

3.Barnett 页岩气田

Barnett页岩气田位于得克萨斯州福特沃斯盆地，属于低渗透页岩气田，配置压裂液的水源来源于池塘、湖、雨水、城市用水及处理后的压裂返排液等。根据分析压裂液水源中的SRB和产酸菌等微生物含量达1×10^2~1×10^7个/mL。从地面分离器、储水罐及污水池也检测出SRB和产酸菌等微生物，微生物含量随季节变化。地面集输管线及储水罐均出现过腐蚀穿孔[21]。

4.Horn River 页岩气田

Horn River页岩气田位于加拿大不列颠哥伦比亚省的东北部。该气田一口观察井于2013年5月开钻，同年11月下入油管。该井二氧化碳含量约10%，2014年6月，在开展井下作业时发现油管出现了腐蚀穿孔失效（图1-2-2）[22]。

5. 威远页岩气田

微生物腐蚀对我国页岩气田开发造成了极大的破坏，据统计仅川南页岩气区块因微生物腐蚀已导致数百次的集输管道穿孔失效，天然气产量损失超$1\times10^8m^3$。图1-2-3是川南地区威远页岩气田某平台输气管线失效照片。该管线压力5MPa，管线材质L360N，运行温度40℃，天然气中二氧化碳分压0.015~0.073MPa，气体流速2~4m/s，氯离子含量为10000~15000mg/L，pH值为6.0~6.5，页岩气进入管线前经过除砂处理。根据运行时间折算该管线点蚀速率达到3mm/a，分析发现管线失效的主要原因是二氧化碳和微生物协同腐蚀导致。

图 1-2-2　现场取出油管情况（右图为第 138 连接处）

图 1-2-3　集气管线失效照片

二、微生物腐蚀研究进展[23]

微生物腐蚀的研究历史起源于 19 世纪末期，当时 Garrett 首次记录了由微生物代谢活动引起的铅电缆腐蚀现象。随后，Gaines 提出了硫酸盐还原菌（SRB）、硫氧化菌和铁氧化菌可能是引起金属腐蚀的关键因素。1934 年，Wolyogen Kunr 等科学家提出了阴极氢去极化理论，为 SRB 在金属腐蚀过程中的作用提供了理论支持。随着时间的推移，由于 MIC 的普遍性和对材料造成的严重损害，对金属及非金属材料在不同环境下的 MIC 现象的报道日益增多，这一问题逐渐受到了国际工程界专家的广泛关注，尤其是在海洋、土壤、石油管道和冷却水系统等领域。

20 世纪 30 年代，美国建立首个海水腐蚀实验站，随后全球多个国家相继建立了类似的研究机构，致力于微生物腐蚀的研究。中国在这一领域的研究起步于 20 世纪 50 年代，中国科学院微生物所成立了微生物腐蚀研究项目，对全国范围内的微生物腐蚀状况进行了调查，分离并鉴定了多种硫酸盐还原菌和铁氧化菌，并针对防腐措施进行了研究。

MIC 的研究涉及多种微生物，根据它们的需氧性质，可以分为厌氧菌、好氧菌和兼性厌氧菌。这些微生物通常会共同附着在金属表面，形成生物膜。在这一过程中，好氧菌和兼性厌氧菌消耗掉环境中的氧气，为厌氧菌的生长创造了局部的缺氧条件。在单一微生物腐蚀的研究中，SRB 引起的腐蚀受到的关注最多，因为 SRB 对多种金属具有显著的腐蚀影响。然而，由于 MIC 的生物因素复杂多变，难以进行精确控制和定量描述，加之实验周期长、研究难度大，目前对于微生物腐蚀的具体机制仍然缺乏一个全面和系统的理解。

三、微生物腐蚀控制技术现状

针对微生物腐蚀，油气田行业可采用的腐蚀控制方法主要有药剂方法、材料方法、物理方法和生物方法等。其中，药剂方法主要是通过向环境中添加杀菌剂或杀菌缓蚀剂等，杀灭环境中的微生物以减缓材料的腐蚀；材料方法主要包括使用耐蚀金属、非金属及碳钢材料表面涂/衬覆盖层等，使材料免受微生物腐蚀；物理方法主要包括清除管道内微生物、分离除去液体介质和合理设计减少积液等，除去微生物在管道内的生存环境以减少材料的腐蚀；生物方法主要是通过添加特定的微生物以直接杀死腐蚀性微生物或破坏腐蚀性微生物生存环境，从而达到抑制微生物腐蚀的目的。结合页岩气田生产工况，目前在页岩气田生产系统应用最为广泛的是药剂方法、材料方法和物理方法。

1. 药剂方法

药剂方法是目前页岩气田使用最为广泛的微生物腐蚀控制方法。常用的药剂方法是添加杀菌缓蚀剂。杀菌缓蚀剂可被定义为兼具杀菌和缓蚀性能的单一药剂体系或杀菌剂和缓蚀剂等组合使用达到杀菌和缓蚀性能的多组分药剂体系。

就杀菌剂而言，现有至少 22 个不同的类别的化学基团具有杀菌性能，如图 1-2-4 所示。根据其杀菌作用机制，可以大致分为四类，即破坏蛋白质、破坏细胞膜、破坏核酸和破坏细胞壁（表 1-2-1）。

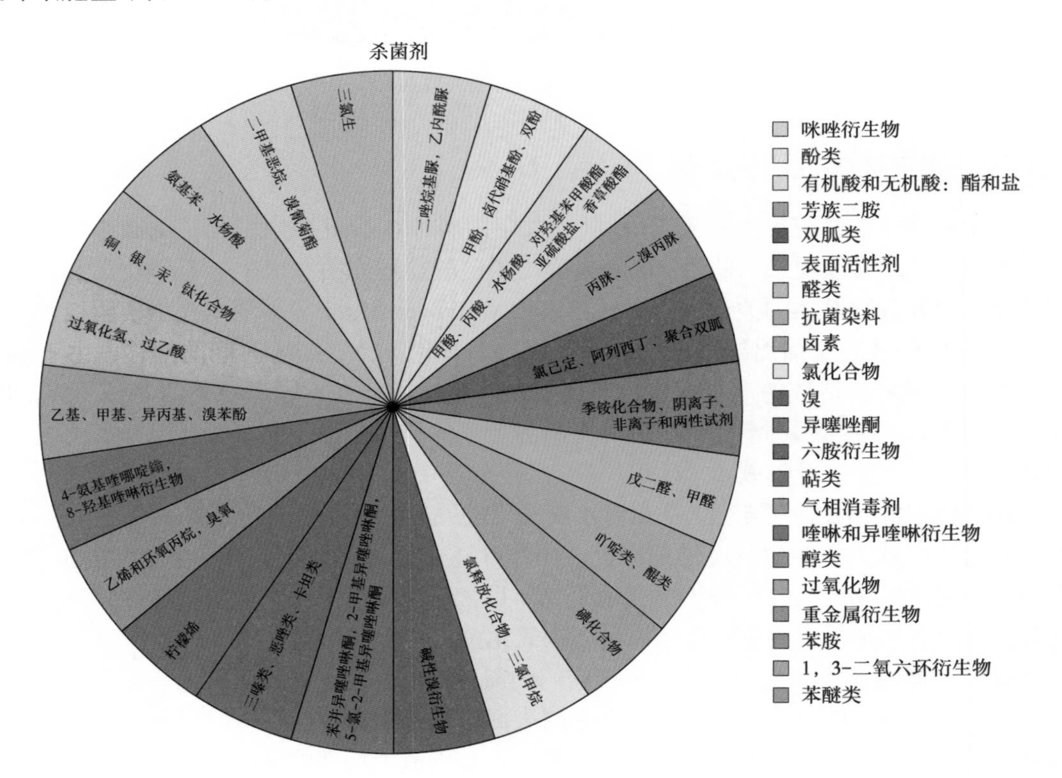

图 1-2-4　基于官能团的杀菌剂分类

表 1-2-1 基于作用目标的杀菌剂分类

作用于膜上的杀菌剂	作用于蛋白质的杀菌剂	作用于核酸的杀菌剂	作用于细胞壁的杀菌剂
(1)季铵盐; (2)双胍类; (3)酚类; (4)苯乙基; (5)酸; (6)萜烯; (7)乙醇; (8)苯胺; (9)过氧化物; (10)对羟基苯甲酸酯; (11)异噻唑酮; (12)阴离子表面活性剂	(1)乙醇; (2)酚类; (3)苯乙基; (4)醛类; (5)重金属衍生物; (6)异噻唑酮; (7)酸(对羟基苯甲酸酯); (8)过氧化物; (9)氯化物; (10)双胍类; (11)气相消毒剂	(1)乙醇; (2)酸(对羟基苯甲酸酯); (3)抗菌染料; (4)吖啶类; (5)双胍类; (6)醛; (7)二脒; (8)氯化合物; (9)重金属衍生物; (10)过氧化物; (11)卤素; (12)气相消毒剂	(1)乙醇; (2)酚类; (3)醛类; (4)氯解离化合物

戊二醛是石油天然气工业中常用的杀菌剂。但是，戊二醛对碳钢而言具有一定的腐蚀性，会直接腐蚀碳钢，在使用时需要注意。四羟甲基硫酸磷（THPS）对微生物具有一定的抑制性，目前在油气行业也有所应用。

就缓蚀剂而言，目前油气田生产过程中使用的主要是有机缓蚀剂，以含氮杂环类、季铵盐类、有机氨类等为主。

在适用于页岩气田生产过程的杀菌缓蚀剂体系中，应用最为普遍的是采用杀菌剂与缓蚀剂复配的技术路线。随着科技的发展，具备复合功能的分子结构的研发逐渐成为研究热点，目前发现同时具有复合功能的主要分子结构类型有季铵盐类、含氮杂环季铵盐类、磷酸盐类、席夫碱类和曼尼希碱类等。近年来，兼具杀菌和缓蚀性能的单一药剂体系由于其优良的性能也逐渐在页岩气田生产现场开展应用并取得了良好的效果，例如西南油气田天然气研究院研发的季铵盐类油气田用系列杀菌缓蚀剂 CT2-20、CT2-21 等多功能药剂，已在四川盆地多个页岩气区块开展规模应用，解决了这些区块前期发生的微生物腐蚀问题。

2. 材料方法

目前，针对页岩气田微生物腐蚀，在用的材料主要有耐微生物腐蚀钢、非金属材料和涂层材料等几种。

耐微生物腐蚀钢是近年来钢材生产企业研发的一种新型钢材，通过在低碳钢基础上添加 Cu、Cr 等合金元素，实现抑制 SRB 附着和提升耐二氧化碳腐蚀性能。从实验室研究结果来看，这类钢起到了一定的耐微生物腐蚀效果，但是在工程实际应用上也存在一些问题，如 Cu 加入管线钢对焊接性能产生的影响仍是未知的，不同强度的管线钢中的最佳 Cu 含量有待于进一步明确[24-25]。

对于非金属材料而言，由于油气田产出液体中含有的微生物难以从非金属材料夺取电子，使非金属材料在短期内发生降解或破坏，因此非金属材料也是一类优良的耐微生物腐蚀材料。目前油气行业常用的非金属管材主要有钢骨架增强复合管、玻璃钢管、柔性复合管、塑料合金复合管和非金属内衬金属管等。但是，非金属材料在页岩气田现场长期应用后的适应性还需要进一步明确。

在涂层方面，任何能将易腐蚀的介质隔离的涂层都能起到一定的防腐作用。具有防腐蚀功能的涂层可分为：金属涂层（热喷涂 Ni、镀铬等）、非金属涂层（油漆、橡胶和塑料等）

和复合材料涂层（非金属复合材料、陶瓷复合材料、纳米复合材料等）。页岩气田开发过程中用到的内涂层以非金属材料为主。涂层中的环氧粉末涂层或液体环氧具有较好的力学性能与耐腐蚀性能，同时可提高管道内壁的光洁度降低摩阻，其主要用于页岩气井油管，解决微生物腐蚀及二氧化碳腐蚀。此外，陶瓷材料也应用于页岩气开发过程中，其中氧化锆陶瓷材料具有机械强度较高、断裂韧性较强的优点。其主要以内衬形式应用于页岩气地面弯头、三通、阀门构件等特殊部位，解决冲刷和电化学腐蚀。

3. 物理方法

在页岩气田生产过程中分离除去采输管道内的水也可以缓解微生物腐蚀。同时，可以通过合理设计采输工艺，减少流程中的积液部位来缓解微生物腐蚀。此外，清管也是油气田生产过程中缓解微生物腐蚀常用的方法之一。在页岩气田生产过程中，通过清管可以除去管线内积液和污物，去除微生物在管道内的生存环境，破坏微生物在金属表面形成的生物膜结构，从而达到减缓微生物腐蚀的目的。但是，随着环境条件的变化微生物会做出反应，清管可能导致生成一层附着特别牢固的薄生物膜，其腐蚀性可能不亚于最初的微生物群落，因此仅靠清管解决微生物腐蚀问题存在一定的风险。

4. 生物方法

生物方法的一个基本思路是利用非 MIC 相关微生物抑制腐蚀性微生物的活性。目前研究得较多的是通过刺激硝酸盐还原菌（NRB）生长的方法抑制 SRB 引起的微生物腐蚀。由于硝酸盐还原反应放出的能量比硫酸盐还原反应高，因此 NRB 比 SRB 占据优势。NRB 限制 H_2S 的产生，并增加氧化还原电位，SRB 虽然没有被消除，但其硫酸盐还原作用被抑制了。

总的来说，虽然有多种方法可以抑制微生物腐蚀，但是综合经济性、有效性和适应性，在国内外页岩气田中应用最为广泛的仍然是化学方法，同时辅以材料方法和物理方法，综合实现页岩气田微生物腐蚀控制。

参考文献

[1] 邹才能，赵群，董大忠，等．页岩气基本特征、主要挑战与未来前景 [J]. 天然气地球科学，2017，28（12）：1781-1796.

[2] Hipple K，T SANZILLO T. Vaca Muerta Update：Faltering development plans for Argentina's shale reserves will accelerate without foreign investment[EB/OL].（2020-06）[2020-10-15]. https：//ieefa.org/wp-content/uploads/ 2020 /06/Vaca-Muerta-Update_June-2020.pdf.

[3] 邹才能，赵群，张国生，等．能源革命：从化石能源到新能源 [J]. 天然气工业，2016，36（1）：1-10.

[4] 贾承造．论非常规油气对经典石油天然气地质学理论的突破及意义 [J]. 石油勘探与开发，2017，44（1）：1-11.

[5] 邹才能．非常规油气地质学 [M]. 北京：地质出版社，2014.

[6] Strategic Center for Natural Gas and Oil National Energy Technology Laboratory. DOE's unconventional gas research programs 1976-1995[EB/OL].（2007-01-31）[2020-10-10].https：//geographic.org/unconventional_gas_research/cover_page.html.

[7] Lazzari S. The crude oil windfall profit tax of the 1980s：Implications for current energy policy[EB/OL].（2006-03-09）[2020-10-10]. https：//liheapch.acf.hhs. gov/pubs/oilwindfall.pdf.

[8] 阿根廷倾力打造页岩经济业界担忧影响实现碳减排目标 [N]. 中国能源报，2021-04-19（7）.
[9] 吴西顺，孙张涛，杨添天，等．全球非常规油气勘探开发进展及资源潜力［J］. 海洋地质前沿，2020，36（4）：1-17.
[10] 姜鹏飞，吴建发，朱逸青，等．四川盆地海相页岩气富集条件及勘探开发有利区 [J]. 石油学报，2023，44（1）：91-109.
[11] 赵文智，贾爱林，位云生，等．中国页岩气勘探开发进展及发展展望 [J]. 中国石油勘探，2020，25（1）：31-44.
[12] 雍锐，陈更生，杨学锋，等．四川长宁—威远国家级页岩气示范区效益开发技术与启示 [J]. 天然气工业，2022，42（8）：136-147.
[13] 梁兴，单长安，王维旭，等．昭通国家级页岩气示范区勘探开发进展及前景展望 [J]. 天然气工业，2022，42（8）：60-77.
[14] 郭旭升，胡德高，舒志国，等．重庆涪陵国家级页岩气示范区勘探开发建设进展与展望 [J]. 天然气工业，2022，42（8）：14-23.
[15] 马新华，李熙喆，梁峰，等．威远页岩气田单井产能主控因素与开发优化技术对策 [J]. 石油勘探与开发，2020，47（3）：555-563.
[16] Milošev I. Biocorrosion special issue[J]. Corrosion，2017，73：1399–1400.
[17] Hansen，Douglas，C. Metal corrosion in the human body：The ultimate bio-corrosion scenario[J]. Interface，2008，17（2）：31–34.
[18] Rasheed P A，Jabbar K A，Rasool K，et al. Controlling the biocorrosion of sulfate-reducing bacteria（SRB）on carbon steel using ZnO/chitosan nanocomposite as an eco-friendly biocide[J]. Corrosion Science，2019，148：397-406.
[19] Kuijvenhoven C，Wang H W. Bacteria and bicrobiologically induced corrosion control in unconventional gas field [A]//Corrosion/11[C]. Houston，Texas：NACE，2011，11236.
[20] Fichter J，Wunch K，Moore R，et al. How hot is too hot for bacteria? A technical study assessing bacterial establishment in downhole drilling，Fracturing and Stimulation Operations[C]. 2012：2402-2422.
[21] Johnson K，Fichter J K，Oden R. Use of microbiocides in Barnett Shale gas well fracturing fluids to control bacteria related problems，Paper number 08658[J]，2008.
[22] Purdy I，Pyecroft J，Thomas L. Investigation of severe tubing corrosion in a shale gas observation well[C]// SPE International oilfield corrosion conference and exhibition，2016. DOI：10.2118//179929-MS.
[23] 吴进怡，柴柯．材料的生物腐蚀与防护 [M]. 北京：冶金工业出版社，2012.
[24] Shi X B，Yan W，Wang W，et al. Novel Cu-bearing high-strength pipeline steels with excellent resistance to hydrogen-induced cracking[J]. Mater des，2016，92：300-305.
[25] 史显波，严伟，王威，等．新型含 Cu 管线钢的抗氢致开裂性能 [J]. 金属学报，2018，54：1343-1349.

第二章　页岩气田腐蚀微生物及来源

页岩气田返排液中存在着多种微生物，其生长特征各异，来源也较为复杂。为了有效控制页岩气田中生产系统的腐蚀问题，需要深入研究这些微生物的特性和来源，并采取有效的措施进行防治。本章重点介绍页岩气田中常见的腐蚀性微生物种类、生长影响因子及微生物的来源和分布，为页岩气田微生物腐蚀控制提供基础信息。

第一节　典型腐蚀微生物

微生物可以直接或间接地影响腐蚀。当前关于 MIC 的研究主要集中在细菌上，页岩气田生产过程中主要关注的是细菌导致的微生物腐蚀。页岩气井返排液中存在丰富的有机物和矿物质，为细菌的生存代谢提供了丰富的营养物质，导致细菌存活滋生。这些细菌在页岩气田中发挥着不同的作用，其中腐蚀性细菌通过代谢对金属材料产生腐蚀作用。

美国 Carmichaels、Antrim、Marcellus 和 Barnett 等页岩气区块和我国四川盆地长宁、威远等页岩气区块曾经开展细菌 16SrRNA 和宏基因组测序，对获得的序列进行过滤、筛选和均一化处理后用于 OTU（Operational Taxonomic Unit）聚类分析，通过 97% 相似度聚合后对所有 OTU 进行物种注释分析，结果表明微生物组成复杂，有超过 200 个属上千种微生物[1-8]。在鉴定出的微生物中，典型腐蚀性微生物包括硫酸盐还原菌（SRB）、铁氧化细菌（IOB）、腐生菌（TGB）、硝酸盐还原菌（NRB）、产酸菌（APB）、产甲烷菌和产黏液菌（SFB）等，古菌有产甲烷古菌等。其中，SRB 是引起腐蚀的主要微生物之一，由于其在 MIC 中的独特重要性被称为“Myths of MIC”[9]。

一、细菌

1. 硫酸盐还原菌（Sulfate-Reducing Bacteria，SRB）

硫酸盐还原菌是一类可以通过同化或异化作用将硫酸盐还原为硫化物或硫单质的原核微生物[10]，兼性厌氧，广泛存在于油气井、地下管道、土壤和海水等处。在厌氧条件下，SRB 成群悬浮在水体中或附着在管壁上进行大量繁殖，使管道设施发生局部腐蚀，腐蚀产物主要为硫化亚铁和氢氧化亚铁，其腐蚀有如下特征：腐蚀坑充满黑色腐蚀产物；腐蚀产物下面的金属表面往往是发亮的；腐蚀坑表面的外形是圆形，其横断面是圆锥形，在坑内呈同心环状[11]。我国曾于 1991 年对中原油田井筒腐蚀进行统计[12]，发现仅套管一项已有 100 多口井腐蚀穿孔，30 多口井报废，这都不同程度地与 SRB 有关。

1895 年 SRB 由 Beijerinck 发现并命名。20 世 70 年代前，确认的 SRB 只有 3 个属，即脱硫弧菌属（*Desulfovibrio*）、脱硫单胞菌属（*Desulfomonas*）和脱硫肠状菌属

（*Desulfotomaculum*）。1965 年 Campbell 等提出将 SRB 分为两类，产芽孢的为脱硫肠状菌属（*Desulfotomaculum*），不产芽孢的为脱硫弧状菌属（*Desulfovibrio*）。以上这些分类方法都是根据 SRB 的形态学、生理和生化研究来进行分类的经典方法。在此之后通过许多研究者的研究，按发育特征和理化特性将 SRB 归为以下五大类：革兰氏阳性菌、嗜热革兰氏阴性菌、广古菌门、常温变形菌、热脱硫菌科。据统计目前已发现 5 门 60 多属，220 余种 SRB，形态有杆状、球状、卵状、柠檬形等，常见的菌株有 *Desulfovibrio* sp.、*Clostridium* sp.、*Desulfobacterium* sp.、*Desulfotomaculum* sp.、*Desulfobacter* sp. 等。

1）SRB 生长特征

SRB 是一种兼性厌氧菌，能在缺乏氧气的环境中生存。为了维持生命，它会利用乳酸或丙酮酸等有机物作为电子的来源，并使用硫酸盐作为最终的电子受体。在这个过程中，它将 SO_4^{2-} 转化为 S^{2-}，从而获得能量生长。SRB 代谢过程可简单地分解为三个阶段（图 2-1-1）。

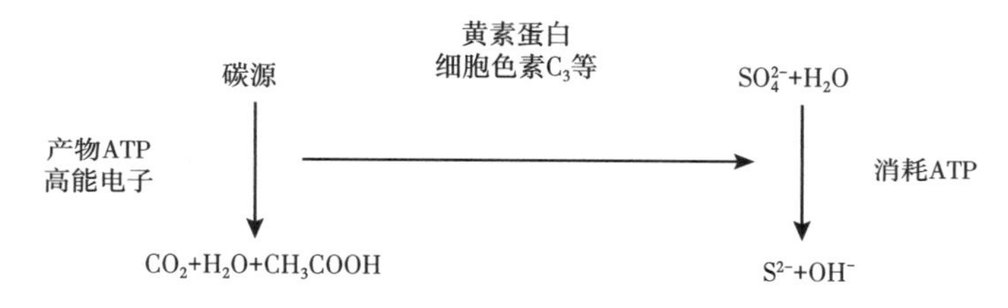

图 2-1-1　SRB 代谢过程示意图

分解阶段：在厌氧环境中，通过“基质水平磷酸化”这一过程有机碳源将会产生少量的高能电子和三磷酸腺苷（ATP）。

电子转移阶段：SRB 利用所特有的电子转移链（细胞色素 C_3 和黄素蛋白等）将分解阶段产生的高能电子逐级传递，同时在电子转移过程中再次产生大量的 ATP。

氧化阶段：氧化态的硫元素获得逐级传递而来的高能电子，消耗 ATP 的同时将氧化态硫还原为 S^{2-}。

科研工作者针对 SRB 的生长特征开展了不少研究，发现 SRB 的生长繁殖规律：在实验条件下分为 4 个阶段，即滞留期、对数生长期、稳定生长期和衰亡期。

滞留期：在接种培养初期，由于环境的变化，细菌需要一定时间适应，此时间内 SRB 的生长速度相对较慢，数量增加不明显，通常在 0~1 天。在这个阶段，SRB 处于适应新环境的状态。滞留期的作用是为 SRB 提供时间来适应新的生长环境，并为其后续的生长繁殖做好准备。

对数生长期：也被称为指数生长期（Exponential Phase）。滞留期过后，SRB 开始适应新的环境，并进行大量、快速的繁殖。具体来说，这一阶段的特征是营养物质消耗迅速，SRB 的个体数量大量增加，呈现几何级数的增长，即细胞数量以 $2^0 \to 2^1 \to 2^2 \to \cdots \to 2^n$ 的方式增加。

稳定生长期：也被称为平衡生长期（Balanced Growth Phase）。在这个阶段，细菌增长到一定数量后，因培养基中营养有限，SRB 的生长速度逐渐减缓，繁殖速度逐渐稳定，细胞数量不再显著增加。此时，SRB 进入相对稳定的生长状态。这一阶段的特征是营养物质消耗速度降低，但细胞内部的合成代谢活动仍然相对较高。

衰亡期：也被称为死亡期（Death Phase）。在这个阶段，SRB 的生长速度进一步降低，甚至停止繁殖，细菌数量开始减少。这一阶段的特征是营养物质消耗殆尽，细胞内部的合成代谢活动逐渐停止，细胞开始死亡，活菌数量出现急剧下降。

SRB 由于是一种生命体，其生长受到环境的影响，研究人员发现温度、pH 值和压力等多种因素都会对 SRB 生长产生影响。

（1）温度的影响。

温度是影响 SRB 生长繁殖的最重要因素之一。SRB 能够生存的温度范围为 −5~75℃，某些芽孢的种属可以耐受 80℃ 的高温[13]。根据 SRB 最适宜的生长温度可将 SRB 分为中温菌和嗜热菌。其中，中温菌最佳生长温度 28~38℃，嗜热菌最佳生长温度 55~60℃。目前分离的 SRB 大多数是中温菌。

刘宏芳等取油田地层高温泥水样中的嗜热 SRB 菌进行了培养，发现在 60℃ 下嗜热 SRB 菌浓度（N）最高、生长最好，在 40~80℃ 范围内生长良好（图 2-1-2）[14]。万里等对河南油田水中提取的嗜热 SRB 菌进行了培养也得到了类似的结果[15]。

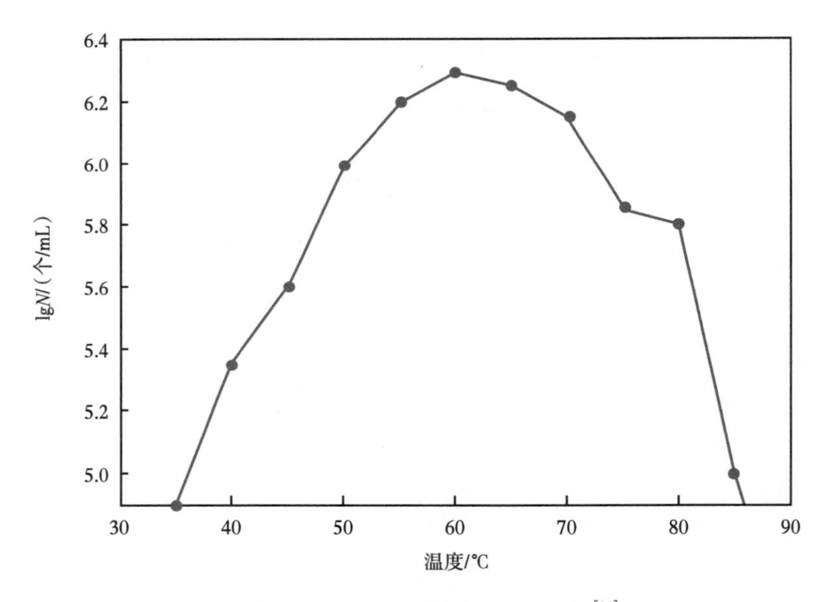

图 2-1-2　温度对 SRB 生长的影响[14]

（2）pH 值的影响。

pH 值也是影响 SRB 生长繁殖的最重要因素之一。SRB 生长的 pH 值范围较广，一般在 5.5~9.0，最适宜 pH 值在 7.0~7.5（图 2-1-3）[15]。

（3）压力的影响。

目前关于压力对 SRB 生长繁殖的影响的相关报道比较少。俞敦义等在 0.1~15.0MPa 的压力范围内研究压力对 SRB 生长的影响，发现压力较低时（0.1MPa）SRB 菌量较高，但是总体来说压力对其生长几乎没有影响[16]（表 2-1-1）。

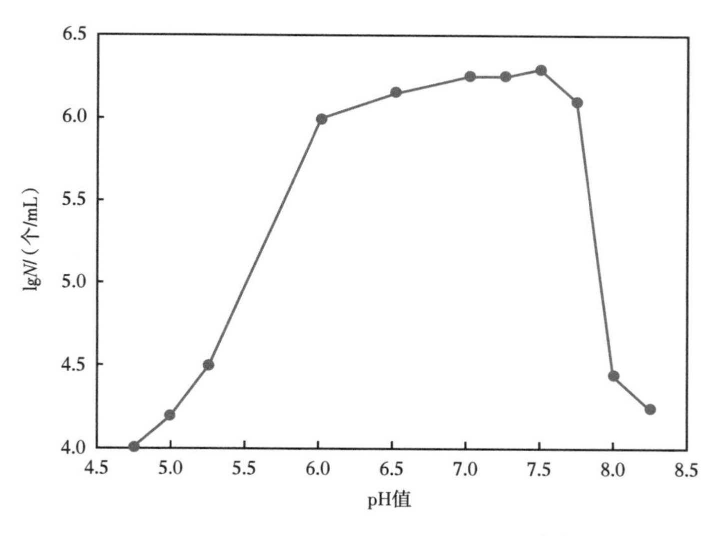

图 2-1-3　pH 值对 SRB 生长的影响[15]

表 2-1-1　压力对 SRB 生长的影响[16]

项目	矿化度 /（mg/L）	压力 /MPa				
		0.1	1.0	5.0	10.0	15.0
菌量 / 个 /mL	1×10^4	＜ 1×10^2	＜ 10	＜ 10	＜ 10	＜ 10
	5×10^4	＜ 1×10^2	＜ 10	＜ 10	＜ 10	＜ 10
	1×10^5	＜ 1×10^2	＜ 10	＜ 10	＜ 10	＜ 10
	1×10^5mg/L NaCl+4000mg/L Ca^{2+}	＜ 1×10^2	＜ 1×10^2	＜ 1×10^2	＜ 1×10^4	＜ 1×10^3

（4）矿化度的影响。

一般认为 SRB 生长的适宜矿化度为 2×10^4～ 6×10^4mg/L，矿化度过高或过低都会对 SRB 的生长繁殖产生影响。当矿化度超过 3.5×10^5mg/L 时，SRB 难以存活；当矿化度为 1×10^3mg/L 时，SRB 只有极少量生长[16]（图 2-1-4）。

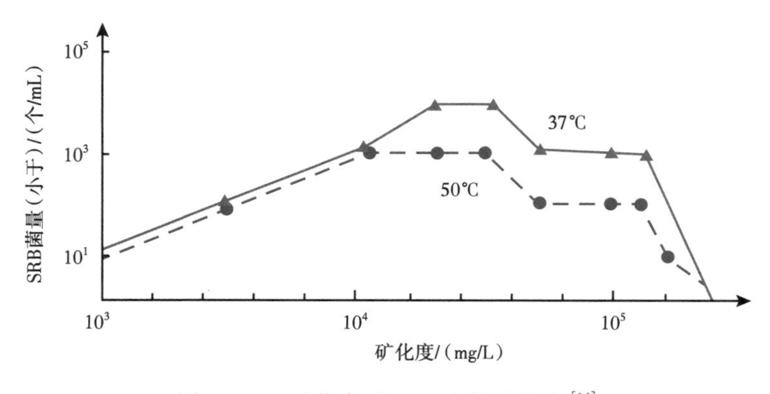

图 2-1-4　矿化度对 SRB 生长的影响[16]

（5）氧浓度的影响。

一直认为 SRB 是严格厌氧菌，但近期有研究表明 SRB 在一定浓度的有氧环境下可以存活。覃敏等[17]研究了一定氧浓度对 SRB 生长的影响，研究表明 SRB 可耐受的环境溶解氧浓度为 4.5mg/L，当环境中溶解氧浓度达 6.5mg/L 时，SRB 难以存活（图 2-1-5）。

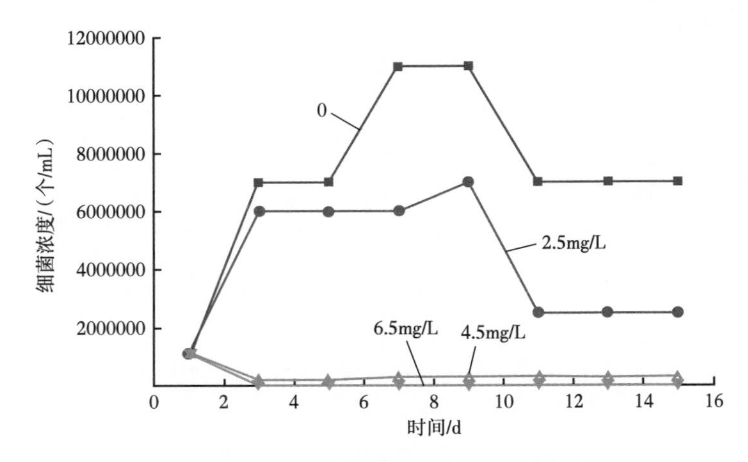

图 2-1-5　氧含量对 SRB 生长的影响[17]

（6）Fe^{2+} 浓度的影响。

张小里等发现 Fe^{2+} 能够促进 SRB 的新陈代谢，且高浓度的 Fe^{2+} 不会抑制 SRB 的生长[18]（图 2-1-6）。一般认为，在低浓度的 Fe^{2+} 介质中，SRB 在含铁金属表面可以形成生物膜，但生物膜的破裂或分离会促进局部腐蚀的发生[19]。生物膜的破裂或分离速率与介质中 Fe^{2+} 浓度成正比，生物膜破裂后，腐蚀速率与 Fe^{2+} 浓度成正比。King 等[20]认为生物膜的破裂是由于最初形成的具有保护性的硫化亚铁转变为非保护性的硫化物。

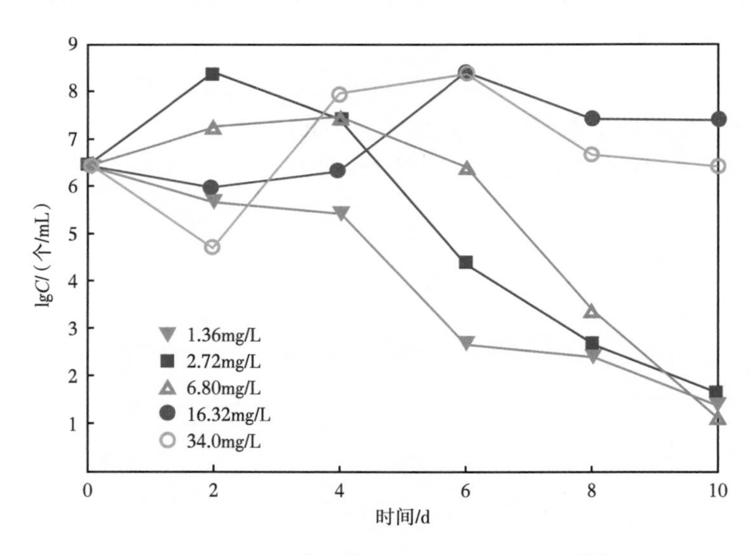

图 2-1-6　Fe^{2+} 浓度对 SRB 生长的影响[18]

C 为每毫升的细胞数

（7）其他因素的影响。

除上述影响因素外，还有其他因素也会对 SRB 的生长繁殖和金属材料的腐蚀产生影响，如介质流速会影响 SRB 生物膜的形成和腐蚀产物的沉积；介质中盐浓度过高可能会引起细胞质壁分离，导致细胞脱水死亡；材料表面粗糙度对 SRB 的黏附和生物膜的发展至关重要，细菌更倾向于附着在较粗糙的材料表面[21]；H_2S 浓度也会影响 SRB 生长，当 H_2S 浓度达 11.7mmol/L 时，SRB 生长较缓慢；当 H_2S 浓度达到 17.6mmol/L 时，SRB 停止生长，数量不再增加[22]（图 2-1-7）。

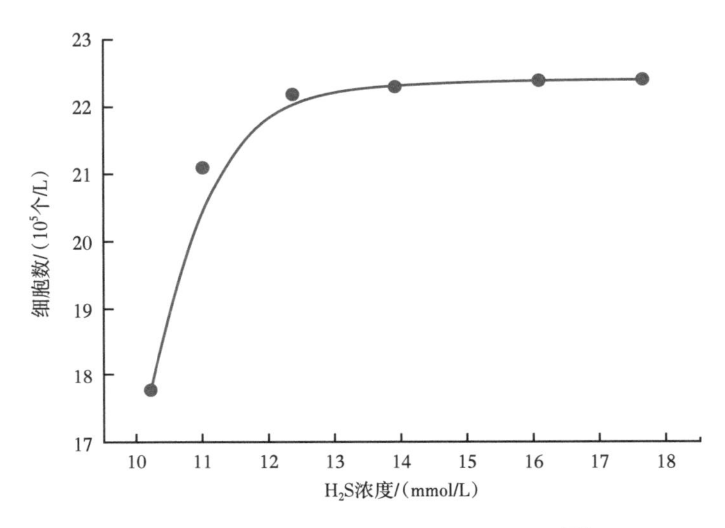

图 2-1-7　H_2S 浓度对 SRB 生存的影响[22]

因为微生物的生长受到种类、环境等多方面影响，其变化规律相差较大，因此研究人员在开展微生物腐蚀研究前应针对所研究菌种和环境测定微生物生长曲线，使实验数据更加准确可靠。

2）SRB 引起微生物腐蚀的机理

在 SRB 引起的微生物腐蚀领域，普遍存在着多种机理，其中包括阴极氢去极化理论、浓差电池理论、代谢产物机理和胞外直接与间接电子传递等。

（1）阴极氢去极化理论。

1934 年，Kuhr 提出了阴极氢去极化理论，这一理论的主要内容是 SRB 能够利用金属材料表面阴极产生的氢还原硫酸盐，从而加速金属阴极的反应速度，进而加快金属的腐蚀过程。尤其是在原油流速较低或存在局部结垢的金属表面，SRB 将会快速生长繁殖，萌发点蚀，甚至出现穿孔现象。这很好地解释了 SRB 腐蚀机理的一部分问题，得到了广泛认可。其反应过程如图 2-1-8 所示。

（2）浓差电池理论。

Goldmen 在 1964 年提出，SRB 代谢产物中的硫化物会与金属表面溶解产生的铁离子反应生成 FeS，生成的 FeS 在金属表面分布不均，形成了浓差电池导致金属腐蚀的发生。

Starkey 提出污垢或腐蚀产物在金属表面覆盖，导致其电化学性质发生改变，进而形成气差或者浓差电池。

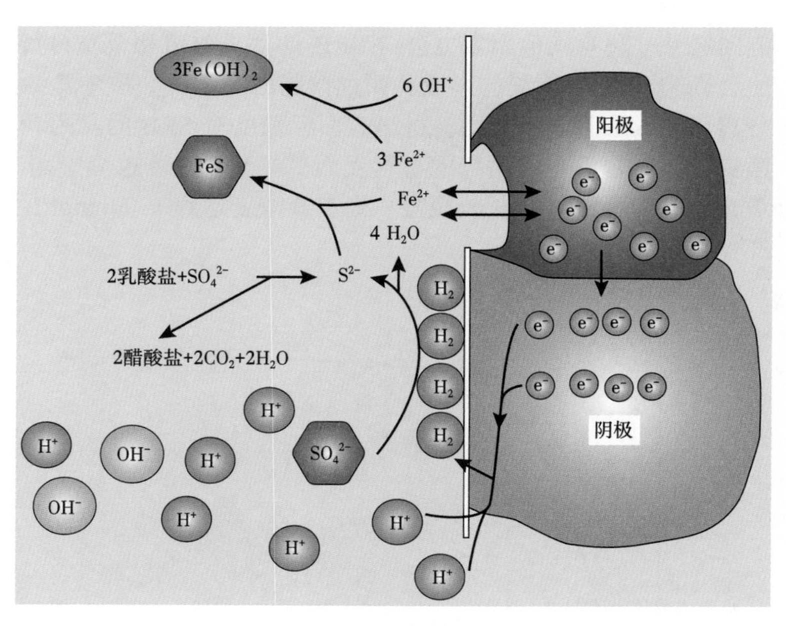

图 2-1-8　阴极氢去极化理论示意图 [23]

（3）代谢产物机理。

SRB 代谢产生的硫化物（如 H_2S）和次磷酸盐、胞外聚合物（EPS）等产物，对于金属的腐蚀有促进作用。SRB 在厌氧条件下代谢产生的磷化物会与基体铁反应生成磷化铁（Fe_2P）导致腐蚀反应的发生。H_2S 除了自身溶解会对腐蚀速率产生很大影响，还会和金属铁反应生成 FeS，加速腐蚀。微生物分泌的代谢产物，即 EPS，主要由多糖、蛋白质和核酸等物质组成，是生物膜的重要组成部分。EPS 复杂的组成使其具备了多样的功能特性，在 MIC 过程发挥着促进和抑制腐蚀的双重作用。

（4）胞外直接与间接电子传递。

间接电子传递是通过具有可逆氧化还原活性的电子载体（Electron Transfer Mediators，ETMs）实现微生物胞外电子传递。当有充足的碳源时，SRB 优先利用有机碳作为电子供体，它不需要进行胞外电子传递，因为氧化有机碳释放电子是在 SRB 细胞质中进行的，同时发生硫酸盐的还原。然而，当介质中缺少碳源时，SRB 可以通过胞外电子传递的方式从单质铁直接获得电子，加速铁腐蚀 [24]。

2. 铁氧化细菌（Iron Oxidizing Bacteria，IOB）

铁细菌这一术语是 1888 年由 Winogradsky 首次提出的，又称铁氧化细菌（IOB）。IOB 广泛存在于生物圈的各个角落，是引起管道腐蚀、水质浑浊的原因之一。IOB 可以通过铁元素的氧化过程获取生命活动所需能源，这改变了铁氧化反应的平衡，导致在金属表面产生氧浓差电池，引起局部腐蚀。IOB 是一类好氧性细菌，也是对材料腐蚀贡献较大的腐蚀性微生物之一。好氧的 IOB 倾向于在生物膜中层和表层富集，通过氧化 Fe^{2+} 得到 Fe^{3+} 获得能量生长，直接加速阳极腐蚀过程 [25]。同时，在生物膜中，IOB 还可以为厌氧菌生长如 SRB 等提供适宜的环境从而加速腐蚀。

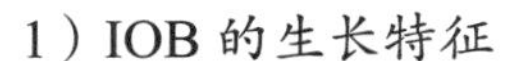
1）IOB 的生长特征

IOB 是一类好氧性细菌，当氧的浓度为 5~10μmol/L 时，IOB 就可以很好地生长[26]。

IOB 的活性与温度有着极为密切的联系，通过使用 Ratkowsky 方程可以估算出保持微生物活性的几个主要温度：IOB 的最适生长温度为 30~50℃，详见表 2-1-2[27]。

表 2-1-2 几种铁氧化细菌保持活性的主要温度[27]

微生物	基质	T_{min}/℃	T_{opt}/℃	T_{max}/℃
L · ferrooxidans	Fe^{2+}	7.8±1.4	36.7	44.6±0.2
L · ferriphilum	Fe^{2+}	10.7±1.1	38.6	48.5±1.0
F · acidiphilum	Fe^{2+}	12.7±6.1	39.6	47.2±0.7
Am · ferrooxidans	Fe^{2+}	7.4±3.0	48.8	59.5±0.3
F · cyprexacercatum	Fe^{2+}	15.0±1.4	55.2	63.0±0.1
S · thermosulfidooxidans	Fe^{2+}	11.7±5.3	51.2	63.5±1.4
A · brierleyi	Fe^{2+}	48.7±2.6	71.5	81.5±0.9

2）IOB 引起微生物腐蚀的机理

IOB 是一类以 O_2 作为最终电子受体通过氧化 Fe^{2+} 至 Fe^{3+} 获得能量生长的微生物，在 IOB 生物酶催化条件下，其对 Fe^{2+} 的氧化速率远远高于普通的化学氧化[28]。所有的无机能量源中，对于 IOB 生理代谢来说，Fe^{2+} 的氧化过程中最终产生的 Gibbs 自由能（ΔG_0）最低，这说明 IOB 对 Fe^{2+} 的代谢是一个高度自发的过程。

铁氧化物是 IOB 的主要腐蚀产物，而 IOB 对碳钢的点蚀机理主要是由铁氧化物引起的缝隙腐蚀。在铁氧化物膜下，碳钢基底会产生许多小的阳极活性位点，这些位点使得 Fe 失去电子并转移到阴极 O_2。在氧的去极化过程中，会产生 OH^-，进而形成铁氧化物。这一过程会进一步加速阳极的溶解，从而促进点蚀的形成（图 2-1-9）。此外，IOB 还会从 Fe 的氧化获得能量，加速点蚀的形成过程。总的说来 IOB 腐蚀导致点蚀的机理目前还没有研究透彻，实验证实的 IOB 点蚀机理并不多。

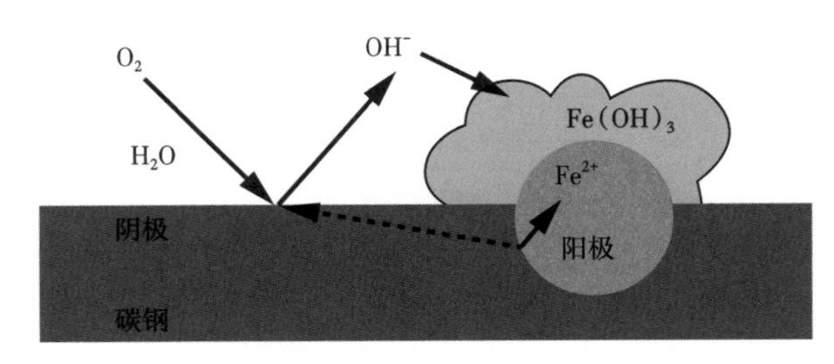

图 2-1-9 由 $Fe(OH)_3$ 沉淀形成的点蚀机理和铁氧化菌缝隙腐蚀机理示意图[29]

3. 腐生菌（Total General Bacteria，TGB）

TGB 是异养型的细菌，通过分泌酶来消化体外有机物、死去的动植物以获取自身生命活动所需的能量。在一定条件下，它们从有机物中得到能量，产生黏性物质，与某些代谢产物积累可造成腐蚀和堵塞。TGB 在咸水、淡水中及有氧和无氧系统中均能生存，但是常见于低盐度的有氧系统中。TGB 属于中温型细菌，生长温度为 10~45℃，最适宜温度为25~30℃。许多油气田水都能满足腐生菌生长的物理条件和营养物质，因此TGB在注入水系统中普遍存在。TGB产生的黏液与铁细菌、藻类原生动物等一起附着在井筒和设备上，造成生物垢，堵塞管道和设备，产生氧浓差电池而引起腐蚀（图2-1-10）。同时，还会促进硫酸盐还原菌等厌氧微生物的生长和繁殖，具有恶化水质增加水体黏度、破坏油层和腐蚀设备等多重负面作用。常见的有气杆菌（*Aeromonas*）、黄杆菌（*Flavobacterium*）、巨大芽杆菌（*Bac-megaterium*）、荧光假单胞菌（*Pseudomonas fuoreacens*），以及枯草芽孢杆菌（*Bacillusubtilis*）等，它们是一个混合体。

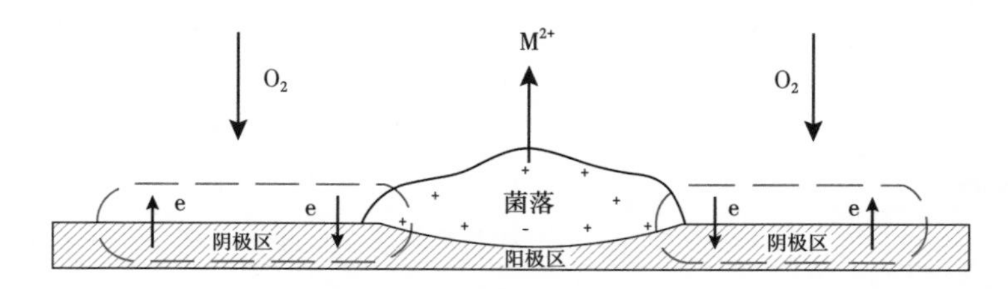

图2-1-10　TGB菌落生长于金属表面上形成氧浓差电池示意图[30]

4. 硝酸盐还原菌（Nitrate Reducing Bacteria，NRB）

NRB是指可以将硝酸盐还原为亚硝酸盐，并通过脱硝作用将亚硝酸盐还原为气态氮化合物或异化转化为NH_4^+的一类细菌。相对于SRB，NRB在微生物腐蚀中的研究起步较晚。在石油和天然气工业中，为了解决SRB引起的油藏酸化问题，常常利用生物竞争排斥技术人为注入硝酸盐以促进NRB的增长来抑制SRB的增长。NRB会与SRB竞争底物（石油有机物），同时产物亚硝酸盐也会抑制SRB。然而最近的研究表明，NRB的硝酸盐还原会造成微生物腐蚀的发生，NRB利用细胞外电子还原硝酸盐而导致MIC（图2-1-11）。Xu等发现NRB可以形成生物膜，在一周的腐蚀试验中，在C1018碳钢表面可形成14.5μm深的腐蚀坑，失重能达到0.89mg/cm^2[31]。目前主要的NRB菌株有*Octadecabacter jejudonensis*和*Alcaligenes aquatilis*等。

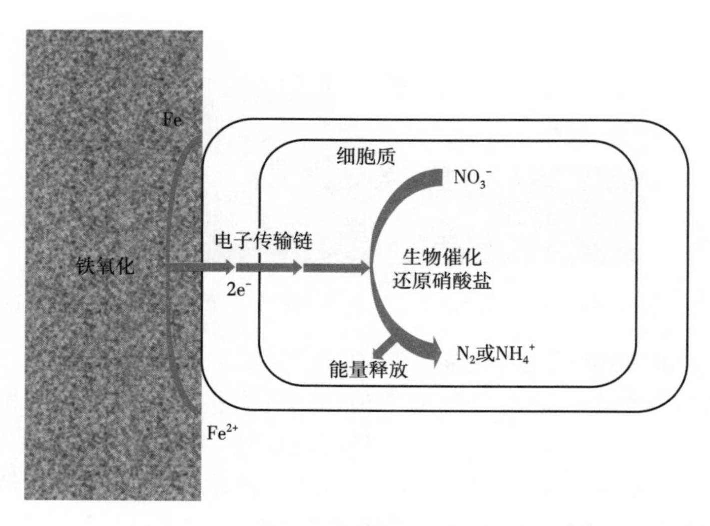

图2-1-11　NRB导致MIC的机制示意图[30]

北京科技大学杜翠薇课题组研究了硝酸盐还原菌 *Bacillus cereus* 在无氧溶液介质中的数目变化和对 pH 值的影响，结果如图 2-1-12 所示。

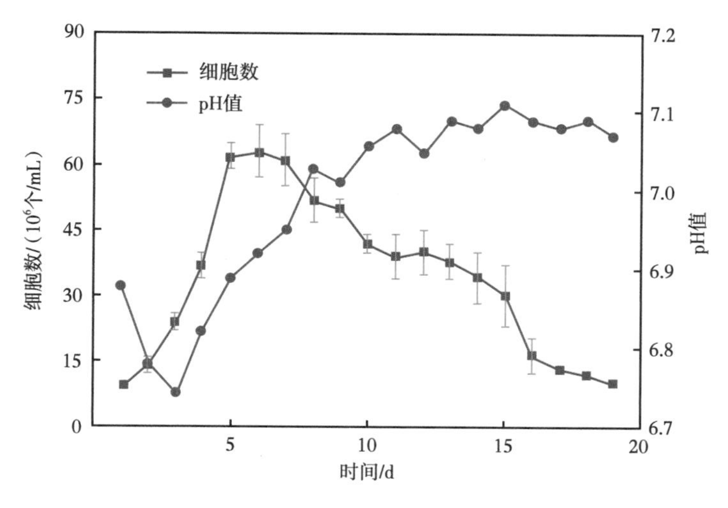

图 2-1-12 细菌的生长曲线[32]

由图 2-1-12 可以看出，在 1~5d 细菌数量略有增长，这主要是细菌进入无氧的新介质环境时对自身活动的调节过程。随后细菌数目急剧增多并在 6~13d 处于较稳定的状态，表明细菌已经适应环境，加速自我繁殖。之后由于培养基中营养物质和生长环境的限制，细菌繁殖能力下降，死亡细菌开始出现。第 15 天后细菌数目逐渐减少，表明细菌生存环境已恶化。pH 值在 3 天前从 6.9 下降至 6.7，随后缓慢上升，10 天以后升至 7.1 附近并趋于稳定。

5. 产酸菌（Acid-Producing Bacteria，APB）

产酸菌（APB）的代谢产物包括多种有机酸和无机酸。近年来，APB 逐渐受到了学者的关注[33]，在无氧条件下，APB 通常可以进行厌氧发酵，并产生有机酸。这些酸使周围环境 pH 值下降，在没有硫酸盐和硝酸盐等外部氧化剂的情况下 APB 也会引起 MIC，使金属受到侵蚀并溶解，造成严重的孔蚀和孔隙渗漏[34]。

6. 产黏液菌（Slime-Forming Bacteria，SFB）

产黏液菌是一类产大量胞外多聚物 EPS 的细菌。EPS 是细菌分泌的多糖、脂质、腐殖质、蛋白以及核酸的混合物[35]，是金属表面形成的生物膜的基质结构，与微生物及其代谢物、腐蚀产物包裹在一起，附着在金属表面形成生物膜。在腐蚀过程中，生物膜的形成最初是由浮游细菌借助微弱的范德华力接触金属表面，快速但可逆[36]；然后形成微菌落，造成持久牢固地附着；接着细菌开始分泌生物膜基质，随着基质上不断黏附上微生物的代谢物、金属离子、腐蚀产物以及其他生物等，最终形成成熟的生物膜。

常见的 SFB 包括梭菌属（*Clostridium*）、黄杆菌属（*Flavobacterium*）、芽孢杆菌属（*Bacillus*）、脱硫弧菌属（*Desulfovibrio*）、脱硫肠状菌属（*Desulfotomaculum*），以及假单胞菌属（*Pseudomonas*）等。SFB 在 MIC 中有着不可或缺的作用，能使周围环境在有氧与无氧之间转换，可以在 MIC 中起到调节环境的作用，形成适宜 SRB、IOB 及 APB 等其他微生物生长的微环境[37]。

二、古菌

古菌是一群形态各异而生理功能又各不相同的微生物集群。古菌被称为活化石细菌。它们之所以被称为古菌，是因为它们的栖息环境类似于早期的地球环境，并且在形态上跟细菌相近，所以人们把它们称作古菌。古菌这个概念是 1977 年由 Carl Woese 和 George Fox 提出的，原因是它们在 16SrRNA 的系统发生树上和其他原核生物有所区别。

与细菌相同的是，它们都没有细胞器和细胞核；但不同的是，古菌的细胞壁不含有肽聚糖，因此古菌并不能简单地归于细菌类或真核生物类，它属于一个具有独立特征的新群体。有些古菌是硫酸盐或硝酸盐的还原菌[38]，有些是产甲烷菌。大多数极端条件下生长的古菌可以耐受高温、高压或高盐等环境。硫酸盐还原古菌（Sulfate Reducing Archaea，SRA）在意大利的北海海洋热液系统和阿拉斯加油储系统等[39]许多极端环境中都能生存。与 SRB 一样，SRA 也会导致微生物腐蚀和储层酸化，它们在新陈代谢过程中都使用硫酸盐，SRA 通过呼吸作用利用硫酸盐产生能量。因此，SRA 就像 SRB 一样具有腐蚀性[40]。

产甲烷菌属于广古菌门，因此产甲烷菌也可称为产甲烷古菌，是地球上最古老的生命形式之一，大约 30 亿年前便已在地球上出现。作为严格厌氧的古生生物，只有少部分产甲烷菌能够在微氧环境中短暂存活。产甲烷菌能利用金属表面的阴极氢或者有机碳源如乙酸作为电子供体，还原 CO_2 的同时释放甲烷。1987 年，Daniels 等[41]就发现厌氧环境中产甲烷菌对含铁物质有腐蚀作用。随后 Dinh 等[42]观察到产甲烷菌在铁作为唯一电子来源时，能够直接从铁表面获取电子，从而刺激自身生长并促进铁腐蚀。总体来说国内外关于产甲烷菌腐蚀性相关的研究尚缺乏深入认识，一般认为产甲烷菌的腐蚀机理是阴极去极化理论：厌氧环境中的产甲烷菌通常通过氢的消耗作用来促进钢铁材料的腐蚀，其具体反应机制如图 2-1-13 所示。

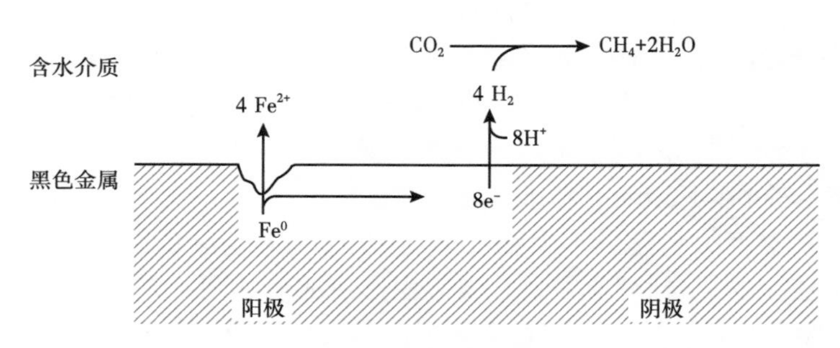

图 2-1-13　产甲烷菌的阴极去极化示意图[41]

产甲烷菌使用氢作为电子供体，氢的利用可以引起阴极去极化，从而加速 CO_2 的腐蚀。当氢气供应有限时，产甲烷菌的生物膜可以将铁作为电子供体从而造成更严重的腐蚀。厌氧环境中的产甲烷菌越来越多地被发现与微生物腐蚀相关[43-44]，可能是某些环境中金属腐蚀的重要原因[45-46]。常见的与腐蚀相关的产甲烷菌包括甲烷八叠球菌（*Methanosarcina barkeri*）、嗜热甲烷球菌（*Methanococcus thermolithotrophicus*）、甲烷丝菌（*Methanosaeta*），以及甲烷杆菌（*Methanobacteriaceae*）等[47]。

第二节　页岩气田腐蚀微生物来源

页岩气田中的微生物种类和数量因地理位置、地下环境、水文地质条件等多种因素而异。其中，有些微生物可能是天然存在的，而另外一些微生物则可能是由于开发气田过程中的各种作业而引入的。随着气井开发时间的延长，其在返排液中的分布也发生相应的变化。

一、腐蚀微生物由来

页岩气成因类型有生物成因型、热解成因型及其混合型3种类型[48]。生物成因气为页岩在生物化学成岩阶段由微生物降解形成的气体，也包含有机质丰富的盆地抬升后经后期生物作用改造形成的气体。天然气的主要成分甲烷是由一系列微生物作用生成。水解和发酵型细菌降解复杂有机物生成可被产甲烷古菌利用的底物，然后产甲烷菌主要利用乙酸和氢气作为底物，通过乙酸发酵和二氧化碳还原途径生成甲烷[49]。美国主要的20个页岩气藏中有2个生物成因气藏，1个混合成因气藏[50]，这说明地层中天然就存在微生物。

同时，一些腐蚀性微生物也被认为是从地面带入。例如美国Haynesville页岩气田[51]，其位于得克萨斯州东部和路易斯安那州西部，渗透率低，页岩气埋藏深，大多数生产井深度为3200~4114m，井底温度和压力分别达到138~182℃，34.5~103MPa。

研究人员选择Haynesville页岩气田的3口生产井压裂液和返排液开展了无机和有机组分分析。通过水样中无机物分析发现这些井压裂液的pH值均在8.7左右，返排液的pH值降为5.1~5.6，铁离子、钙离子和硫酸根离子均升高，且检出硫化氢（表2-2-1）。

表2-2-1　压裂液和返排液无机组成对比[51]

样品编号	样品来源	pH值	TDS/mg/L	Fe^{2+}/mg/L	Ca^{2+}/mg/L	Ba^{2+}/mg/L	Sr^{2+}/mg/L	SO_4^{2-}/mg/L	PO_4^{3-}/mg/L	HCO_3^-/mg/L	H_2S/mg/L
1	压裂液	8.7	415	0.28	21.8	0.1	0.43	58	0.5	85.4	N/A
	返排液	5.6	151010	379	13510	2657	3020	71	17.1	392	4
2	压裂液	8.7	415	0.28	21.8	0.1	0.43	58	0.5	85.4	N/A
	返排液	5.1	82778	265	16670	2440	3840	140	8.5	106	5
3	压裂液	8.7	571	0	51.8	0.05	0.31	27.2	0.7	366	N/A
	返排液	5.3	121065	252	10260	1839	2615	120	11.9	179	23

这3口气井压裂液和返排液的有机物分析结果表明返排液中总有机物含量（TOC）也高于压裂液（表2-2-2）。

表2-2-2　压裂液和返排液有机组成对比[51]

样品编号	样品来源	总有机物	甲酸	乙酸	丙酸	丁酸	缬草酸	甲醇	乙醇
1	压裂液	N/A	0	0	0	0	0	0	0
	返排液	1.02	0	0	0	0	0	＜1	＜1
2	压裂液	N/A	0	0	0	0	0	0	0
	返排液	1.34	0	0	0	0	0	＜1	＜1

续表

样品编号	样品来源	总有机物	甲酸	乙酸	丙酸	丁酸	缬草酸	甲醇	乙醇
3	压裂液	N/A	0	0	0	0	0	0	0
	返排液	257	0	0	0	0	0	<1	<1

该气田在投产初期未检测到 H_2S，但投产 2 年后，开始检测出了 H_2S，页岩气中含 2%~5% CO_2，0~0.00025% H_2S。研究人员通过硫同位素分析了该气田 6 口气井中硫化氢的来源，结果表明有生物来源的硫化氢（表 2-2-3）。

表 2-2-3　H_2S 来源[51]

样品种类	样品编号	硫同位素比例	生物成因 / 自然成因 / 混合成因
额外的 3 口生产井	1	-19.8	生物成因
	2	-20.7	生物成因
	3	-18.3	生物成因
选择的 3 口生产井	1	-5.9	混合成因 / 生物成因
	2	样品量不足	—
	3	-9.2	混合成因 / 生物成因

研究人员对这 3 口气井压裂液、返排液以及放置于井筒中不同段试片表面垢样中微生物情况进行了分析，结果见表 2-2-4。

表 2-2-4　微生物结果分析[51]

样品编号	样品来源	分析的细菌	分析的物种	多样性指数	平整度	代谢分配 / %	硫细菌 / %	铁细菌 / %	碳氢化合物降解细菌 /%	产酸菌 / %
1	305m	6377	65	2.4	0.6	95	29（7）	1（4）	7（8）	9.9（3）
	1829m	19389	28	2.2	0.7	99	0（0）	0.1（1）	59（6）	0（0）
	3658m	2271	38	0.6	0.2	97	0（0）	1.3（2）	92（6）	0.96（2）
	返排液	8683	47	2.4	0.6	96	0.02（1）	10（1）	18（7）	0（0）
	压裂液	1956	230	4.2	0.8	83	2.7（5）	1（4）	19（4）	0.5（4）
2	305m	11391	55	2.3	0.6	98	0（0）	0（0）	51（7）	2（6）
	1829m	4707	57	2.0	0.5	96	2.2（3）	0.04（3）	16（9）	0（0）
	3658m	3326	52	2.5	0.6	99	0.01（1）	0.07（2）	15（7）	4（1）
	返排液	10832	84	1.6	0.4	94	1（2）	0.11（4）	7（8）	70（2）
	压裂液	1956	230	4.2	0.8	83	2.7（5）	1（4）	19（14）	0.5（4）
3	305m	2011	39	1.6	0.4	98	0（0）	1（1）	66（5）	0.3（2）
	1829m	4120	99	2.5	0.5	96	1.6（3）	1（1）	55（9）	12（3）
	返排液	17458	55	2.3	0.6	98	15（11）	4.6（5）	55（11）	11（3）
	压裂液	18082	264	2.1	0.4	96	5.8（3）	1.2（6）	1.3（16）	0.28（5）

由表 2-2-4 可以看出，细菌的多样性指数（SDI）总体为 2.0~2.8。其中 1 号井和 2 号井的压裂液 SDI 值为 4.2，说明其中物种多样性和均匀度较返排液和垢样高。同时，在不同垂深井段挂片表面的垢样中检测出了 SRB、APB 等细菌。

由于该气田储层极高的温度和压力，因此中温和嗜热细菌无法存活。但是研究人员分析发现采出水和挂片表面的垢样中都含有中温和嗜热细菌，同时天然气在投产初期未检测到 H_2S，但投产 2 年后检测出了 H_2S，且 H_2S 有生物成因，因此认为这些细菌不是气田地层的细菌物种，而是由地表引入。

对于我国的页岩气田，中国地质大学张凡课题组曾经对涪陵页岩气田 2 个页岩样品和 1 个页岩水样中的微生物进行了分析[52]，结果如图 2-2-1 所示。

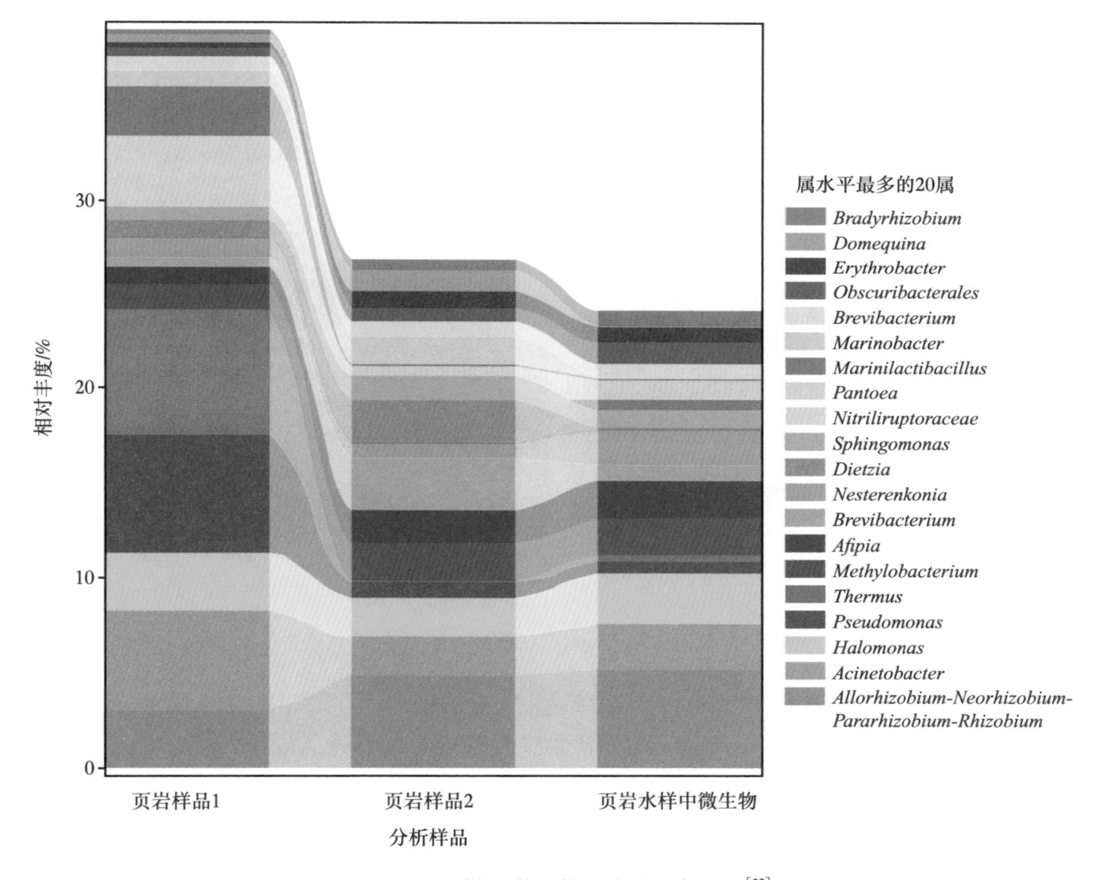

图 2-2-1　样品微生物组成（属水平）[52]

由图 2-2-1 可以看出，页岩样品中微生物组成有很大的相似性。主要以新根瘤菌属（*Allorhizobium–Neorhizobium–Pararhizobium–Rhizobium*）、不动杆菌属（*Acinetobacter*）、嗜盐单胞菌属（*Halomonas*）、假单胞菌属（*Pseudomonas*）、栖热菌属（*Thermus*）、泛菌属（*Pantoea*）、耐压海乳杆菌属（*Marinilactibacillus*）、甲基杆菌属（*Methylobacterium*）、乳酪短杆菌属（*Brevibacterium*）、迪茨氏菌属（*Dietzia*）、涅斯捷连科氏菌属（*Nesterenkonia*），以及腈基降解菌属（*Nitriliruptoraceae*）等为主。值得注意的是菌属中含有嗜盐单胞菌

属（*Halomonas*），该菌属为嗜盐菌，能将硝酸盐还原为亚硝酸盐，是一种较强的SRB抑制剂。

同时，他对这些页岩中的古菌进行了分析，结果如图2-2-2所示。

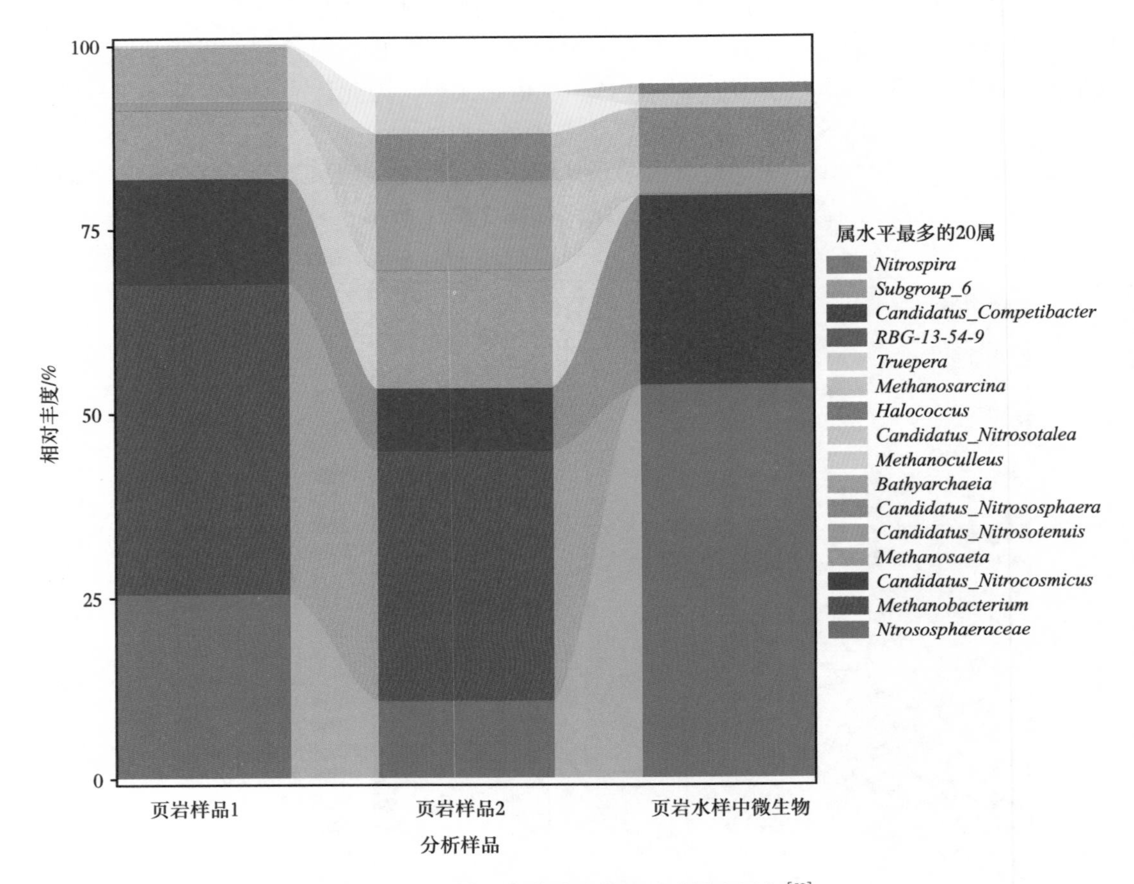

图2-2-2　样品古菌微生物组成（属水平）[52]

可以看出，三种页岩本源的古菌也有很大的相似性。页岩中的古菌群落主要以亚硝化螺菌属（*Nitrososphaeraceae*）、甲烷杆菌属（*Methanobacterium*）、*Candidatus_Nitrocosmicus*、甲烷鬃菌属（*Methanosaeta*）、深古菌属（*Bathyarchaeia*）、甲烷囊菌属（*Methanoculleus*）、*Candidatus_Nitrocosmicus* 和 *Candidatus_Nitrososphaera* 等为主。

涪陵页岩气在生产过程中发现返排液中有SRB等腐蚀性微生物，同时在配制压裂液的水样中也发现有SRB等，结合页岩中微生物分析菌属中含有抑制SRB的嗜盐单胞菌属（*Halomonas*），因此推测返排液中的SRB可能由外界引入。

此外，西南油气田天然气研究院对我国西南某区块的某口页岩气井压裂液和返排液进行了对比分析。

通过对比，在门水平上压裂液中发现了33个已确定的门水平细菌，返排液中发现了41个已确定的门水平细菌。其中压裂液和返排液中占比最多的分别为变形菌门（Proteobacteria）和厚壁菌门（Firmicutes）（图2-2-3）。

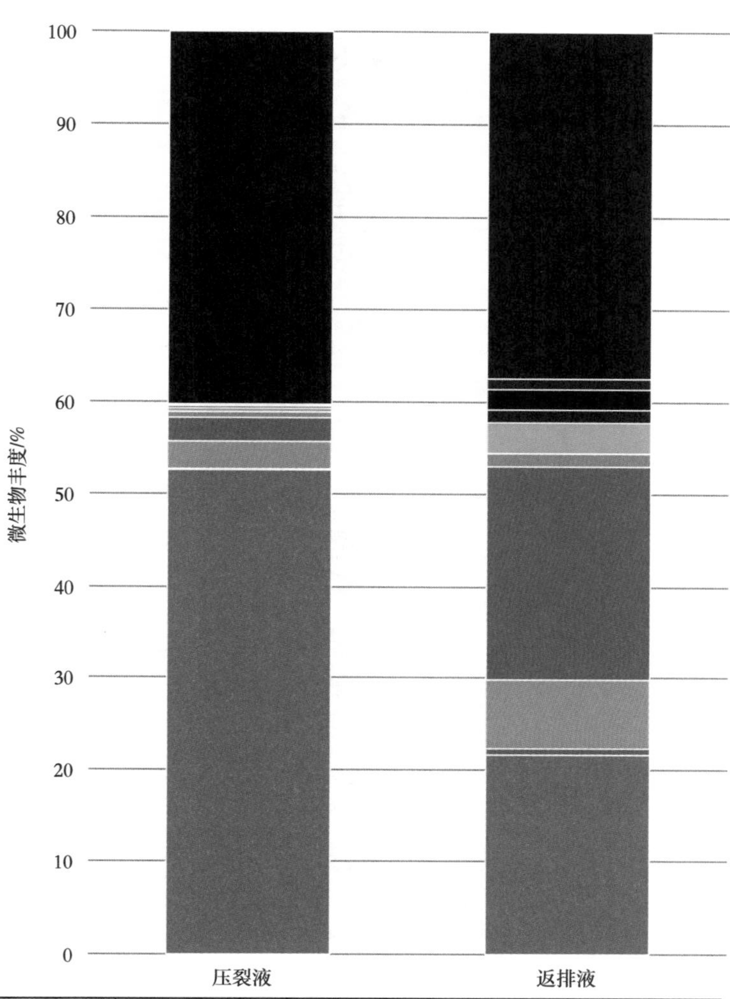

图例	细菌	压裂液中占比/%	返排液中占比/%
■	其他	40.257	37.451
■	Verrucomicrobiota	0.098	1.134
■	Cyanobacteria	0.108	2.202
■	Acidobacteriota	0.227	1.400
■	Actinobacteria	0.389	3.338
■	Desulfobacterota	0.629	1.420
■	Firmicutes	2.588	23.268
■	Bacteroidota	2.966	7.402
■	unidentified-Bacteria	0.106	0.716
■	Proteobacteria	52.632	21.669

图 2-2-3　压裂液和返排液微生物组成（门水平）

在属水平上，压裂液和返排液中的丰度最高的分别是海泥海杆菌（*Marinobacterium*，丰度为 41.68%）和乳杆菌属（*Lactobacillus*，丰度为 7.19%）。具体如图 2-2-4 所示。

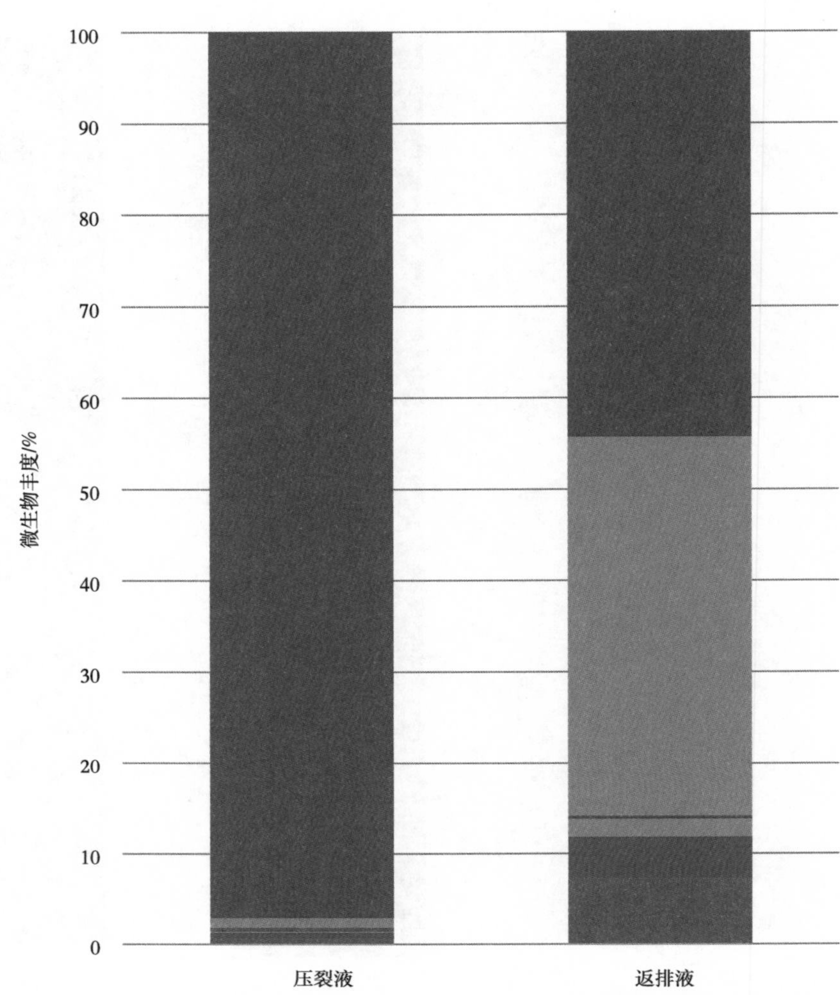

图例	细菌	压裂液中占比/%	返排液中占比/%
■	其他	97.160	44.300
■	Marinobacterium	1.070	41.680
■	Shewanella	0	0.030
■	Desulfovibrio	0.400	0.100
■	Acidibacter	0.020	0.210
■	Ralstonia	0.130	1.950
■	Pseudomonas	0.680	4.540
■	Lactobacillus	0.540	7.190

图 2-2-4　压裂液和返排液微生物组成（属水平）

在该井中，压裂液和返排液中均含有典型的 SRB，丰度分别为 0.71% 和 0.64%，其中两者有 9 种 SRB 菌为相同的属，另外有 7 种 SRB 属只在返排液中发现，说明这 7 种 SRB 菌属均来自井下，可能为土著微生物，具体 SRB 菌属和丰度如图 2-2-5 所示。

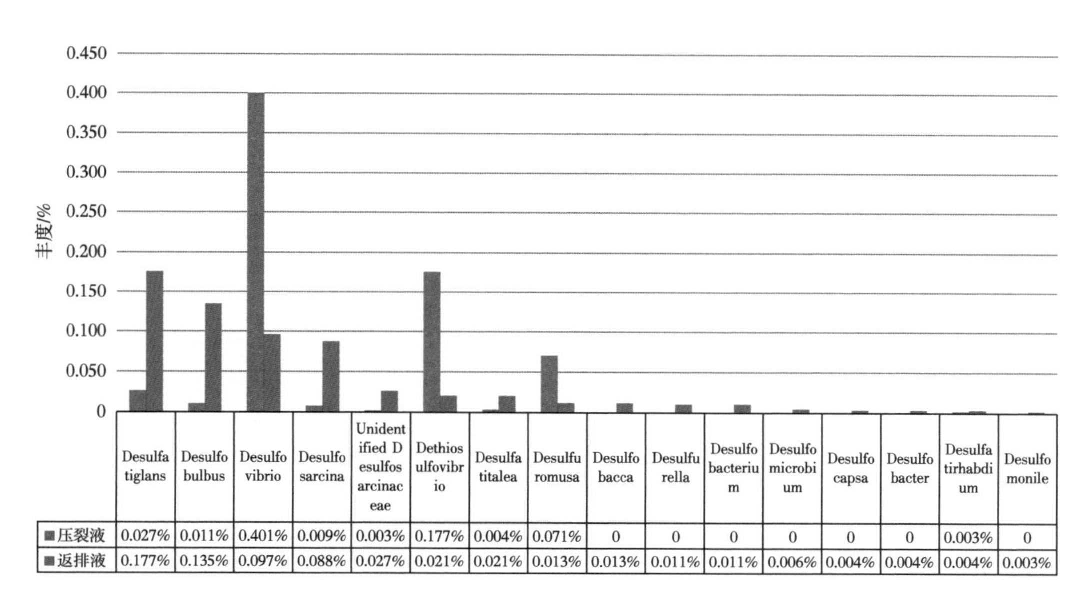

	Desulfatiglans	Desulfobulbus	Desulfovibrio	Desulfosarcina	Unidentified Desulfosarcinaceae	Dethiosulfovibrio	Desulfatitalea	Desulfuromusa	Desulfobacca	Desulfurella	Desulfobacterium	Desulfomicrobium	Desulfocapsa	Desulfobacter	Desulfatirhabdium	Desulfomonile
■压裂液	0.027%	0.011%	0.401%	0.009%	0.003%	0.177%	0.004%	0.071%	0	0	0	0	0	0	0.003%	0
■返排液	0.177%	0.135%	0.097%	0.088%	0.027%	0.021%	0.021%	0.013%	0.013%	0.011%	0.011%	0.006%	0.004%	0.004%	0.004%	0.003%

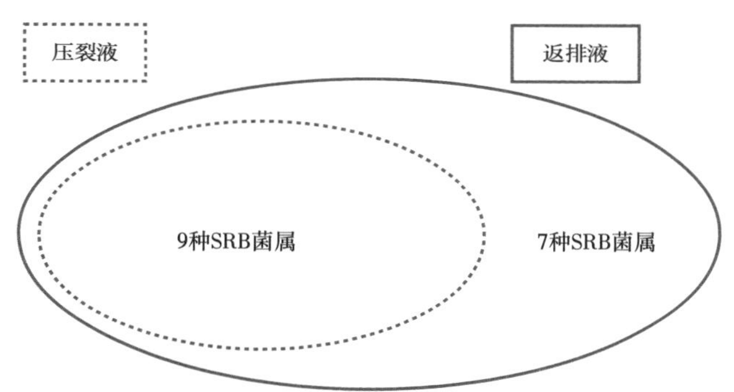

图 2-2-5　压裂液和返排液 SRB 情况

从目前的资料来看，页岩气田中微生物种类繁多，且在分析和鉴定过程中难以消除相互之间的干扰和影响，依靠现有技术手段无法完全准确地说明所有微生物种属、来源、相关性及其在井筒和地层中的生存情况。虽然国内外的相关研究都认为页岩气田开发过程中由地面引入了不少腐蚀性微生物，但是这并不能表明仅仅杀灭压裂液的微生物就可以控制页岩气田管材及设备的微生物腐蚀，因为有些 SRB 可能在水力压裂之前就存在于井筒之中。同时，页岩中本身也发现了产甲烷菌等具有腐蚀性的微生物，在生产过程中也需要对它们引起的微生物腐蚀进行控制。

二、腐蚀微生物演变

以美国页岩气田为重点的许多关于返排液的研究表明，返排液由高多样性水源群落向低多样性、耐盐或嗜盐、耐热、厌氧返排液水源群落的演替[53-55]，一些研究表明腐蚀性微生物和代谢物的组成变化使腐蚀金属的能力增强[56-59]。

Hongyu Wu 等[60]研究了我国长宁页岩气井返排液中细菌和古细菌群落结构的时间变

化，他们分别收集了5个水样，具体编号见表2-2-5。

表2-2-5 水样情况[59]

水样代号	样品情况
CNH1	压裂水样
CNH2	排采期初期的返排液
CNH3	排采期末期的返排液
CNH4	生产期初期的返排液
CNH5	生产期两个月后的返排液

对这几个水样进行了分析，结果见表2-2-6。

表2-2-6 水样分析结果[60]

元素	CNH1	CNH2	CNH3	CNH4	CNH5
pH值	7.49	7.29	7.13	7.28	7.25
总Fe含量/(mg/L)	0.74	38.25	57.00	17.75	26.00
溶解性Fe含量/(mg/L)	—	1.35	1.47	2.56	2.72
Ba/(mg/L)	68.59	141.62	138.20	198.56	263.89
Na/(mg/L)	39.00	5950.00	6450.00	8450.00	9250.00
K/(mg/L)	31.00	272.00	242.00	316.00	338.00
Ca/(mg/L)	59.60	139.00	119.00	340.00	393.50
Mg/(mg/L)	7.35	30.00	33.00	49.00	49.30
SO_4^{2-}/(mg/L)	60.74	8.62	6.62	18.43	19.88
Cl^-/(mg/L)	84.99	9795.86	10356.81	15225.60	16196.93
HCO_3^-/(mg/L)	181.74	814.68	871.08	835.71	689.34
TGB/(个/mL)	4.50×10^5	1.50×10^4	3500.00	4.50×10^4	1.40×10^4
IB/(个/mL)	2.00×10^4	110.00	1400.00	2.50×10^4	350.00
SRB/(个/mL)	0.40	0.40	6.50	25.00	200.00

可以看出，返排液中含盐量高，重金属含量高，且随时间的延长而增加，pH值为7.13~7.49，适合微生物生长。同时，IB、TGB等细菌在压裂水样中的含量均高于排采初期，说明排采初期地层高温高压会限制某些微生物的活性。而SRB的含量在生产期间总体呈现增加的趋势。

图2-2-6显示了水样中数量最多的8种细菌（门水平），分别是变形菌门（36.37%~94.51%）、裸杆菌门（0.04%~57.48%）、拟杆菌门（1.28%~16.32%）、厚壁菌门（0.41%~3.09%）、放线菌门（0.09%~2.28%）、特内里菌门、螺旋体菌门和酸杆菌门。它们占细菌序列的90%以上，并且以前在其他区块页岩气井的废水中也有检测到[61]。

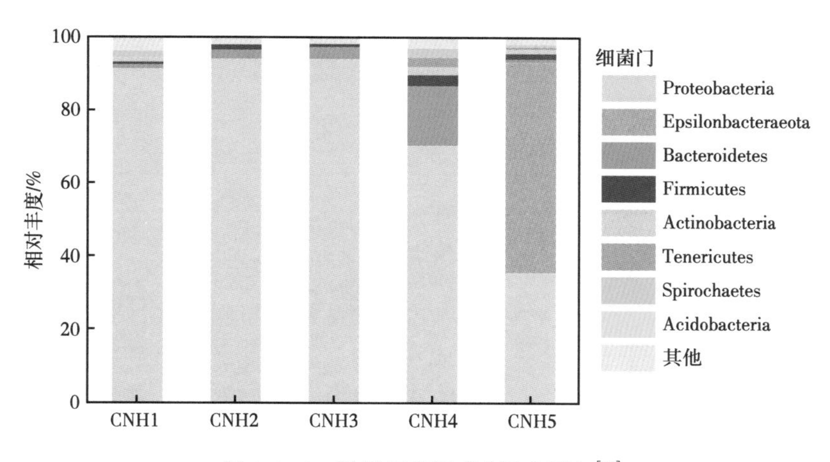

图 2-2-6　样品细菌组成（门水平）[60]

通过图 2-2-7 可以看出，在排采阶段，变形菌门、拟杆菌门和厚壁菌门的相对丰度有所增加。在生产阶段，变形菌门的相对丰度下降，拟杆菌门、厚壁菌门和 Epsilonbacteraeota 门的相对丰度增加。此外，CNH4 样品中拟杆菌门（16.32%）和厚壁菌门（3.09%）的相对丰度增加。拟杆菌门和厚壁菌门通常与厌氧和发酵细菌有关，这些微生物可将各种各样的有机化合物（如糖、有机酸、乙醇和氨基酸等）作为营养物。

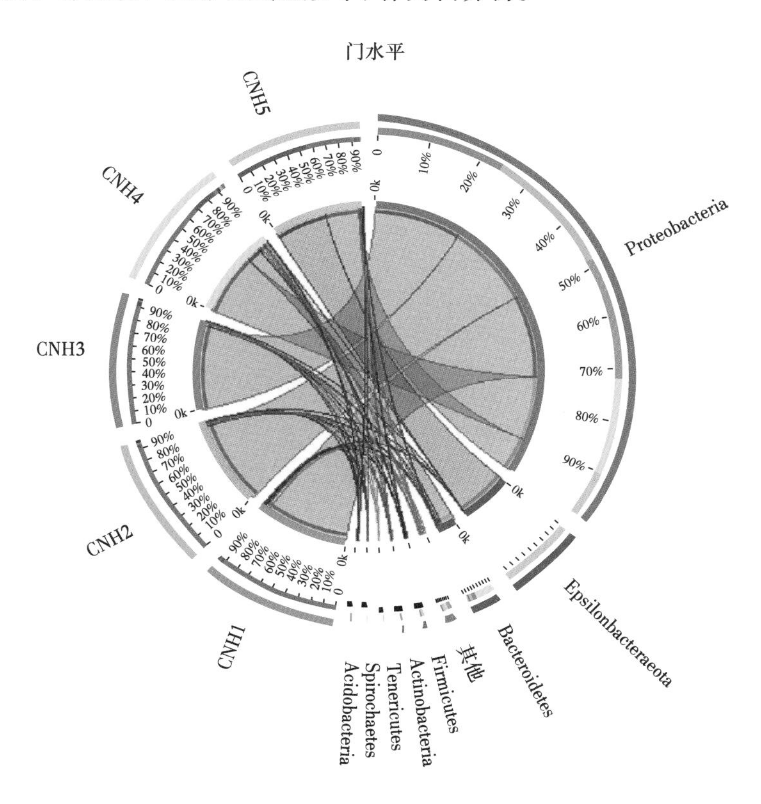

图 2-2-7　样品细菌组成关系（门水平）[60]

门水平，每个水样外环上的条长代表每个水样中门的百分比属水平的细菌群落分析可以进一步揭示细菌对外源扰动的适应。图 2-2-8 显示了水样中存在的属。

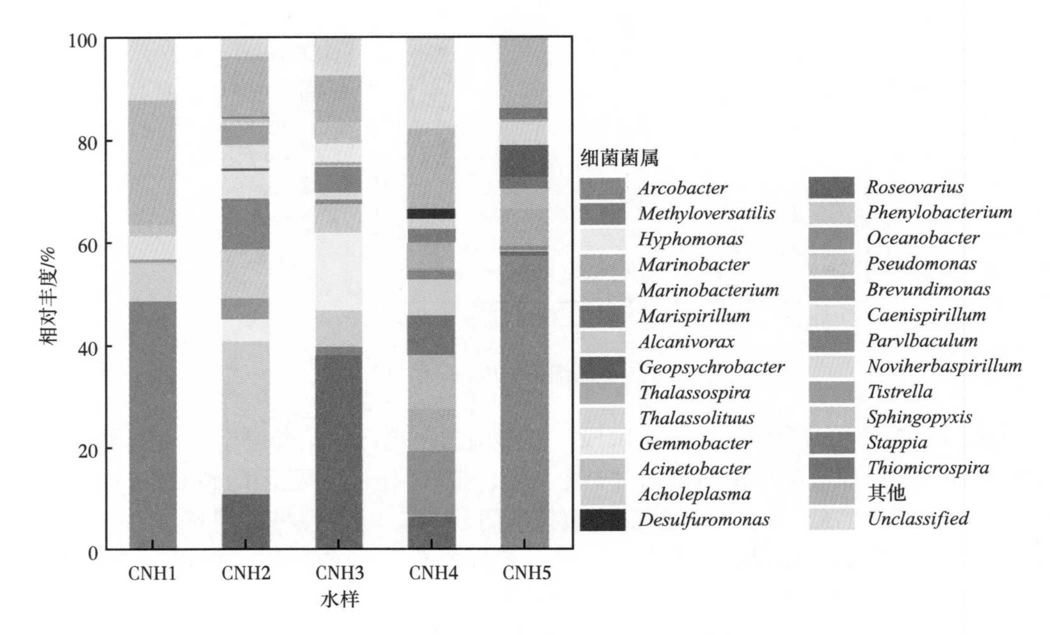

图 2-2-8　样品细菌组成（属水平）[60]

可以看出，压裂水样 CNH1 的细菌群落结构与其他样品有显著差异，不含耐盐或嗜盐细菌。在返排水样 CNH2 和 CNH3 中，耐盐和嗜盐细菌如 *Roseovarius*、*Hyphomonas*、*Oceanobacter* 和 *Brevundimonas* 成为主导。与此同时，腐蚀性微生物变得更加丰富，如 *Caenispirillum*、*Proteiniphilum* 和 *Pseudomonas*。*Caenispirillum* 和 *Proteiniphilum* 是产酸菌（APB），假单胞菌（*Pseudomonas*）是产泥菌（SPB）。APB 可以产生酸并腐蚀金属，而 SPB 可以分泌附着于金属表面的 EPS，EPS 可以帮助细菌在金属表面形成生物膜进行生长和代谢，从而促进微生物腐蚀。

在采出水样 CNH4 和 CNH5 中，耐盐和嗜盐细菌的数量继续增加。产酸细菌属 *Marinobacterium*、*Alcanivorax*、*Thalassospira*、*Stappia* 和 *Arcobacter* 的相对丰度也有所增加。重要的是，在初始生产阶段（CNH4）检测到高相对丰度的硫循环细菌，如 *Marinobacterium*，*Alcanivorax* 和 *Desulfuromonas*。CNH4 样品中还检出异养硝酸还原菌（hNRB）和石油烃降解菌。在 CNH5 样品中，*Arcobacter* 属（57.46%）占主导地位，硫循环细菌如 *Arcobacter*、*Marinobacterium* 和 *Thiomicrospira*，即 SRB 和硫氧化细菌（SOB）的相对丰度显著增加。此外，*Arcobacter* 是一种非典型 SRB，能产生 H_2S 并分泌 EPS 形成生物膜。

图 2-2-9 显示了这些水样中古菌的门组成。门类 Thaumarchaeota（99.97%）在 CNH1 样品中占主导地位，其他水样中古菌序列属于 Euryarchaeota 门类，其中大多数与嗜热古菌属 *Methanolobus* 和 *Methanothermobacter* 有关，显示出压裂液和返排液水样之间的巨大差异。

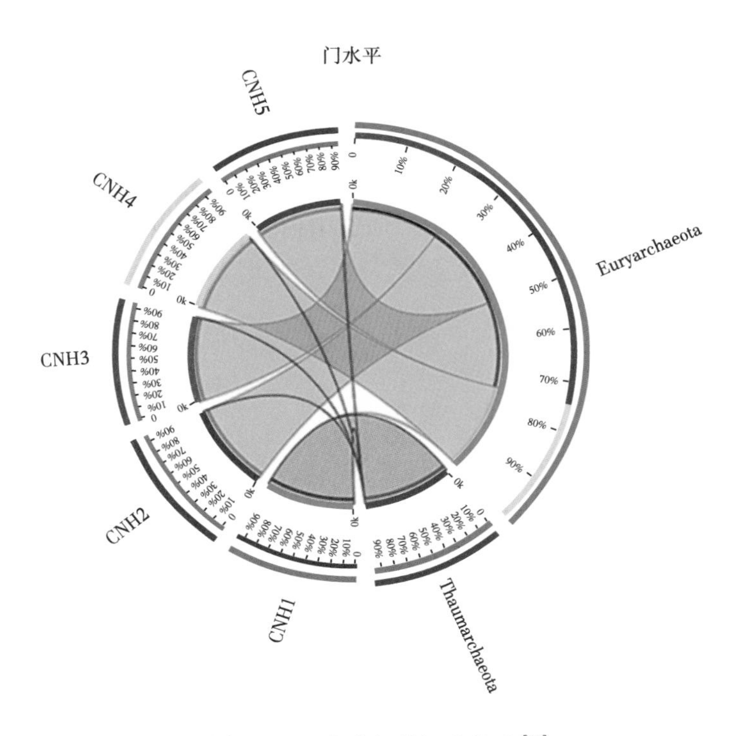

图 2-2-9　古菌门的组成关系 [60]

每个水样外环上的条长代表每个水样中门的百分比

图 2-2-10 是属水平的古菌情况。

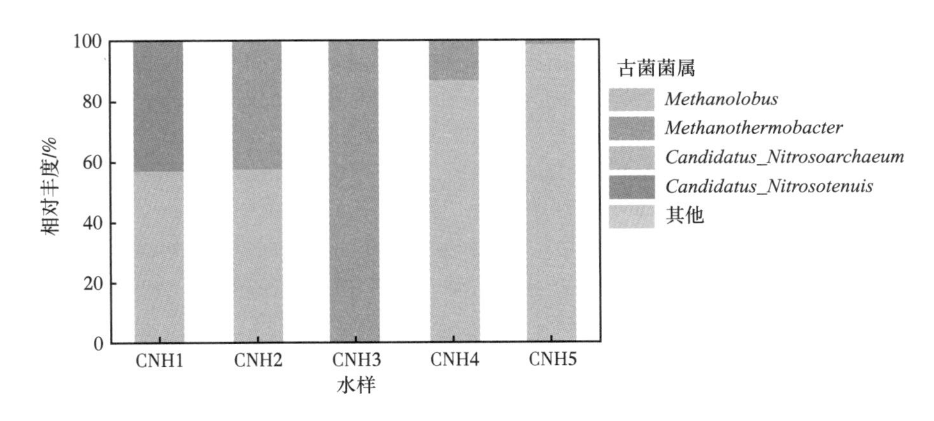

图 2-2-10　古菌属的组成情况 [60]

可以看出，在 CNH1 样品中，*Candidatus_Nitrosoarchaeum*（57.37%）和 *Candidatus_Nitrosotenuis*（42.49%）占主导地位；在排采期，由于环境温度较高，*Methanothermobacter*（一类嗜热古菌）发生富集，随着生产的进行，温度降低，*Methanolobus* 开始占据主导地位，同时这些古生菌是耐盐的产甲烷菌属。

总体来说，返排液中的细菌和古细菌群落转变为以嗜盐或/和耐盐和硫循环群落为主，并且 Arcobacter 属在采出水中高度富集。随着细菌群落的演替，返排水中的微生物腐蚀机制也会发生变化：在排采期，厌氧氨氧化菌（*Caenispirillum* 和 *Proteiniphilum*）、假单胞菌（*Pseudomonas*）和氢营养型甲烷菌（*Methanothermobacter*）在微生物腐蚀中会起主要作用。而在生产期，硫循环细菌（如 *Arcobacter*、*Marinobacterium* 和 *Desulfuromonas*）会起关键作用。随着生产的进行，由于盐水的腐蚀和 *Arcobacter* 的富集，采出水的腐蚀性会升高。

这些结果表明，有必要在排采期和生产期采用相应的方法来保护管材设备免受微生物腐蚀。此外，如果腐蚀性的返排液被回用，潜在腐蚀风险将威胁页岩气田安全平稳生产。因此，有必要开展返排液的处理。

参考文献

[1] Maryam，A，Cluff，Angela，et al.Temporal changes in microbial ecology and geochemistry in produced water from hydraulically fractured Marcellus shale gas wells[J].Environmental science & technology，2014，48：6508–6517.

[2] Stemple B，Tinker K，Sarkar P，et al.Biogeochemistry of the Antrim shale natural gas reservoir[J].ACS earth space chemistry. 2021，5：1752–1761.

[3] Daly R A，Borton M A，Wilkins M J，et al.Microbial metabolisms in a 2.5–km–deep ecosystem created by hydraulic fracturing in shales[J].Nat Microbiol，2016，1：1–9.

[4] Murali Mohan A，Hartsock A，Hammack R W，et al.Microbial communities in flowback water impoundments from hydraulic fracturing for recovery of shale gas[J].FEMS Microbiology Ecology，2013，86：567–580.

[5] Liang R，Davidova I A，Marks C R，et al. Metabolic capability of a predominant Halanaerobium sp. in hydraulically fractured gas wells and its implication in pipeline corrosion [J]. Frontiters in Microbiology，2016，7：988.

[6] Struchtemeyer C G，Elshahed M S. Bacterial communities associated with hydraulic fracturing fluids in thermogenic natural gas wells in North Central Texas，USA[J].Fems Microbiology Ecology，2012，81：13–25.

[7] 张庆，景于娣，陈祉伊，等，威远页岩气区块某平台配液用水与采出水细菌群落演替规律 [J]. 石油与天然气化工，2023，52（5）：96–101.

[8] Wu H，Lan G，Qiu H，et al.Temporal changes of bacterial and archaeal community structure and their corrosion mechanisms in flowback and produced water from shale gas well[J].Journal of Natural Gas Science and Engineering，2022，104：104633.

[9] Litle B J，Wagner P A. Myths related to microbiologically influenced corrosion [J]. Materials Performance，1997，36（6）：40–44.

[10] 廖伟，生物硫铁复合材料制备及其处理低浓度含铀废水研究 [D]. 衡阳：南华大学，2017.

[11] Walsh D，Pope D，Danford M，et al. The effect of microstructure on microbiologically–influence corrosion[J]. Minerals，Metalsand Materials Society，1993，45（9）：22–30.

[12] 俞敦义，彭方明，郑家燊 . 硫酸盐还原菌对油田套管腐蚀的研究 [J]. 石油学报，1996，17（1）：154–158.

[13] 马放，魏利 . 油田硫酸盐还原菌分子生态学及其活性生态调控研究 [M]. 北京：科学出版社，2009.

[14] Liu T，Liu H，Hu Y，et al.Growth characteristics of thermophile sulfate–reducing bacteria and its effect on carbon steel[J].Materials and Corrosion，2009，60（3）：218–224.

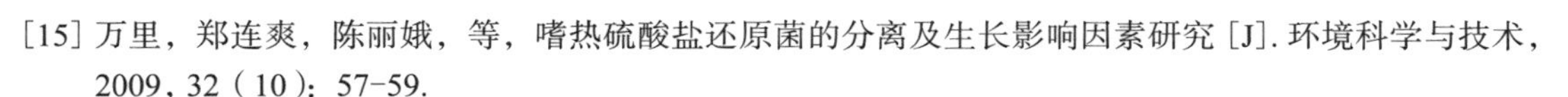

[15] 万里，郑连爽，陈丽娥，等，嗜热硫酸盐还原菌的分离及生长影响因素研究 [J]. 环境科学与技术，2009, 32 (10): 57-59.

[16] 俞敦义，彭芳明，刘小武，等 . 环境对硫酸盐还原菌生长的影响 [J]. 材料保护，1996，29 (2): 1-2.

[17] 覃敏，廖柯熹，白杨，等 . 页岩气田含氧管道内硫酸盐还原菌生长特性 [J]. 材料保护，2023，56(1): 30-34.

[18] 张小里，陈志听，刘海洪，等 . 环境因素对硫酸盐还原菌生长的影响 [J]. 中国腐蚀与防护学报，2000，20 (4): 224-229.

[19] Smith J S，Miller J D. Nature of sulphides and corrosion effect on ferrous metal：review [J]. British Corrosion Journal，1975，10 (33)：136-143.

[20] King R A，Dittmer C K，Miller J D. Effect of ferrous ion concentration on the corrosion of iron in semicontinuous cultures of sulphate-reducing bacteria [J]. British Corrosion Journal，1976，11 (2): 105-107.

[21] Xu L C，Chan K Y，Fang H H P. Application of atomic force microscopy in the study of microbiologically influenced corrosion [J]. Materials Characterization，2002，48 (2-3)：195-203.

[22] 万海清，苏仕军，朱家骅，等 . 硫酸盐还原菌的生长影响因子及脱硫性能的研究 [J]. 高校化学工程学报，2004，18 (2): 218-223.

[23] 张润杰，曹振恒，张贵雄，等 .SRB 对油气管道腐蚀影响的研究进展 [J]. 腐蚀与防护，2021，10：68-73.

[24] 夏进，徐大可，南黎，等 . 从生物能量学和生物电化学角度研究金属细菌腐蚀的机理 [J]. 材料研究学报，2016，30 (3)：161.

[25] Li S M，Zhang Y Y，Liu J H，et al. Corrosion behavior of steel A3 influenced by thiobacillus ferrooxidans [J]. Acta Physico-Chimica Sinica，2008，24：1553.

[26] Emerson D，Vet W D. The role of feob in engineered water ecosystems：A review (PDF) [J]. Journal American Water Works Association，2015，107：E47-E57.

[27] Franzmann P D，Haddad C M，Hawkes R B， et al.Effects of temperature on the rates of iron and sulfur oxidation by selected bioleaching Bacteria and Archaea：Application of the Ratkowsky equation[J]. Minerals Engineering，2005，18：1304-1314.

[28] Zhai F T，Li H H，Xu C M. Corrosion behavior of 2507 duplex stainless steel in cooling water with different IOB contents [J]. Metallic Functional Materials，2015，35：654.

[29] Wang H，Ju L K，Castaneda H，et al. Corrosion of carbon steel C1010 in the presence of iron oxidizing bacteria Acidithiobacillus ferrooxidans [J]. Corrosion Science，2014，89：250.

[30] 潘月秋，张迪彦 . 细菌微生物对工业油田生产的危害及机理研究 [J]. 安徽化工，2014，40 (4): 43-45.

[31] Xu D K，Li Y C，Song F M，et al. Laboratory investigation of microbiologically influenced corrosion of C1018 carbon steel by nitrate reducing bacterium Bacillus licheniformis[J]. Corrosion Science，2013，77：385–390.

[32] 刘波，X80 管线钢硝酸盐还原菌 Bacillus cereus 应力腐蚀行为与机理研究 [D]. 北京：北京科技大学，2023.

[33] Machuca L L，Jeffrey R，Melchers R E. Microorganisms associated with corrosion of structural steel in diverse atmospheres[J]. International Biodeterioration & Biodegradation，2016，114：234–243.

[34] Gu T. Can acid producing bacteria be responsible for very fast MIC pitting?[C]. NACE-International Corrosion Conference Series，2012，2：1481-1493.

[35] Beech I B，Sunner J A，Hiraoka K. Microbe-surface interactions in biofouling and biocorrosion

processes[J]. International Microbiology, 2005, 8 (3): 157–168.
[36] Palmer J, Flint S, Brooks J. Bacterial cell attachment, the beginning of a biofilm[J]. Journal of Industrial Microbiology & Biotechnology, 2007, 34 (9): 577–588.
[37] Vigneron A, Alsop E B, Chambers B, et al. Complementary microorganisms in highly corrosive biofilms from an offshore oil production facility[J]. Applied and Environmental Microbiology, 2016, 82 (8): 2545–2554.
[38] Li X X, Liu J F, Yao F, et al. Dominance of Desulfotignum in sulfate-reducing community in high sulfate production-water of high temperature and corrosive petroleum reservoirs[J]. International Biodeterioration Biodegradation, 2016, 114: 45.
[39] Beeder J, Roald K N, Rosnes J T, et al. Archaeoglobus fulgidus isolated from hot North Sea oil field waters[J]. Applied Environtal Microbiology, 1994, 60 (4): 1227-1231.
[40] Jia R, Yang D Q, Xu D K, et al. Carbon steel biocorrosion at 80℃ by a thermophilic sulfate reducing archaeon biofilm provides evidence for its utilization of elemental iron as electron donor through extracellular electron transfer[J]. Corrosion Science, 2018, 145: 47.
[41] Daniels L, Belay N, Rajagopal B S, et al. Bacterial methanogenesis and growth from CO_2 with elemental iron as the sole source of electrons[J]. Science, 1987, 237 (4814): 509.
[42] Dinh H T, Kuever J, Mußmann M, et al. Iron corrosion by novel anaerobic microorganisms[J]. Nature, 2004, 427 (6977): 829.
[43] Zhang T, Fang H H P, Ko B C B. Methanogen population in a marine biofilm corrosive to mild steel[J]. Applied Microbiology and Biotechnology, 2003, 63 (1): 101-106.
[44] Dubiel M, Hsu C H, Chien C C, et al. Microbial iron respiration can protect steel from corrosion[J]. Applied and Environmental Microbiology, 2002, 68 (3): 1440–1445.
[45] Mori K, Tsurumaru H, Harayama S. Iron corrosion activity of anaerobic hydrogen-consuming microorganisms isolated from oil facilities[J]. Journal of Bioscience and Bioengineering, 2010, 110 (4): 426–430.
[46] Uchiyama T, Ito K, Mori K, et al. Iron-corroding methanogen isolated from a crude-oil storage tank[J]. Applied and Environmental Microbiology, 2010, 76 (6): 1783–1788.
[47] Zhu X Y, Lubeck J, Kilbane J J. Characterization of microbial communities in gas industry pipelines[J]. Applied and Environmental Microbiology, 2003, 69 (9): 5354–5363.
[48] Curtis J B.Fractured shale-gas systems[J].AAPG Bulletin, 2002, 86: 1921-1938.
[49] Conrad R. Contribution of hydrogen to methane production and control of hydrogen concentrations in methanogenic soils and sediments[J]. FEMS Microbiology Ecology, 1999, 28: 193 -202.
[50] Jarvie D M, Hill R J, Pollastro R M, et al. Evaluation of hydrocarbon generation and storage in the Barnett Shale, Fort Worth Basin, Texas[R].Texas: Humble Geochemical service Division, 2004.
[51] Fichter J , Wunch K , Moore R , et al.How hot is too hot for bacteria? A technical study assessing bacterial establishment in downhole drilling, fracturing and stimulation operations[C]. NACE CORROSION CONFERENCE & EXPO, 2012: 2402-2422.
[52] 邓舒元 . 涪陵页岩特征微生物菌群研究 [D]. 北京：中国地质大学（北京），2021.
[53] Cluff M A, Hartsock A, MacRae, J D, et al. Temporal changes in microbial ecology and geochemistry in produced water from hydraulically fractured Marcellus shale gas wells[J]. Environment Science Technology, 2014, 48(11): 6508–6517.
[54] Hull N M, Rosenblum J S, Robertson C E, et al. Succession of toxicity and microbiota in hydraulic fracturing flowback and produced water in the Denver–Julesburg Basin[J]. Science Total Environment,

2018, 644: 183–192.

[55] Murali Mohan A, Hartsock A, Bibby K J, et al. Microbial community changes in hydraulic fracturing fluids and produced water from shale gas extraction[J]. Environment Science Technology, 2013, 47(22): 13141–13150.

[56] Wang H, Lu L, Chen X, et al. Geochemical and microbial characterizations of flowback and produced water in three shale oil and gas plays in the central and western United States[J]. Water Research, 2019, 164: 114942.

[57] Akob D M, Cozzarelli I M, Dunlap, D S, et al. Organic and inorganic composition and microbiology of produced waters from Pennsylvania shale gas wells[J]. Applied Geochemistry: Journal of the International Association of Geochemistry and Cosmochemistry, 2015, 60: 116–125.

[58] Daly R A, Borton M A, Wilkins M J, et al. Microbial metabolisms in a 2.5-km-deep ecosystem created by hydraulic fracturing in shales[J]. Nat. Microbiol, 2016, 1: 16146.

[59] Mohan A M, Bibby K J, Lipus D, et al. The functional potential of microbial communities in hydraulic fracturing source water and produced water from natural gas extraction characterized by metagenomic sequencing[J]. PLoS One, 2014, 9(10): e107682.

[60] Wu H, Lan G, Qiu H, et al. Temporal changes of bacterial and archaeal community structure and their corrosion mechanisms in flowback and produced water from shale gas well[J]. Journal of natural gas science and engineering, 2022, 104 (104663): 1-9.

[61] Murali A M, Hartsock A, Bibby K J, et al. Microbial community changes in hydraulic fracturing fluids and produced water from shale gas extraction[J]. Environmental Science & Technology, 2013, 47(22): 13141–13150.

第三章　页岩气田微生物腐蚀机理及评价

金属腐蚀是全球性的问题，它制约着建筑业、水处理、航运、石油化工业和海洋业等众多行业的发展。据报道，美国腐蚀成本每年高达2.5万亿~4万亿美元[1]；在中国，腐蚀造成的年损失为国内生产总值的3%~5%[2]。导致腐蚀的因素有很多，如温度、湿度、酸碱度、土壤性质和微生物等。其中微生物腐蚀（MIC），即由微生物（特别是细菌）活动引起的腐蚀是最常见的腐蚀行为，也是一种被公认的、极具破坏性的腐蚀行为。据统计全球每年约20%的腐蚀损失由细菌引起[3]。微生物腐蚀是由金属表面微生物群落和腐蚀环境的相互作用而发生的腐蚀行为，由于与微生物腐蚀相关的微生物种类比较多，且该过程受到许多因素的影响，对此研究者们提出了各种各样的机理来解释微生物腐蚀现象。如微生物可以改变局部金属所处的环境（氧浓度或酸碱度），从而在铁表面形成浓差电池导致局部腐蚀，微生物代谢会改变腐蚀材料的理化性质等。但由于目前缺乏对微生物膜与金属基质界面上发生生物电化学过程的清晰认识，人们对微生物腐蚀的理解仍存在很多问题。本章重点介绍微生物腐蚀机理及评价方法，为微生物腐蚀控制提供必要的技术支撑。

第一节　微生物腐蚀的研究方法

微生物腐蚀研究方法在材料耐腐蚀性能评估中扮演着至关重要的角色。为了全面了解微生物腐蚀现象，研究者们采用了多种研究方法。这些方法主要由腐蚀微生物分析鉴定方法、微生物腐蚀评价方法和微生物腐蚀分析方法三部分组成。

腐蚀微生物分析鉴定是研究微生物腐蚀的重要手段之一。通过对造成腐蚀的微生物进行种群鉴定，可以了解腐蚀微生物的种类、数量和分布情况。这一过程主要包括分离、提纯、测序鉴定和保存等步骤。通过这些步骤，可以获得微生物的详细信息，从而为后续的腐蚀评价和分析提供基础数据。

微生物腐蚀评价是评估材料耐腐蚀性能的关键环节。这一过程主要基于静态腐蚀评价、电化学腐蚀评价、应力腐蚀评价和其他评价方法。通过这些评价方法，可以获得关于材料耐腐蚀性能的全面信息，为实际生产和应用提供可靠的指导。

微生物腐蚀分析则是通过相关仪器设备对微生物的腐蚀行为进行表征的过程。这一过程需要借助先进的仪器设备和技术手段，如显微镜、光谱仪和电化学分析仪等。通过这些仪器设备，可以观察和分析微生物在材料表面的生长、代谢和腐蚀行为，从而深入了解微生物腐蚀的机理和影响因素。这些分析结果可以为材料的防腐蚀设计和优化提供更加科学和可靠的理论依据。

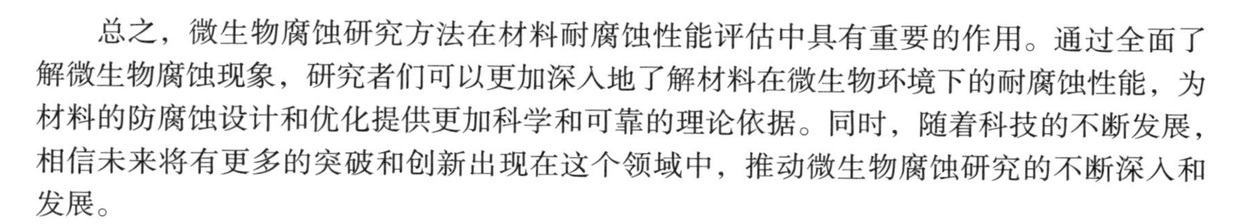

总之，微生物腐蚀研究方法在材料耐腐蚀性能评估中具有重要的作用。通过全面了解微生物腐蚀现象，研究者们可以更加深入地了解材料在微生物环境下的耐腐蚀性能，为材料的防腐蚀设计和优化提供更加科学和可靠的理论依据。同时，随着科技的不断发展，相信未来将有更多的突破和创新出现在这个领域中，推动微生物腐蚀研究的不断深入和发展。

一、微生物分析鉴定方法

微生物检测在材料耐腐蚀性能评估中扮演着至关重要的角色。微生物的分析鉴定主要包括微生物计数、微生物分离纯化和微生物鉴定等步骤。

1. 微生物计数

测定微生物细胞数量对材料的微生物腐蚀极为重要，微生物浓度对金属腐蚀速率具有决定性的影响。因此进行金属微生物腐蚀实验过程中应同步检测微生物浓度变化。测定微生物细胞数量的方法很多，通常采用的有显微直接计数法和稀释平板计数法。

常用的微生物计数方法如显微镜直接计数法，虽然方便快捷，但无法分辨微生物死活；而平板计数法虽然具有较高的可靠性，但存在操作烦琐、工作量大和耗时多等缺点，难以广泛应用于实际生产和研究中。为了克服这些问题，研究者们不断探索新的快速、高效的微生物检测技术。这些新技术主要包括气相色谱法、阻抗测量法、微量量热法、放射免疫测定法和酶联免疫吸附测定法等。与传统的微生物计数方法相比，这些新方法具有更快速、高效的特点，能够更快速地提供检测结果，提高了实验效率和准确性。

然而，这些新方法也存在一些不足之处。例如，一些新方法需要特殊的仪器和设备，增加了实验成本和操作难度。因此，在选择合适的微生物检测方法时，需要综合考虑实验要求、成本和可操作性等因素。

2. 微生物分离纯化

自然条件下，微生物常以群落状态存在，这种群落往往是不同种微生物的混合体。为了研究某种微生物的特性或者要大量培养和使用某种微生物，因此需要从混杂的微生物群落中获得纯种微生物，这种获得纯种微生物的方法称为微生物的分离与纯化。常用的分离方法有稀释涂布平板法，平板划线法及选择培养分离法等。稀释涂布平板法和平板划线法的原理都是将微生物分散成单个细胞再进行培养，从而形成单个菌落。选择培养法的原理是根据不同菌种对营养、pH 值、氧气和温度等要求的不同，针对性供给目标菌种适宜的生长环境，或加入某种抑制剂造成不利于其他菌种生长的环境，从而淘汰不需要的菌种。无论何种方法，其最终目的都是在培养基上得到微生物的单个菌落，获得纯种微生物。

3. 微生物鉴定

微生物形态学和生理生化鉴定主要是观察菌株在平板计数琼脂培养基上的生长形态和光学显微镜下的细胞形态，并参考《伯杰细菌鉴定手册》及《常见细菌系统鉴定手册》对菌株的生理生化包括革兰氏染色、过氧化氢酶、氧化酶、蛋白酶、淀粉酶、纤维素酶、生长 pH 范围、生长盐浓度范围和生长温度范围进行鉴定。

微生物分子学鉴定主要通过聚合酶链反应（Polymerase Chain Reaction，PCR）技术进行，该方法是利用一段 DNA 为模板，在 DNA 聚合酶和核苷酸底物共同参与下，将该段

DNA 扩增至足够数量，以便进行结构和功能分析。使用 PCR 方法可实现对微生物的快速鉴定，应用 PCR 方法检测某种腐蚀性微生物的首要条件是设计一对特异性 DNA 引物。该引物所引导的 DNA 扩增序列应是该腐蚀性微生物独有的，且是该腐蚀性微生物的保守序列，这样才能保证检测结果的特异性。

为了进一步提高微生物鉴定的准确性和可靠性，研究者们还开发了一些基于分子生物学的方法。其中，基于聚合酶链式反应（Polymerase Chain Reaction，PCR）的荧光原位杂交 16SrRNA 探针技术是近年来备受关注的一种方法。该技术利用 PCR 技术扩增细菌的 16SrRNA 基因片段，然后通过荧光原位杂交技术对扩增产物进行分析和鉴定。由于 16SrRNA 基因具有高度的保守性和特异性，因此该方法能够准确鉴定不同种类的细菌，为微生物腐蚀研究提供了有力支持。

除基于 PCR 链反应的荧光原位杂交技术外，基于氢化酶和 5- 磷硫酸腺首还原酶的微生物检测和诊断工具也已获得应用。这些工具通过检测与微生物代谢相关的酶活性或代谢产物，间接推断微生物的生长状态和种类。这些方法具有非破坏性和原位检测的特点，能够提供更全面的微生物数据信息。

未来，随着科技的不断发展，相信微生物分析鉴定技术将继续创新和进步。新技术和新方法的开发将进一步提高微生物分析鉴定的准确性和可靠性，为材料耐腐蚀性能评估提供更加全面和深入的信息。同时，随着大数据和人工智能等技术的应用，微生物检测数据的处理和分析将更加高效和智能化，为研究者们提供更多有价值的线索和信息。

二、微生物腐蚀评价方法

微生物腐蚀是一种复杂的腐蚀过程，涉及微生物种类、代谢产物、环境因素和材料性质等多个因素。为了准确评估材料的耐微生物腐蚀性能，需要采用多种评价方法。这些评价方法主要包括电化学评价、腐蚀失重评价和应力腐蚀评价等。

电化学评价方法是利用电化学手段，在模拟实际环境的条件下，对材料的腐蚀行为进行实时监测和评估。这些方法主要包括动电位极化曲线法、交流阻抗谱法和恒电位 / 恒电流阶跃法等。这些方法具有操作简便、数据易于处理等优点，可以快速评估材料的耐腐蚀性能。然而，电化学评价方法也存在一定的局限性，如难以揭示微生物与材料表面之间的微观作用机制。

腐蚀失重评价是在恒定条件下，对材料进行长时间的腐蚀试验，以评估材料的耐腐蚀性能。这种方法可以模拟实际环境中材料的长期腐蚀行为，但需要较长时间才能得到结果，且难以模拟实际环境中的动态变化。

应力腐蚀评价是另一种重要的评价方法。应力腐蚀是指在拉应力和腐蚀介质的共同作用下，材料发生的脆性断裂。为了评估材料的应力腐蚀敏感性，可以采用慢应变速率拉伸试验、恒负荷拉伸试验等方法。这些方法可以在模拟实际环境的条件下，对材料的应力腐蚀行为进行评估，但需要严格控制试验条件和操作技术。

除此之外，还有将细菌腐蚀与冲刷腐蚀耦合的腐蚀评价，以及多相流环境下微生物腐蚀评价等。在实际应用中，需要根据实验要求和条件选择合适的评价方法。同时，为了获得更加准确可靠的实验结果，需要综合考虑各种因素，如微生物种类、代谢产物、环境因素和材料性质等。未来研究方向包括建立更加真实的环境因素模拟方法，发展更加快速、

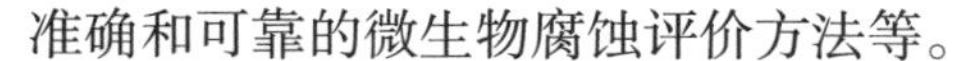
准确和可靠的微生物腐蚀评价方法等。

1. 腐蚀失重评价

微生物腐蚀的腐蚀失重评价是评估材料耐腐蚀性能的重要手段之一。通过模拟实际环境中微生物腐蚀的条件，腐蚀失重评价可以提供有关材料耐腐蚀性能的可靠数据。

腐蚀失重评价通常采用浸泡实验的方法，将材料样品浸泡在含有微生物的腐蚀液中，模拟实际环境开展微生物腐蚀实验。实验后观测样品的表面变化，记录腐蚀程度、形貌特征及腐蚀速率等相关参数。这些数据可以帮助研究者们了解材料在不同环境下的耐腐蚀性能及微生物对腐蚀的影响。

为了更准确地评估材料的耐腐蚀性能，腐蚀失重评价可以采用多种实验设计。例如，可以通过对比不同材料之间的腐蚀程度和速率，评估材料的耐腐蚀性能。此外，可以通过改变实验条件，如温度、pH 值和氧浓度等，研究环境因素对微生物腐蚀的影响。这些实验设计可以帮助研究者们更全面地了解微生物腐蚀的机理和影响因素，为材料的防腐蚀设计和优化提供依据。

腐蚀失重评价是材料耐蚀能力研究中最基本的方法，同时也是最为有效可信的定量评价方法。通过模拟现场腐蚀介质评价材料在微生物存在下的腐蚀规律，获得腐蚀主控因素。可参考标准 JB/T 7901《金属材料实验室均匀腐蚀全浸试验方法》、SY/T 0026《水腐蚀性测试方法》开展模拟实验评价，试后片处理及评价还可参考 ASTM G1-03《Standard Practice for Preparing, Cleaning, and Evaluating Corrosion Test Specimens》和 GB/T 16545《金属和合金的腐蚀　腐蚀试样上腐蚀产物的清除》等标准进行。

2. 电化学腐蚀评价

微生物腐蚀是一种复杂的自然现象，涉及微生物的生长、代谢和与材料的相互作用。利用电化学评价方法可以精确测量和监测材料表面的电化学行为，进而揭示微生物与材料之间的相互作用机制。

动电位极化曲线法：在电化学评价中，动电位极化曲线法是一种常用的方法。通过测量材料在微生物作用下的阳极和阴极极化曲线，可以获得有关腐蚀速率、腐蚀电流和腐蚀电位等参数。这些参数可以帮助我们了解材料在微生物作用下的腐蚀状态和趋势，测试时应选择较低电压，降低电压对微生物生理特性的影响，以减少电化学测试误差。

交流阻抗谱法：通过测量材料在微生物作用下的交流阻抗谱，可以了解电极表面的双电层结构和电荷传递过程。这种方法可以帮助我们深入了解微生物腐蚀的机理和影响因素，为材料的防腐蚀设计和优化提供依据。

恒电位 / 恒电流阶跃法：通过控制电极电位或电流，使其按照设定的阶跃模式变化，测量电极反应的电流或电位变化。这种方法可以帮助我们了解电极反应的动力学过程和反应机制。

电化学噪声法：通过测量电极电位或电流的自然涨落，分析其统计特性来评估电极反应的动力学过程和反应机制。这种方法可以提供有关电极反应的实时信息，帮助我们更好地了解电极表面的变化和腐蚀状态。

微电极技术：微电极是工作面大小为微米或纳米级的一类电极，其微小尺寸能保证在实验过程中，尽可能小地损害被测物体，保持其微观参数的变化不受影响。Bungay 等[4]首次在水环境下将溶解氧微电极用于生物膜的分析，如测量生物膜中溶解氧、pH 值、

氧化还原电位及 H_2S、H_2、硝酸氮和氧化亚氮含量等。微电极能够表征与生物膜表面相垂直方向的特征参数的梯度分布情况以及膜内部某深度上特征参数的变化情况，同时还能够测量生物膜厚度。微电极的测试结果可获得两类参数：膜—水界面的物质传输速率与膜内部的生化反应速率。这两类参数是推导生物膜模型和研究生物膜传质过程的重要参数。

微区电化学技术：该技术使我们能够深入研究材料表面微小区域内的腐蚀行为，揭示局部区域的电化学性质和腐蚀机理。通过测量动电位极化曲线和电化学阻抗谱等参数，可以了解特定区域内的腐蚀状态和趋势，这有助于发现隐藏的腐蚀区域，为早期预警和预防措施提供关键信息。

扫描参比电极技术：该技术用于在材料表面上进行高精度的电位测量，通过实时监测不同区域的电位变化，评估微生物对电化学行为的影响。这种技术有助于揭示微生物的生长、代谢和活性对材料表面电化学状态的作用，进一步研究微生物腐蚀的机理和影响因素。

扫描振动电极技术：该技术通过测量电极表面的振动频率和阻尼等参数，深入了解电极表面反应的动力学行为。这有助于研究微生物与材料表面之间的相互作用机制，探索微生物腐蚀的微观过程和机理。

扫描开尔文探针技术：该技术用于测量材料表面的电位分布，通过分析各区域的表面电位，进一步了解微生物腐蚀的电化学特征。这种技术为评估材料的耐腐蚀性能提供了有价值的信息，并为防腐蚀设计和优化提供了科学依据。

综上所述，微生物腐蚀的电化学评价技术在微生物腐蚀研究中具有独特的应用价值。这些技术为深入了解微生物腐蚀机理和影响因素提供了有力的工具，有助于评估材料的耐腐蚀性能和优化防腐蚀设计。随着技术的不断发展和完善，这些方法在未来的研究和实际应用中将发挥更加重要的作用。

3. 应力腐蚀评价

基于应力腐蚀评价的微生物腐蚀评价技术是评估材料在同时受到应力和微生物作用下的耐腐蚀性能的重要手段。这种评价技术综合考虑了应力和微生物因素对材料腐蚀行为的影响，对于实际生产和应用中易受到应力作用的设备或结构具有重要意义。

在基于应力腐蚀评价的微生物腐蚀评价技术中，通常采用慢应变速率试验（SSRT）来模拟实际环境中材料的应力腐蚀行为。通过在试验环境中引入微生物，可以研究微生物对材料应力腐蚀敏感性的影响。

在慢应变速率试验中，试样在恒定应变速率下进行拉伸，模拟材料在实际服役过程中受到的应力作用。同时，通过在试验环境中添加特定种类的微生物，可以研究微生物对材料应力腐蚀敏感性的影响。通过观察试样的应力腐蚀开裂行为，可以评估材料的耐腐蚀性能。

除慢应变速率试验外，三点弯、四点弯和 C 形环等应力腐蚀评价技术在微生物腐蚀评价中也有应用。这些技术通过模拟实际服役过程中材料所承受的应力状态，来评估材料的耐腐蚀性能和应力腐蚀敏感性。

三点弯试验是一种常用的评价材料在弯曲状态下应力腐蚀敏感性的试验方法。试样被固定在两个支点上，第三个点施加集中力使试样弯曲。通过在试验环境中添加特定种类的

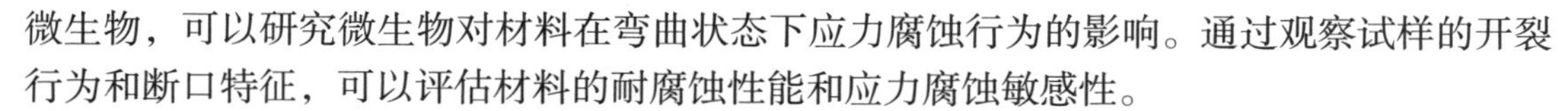

微生物，可以研究微生物对材料在弯曲状态下应力腐蚀行为的影响。通过观察试样的开裂行为和断口特征，可以评估材料的耐腐蚀性能和应力腐蚀敏感性。

四点弯试验与三点弯试验类似，只不过试样被固定在四个支点上，使试样承受弯曲应力。通过在试验环境中添加微生物，可以更深入地研究材料处于复杂应力状态时微生物对材料应力腐蚀行为的影响。

C 形环试验是一种用于评估材料在压缩状态下应力腐蚀敏感性的试验方法。试样呈 C 形弯曲并承受轴向压缩力。通过在试验环境中添加特定种类的微生物，可以研究微生物对材料在压缩状态下应力腐蚀行为的影响。通过观察试样的开裂行为和断口特征，可以评估材料的耐腐蚀性能和应力腐蚀敏感性。

这些应力腐蚀评价技术在微生物腐蚀评价中的应用，有助于更全面地了解材料在复杂应力状态下的耐腐蚀性能和应力腐蚀敏感性。综合应用这些技术可以更准确地评估微生物对材料应力腐蚀敏感性的影响机制，为实际生产和应用提供科学依据。

4. 其他腐蚀评价技术

其他腐蚀评价技术包括了冲刷腐蚀与微生物腐蚀耦合的腐蚀评价、多相流环境下微生物腐蚀评价等方法。

冲刷腐蚀是指流体在流动过程中对材料表面的冲刷作用，导致的材料损失或性能退化。在许多工业设备和管道中，流体的高速流动会对材料表面产生强烈的冲刷作用，从而加剧腐蚀过程。微生物的存在可以改变流体的动力学特性，如流速、流动模式等，进而影响冲刷腐蚀行为。同时，微生物代谢产生的化学物质也可以与冲刷腐蚀产生相互作用，进一步影响腐蚀进程。为了研究这种相互作用，可以采用模拟实际工况的冲刷腐蚀试验装置，并在其中引入微生物。通过监测材料在冲刷腐蚀环境中的腐蚀速率、表面形貌变化以及微生物的生长情况，可以深入了解微生物对冲刷腐蚀的影响。

多相流是指流体中含有固相、液相和气相等多种相态的流动体系。在石油、化工等领域中，许多设备都处于多相流环境中，因此多相流环境下的腐蚀评价尤为重要。当多相流环境中存在微生物时，各相之间的相互作用以及微生物与材料表面的相互作用都会影响腐蚀行为。例如，微生物可以改变流体的物化性质（如 pH 值、氧化还原电位等），从而影响腐蚀速率。同时，多相流中的固相颗粒可以携带或覆盖在材料表面，影响微生物的附着和生长，进而影响腐蚀进程。为了模拟多相流环境并进行微生物腐蚀评价，可以采用旋转盘或流动反应器等试验装置模拟实际工况下的多相流条件，并在实验介质中引入微生物。通过监测材料在多相流环境中的腐蚀速率、表面形貌变化以及微生物的生长情况，可以深入了解多相流环境下微生物对腐蚀的影响。这种评价技术有助于预测材料在实际多相流环境中的耐腐蚀性能，并为工业设备的维护和寿命预测提供依据。

总之，冲刷环境和多相流环境等与微生物的结合，为全面评估材料的耐腐蚀性能提供了更深入的认识和理解。通过综合运用这些评价技术，我们可以更好地了解各种复杂环境下微生物对材料腐蚀行为的影响，并为实际生产和应用提供科学依据。

三、微生物腐蚀分析方法

在微生物对材料的腐蚀过程中，微生物会附着在金属表面形成薄膜，称为生物膜或生物被膜。通常来说，生物膜是指附着于有生命或无生命物体表面被微生物胞外大分子包裹的有一定三维结构和功能的微生物群体，是大多数微生物在自然界中采用的一种生活方式。生物膜的结构复杂，内部分布不均匀。生物膜的结构与微生物种属和环境条件息息相关，不同微生物或同一微生物所处环境不同时，生物膜的疏密和厚薄都会存在明显差异。由于生物膜中的微生物处在不同时间和空间发展，因此基因表达和生理活性具有不均质性。

由于不同生物之间的协同作用，生物膜的形成诱导并加速了微生物腐蚀过程。这些微生物在金属表面以联合体的形式黏合在一起共同发挥作用。目前，研究者们通过荧光显微技术、微观电镜技术等方法观察微生物在金属表面的生长情况、测定金属的电化学性质及检测特定微生物酶的活性，以深入了解微生物与金属之间的相互作用及腐蚀机制。这些分析方法对于理解微生物腐蚀现象、预测金属材料的耐久性及开发有效的防腐措施具有重要意义。

1. 荧光显微技术

20 世纪 90 年代，激光扫描显微镜（Laser Confocal Microscopy，LSM）开始应用于细菌的分析研究。直到结合共轭聚焦装置后，正式发明了激光扫描共聚焦显微镜（Laser Scanning Confocal Microscopy，CLSM）。

图 3-1-1 显示了基于 CLSM 观察到的混合体系生物膜中的细菌图像。

图 3-1-1　CLSM 观察混合体系生物膜中的细菌（蓝色）、蛋白质（绿色）和多糖（红色）

2. 扫描电子显微镜技术

扫描电子显微镜是细菌腐蚀研究中经常使用的一项技术。其利用二次电子和背散射电子提供所测样品性质的信息，包括微观形貌、组成、晶体结构、电子结构和内部电场或磁场。由于细菌体内 90% 以上都是水，常规扫描电镜在开展生物膜观察前需要对样品进行预处理，会导致生物膜收缩和胞外分泌物结构损失[5-6]，从而影响对生物膜真实结构信息的获得。

环境扫描电镜使用压差光栅把镜筒的高真空和样品室的低真空隔离，样品室在接近大气压的环境下工作，可直接观察未经脱水处理保持自然状态的生物样品。近几年环境扫描电镜在细菌腐蚀中应用较多[7]。

3. X 射线光电子能谱（XPS）技术

X 射线光电子能谱（X–ray Photoelectron Spectroscopy，XPS）用来确定材料腐蚀表面的元素组成。在腐蚀研究中，该方法占有举足轻重的地位因而应用广泛。需要注意，因其在超高真空系统中进行，将样品从自然环境转移到设备中可能导致一定的误差，测试结果需进行适当的处理。

4. 傅里叶红外光谱（FTIR）技术

傅里叶红外光谱（Fourier Transform Infrared Spectroscopy，FTIR）是表征物质化学结构的基本手段之一，其应用于细菌研究已有 40 多年的历史，主要用于分析生物组织内生物大分子的结构[8-9]。细菌体内生物大分子中不同官能团的数量和分布有显著差异，这是根据红外光谱判断不同细菌的依据。通常应用于生物膜和细菌腐蚀研究的 FTIR 光谱技术有以下 3 种。

（1）透射模式红外傅里叶光谱：与普通化学分析中的红外光谱测试设备和方法相同，将在材料表面形成的生物膜转移到可以透过红外光波的透明材料表面，然后进行测试。不足之处在于只能测固体样品、测试前生物膜样品制样烦琐（需先干燥再压片）、光程难以控制容易给测量带来误差、多组分共存时谱图容易重叠，以及不能进行原位在线测试等。

（2）衰减全反射红外傅里叶光谱：这项技术可以直接对附着在很高折射系数的内反射元件表面的生物膜组成进行光谱分析。其优点是可以对生物膜进行原位观察，减少样品转移对生物膜的影响。其另一个优点是可以在液体介质中直接观察 IRE/ 溶液界面生物膜的形成[10]。其缺点是只能对 IRE 元件表面形成的生物膜进行分析，而对其他材料表面不能进行观察。

（3）漫反射红外光谱：可以对某些金属，如不锈钢表面的生物膜进行光谱分析，因此它对细菌腐蚀研究有重要的意义。Nivens[11] 在研究细菌对 AISI304 不锈钢的腐蚀时使用了漫反射红外光谱技术，通过对不同浸泡时间电极的红外光谱分析发现随着浸泡时间增加，一些波数的吸收峰也会增加，从中可以判断出生物膜内对应物质的变化。

5. 原子力显微镜（AFM）技术

AFM 利用电子探针针尖与材料表面原子形成力的变化给出材料表面纳米级三维图像。这些力和样品的性质、探针与样品之间距离、探针尺寸以及样品表面洁净程度有关。根据探针和样品之间作用力的类型，AFM 成像模式可分为非接触式和接触式：非接触模式下探针和试样间是吸引力，这只适用于观察和基底接触不牢而且表面松软的试样；接触模式下探针和试样间是斥力，这是一种标准模式，它可以用于观察水层下和有柔软表面的试样[12]。AFM 在细菌腐蚀研究中应用得越来越多。Geiser 等使用 AFM 研究了锰氧化细菌对 316L 不锈钢点蚀的影响，发现细菌在 316L 不锈钢表面附着后形成蚀坑的尺寸、形状和所用细菌的大小、形状非常相似，而且明显不同于阳极极化引起的点蚀。

AFM 不仅可以准确地给出生物膜下低碳钢表面点蚀的深度和程度，还可以定量给出细菌之间以及细菌与材料表面之间的作用力，这些力包括范德华力、静电力、溶剂化力和空间结构之间的作用力，这对研究细菌吸附和生物膜的形成很有帮助。

第二节　微生物腐蚀影响因素及行为

由于微生物腐蚀给管道公司造成了动辄高达数百万美元的损失并导致腐蚀泄漏，以至危害环境，美国天然气研究学会便发起其会员公司于 1986 年 5 月开会讨论对此问题的认识，并制订研究计划，进行系统的研究和开发。历经 11 年的调查研究，终于在这方面获得突破性进展[13]。

目前研究表明，微生物造成的腐蚀过程主要可分为 4 种：（1）微生物在生长过程中产生具有腐蚀性的代谢产物，如酸、硫化物等，这些代谢产物会腐蚀金属表面或者影响金属腐蚀的环境；（2）微生物在生命活动过程中发生电子传递，对金属产生电化学腐蚀；（3）微生物在生长、繁殖过程造成环境中的氧浓度、盐浓度和 pH 等参数发生改变，影响金属周围环境，使金属表面形成局部腐蚀电池而导致腐蚀；（4）微生物的生长、繁殖过程会破坏金属表面的保护膜，造成金属腐蚀等。本节从微生物腐蚀影响因素出发，介绍微生物腐蚀行为及相应的腐蚀机理。

一、微生物腐蚀影响因素

SRB、TGB、IOB 及其他微生物，如酵母、硫细菌、霉菌等是引起钢铁微生物腐蚀的主要微生物类群。在微生物腐蚀过程中，需要同时满足碳源、电子供体、电子受体、水等因素共同存在下才能够对材料产生腐蚀，并且其腐蚀动力学受表面生物膜形态和组成的影响。在油气田开采及运输过程中，微生物可以通过腐蚀金属获取能量从而在管道内代谢生长。目前，页岩气田环境中的微生物腐蚀以 SRB 引起的腐蚀为主，下面简述 SRB 腐蚀的主要影响因素。

1. 碳源、氮源

不同菌属的 SRB 生长所利用的碳源是不同的，最普遍的是利用 C_3、C_4 脂肪酸，此外还可以利用一些挥发性脂肪酸盐（如乙酸盐、丙酸盐、丁酸盐）、醇类（如乙醇、丙醇等），另外还可以利用葡萄糖作为碳源。许多学者都曾开展过 SRB 的碳源利用的研究，结果表明 SRB 对乳酸盐的利用效果最好。铵盐是大多数 SRB 生长所需的氮源，此外有些菌种能够利用氨基酸中的氮作为氮源，还有少数菌种能通过异化还原硝酸盐和亚硝酸盐获得氮，如脱硫弧菌固氮亚种（*D.desulfuricans subsp azotovorans*）等。

Ubong Eduok 等[14]研究发现在 CO_2 饱和介质中由于碳源剥夺而在脱硫弧菌生物膜存在下加速管道钢的腐蚀。碳源减少（CSR）使溶液中细胞数量减少，但在 80%CSR（中等碳饥饿）和 100%CSR（极端碳饥饿）条件下会有更多的固着细胞存活。由于黏附在钢表面的生物膜主要是细胞团簇和腐蚀过程中形成的氧化亚铁膜和 FeS/MnS 团簇，因此即使在碳源缺乏的情况下，细胞存活和维持生命所需要的能量仍然可以通过 Fe 氧化和硫酸盐还原的结合获取。失重和电位动态极化实验结果也表明在碳源不足时钢筋腐蚀较在碳源丰富时钢筋腐蚀更严重。

2. 溶解氧浓度

SRB 是兼性厌氧菌，能够在一定的氧浓度下存活。张小里等[15]研究了溶解氧含量对脱硫脱硫弧菌生长的影响，发现这种 SRB 能够耐受 4.5mg/L 的环境溶解氧浓度，但在

9.0mg/L 的高溶解氧环境下不能生长。SRB 主要的代谢途径是异化还原硫酸盐，硫酸盐还原反应必须在较低的氧化还原电位下进行，较高的氧浓度导致环境中氧化还原电位过高，SRB 异化硫酸盐还原反应受阻，所以，当氧浓度过高时 SRB 生长受到抑制。由于 SRB 生长受到抑制不能形成完整致密的保护性生物膜，因此碳钢在有氧条件下腐蚀加剧。

3. pH 值（酸碱度）

pH 值是细菌生长的重要因子，一般细菌生长的 pH 值都处在中性偏碱的范围内，而对于某种特殊细菌可能不在这个范围内，细菌适宜生长的 pH 值都与其长期生长的环境 pH 值相一致。

4. 盐度

盐度对细菌的影响主要是通过水中渗透压的变化来影响细菌活性。盐度过高会引起细胞质壁分离，造成细胞脱水死亡。

5. 温度

SRB 一般在 −5~75℃ 的条件下生存，但某些菌种可以在 −5℃ 以下的环境中生长，具有芽孢的菌种也可以耐受 80℃ 甚至更高的温度。SRB 有较强的适温能力，能很快适应新的温度环境。大部分陆生的 SRB 是中温菌，其适温范围为 30~40℃。一般分离自热火山区、探油井、海底热泉或热液系统中的 SRB 大都是嗜热种。嗜热的 SRB 一般适于在 55~75℃ 的温度中生长。有些特殊的嗜热 SRB 适应范围更高，其最高生长温度为 70~85℃。

6. 生物膜

生物膜的形成、发展和消亡过程影响了金属的电化学状态和腐蚀过程。反之，金属的电化学状态和腐蚀过程的变化也会影响生物膜的性质和生长状态。即生物膜与金属表面状态存在相互作用和协同作用，在不同条件下，它们既能相互影响，相互促进，又能相互控制，相互制约。

Johnsen 和 Bardal[16] 将几种不同的不锈钢电极放入流动的自然海水中（$0.5ms^{-1}$），发现电极的自腐蚀电位都出现了不同程度的正移，由 −200mV（SCE）左右正移到 −50mV（SCE）左右，在浸泡 28d 后有的电极电位甚至正移 200mV（SCE）。另有学者将叠氮酸钠加入浸有已附着生物膜的不锈钢电极的海水中，叠氮酸钠抑制细菌呼吸，但不能脱除生物膜，这说明无新陈代谢生物活性的生物膜对电极的腐蚀电位没有明显的影响[17]。

7. 其他环境因子

关于 SRB 的其他环境因子的相关报道不多，SRB 在培养基中有无微量元素和维生素 C 的条件下都可以生长，但要求氧化还原电位（E_h）低于 −100mV。也有学者指出，培养基的 E_h 要低于 −150mV 才能生长。这也就说明了低 E_h 对 SRB 的生长是必要的。SRB 在有 Fe^{2+} 存在的培养基中生长得更好，这是因为 Fe^{2+} 是 SRB 细胞中各种酶（如细胞色素酶、铁还原酶、红素还原酶、过氧化氢酶等）的活性基成分，在细胞内部通过自身价态的相互转化 $Fe^{2+} \rightleftharpoons Fe^{3+}$，实现所有酶传递电子的作用，但是 Fe^{2+} 的浓度不是越高越好，当 Fe^{2+} 浓度达到 3~4g/L 以后，细胞生长对 Fe^{2+} 的需要就达到了饱和，此时再增大 Fe^{2+} 的浓度对细胞生长并无明显的促进作用。H_2S 的浓度对 SRB 的生长也有影响，一般当 H_2S 的浓度达到 16mmol/L 时就会抑制 SRB 的生长，因为 H_2S 对 SRB 产生了毒害作用。

二、微生物腐蚀行为

在页岩气的生产过程中，微生物腐蚀问题一直是页岩气安全开发的一个重要影响因素。

图 3-2-1 是油气田内微生物菌种比例分布图，从图中可以看出，微生物腐蚀通常是多种微生物的协同腐蚀过程，SRB、TGB 和 IOB 等微生物都可以引起油气田集输管道内钢铁材料发生局部腐蚀，其中 SRB 在造成钢铁材料腐蚀的微生物类群中含量最高，危害最大[18]。

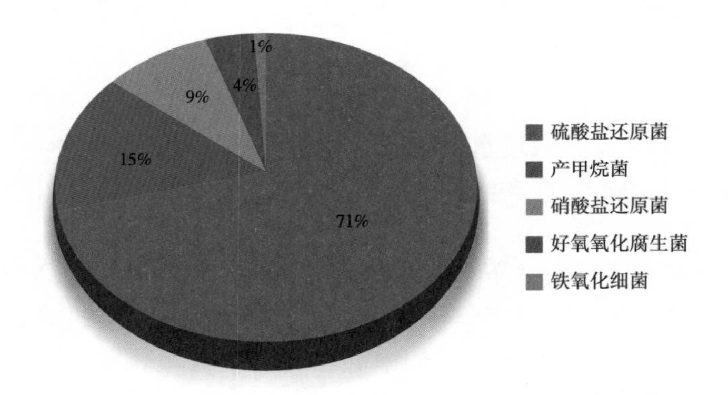

图 3-2-1　微生物菌种比例分布图

1. 页岩气田环境 SRB 腐蚀行为

SRB 的代谢过程通常包括以下三个阶段，如图 3-2-2 所示。

（1）分解阶段：在厌氧环境中，通过“基质水平碳酸化”这一过程将有机碳源分解，同时产生少量的高能电子和三磷酸腺苷（ATP）。

（2）电子转移阶段：SRB 利用特有的电子转移链（细胞色素 C3 和黄素蛋白等）将分解阶段产生的高能电子逐级传递。

（3）氧化阶段：硫酸盐获得逐级传递而来的高能电子，消耗 ATP 的同时将硫酸盐还原为 S^{2-}。

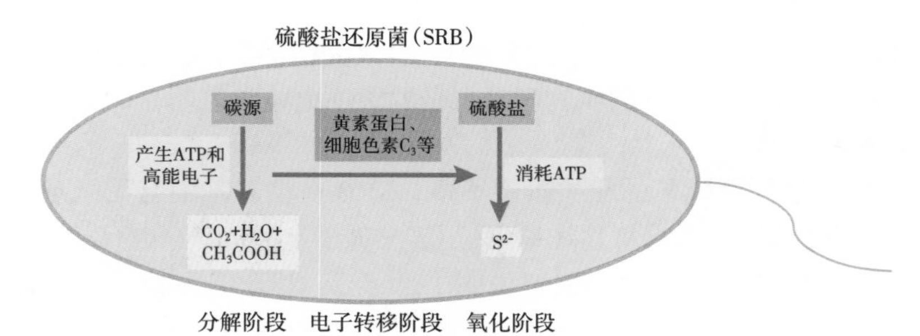

图 3-2-2　SRB 的代谢生长过程

从 SRB 的代谢过程可以看出：页岩气田环境中的有机物（如压裂液）在一般情况下都可以充当 SRB 代谢生长的碳源。碳源不仅是 SRB 生长代谢的能量来源，同时也可作为电子供体为 SRB 还原硫酸盐提供电子。SRB 可以利用的电子供体范围较广，其中较为常用的是丙酸和乳酸。有的菌群还能利用某些醇类（如甲醇、乙醇和丙醇）作为电子供体，如氧化乙醇的硫酸盐还原菌（ASRB），可将乙醇氧化为乙酸盐作为最终的代谢产物。SRB 的电子受体范围也相对较宽，除可以利用硫酸盐作为电子受体外，有的能在完全缺乏硫酸盐的情况下，利用发酵过程产生的有机物体为最终的电子受体；还有的可利用硝酸盐作为电子受体，将 NO_3^- 还原为 NH_3。

SRB 在厌氧环境的金属管段内生长，管段内的金属材料类似于碳源，提供能量和电子；SRB 通过腐蚀金属获取能量进行代谢生长，同时金属阳极溶解失去的电子还可以被 SRB 利用进行阴极硫酸盐还原。

溶解氧存在对 SRB 引发的金属腐蚀有着重要的作用，万逸等[19]研究了有氧条件下 SRB 的生长情况和腐蚀行为：在含硫酸盐还原菌的介质中，在碳钢试样上通入循环氧，测试在连续变化的无氧和有氧条件下的腐蚀速率，发现钢材在有氧条件下的腐蚀情况更加严重，碳钢的腐蚀速率显著增大。万逸等认为有氧条件下 SRB 生长受到抑制，代谢缓慢不能形成完整致密的保护性生物膜，因此碳钢在有氧条件下腐蚀加剧。

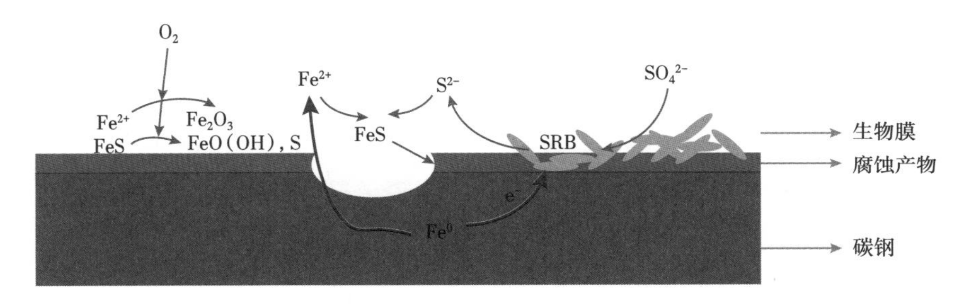

图 3-2-3　有氧条件下 SRB 对碳钢的腐蚀行为

西南油气田天然气研究院研究了温度对 SRB 腐蚀行为的影响。他们认为温度对腐蚀过程最直接的影响往往体现在影响细菌的活性。通常，油田的 SRB 最适生长温度在 20~40℃，50℃ 条件下 SRB 的生存能力会显著下降。使用页岩气田的 SRB 开展实验时，当温度升高到 65℃ 后，浮游在返排液中的 SRB 浓度都降低到了极低水平，甚至为 0，说明页岩气田的细菌对高温的耐受能力仍然有限。但是，即使 65℃ 条件下浮游细菌的存活率几乎为 0，在腐蚀产物中还是检测到了较高比例的 S 元素，表明 SRB 的代谢反应仍然在活跃地进行。据此推断，虽然浮游状态的细菌在高温下难以存活，但附着在金属基体表面的细菌却能够存活并正常地进行代谢，代谢产生的生物膜对附着在其中的细菌存在保护作用，使膜内微环境中的理化性质与溶液环境不同，附着在其中的细菌能够正常生存和代谢。

西南油气田的研究者还指出，在 20℃ 条件下，微生物腐蚀速率相对较低，没有腐蚀产物大量堆积，并未明显观察到细菌代谢产生的深色产物膜和 CO_2 腐蚀的产物膜，Fe^{2+} 的沉积量少于其他温度条件，所以金属能够保持原有的光泽（图 3-2-4）。随着温度的进一步升高，腐蚀形态发生了明显的变化，呈现为局部减薄的大面积凹坑。在点蚀区域，腐蚀产物与其他部位明显不同，主要表现在两个方面：一是表层生物膜的颜色比其他区域更深；二是表面堆积的红色粉末更多。微观上表现为凹坑出现的部位附着的细菌更多和 S 元素的比例更高，说明温度升高可能会影响细菌的附着状态，使得细菌在某一局部附着后向周围扩展，这些部位的代谢活动更旺盛，所以产生了更多的氧化物和硫化物。氧化物在局部一定的面积上集中沉积，有利于垢下局部厌氧环境的形成，更适宜 SRB 的生长代谢，并对大分子有机物的扩散存在阻碍，促进了 SRB 以 Fe 为电子供体腐蚀金属的过程。在垢下腐蚀和细菌腐蚀双重作用下，这些区域与周围形成腐蚀电偶，并充当阳极，其他大面积区域作为阴极，诱发局部腐蚀。硫化物的沉积，也使得金属基体中这些部位的导电性增强，并进一步与硫化物形成腐蚀电偶，加速阳极金属溶解反应。

(a) 20℃　(b) 35℃　(c) 50℃　(d) 65℃

图 3-2-4　温度对碳钢在 SRB 腐蚀行为影响的宏观腐蚀挂片形貌图像

随着反应的进行，腐蚀产物逐渐在四周沉积，使得阳极区不断扩大并相互连接，最终形成了大面积的腐蚀坑。而且，随着温度升高，大部分区域的产物膜结构有所变化，致密度下降（图 3-2-5），说明 50~65℃ 范围内升高温度除了导致化学反应速率加快，还会改变产物膜结构，从而使得均匀腐蚀速率升高（图 3-2-6）。

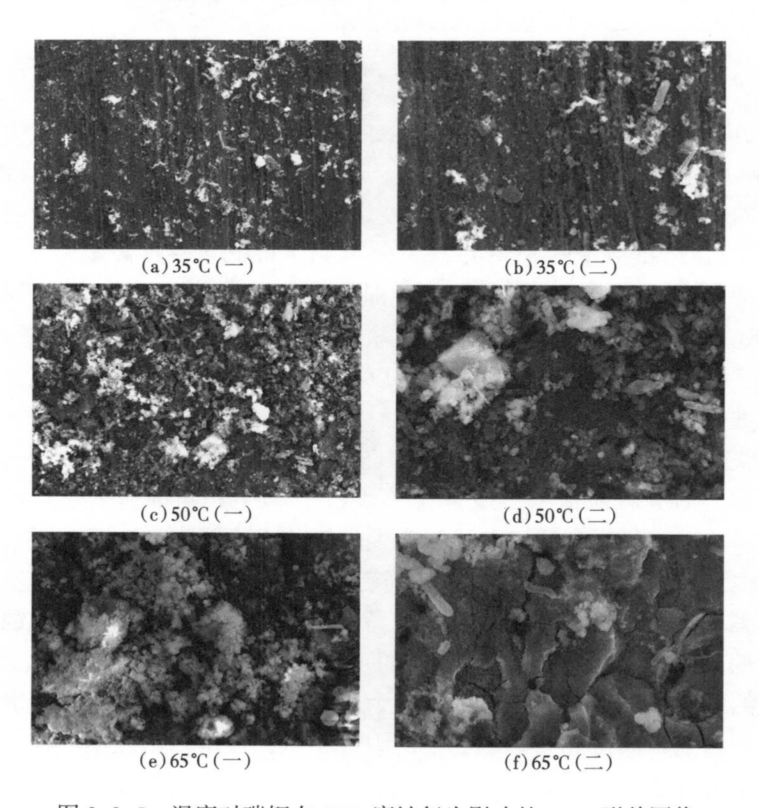

(a) 35℃（一）　(b) 35℃（二）

(c) 50℃（一）　(d) 50℃（二）

(e) 65℃（一）　(f) 65℃（二）

图 3-2-5　温度对碳钢在 SRB 腐蚀行为影响的 SEM 形貌图像

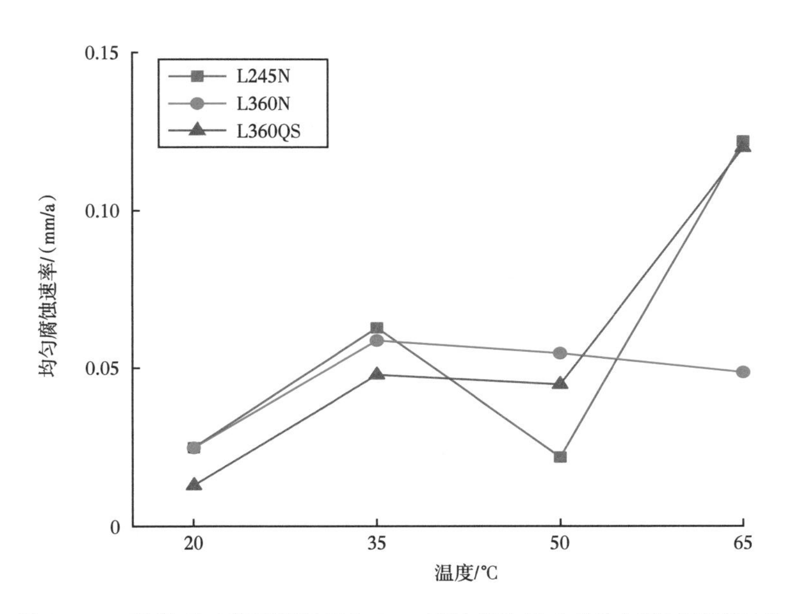

图 3-2-6　温度对三种碳钢材质在 SRB 腐蚀行为影响的均匀腐蚀速率对比

廖柯熹等[20]研究了SRB存在时气液流态对于页岩气管线腐蚀行为的影响。他们指出，在实验条件下，静态环境中 SRB 在管线上的附着力超过了流动态环境，在静态环境下腐蚀坑的数量会迅速增加（图 3-2-7）。但是，就腐蚀坑的深度和数量而言，静态环境下腐蚀

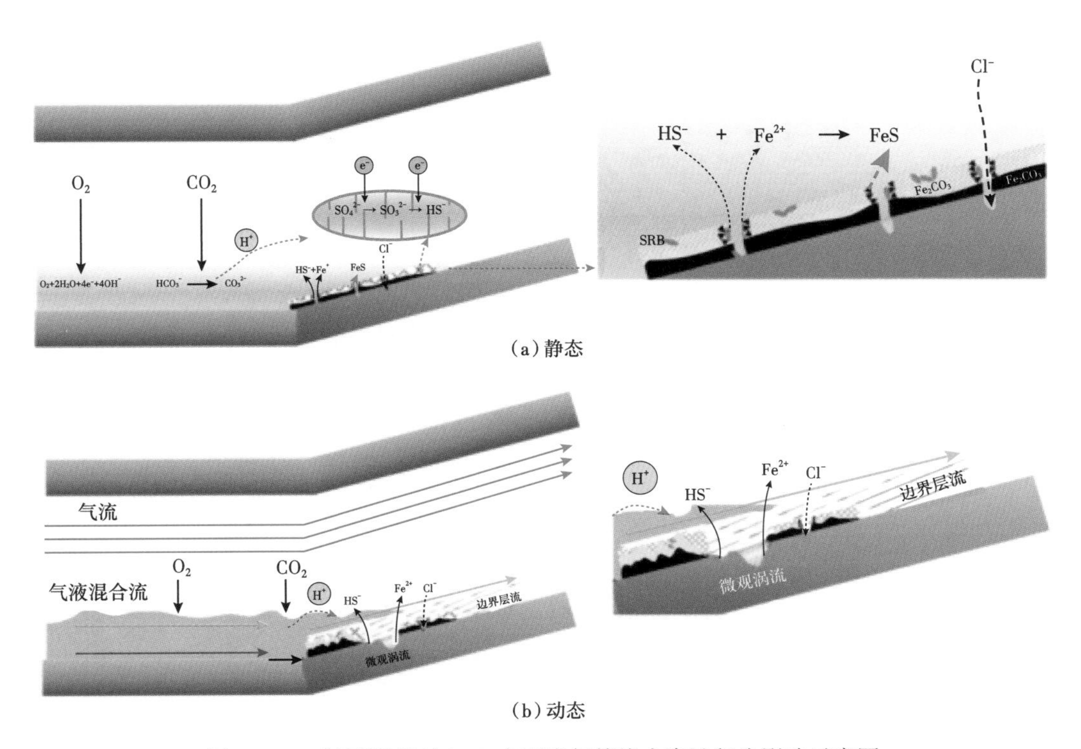

（a）静态

（b）动态

图 3-2-7　气液流态对 SRB 在页岩气管线中腐蚀行为影响示意图

小于流动态环境，详细微观形貌对比如图 3-2-8 所示，腐蚀坑深度情况对比如图 3-2-9 所示。与静态相比，气液携带流动下的腐蚀速率更高，这表明多相流流动会加速腐蚀，详细腐蚀速度对比如图 3-2-10 所示。在气液流动条件下，上升管道的边界层会出现回流现象，这导致管线管界面双电层的厚度比静态条件下更薄，从而使双电层的传输电阻变小。同时，这种回流导致液壁剪切力增加，引起流动方向的交替变化，导致腐蚀产物膜的部分剥离，这就暴露了局部基底，形成阳极并造成基体上出现腐蚀坑；由于微观涡流的影响，腐蚀坑会进一步加深。同时，无论静态还是流动状态下腐蚀速度均会在 6~24h 内迅速下降，随后趋于稳定；这是因为腐蚀产物和微生物膜的形成可以减少腐蚀进一步发生，从而在一定程度上抑制了腐蚀的持续发展。

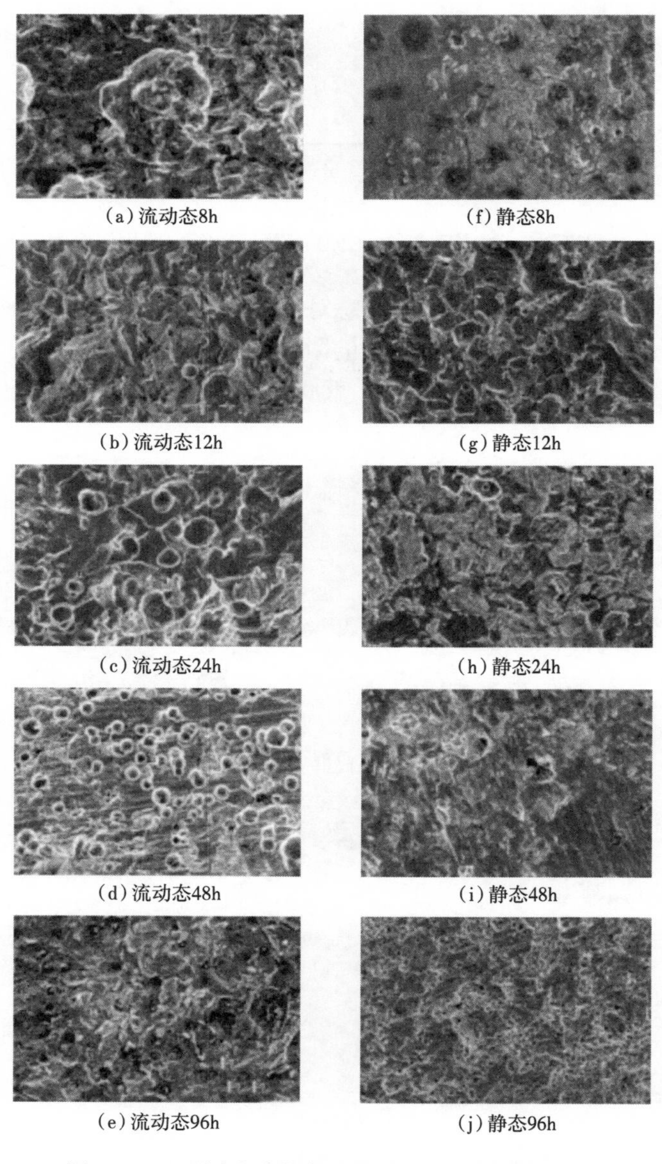

(a) 流动态8h　(f) 静态8h

(b) 流动态12h　(g) 静态12h

(c) 流动态24h　(h) 静态24h

(d) 流动态48h　(i) 静态48h

(e) 流动态96h　(j) 静态96h

图 3-2-8　不同流动状态下 SRB 点蚀坑的发展规律

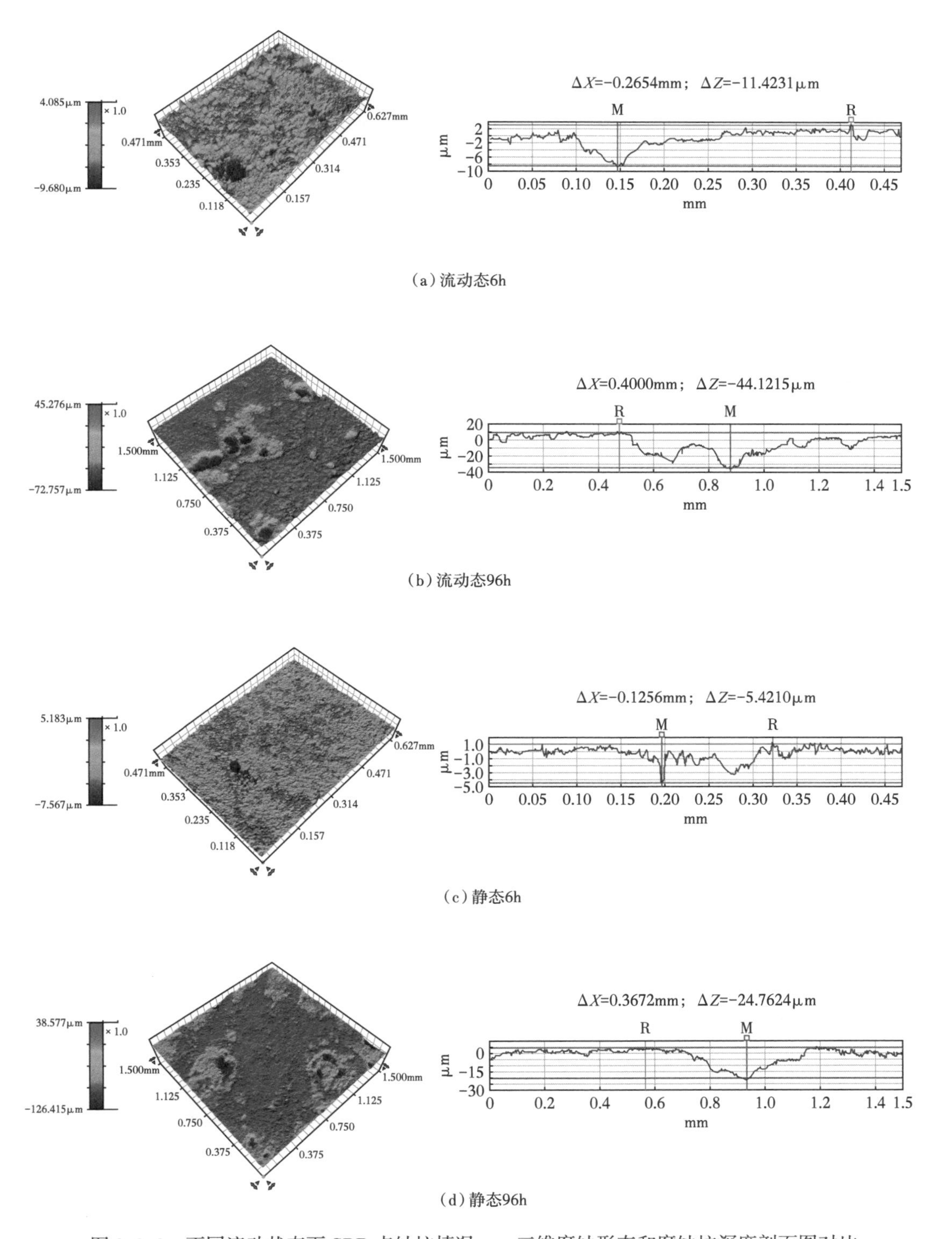

(a) 流动态6h

(b) 流动态96h

(c) 静态6h

(d) 静态96h

图 3-2-9 不同流动状态下 SRB 点蚀坑情况——三维腐蚀形态和腐蚀坑深度剖面图对比

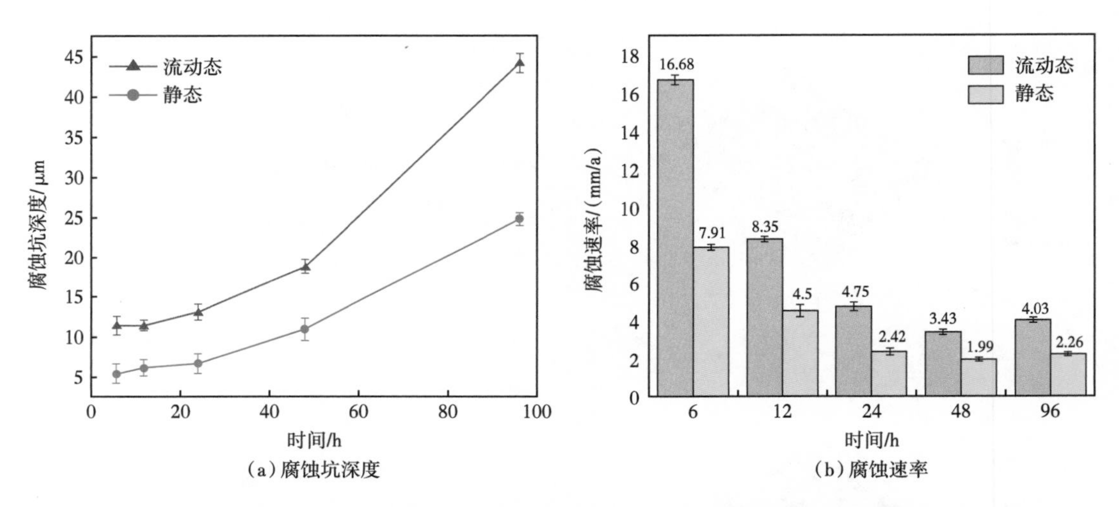

图 3-2-10　在静态和动态条件下，SRB 腐蚀造成的点蚀坑深度和腐蚀速率随时间变化

2. 页岩气田环境多种微生物混合腐蚀行为

由于实际生产过程中并非由 SRB 单一菌种对金属材料进行腐蚀，通常是多种微生物共生条件下的腐蚀。在共生条件下微生物能够相互之间促进代谢生长，造成更严重的腐蚀。其中，TGB、IOB 和 SRB 的共生对腐蚀的影响最为显著。其相互促进关系如图 3-2-11 所示。

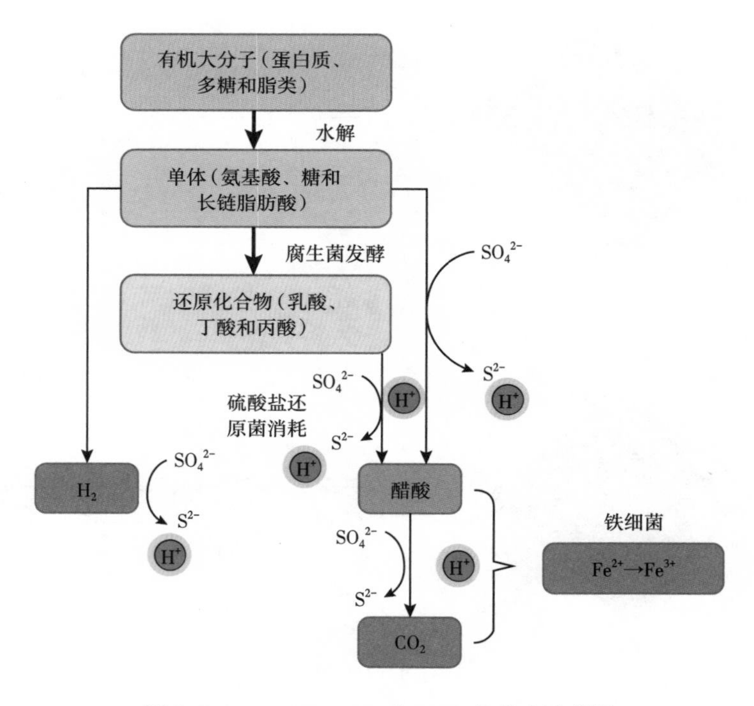

图 3-2-11　TGB、IOB 和 SRB 的共生示意图

由于腐生菌TGB是好氧菌，不仅能为SRB的生存提供厌氧环境。并且其分解有机物形成的有机酸还能被SRB利用，促进SRB代谢生长，进一步加速金属材料的腐蚀。在TGB和SRB共生条件下，TGB的存在能够大大提高SRB的活性，同时产生醋酸和H^+，使腐蚀后生物膜内的酸性环境加剧。

IOB和SRB也常常伴生在一起。IOB同样为好氧菌，随着其繁殖生长，IOB也将会在金属表面形成一个厌氧环境，而SRB正好能在此厌氧条件下进行生物代谢，代谢过程中产生大量H_2S及胞外聚合物化（EPS）等黏液物质；EPS能够覆盖在SRB表面，使SRB在EPS内的厌氧环境中繁殖生长，促进点蚀的形成及扩展，最终导致管道穿孔。

芦瑶等[21]对比了页岩气田环境广泛存在的SRB、TGB和IOB等微生物的腐蚀行为，如图3-2-12所示。在单一菌种的腐蚀行为对比中，SRB是造成腐蚀的主要微生物类型，在实验周期内，SRB体系下的管线钢表面产生了完整致密的生物膜，而TGB体系下管线钢表面的生物膜非常浅薄，IOB体系下的生物膜成长不完整。

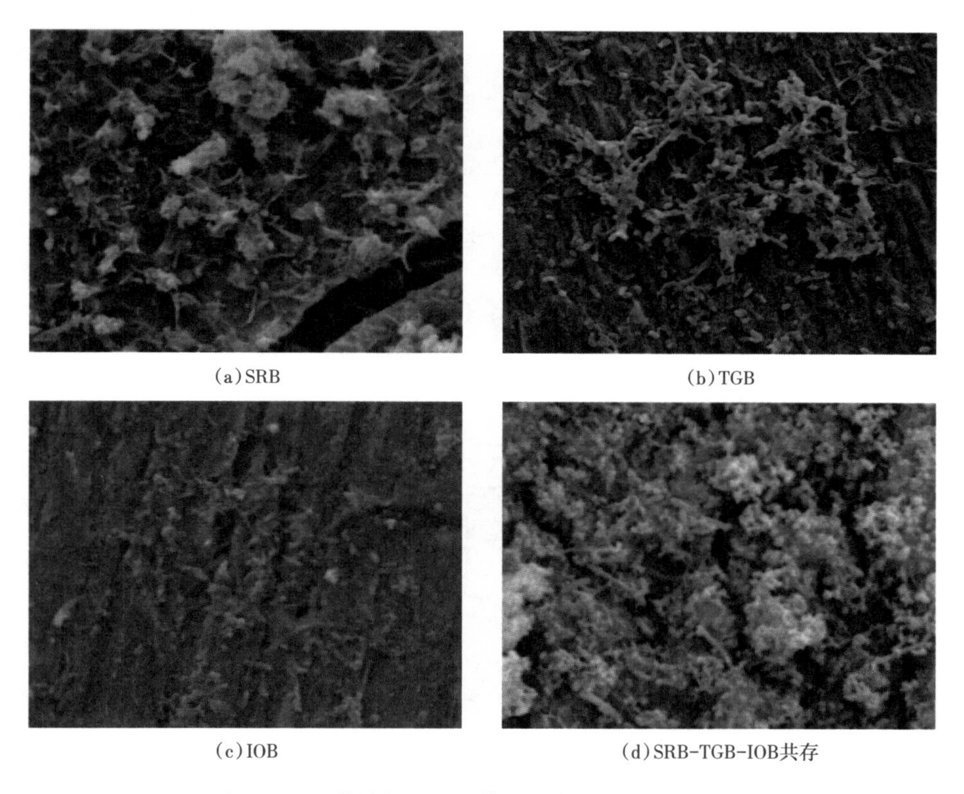
(a) SRB　(b) TGB　(c) IOB　(d) SRB-TGB-IOB共存

图3-2-12　管线钢在不同体系下腐蚀行为SEM图像

单一菌种的腐蚀速率对比如图3-2-13所示，SRB体系下的管线钢都发生了较为严重的均匀腐蚀和点蚀。而TGB和IOB造成的腐蚀多为均匀腐蚀，且腐蚀程度轻微。在多菌共生情况下，SRB会与TGB和IOB形成生物膜，进一步加剧腐蚀发生，多菌共存条件下腐蚀速率对比如图3-2-14和图3-2-15所示。通过对生物膜形貌的观察可以发现，TGB和IOB通过呼吸作用为SRB提供了良好的贫氧环境。随着共生体系中SRB的活性得到增强，疏松多孔的生物膜电负性更强，同时产生大量的硫化物使导电性增强，进而加快了腐蚀速率。

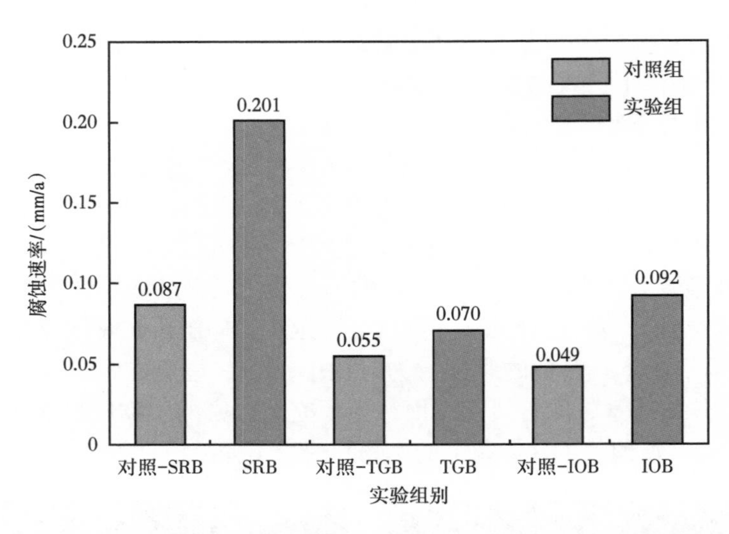

图 3-2-13　管线钢 L360 在单菌体系和无菌对照组腐蚀 7d 后的均匀腐蚀速率

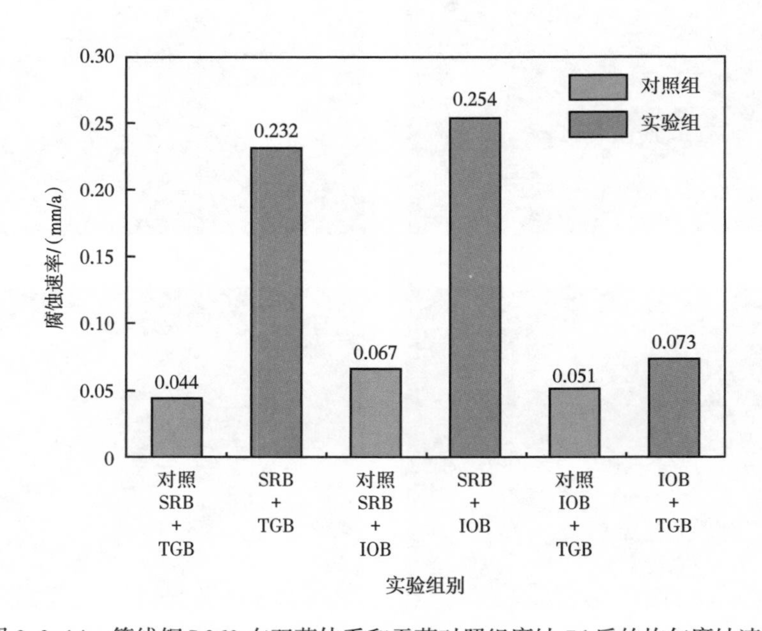

图 3-2-14　管线钢 L360 在双菌体系和无菌对照组腐蚀 7d 后的均匀腐蚀速率

从芦瑶等的研究中可以得出以下结论。SRB 对于管线钢腐蚀是最严重的，而管线钢在厌氧菌 SRB 与好氧菌组合的 SRB+TGB、SRB+IOB 体系中，腐蚀速率较 SRB 单菌体系有了明显提升。管线钢 L360 在 SRB 单菌体系中的均匀腐蚀速率为 0.201mm/a，在 SRB+TGB 共生体系中的均匀腐蚀速率为 0.232mm/a，在 SRB+IOB 共生体系中的均匀腐蚀速率为 0.254mm/a。而三菌体系中的腐蚀是最严重的，管线钢 L360 在 SRB+TGB+IOB 体系中的均匀腐蚀速率为 0.356mm/a，是 SRB 单菌体系中的 1.77 倍，是 TGB 单菌体系中的 5.01 倍，是 IOB 单菌体系中的 3.87 倍。

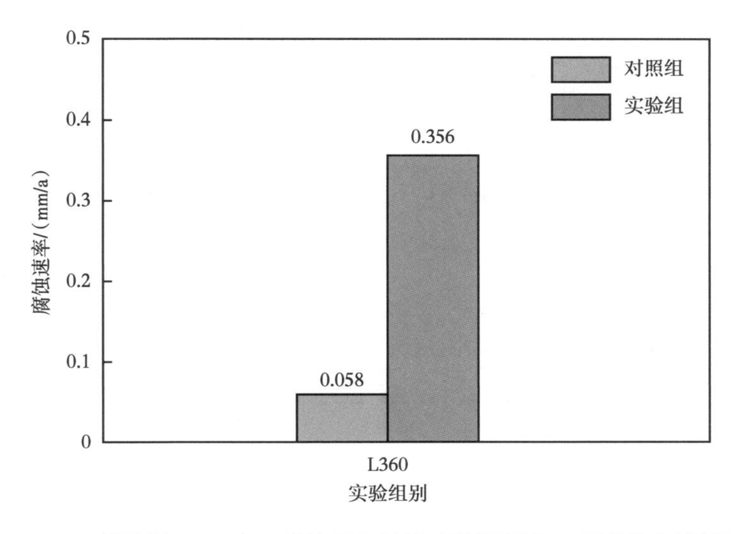

图 3-2-15　管线钢 L360 在三菌体系和无菌对照组腐蚀 7d 后的均匀腐蚀速率

3. 页岩气田环境 CO_2 与 SRB 混合腐蚀行为

页岩气的组成中一般会含有 CO_2，开采过程中通常会引起碳钢管线发生均匀腐蚀和局部腐蚀，而 CO_2 与 SRB 的耦合腐蚀往往会对管线造成严重的腐蚀。

刘宏芳等[22]研究了在污泥和污水环境中，SRB 和 CO_2 共存条件下 X60 管线钢腐蚀行为，实验温度设定 60℃，在不同 CO_2 分压（CO_2 饱和、0.5MPa、1MPa、1.5MPa 和 2.0MPa）下进行高压釜挂片实验；此外，还进行了动态挂片实验，溶液转速为 100r/min。实验后试片表面形貌如图 3-2-16 和图 3-2-17 所示。根据实验结果，他们认为在 SRB 与 CO_2 共存条件下，随着 CO_2 分压增加，X60 钢腐蚀速率将增加。特别在有一定的流速的条件下，X60 钢表面生物膜和腐蚀产物膜的形成受到影响，阴极去极化反应增强，导致腐蚀速率进一步增加。

(a) 含有SRB的二氧化碳饱和溶液

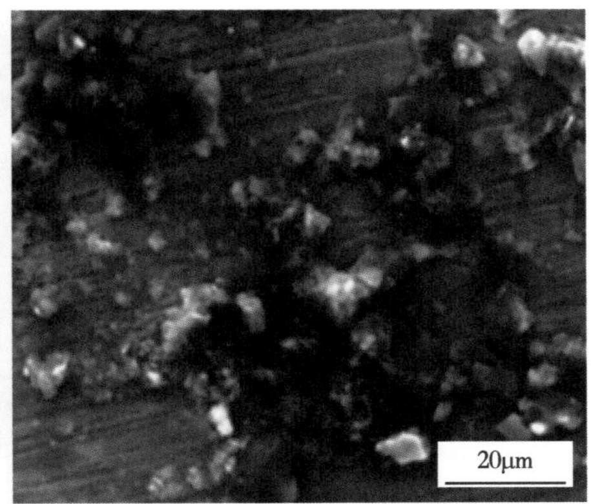

(b) 不含SRB的二氧化碳饱和溶液

图 3-2-16　X60 钢在不同溶液中测试 10d 后的表面 SEM 形貌

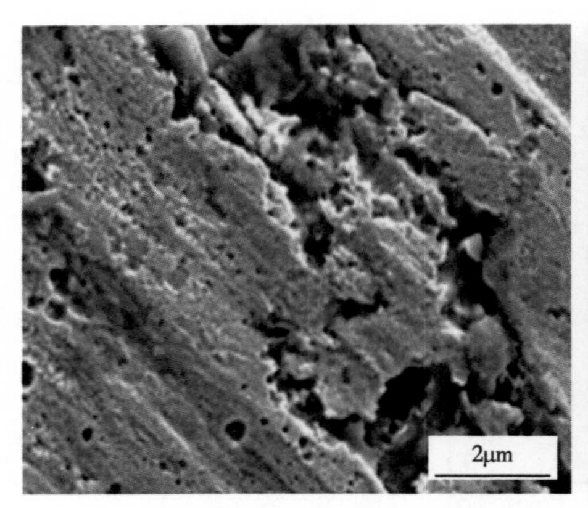

(a)含有SRB的二氧化碳饱和溶液

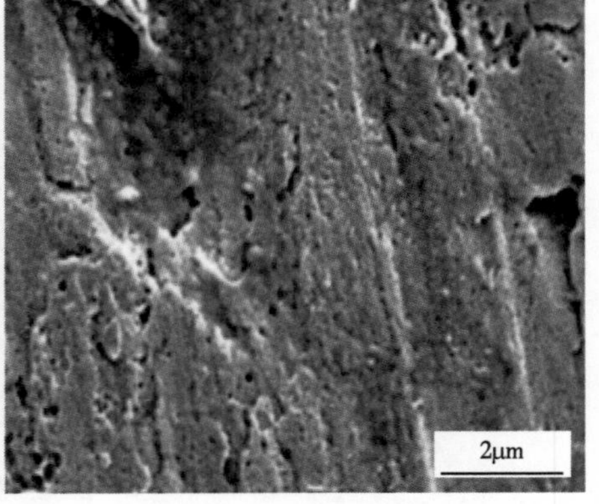

(b)不含SRB的二氧化碳饱和溶液

图 3-2-17　X60 钢在不同溶液中测试 10d 并去掉表面腐蚀产物后的表面 SEM 形貌

刘宏芳等指出，在 CO_2 和 SRB 共存条件下，静态环境中随着 CO_2 分压的增大，X60 钢的平均腐蚀速率呈线性增长；但当 CO_2 分压为 2.0MPa 时，腐蚀速率增大的趋势有所减缓。其变化趋势的原因主要有以下两个：(1)随着 CO_2 分压的增加，CO_2 在介质中的溶解度增大，溶液中的 pH 值降低，H^+ 的阴极去极化作用增强，因此 CO_2 分压越高腐蚀反应速率越大；但是，反应速率越大 X60 钢表面越易形成 Fe^{2+} 过饱和溶液层，从而促进 $FeCO_3$、FeS 等保护性腐蚀产物膜的形成，并有可能抵消 CO_2 分压本身对腐蚀的推动力，使得腐蚀速率下降。(2)CO_2 分压增加影响 SRB 的生物活性：当 CO_2 分压为 2.0MPa 时，环境介质中 SRB 菌量较少，导致 SRB 代谢产物减少，试样表面不能形成完整的生物膜，这将增大试样表面生物膜和腐蚀产物膜的不均匀性，同时也增大了电偶腐蚀的倾向，从而加速基体材料的腐蚀。

而在动态环境下(转速 100r/min)腐蚀速率变化如图 3-2-18 所示。随着 CO_2 分压的增加，试样的均匀腐蚀速率先慢慢增大，然后快速增大，且较静态条件下严重。一般认为，

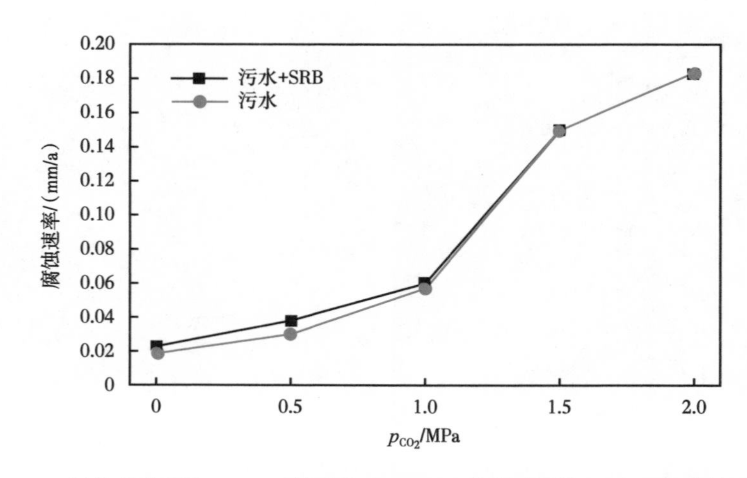

图 3-2-18　二氧化碳分压和 SRB 对转速为 100r/min 的流动环境下 X60 钢腐蚀速率的影响

流速不仅可以影响腐蚀产物膜的形成或破坏已经生成的腐蚀产物膜，并且可以导致污水介质中 H^+ 和 H_2O 等去极化剂更快地扩散到电极表面，使阴极去极化反应增强，消除扩散控制，同时使腐蚀产生的 Fe^{2+} 迅速离开腐蚀金属的表面，从而导致腐蚀速率的增加。实验结果表明，腐蚀速率的变化趋势与试样表面形成的生物膜和腐蚀产物膜的成分、结构及力学性能密切相关。但是从总体上来说，无论是在静态还是在动态时，试样的均匀腐蚀速率都是随着 CO_2 分压增大而增大的。

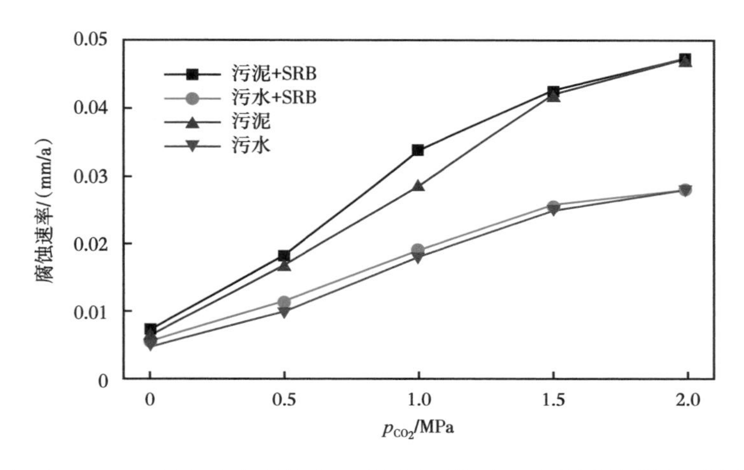

图 3-2-19　二氧化碳分压和 SRB 对静态环境中 X60 钢腐蚀速率的影响

第三节　微生物腐蚀机理

微生物腐蚀机理主要包括硫酸盐还原菌的经典阴极去极化理论、浓差电极作用理论、胞外电子传递理论和腐蚀性代谢产物理论等[23]。微生物在环境中可以以多种方式与材料表面相互作用，这使得微生物腐蚀系统较为复杂，难以用标准的腐蚀模型评估预测。生物膜的形成使细菌能够与材料表面密切接触，并形成了与本体溶液不同的微环境，包括膜内 pH 值、溶解氧、有机离子和无机离子等。在各种环境中，微生物 90% 以上是以生物膜的形式存在。生物膜内包括为微生物细胞及其分泌的胞外聚合物（EPS），胞外聚合物也会对微生物腐蚀造成影响。

微生物附着在金属表面形成生物膜后，可通过多种方式影响金属的腐蚀过程：（1）影响电化学腐蚀的阳极或阴极反应，分泌能够促进阴极还原的酶；（2）改变了腐蚀反应类型，由均匀腐蚀可能转变为局部腐蚀；（3）微生物新陈代谢过程产生促进或抑制金属腐蚀的化合物；（4）生成生物膜结构，创造了生物膜内的腐蚀环境，改变金属表面状态。

由于不同的微生物在不同环境中生长代谢不同，以及环境中多种微生物相互作用的复杂性，导致即使是同一种微生物也会出现不同的腐蚀机理。而实际情况中往往是几种机理以不同的方式在腐蚀过程中共同起作用。因此根据腐蚀现象弄清楚微生物的腐蚀机理非常困难，仅能根据实际情况的不同，判断是哪种机理在起主要作用。目前，研究者们把微生物腐蚀机理主要分为阴极去极化理论、代谢产物腐蚀机理、浓差电池机理、胞外直接与间接电子传递机理及微生物群落协同与抑制腐蚀机理等几大类（图 3-3-1）。

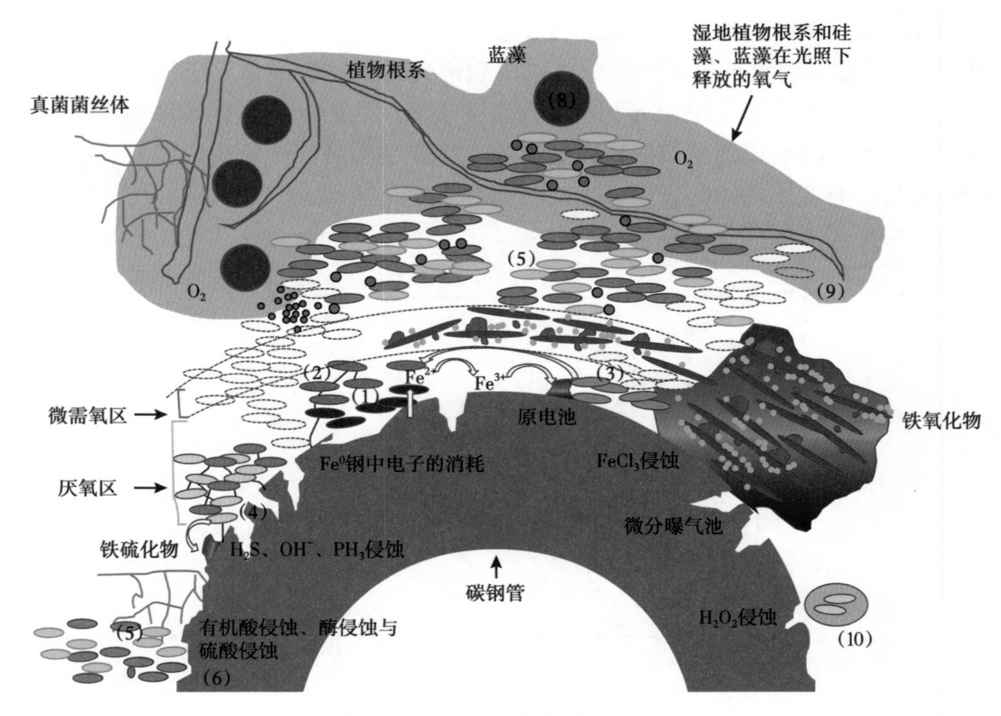

图 3-3-1　微生物腐蚀机理总述图

1—厌氧甲烷菌和硫酸还原微生物从金属中直接摄取电子，产生 Fe^{2+}；2—厌氧铁氧化微生物利用硝酸盐作为电子受体氧化 Fe^{2+}，产生铁氧化物；3—厌氧异养微生物利用不溶性铁氧化物，产生 Fe^{2+}；4—厌氧硫酸盐还原微生物利用硫酸盐作为末端电子受体，产生可以增加腐蚀速率的 OH^-、PH_3、H_2S、FeS，连接线为纳米线；5—异养微生物产生某些有机酸和酶侵蚀钢铁，消耗其他微生物产生的营养物质，在生物膜内产生氧气梯度；6—硫氧化微生物产生硫酸；7—中性铁氧化细菌产生铁氧化物，在金属表面形成不同的浓差电池；8— 一些植物根部在土壤中释放氧气，硅藻和蓝细菌在土壤表面产生氧气，产生不同的氧浓差池；9—其他微生物；10—好氧土壤微生物产生的过氧化氢侵蚀钢铁

一、铁的腐蚀与氢化酶阴极去极化理论

铁的腐蚀必定伴随着金属铁的溶解，这是所有腐蚀机理中的阳极反应：

$$Fe \longrightarrow Fe^{2+} + 2e^-,\ E = -0.47\ V \qquad (3-3-1)$$

在电中性环境、温度为 25℃ 的有氧条件下（E=+0.82V），反应很容易发生。会生成铁的氧化物或氢氧化物。

而在厌氧条件下，电子会传递给水电解出的 H^+：

$$2e^- + 2H^+ \longrightarrow H_2,\ E = -0.41V \qquad (3-3-2)$$

总反应为：

$$Fe + 2H_2O \longrightarrow Fe^{2+} + H_2 + 2OH^- \qquad (3-3-3)$$

H^+ 的形成是整个反应的限速步骤。所以在缺氧的实际情况中铁的腐蚀速率理论上应该非常低。但是微生物的生长代谢过程中，能通过各种途径、不同方式改变阴极反应的动力学，提高上述反应的速率，促进了整个反应的发生。

早期研究者推测，在没有微生物的情况下，水中的氢会夺取金属表面的电子形成 H_2，在金属表面形成“氢膜”，最终阻碍金属的溶解反应。这种阻碍通常被称为“极化”。腐蚀是一个能量释放的反应过程，微生物通过腐蚀金属得到维持其生命所必需的能量。以页岩气田微生物腐蚀中最为常见的 SRB 腐蚀为例，阴极去极化理论认为 SRB 吸附在金属表面，利用体内的氢化酶，在把 SO_4^{2-} 还原成 H_2S 的同时，将金属表面电化学意义的阴极上生成的氢去除，其有效清除 H_2 被认为降低局部分压，并且通过这种“去极化”使得铁溶解进行，因此厌氧 SRB 腐蚀起到了阴极去极化剂的作用。阴极氢促进了 SRB 的生长，从而加速金属的腐蚀 [24]。SRB 的作用是将氢原子从金属表面除去，有利于铁转变成二价铁离子进入溶液中，然后二价铁离子分别与二价硫离子和氢氧根离子反应生成二次腐蚀产物 FeS 和 $Fe(OH)_2$，二次腐蚀产物可在铁表面形成松软的腐蚀瘤，致使其内外形成浓差电池，从而加速腐蚀。

相关反应如下：

$$\text{阳极反应：} Fe \longrightarrow Fe^{2+} + 2e^- \tag{3-3-4}$$

$$\text{水的电解：} H_2O \longrightarrow H^+ + OH^- \tag{3-3-5}$$

$$\text{阴极反应：} H^+ + e^- \longrightarrow [H] \tag{3-3-6}$$

$$\text{阴极去极化：} SO_4^{2-} + 8[H] \longrightarrow S^{2-} + 4H_2O \tag{3-3-7}$$

$$\text{腐蚀产物：} Fe^{2+} + S^{2-} \longrightarrow FeS \tag{3-3-8}$$

$$Fe^{2+} + 2OH^- \longrightarrow Fe(OH)_2 \tag{3-3-9}$$

总反应式为：

$$4Fe + H_2SO_4 + 4H_2O \longrightarrow 3Fe(OH)_2 + FeS + 2OH^- \tag{3-3-10}$$

阴极去极化理论是 SRB 最为经典的腐蚀机理，得到了众多学者的支持。Keresztes 等 [25] 研究发现，黏附在金属材料表面的 SRB 在有可溶性介质分子存在的情况下极易发生阴极反应，金属电极的腐蚀电位与 SRB 中氢化酶的氧化还原电位一致，微生物能直接消耗金属表面的阴极氢。还有学者认为，金属表面的电子可以直接转移到氢化酶表面，同时形成活性氢 [26]。氢化酶还能直接从金属表面摄取电子，这种直接摄取氢造成金属腐蚀的现象常见于脱硫弧菌属（*Desulfovibrio*）。

徐大可等 [27] 在 2016 年提出了一种新的 SRB 腐蚀机理——BCSR（Biocatalytic Cathodic Sulfate Reduction）理论。该理论认为金属表面附着具有腐蚀能力的生物膜，在生物催化剂（指生物膜中 SRB 分泌的生物活性酶）的作用下，阴极硫酸盐的还原直接消耗了阳极金属材料溶解释放的电子，从而加速金属的腐蚀。与传统的阴极去极化理论不同，这种观点认为整个阴极反应发生在 SRB 的细胞膜内（生物阴极），这样的认识颠覆了微生物腐蚀领域中一直认为的“物理阴极”的传统看法。阴极与阳极的反应如下：

$$阳极反应: 4Fe \longrightarrow 4Fe^{2+} + 8e^- \quad (3-3-11)$$

$$阳极反应: SO_4^{2-} + 8H^+ + 8e^- \longrightarrow HS^- + OH^- + 3H_2O \quad (3-3-12)$$

阴极去极化理论存在着一定缺陷：按照电化学理论，阴极去极化中腐蚀的底物金属Fe与反应生成的FeS的比值理论上应为4。但是Spruit等[28]在SRB异养条件下测得该值为0.9~1.5，自养条件下则为5~9。同时，之前在SRB腐蚀实验中测定H_2对腐蚀的影响时，由于培养基中加入了乙酸，乙酸作为SRB的电子供体会竞争阴极氢，使SRB生成更多的硫化物，造成了严重的化学腐蚀；而不加乙酸盐并以金属作为SRB的唯一电子供体时，SRB并没有造成金属的阴极去极化，腐蚀加速的现象也没有发生。因此用阴极去极化理论解释SRB的腐蚀机理并不完善。

二、代谢产物腐蚀机理

腐蚀通常不是由微生物对能量的需求驱动的，而是取决于腐蚀性代谢产物如H_2S、有机酸和质子等的分泌量，此类腐蚀称为代谢产物腐蚀（M-MIC）。腐蚀性代谢物质包括H^+、有机酸和硫化物等氧化剂。研究表明，生物膜中产酸菌（APB）分泌的有机酸、SRB排出的H_2S均能加速腐蚀。M-MIC本质是一个电化学腐蚀过程，Fe氧化和H^+还原是两个可分离的电极反应。除SRB和APB等微生物外，真菌（如黑曲霉）也会分泌酸性代谢物，从而引起代谢产物腐蚀。

1. H_2S腐蚀机理

SRB的代谢产物H_2S可以以较高的速率与金属铁反应形成FeS产物，因此可以作为有效的阴极或阳极反应物，加速腐蚀的发生。H_2S微溶于水，形成氢硫酸（HS^-）。研究发现，H_2S溶于水的比例与金属的腐蚀速率密切相关。在以金属材料作为唯一的电子供体时，SRB的代谢产物H_2S是导致金属腐蚀加速的原因；同时H_2S的存在会造成金属的氢渗透，进而产生氢脆。

铜不是通过硫酸盐的直接还原作用被腐蚀，而是被SRB呼吸产生的硫化物腐蚀。可能是因为硫酸盐还原电势（−217mV）低于Cu^+/Cu（+520mV）和Cu^{2+}/Cu（+340mV）的还原电势，使得铜在硫酸盐还原反应中不活泼。但是，在中性溶液中，HS^-可以与Cu发生反应，且产物Cu_2S基本不溶于水。实际反应式的ΔG为−86.20kJ/mol，在热力学上有利于腐蚀反应的发生[29]。Dou等[30]发现铜的SRB微生物腐蚀比碳钢弱，且M-MIC的腐蚀是较为均匀的。

$$2Cu + HS^- + H^+ \longrightarrow Cu_2S + H_2(g),\ \Delta G = -58.3kJ/mol \quad (3-3-13)$$

2.FeS腐蚀机理

SRB腐蚀金属过程中，由电极过程产生的亚铁离子（Fe^{2+}）能够与微生物代谢的硫化物反应，形成铁硫化物（FeS_x）的复合物，在铁硫化物膜刚形成时，或者周围硫化物浓度很高时，该层膜结构紧密，会对金属起到很好的保护作用；但是随着腐蚀继续发生，会形成较为疏松的铁硫化物膜结构，铁硫化物可以传递金属表面的电子，从而加速金属的微生物腐蚀。硫化物膜的生长也会导致金属表面的开裂，因而硫化物膜也可能是SRB腐蚀最主要的原因。

3. 酸腐蚀机理

SRB 和其他异养的腐蚀微生物能利用有机化合物如乙醇、乳酸和丙酮酸等生成 CO_2 或者乙酸。乙酸和 CO_2 均会对金属造成严重的腐蚀。尤其当这些产物酸在菌落或者沉积物下聚集时，会变得极具侵蚀性；如 SRB 和 SOB 协同作用生成 H_2SO_4，造成混凝土腐蚀。产酸细菌如硝酸盐及亚硝酸盐氧化菌、硫杆菌属、醋酸杆菌等能够代谢产生乙酸、甲酸、H_2NO_3 和 H_2SO_4 等。这些酸使周围环境 pH 值下降，并能有效侵蚀金属，使金属溶解，造成严重的孔蚀和孔隙渗漏。除了细菌，真菌也会导致酸腐蚀。例如 A. niger 生物膜中的有机酸会对 2024 铝合金产生酸腐蚀[31]。产酸微生物通常是发酵微生物，好氧和厌氧微生物都可以产生足够的有机酸导致酸腐蚀发生。

三、浓差电池机理

1958 年，Starkey[32] 首次提出了浓差电池理论，也就是金属表面被腐蚀产物或其他污垢覆盖后，在金属表面与介质界面处会形成浓差电池。微生物可以通过生长代谢建立起以氧浓差电池为主的几种浓差电池，氧浓差电池是引起局部腐蚀最为主要的因素之一。由于金属表面的微生物膜结构和分布不均匀导致氧的扩散不均匀、产生的腐蚀产物局部堆积引起氧扩散到金属表面的量不均匀，或是不同位置的好氧细菌如 IOB 和 SOB 呼吸对氧气的消耗有差异，在金属表面不同区域形成氧气差从而形成了氧浓差电池，进而产生电位差。在有氧条件下，好氧金属氧化细菌将氧作为终端电子受体将二价铁氧化为三价铁，以进行呼吸作用并产生能量。富氧区电极电位较正，为金属阴极；而贫氧区电极电位较负，为金属阳极，电位差造成了电子从阴极到阳极的流动，因而引起严重的孔蚀和缝隙腐蚀。

好氧细菌形成的生物膜在金属表面呈斑片状分布，通过呼吸将氧气从生物膜下方区域清除，从而导致了低氧环境的形成，这些区域成为阳极区，进而导致了局部的氧腐蚀。生物膜覆盖率较低或无生物膜覆盖的具有较高的氧浓度的区域，作为氧还原的阴极区。由于氧浓度差异而形成了氧浓差电池[33-34]，进而导致了局部腐蚀。生物膜下氧耗竭形成氧浓差电池导致的金属点蚀示意图如图 3-3-2 所示[35]。

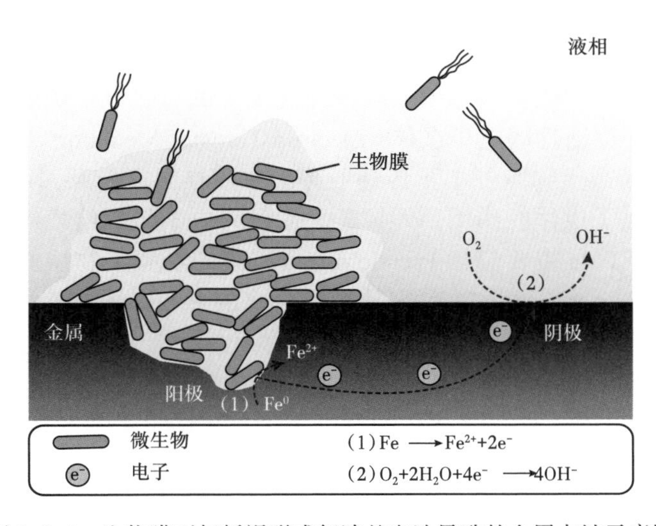

图 3-3-2　生物膜下氧耗竭形成氧浓差电池导致的金属点蚀示意图

四、胞外直接与间接电子传递

最近的研究表明，即使微生物造成了金属的阴极去极化，消耗了金属表面的 H 也不能显著地提高金属的腐蚀速率。相反，微生物能直接从金属表面获取电子，加速金属的溶解。Dinh 等[36]通过富集培养的方法，利用金属离子作为唯一的电子供体，从海洋中分离到了一株能直接利用金属获得电子还原硫酸盐的 SRB。它们似乎直接跳过了利用化学形成的 H_2 作为电子供体，而选择直接利用金属表面的电子生存。因此，经典的阴极去极化理论明显不能解释这类细菌的腐蚀行为。据此，Enning 等[37]2012 年提出了化学微生物腐蚀（Chemical Microbially Influenced Corrosion，CMIC）和电微生物腐蚀（Electrical Microbially Influenced Corrosion，EMIC）的概念。电微生物腐蚀认为细菌与金属之间存在相应的电子传递机制，细菌利用金属表面的电子生长代谢，从而造成了金属腐蚀。微生物获取腐蚀金属释放的电子主要是通过细胞膜表面的细胞色素 C 蛋白以及生物纳米导线（Pili）进行传递。Reguera 等[38]在 2005 年首次提出纳米导线（Pili）的概念，通过导电原子力显微镜发现硫还原土杆菌 Geobacter sulfurreducens 的“菌毛蛋白”（Geopili）在细菌与金属的电子传递中起到重要的作用。胞外电子传递的方式如图 3-3-3 所示[39]

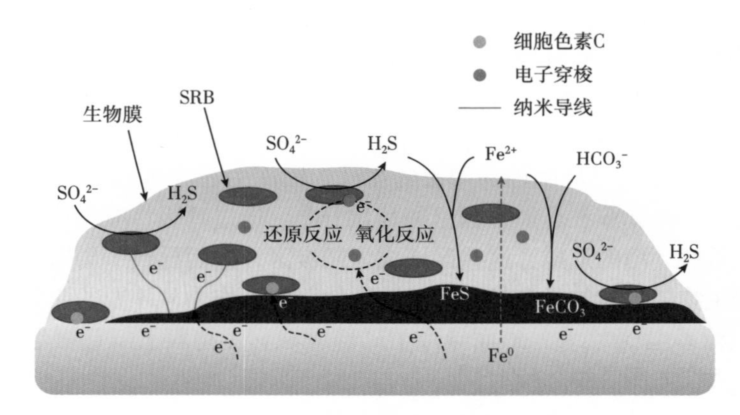

图 3-3-3　常见微生物胞外电子传递机制示意图

相比于需要微生物功能蛋白与电极接触才能发生的直接电子传递，间接电子传递可通过具有可逆氧化还原活性的电子载体（Electron Transfer Mediators，ETMs）实现电子的传递，从而有效提高微生物胞外电子传递效率。在间接电子转移过程中，ETMs 起着中间电子受体和中间电子供体的作用，即被还原后可将电子传递给最终电子受体并被重还原。微生物的内生 ETMs 主要包括 Pseudomonas 属菌的吩嗪类物质和 Shewanella 属菌分泌的黄素类物质。Hernandez 等[40]发现从根际分离的 P. chlororaphis 能合成 1- 甲酰胺吩嗪（Phenazine-1-Carboxamide，PCN），实现晶体氧化铁的还原，并且少量的 PCN 就能够还原大量的金属氧化物。缺失 PCN 合成能力时，晶体氧化铁的还原能力随之减弱。Zhang 等[41]发现在培养基中加入没有腐蚀性的黄素类电子载体会增强 SRB 的电子传递并加速金属试片的失重及点蚀。Huang 等[42]敲除 Pseudomonas aeruginosa 的 phzM 和 phzS 基因，通过抑制绿脓菌素（pyocyanin）的分泌有效抑制了胞外电子传递，进而证实绿脓菌素为电子传递介质。

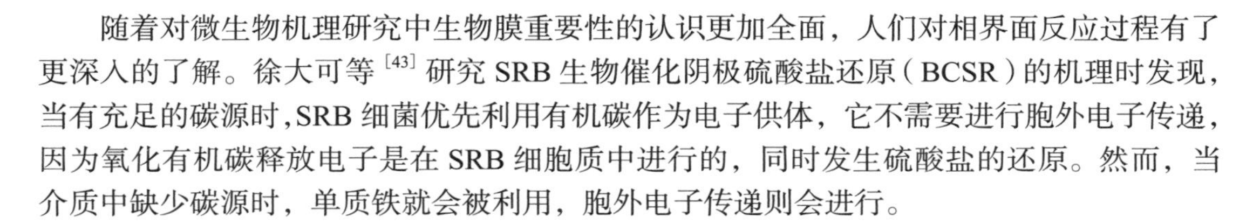
随着对微生物机理研究中生物膜重要性的认识更加全面，人们对相界面反应过程有了更深入的了解。徐大可等[43]研究SRB生物催化阴极硫酸盐还原（BCSR）的机理时发现，当有充足的碳源时，SRB细菌优先利用有机碳作为电子供体，它不需要进行胞外电子传递，因为氧化有机碳释放电子是在SRB细胞质中进行的，同时发生硫酸盐的还原。然而，当介质中缺少碳源时，单质铁就会被利用，胞外电子传递则会进行。

五、生物膜腐蚀

自然环境中的材料表面经常附着具有腐蚀能力的微生物并形成生物膜结构。腐蚀生物膜往往由各种各样的微生物组成，包括细菌、真菌、古生菌和真核生物。不同的微生物拥有不同的代谢能力，在自然环境中微生物群落能释放多种信号分子以相互“沟通”，形成协同或竞争代谢，导致腐蚀微生物群落能发挥出单一菌群无法发挥的功能。通过多种细菌的生长代谢、生物与非生物腐蚀之间的相互协同作用，促进金属的腐蚀。

许多文献曾报道过金属受到微生物腐蚀后其表面膜层的组成。例如，Yang等[44]发现来自不同循环水通路（地表水或地下水）的铁管道中，在不同采样点、不同腐蚀阶段、不同流入水源的条件下，腐蚀微生物的种类数量以及腐蚀产物的类和量各不相同。Valencia-Cantero等[45]将来自温泉的细菌分离混合物进行培养，并与来自纯培养生长的相同菌株的腐蚀速率相比，发现前者对碳钢的腐蚀速率更高。Wang等[46]探讨了再生水配水系统中铁腐蚀的腐蚀产物形态结构及腐蚀微生物群落组成。结果表明存在铁氧化细菌IOB *Sediminibacterium* sp.、铁还原细菌IRB *Shewanella* sp.、硫氧化细菌SOB *Limnobacterthioxidans* 及其他异养细菌，其中IOB的生物量大于IRB。菌群中SOB能将腐蚀产物FeS氧化成H_2SO_4，从而释放Fe^{2+}，并被IOB所利用。结果表明腐蚀通过细菌与代谢产物、生物与非生物腐蚀之间的相互协同作用促进。

Yuan等[47]研究了304不锈钢在灭菌和含有 *Pseudomonas* 两种不同介质环境下的腐蚀行为，发现金属在受到微生物腐蚀后，其表面膜层由一层多孔的内钝化膜和具有良好导电性的外生物膜构成。并且金属浸泡时间越长，生物膜对内钝化膜的影响越大。Castaneda与Benetton[48]研究了SRB腐蚀不锈钢后所形成膜层的表面形态和电化学特征，发现金属受到SRB腐蚀后表面膜层由腐蚀产物膜和含有大量EPS的生物膜构成。Bairi等[49]研究了 *Pseudomonas* 和 *Bacillus* 对D9不锈钢的腐蚀行为，也得出生物膜下还有一层钝化膜的结论。Venzlaff等[50]分析金属在SRB影响下的电化学交流阻抗谱时，将金属外的膜层看成一个整体。Dong等[51]用原子力显微镜和扫描电子显微镜观察了金属被SRB腐蚀后的表面形貌，发现金属外覆盖着一层多相不均匀膜层。该膜层由较松散的外膜和紧密的内膜组成，生物膜中内嵌导电的铁的硫化物，使微孔具有良好的导电性，从而使生物膜表现出良好的电容特性。同时，生物膜的厚度也影响电容的大小，使生物膜的导电性随着SRB的生长代谢而不断变化。

许多学者分析了生物膜的化学成分。刘彬等[52]分析了浸泡在天然海水中14d后的不锈钢表面的生物膜成分，发现C、O、S、Si、Mn等元素含量明显增加，表明生物膜主要由微生物胞内物质及其有机代谢产物构成。段冶等[53]用傅里叶变换红外光谱分析仪分析了Q235钢在假单胞细菌和铁细菌混合作用下的表面生物膜成分，发现主要的吸收峰都是由聚酯糖类、脂蛋白类、细菌表面蛋白及其他细胞外聚合物官能团等引起。他们还利用能谱分析了在混合体系中浸泡 21d 后 Q235 钢的表面腐蚀产物，结果能谱图上只显示出明显的 Fe 峰，表明此时的腐蚀产物主要是铁的化合物。Moradi 等[54]分析了 *Pseudoalteromonas* sp. 腐蚀双相不锈钢后表面生物膜的化学成分，发现 K、Cl 和 Na 大量富集在生物膜上，因为 K、Cl 和 Na 是构成生物膜中酶的活性元素。

生物膜的结构和形态是由周围环境因素和微生物的特性决定的。Flemming 等认为，生物膜是异相不均匀的，溶液通过生物膜的多孔结构进入生物膜底部与金属直接接触。Dong 等[55]研究了多电极在 SRB 下的腐蚀行为，发现金属电极表面的电流分布是不均匀的，这进一步验证了 Flemming 的观点。Xu 等[56]研究了 Q235 钢在涂层保护下的微生物腐蚀行为，结果也表明生物膜是异相不均匀的，且内层的腐蚀产物层有很多裂纹。生物膜的这种异相不均匀性导致金属表面存在浓度梯度，且其浓度梯度随着生物膜的形成、发展、成熟、死亡和脱落而变化。许多学者研究都发现，位于生物膜下的金属与位于无菌环境中的金属相比，更易形成点蚀和缝隙腐蚀[57]。其原因是生物膜的多相异性使金属表面所处的环境各不相同，造成金属阳极曲线的不一致，从而产生“自催化效应”，发生小孔腐蚀[58]。但是 Little 等[59]却认为，生物膜具有催化效应，能增大阴极电流密度，从而促进金属表面自钝化。Lai 等[60]认为，生物膜中的酶能催化葡萄糖转化为葡萄糖酸和 H_2O_2。Washizu 等[61]的研究结果表明，微生物代谢产生的 H_2O_2 能增大阴极电流密度，提高金属的自钝化能力。这也进一步反映了生物膜对微生物腐蚀的影响的复杂性。

参考文献

[1] Procópio L. The role of biofilms in the corrosion of steel in marine environments[J]. World Journal of Microbiology and Biotechnology, 2019, 35 (5): 73.

[2] Hou B, Li X, Ma X, et al. The cost of corrosion in China[J]. npj Materials Degradation, 2017, 1 (1): 4.

[3] Rasheed P A, Jabbar K A, Rasool K, et al. Controlling the biocorrosion of sulfate-reducing bacteria (SRB) on carbon steel using ZnO/chitosan nanocomposite as an eco-friendly biocide[J]. Corros Sci, 2019, 148: 397.

[4] Bungay H R, Whalen W J, Sanders W M. Microprobe techniques for determining diffusivities and respiration rates in microbial slime systems[J]. Biotechnology and Bioengineering, 1969, 11 (5): 765-772.

[5] Chang H T, Rittmann B E. Biofilm loss during sample preparation for scanning electron microscopy[J]. Water Research, 1986, 20 (11): 1451-1456.

[6] Little B, Wagner P, Ray R, et al. Biofilms: an ESEM evaluation of artifacts introduced during SEM preparation[J]. Journal of industrial microbiology and biotechnology, 1991, 8 (4): 213-221.

[7] Guiamet P S, Saravia S G G, Videla H A. An innovative method for preventing biocorrosionthrough microbial adhesion inhibition[J]. International biodeterioration & biodegradation, 1999, 43 (1-2): 31-35.

[8] Heber J R, Sevenson R, Boldman O. Infrared spectroscopy as a means for identification of bacteria[J]. Science, 1952, 116 (11): 11.

[9] Norris K P. Infra-red spectroscopy and its application to microbiology[J]. Epidemiology & Infection, 1959, 57 (3): 326-345.

[10] Nivens D E, Schmit J, Sniatecki J, et al. Multichannel ATR/FT-IR spectrometer for on-line examination of microbial biofilms[J]. Applied spectroscopy, 1993, 47 (5): 668-671.

[11] Nivens D E, Nichols P D, Henson J M, et al. Reversible acceleration of the corrosion of AISI 304 stainless

steel exposed to seawater induced by growth and secretions of the marine bacterium Vibrio natriegens[J]. Corrosion, 1986, 42 (4): 204-210.

[12] Beech I B. The potential use of atomic force microscopy for studying corrosion of metals in the presence of bacterial biofilms—an overview[J]. International biodeterioration & biodegradation, 1996, 37 (3-4): 141-149.

[13] 罗富绪．管道细菌腐蚀研究在美获突破性进展 [J]. 油气储运，1998，17（10）：53-54.

[14] Eduok U, Ohaeri E, Szpunar J. Accelerated corrosion of pipeline steel in the presence of Desulfovibrio desulfuricans biofilm due to carbon source deprivation in CO_2 saturated medium[J]. Materials Science and Engineering, 2019, 105: 110095.

[15] 张小里，刘海洪，陈开勋，等．硫酸盐还原菌生长规律的研究 [J]. 西北大学学报：自然科学版，1999，29（5）：397-402.

[16] Johnsen R, Bardal E. Cathodic properties of different stainless steels in natural seawater[J]. Corrosion, 1985, 41 (5): 296-302.

[17] Zhang H J, Dexter S C. Effect of biofilms on crevice corrosion of stainless steels in coastal seawater[J]. Corrosion, 1995, 51 (1).

[18] 冯思乔．页岩气集输系统的微生物腐蚀机制研究 [D]. 北京：中国石油大学（北京），2020.

[19] 张倩．碳钢和不锈钢的硫代谢细菌腐蚀行为的研究 [D]. 青岛：中国科学院研究生院（海洋研究所），2013.

[20] Qin M, Liao K, Mou Y, et al. Gas liquid-carried flow accelerates MIC by sulfate reducing bacteria biofilm[J]. Process Safety and Environmental Protection, 2023, 179: 329-347.

[21] 芦瑶．油田集输管道共生微生物腐蚀机理与防护研究 [D]. 北京：中国石油大学（北京），2019.

[22] 范梅梅，刘宏芳．二氧化碳对 X60 钢微生物腐蚀行为影响 [J]，腐蚀科学与防护技术，2012，24（2）：107-112.

[23] 黄烨，刘双江，姜成英．微生物腐蚀及腐蚀机理研究进展 [J]. 微生物学报，2017，44（7）：1699-1713.

[24] Von W K C A H, Van d V L S. Graphitization of cast iron as an electrobiochemical process in anaerobic soil[J]. Water, 1964: AD0617552.

[25] Keresztes Z, Felhösi I, Kálmán E. Role of redox properties of biofilms in corrosion processes[J]. Electrochimica Acta, 2001, 46 (24-25): 3841-3849.

[26] Da Silva S, Basséguy R, Bergel A. Electron transfer between hydrogenase and 316L stainless steel: identification of a hydrogenase-catalyzed cathodic reaction in anaerobic mic[J]. Journal of Electroanalytical Chemistry, 2004, 561: 93-102.

[27] Xu D K, Li Y C, Gu T Y. Mechanistic modeling of biocorrosion caused by biofilms of sulfate reducing bacteria and acid producing bacteria[J]. Bioelectrochemistry, 2016, 110: 52-58.

[28] Spruit C J P, Wanklyn J N. Iron/sulphide ratios in corrosion by sulphate-reducing bacteria[J]. Nature, 1951, 168 (4283): 951-952.

[29] Fu W J, Li Y C, Xu D K, et al. Comparing two different types of anaerobic copper biocorrosion by sulfate- and nitrate-reducing bacteria[J]. Mater Perform, 2014, 53 (6): 66.

[30] Dou W W, Jia R, Jin P, et al. Investigation of the mechanism and characteristics of copper corrosion by sulfate reducing bacteria[J]. Corrosion Science, 2018, 144: 237.

[31] 张雨轩，陈翠颖，刘宏伟，等．铝合金霉菌腐蚀研究进展 [J]. 中国腐蚀与防报，2021，41（1）：13-21.

[32] Starkey R L. The general physiology of the sulfate-reducing bacteria in relation to corrosion [J]. Prod. Month., 1958, 22: 12.

[33] Skovhus T L, Enning D, Lee J S. Microbiologically Influenced Corrosion in the Upstream Oil and Gas Industry[M]. Boca Raton: CRC Press, 2017.

[34] Abdolahi A, Hamzah E, Ibrahim Z, et al. Localised corrosion of mild steel in presence of Pseudomonas aeruginosa biofilm. Corrosion Engineering Science Technology, 2015, 50 (7): 538.

[35] Jia R, Unsal T, Xu D, et al. Microbiologically influenced corrosion and current mitigation strategies: A state of the art review[J]. International Biodeterioration Biodegradation, 2019, 137: 42.

[36] Dinh H T, Kuever J, Mussmann M, et al. Iron corrosion by novel anaerobic microorganisms[J]. Nature, 2004, 427 (6977): 829-832.

[37] Enning D, Venzlaff H, Garrelfs J, et al. Marine sulfate-reducing bacteria cause serious corrosion of iron under electroconductive biogenic mineral crust[J]. Environmental Microbiology, 2012, 14 (7): 1772-1787.

[38] Reguera G, Mccarthy K D, Mehta T, et al. Extracellular electron transfer via microbial nanowires[J]. Nature, 2005, 435 (7045): 1098-1101.

[39] Malvankar N S, Lovley D R. Microbial nanowires: a new paradigm for biological electron transfer and bioelectronics[J]. ChemSusChem, 2012, 5 (6): 1039-1046.

[40] Hernandez M E, Kappler A, Newman D K. Phenazines and other redox-active antibiotics promote microbial mineral reduction[J]. Applied and Environmental Microbiology, 2004, 70 (2): 921–928.

[41] Zhang P Y, Xu D K, Li Y C, et al. Electron mediators accelerate the microbiologically influenced corrosion of 304 stainless steel by the Desulfovibrio vulgaris biofilm[J]. Bioelectrochemistry, 2015, 101 : 14–21.

[42] Huang L Y, Huang Y, Lou Y T, et al. Pyocyanin-modifying genes phzM and phzS regulated the extracellular electron transfer in microbiologically-influenced corrosion of X80 carbon steel by Pseudomonas aeruginosa[J]. Corrosion Science, 2020, 164: 108355.

[43] 夏进，徐大可，南黎，等．从生物能量学和生物电化学角度研究金属细菌腐蚀的机理 [J]. 材料研究学报，2016，30（3）：161.

[44] Yang F, Shi B Y, Bai Y H, et al. Effect of sulfate on the transformation of corrosion scale composition and bacterial community in cast iron water distribution pipes[J]. Water Research, 2014, 59: 46-57.

[45] Valencia-Cantero E, Peña-Cabriales J J, Martínez-Romero E. The corrosion effects of sulfate and ferric-reducing bacterial consortia on steel[J]. Geomicrobiology Journal, 2003, 20 (2): 157-169.

[46] Wang H B, Hu C, Hu X X, et al. Effects of disinfectant and biofilm on the corrosion of cast iron pipes in a reclaimed water distribution system[J]. Water Research, 2012, 46 (4): 1070-1078.

[47] Yuan S, Pehkonen S O, Ting Y P, et al. Cor-rosion behavior of type 304 stainless steel in a simulated sweater-based medium in the presence and absence of aerobic Psedomonas NCIMB 2021 bacteria[J]. Industrial & Engineering Chemistry Research, 2008, 47 (9): 3008-3020.

[48] Castaneda H, Benetton X D. SRB-biofilm influence in active cor-rosion sites formed at steel-electrolyte interface when exposed to artificial seawater conditions[J]. Corrosion Science, 2008, 50: 1169.

[49] Bairi L R, George R P, Mudali U K. Microbially induced corro-sion of D9 stainless steel-zirconium metal waste form alloy under simulated geological repository[J]. Corrosion Science, 2012, 61: 19.

[50] Venzlaff H, Enning D, Srinivasan J, et al. Accelerated Cathodic reaction in microbial corrosion of iron due to direct electron uptake by sulfate-reducing bacteria[J]. Corrosion Science, 2013, 66: 88.

[51] Dong Z H, Shi W, Ruan H M. Heterogeneous corrosion of mildsteel under SRB-biofilm characterized by electrochemical mapping technique[J]. Corrosion Science, 2011, 53: 2978.

[52] 刘彬，段继周，侯保荣．天然海水中生物膜对 316L 不锈钢腐蚀行为研究 [J]. 中国腐蚀与防护学报，2012，32（1）：49.

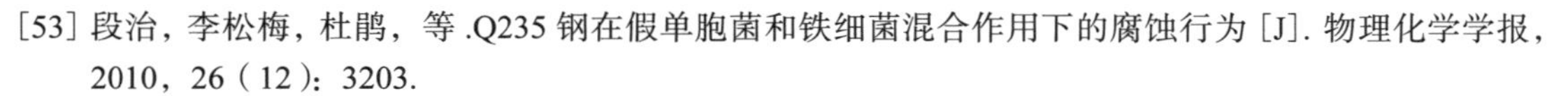

[53] 段治，李松梅，杜鹃，等 .Q235 钢在假单胞菌和铁细菌混合作用下的腐蚀行为 [J]. 物理化学学报，2010，26（12）：3203.

[54] Moradi M，Son Z L，Yang L J，et al. Effect of marine Pseudoalteromonas sp. On the microstructure and corrosion behaviour of 2205 duplex stainless steel[J]. Corrosion Science，2014，84：103.

[55] Dong Z H，Shi W，Ruan H M. Heterogeneous corrosion of mild steel under SRB-biofilm characterized by electrochemical mapping technique[J]. Corrosion Science，2011，53（9）：2978-2987.

[56] Xu J，Wang K X，Sun C，et al. The effects of sulfate reducing bacteria on corrosion of carbonsteel Q235 under simulated disbanded coating by using electrochemical impedance spectroscopy[J]. Corrosion Science，2011，53（4）：1554-1562.

[57] Sun C，Xu J，Wang F H. Interaction of sulfate-reducing bacteria and carbon steel Q235 in biofilm[J]. Industrial & Engineering Chemistry Research，2011，50（22）：12797-12806.

[58] 曹楚南 . 腐蚀电化学原理 [M]. 3 版 . 北京：化学工业出版社，2008.

[59] Little B J，Lee J S，Bay R I. The influence of marine biofilms on Corrosion：A concise review[J]. Electrochimica Acta，2008，54（1）：2-7.

[60] Lai M E，Bergel A. Direct electrochemistry of catalase on glassy carbon electrodes[J]. Electrochemistry，2002，55（1-2）：157-160.

[61] Washizu N，Katada Y，Kodama T. Role of H_2O_2 in microbially in-fluence ennoblement of open circuit potentials for type 316L stainless steel in seawater[J]. Corrosion Science，2004，46（5）：1291-1300.

第四章　页岩气田微生物腐蚀失效分析

页岩气田生产过程中，井筒及地面集输系统暴露出严重的微生物腐蚀失效难题。围绕各类复杂失效形式，通过失效特征规律分析揭示微生物腐蚀失效主控因素和本质原因，是制定有效预防措施缓解腐蚀失效的关键。微生物腐蚀的特征是微生物群落与金属、各类沉积物以及物理和化学环境的相互作用[1]，失效分析涉及微生物学、化学、材料科学和石油工程等多个领域的交叉融合，过程复杂。因此，本章主要归纳了页岩气田微生物腐蚀失效形式及其判断，介绍了微生物腐蚀失效分析技术思路与流程，列举了来自实际生产中的典型失效案例。

第一节　微生物腐蚀失效分布及形式

页岩气田腐蚀介质体系和腐蚀行为与含硫气田存在较显著差异，微生物直接或间接参与了金属腐蚀的电化学过程，并显著加快金属的腐蚀速率，促进金属材料腐蚀失效。微生物腐蚀失效分析是指在页岩气田生产过程中，通过现场调查、数据统计、检测分析、验证试验等方法，对因微生物引起的腐蚀失效进行调查、论证和评估的过程。该过程旨在研究失效现象的特征及规律，确定微生物腐蚀失效的主导原因、机理和影响因素，为采取有效的防腐措施提供科学依据，为防腐技术的研发和应用提供理论支持，保障页岩气田的生产安全和经济效益。

综合页岩气田的开采流程，分析认为页岩气田主要腐蚀环境为微生物、CO_2、砂砾和高矿化度的返排液，腐蚀环境的多样性决定了页岩气材料的失效形式不是单一的，是微生物普遍参与的、多种腐蚀介质的耦合作用[2-3]。通常微生物的主要作用是增加局部腐蚀的可能性，能够形成诱发点蚀和缝隙腐蚀的适宜条件，点蚀产生的速度可以是在含氧／缺氧环境中通过某些细菌、真菌和古菌等产生的有机酸来控制[4]。本节调研了国内外页岩气田微生物腐蚀失效情况和主要影响因素，总结了页岩气田生产过程中常见微生物腐蚀失效部位及主要形式。

一、页岩气田微生物腐蚀失效分布

页岩气田生产井油管材质主要为 N80 碳钢，地面管线材质主要为 L245N 或 L360N 无缝钢管，阀体材质主要为 WCB 碳钢和 30CrMo。据统计，2019 年 1 月至 2022 年 6 月期间，川南页岩气田累计失效高达 440 余次，其中站场失效 406 次，油管穿孔失效 9 井次，集气管线失效 18 次，除砂器和脱水装置等设备失效 7 次。具体失效部位以地面管线（包括站内采气管线、排污管线和站外集气管线）为主（图 4-1-1），共计 305 次，占比 71.8%；阀门失效 119 次占比 27.6%（图 4-1-2）。地面管线失效又以焊缝为主，占比约 78%。

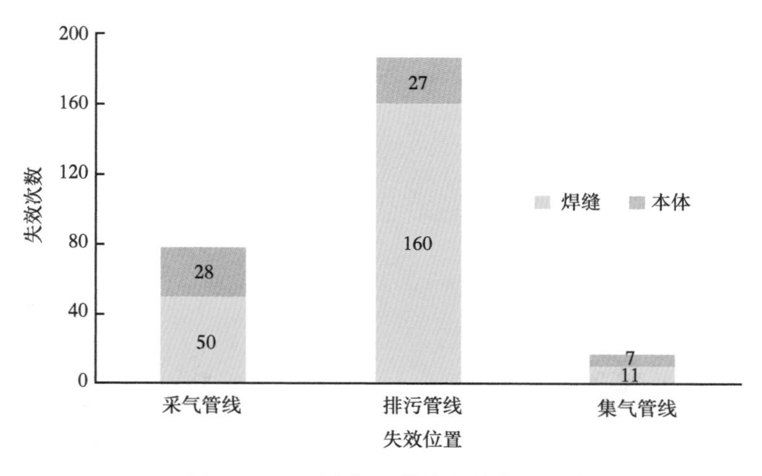

图 4-1-1　页岩气田管线失效位置统计

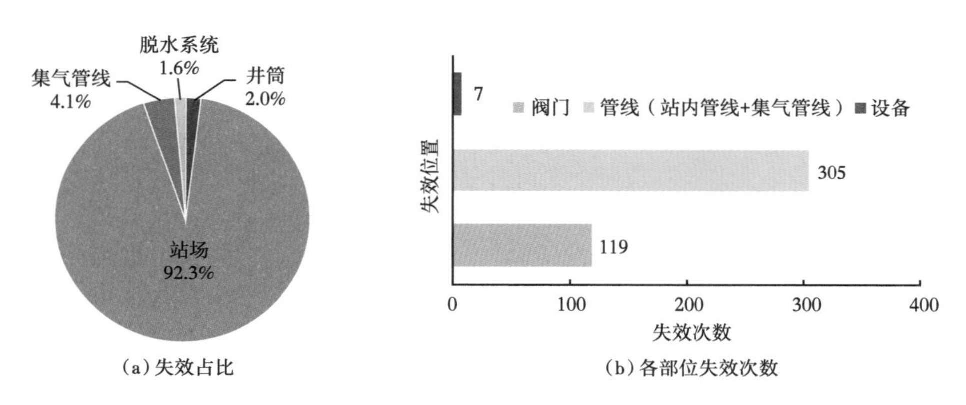

图 4-1-2　页岩气田失效部位统计

从某页岩气田 2020—2023 年累计失效次数的分布来看，主要为内腐蚀失效，呈现先增加后降低的趋势（图 4-1-3）。在生产初期，失效频次高，如材料服役 1 年内失效的占比达 81.5%（图 4-1-4），随着生产进入平稳期和腐蚀控制措施的应用，失效频次逐渐降低。

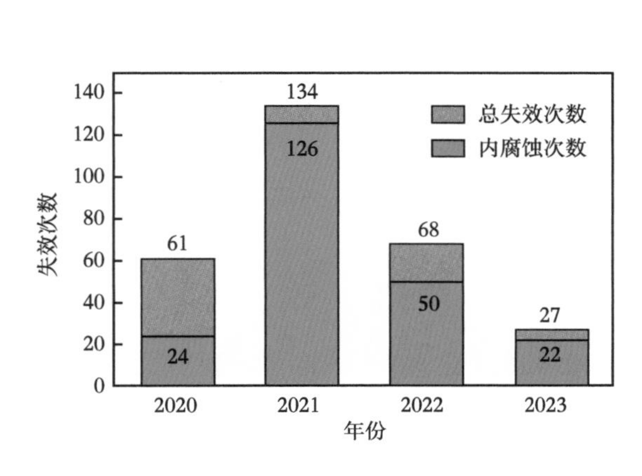

图 4-1-3　某页岩气田管线失效数据统计

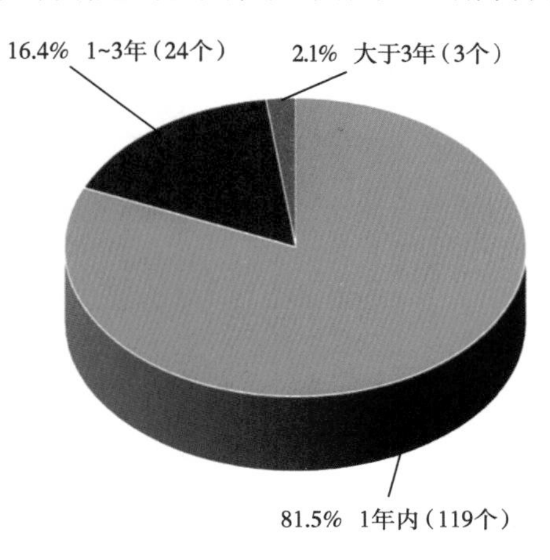

图 4-1-4　失效服役时间分布

1. 井下油管

腐蚀穿孔失效主要发生在油管上部（0~1500m）和中部（1900~2600m），其中油管上部腐蚀最为严重，通常是细菌和 CO_2 腐蚀耦合作用的结果，下部是以 CO_2 腐蚀为主的腐蚀失效，如图 4-1-5 所示。

（a）油管腐蚀穿孔

（b）油管大面积穿孔并导致断裂失效

图 4-1-5　井下油管腐蚀情况

2. 站场管线

站场失效率最高的部位是弯头和焊接区域（图 4-1-6），在失效部位表现出很多的腐蚀坑和犁形腐蚀坑，其主要腐蚀因素包括砂砾冲刷、腐蚀性微生物、CO_2 等[5-6]。

（a）弯头冲刷腐蚀

（b）堵头冲刷腐蚀

图 4-1-6　站场弯头腐蚀情况

3. 集气管线

集气管线失效主要发生在管线易积液部位和焊缝部位，在失效部位表现出很多的腐蚀坑或穿孔（图 4-1-7），少部分为开裂失效（图 4-1-8）[7-9]，其主要原因包括腐蚀性微生物、CO_2 等多因素的耦合作用，以及焊缝质量较差，在焊接过程产生的较高的残余应力和较多的氧化物夹杂等。

图 4-1-7　集气管线腐蚀穿孔

图 4-1-8　集气管线开裂失效

二、页岩气田微生物腐蚀失效影响因素

围绕页岩气田微生物腐蚀失效问题国内外已开展了相关研究工作。Scott Sherman 等[10]对 Eagle Ford 页岩区块连续油管断裂的原因进行了研究（图 4-1-9），认为连续油管在断裂部位的机械损伤和因 SRB 而发生氢脆的综合作用，导致连续油管柱脆性断裂；如果没有氢脆或其他因素，仅机械损伤不会导致管柱完全断裂。

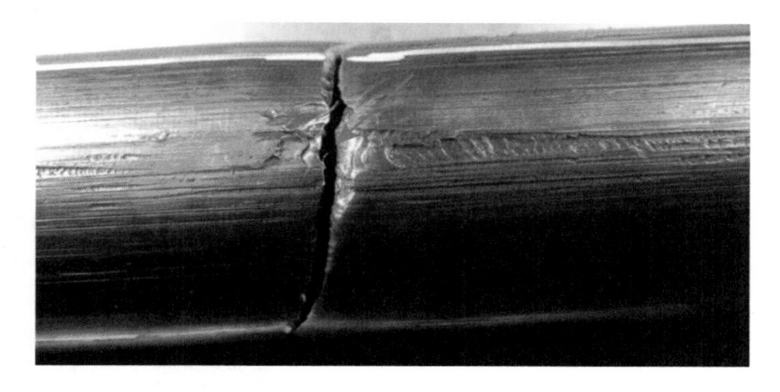

图 4-1-9　连续油管断裂

研究人员通过对现场腐蚀件（图 4-1-10）的腐蚀产物和形貌分析后认为微生物腐蚀是引发四川地区页岩气田腐蚀的主要原因，CO_2 促进了点蚀的发展、Cl^- 也对腐蚀有促进[11]。

图 4-1-10　现场腐蚀情况示例

研究人员对涪陵页岩气井油管腐蚀行为进行了研究（图 4-1-11），结果表明：压裂方式对产出水的性质影响不大，但清水压裂和掺污水压裂的生产井产出水均存在细菌。压裂方式对 N80 油管的腐蚀没有明显影响，腐蚀模拟实验和现场挂片实验的金属表面均存在明显结垢和微生物腐蚀，不同深度的模拟实验均出现了小孔腐蚀[12]。

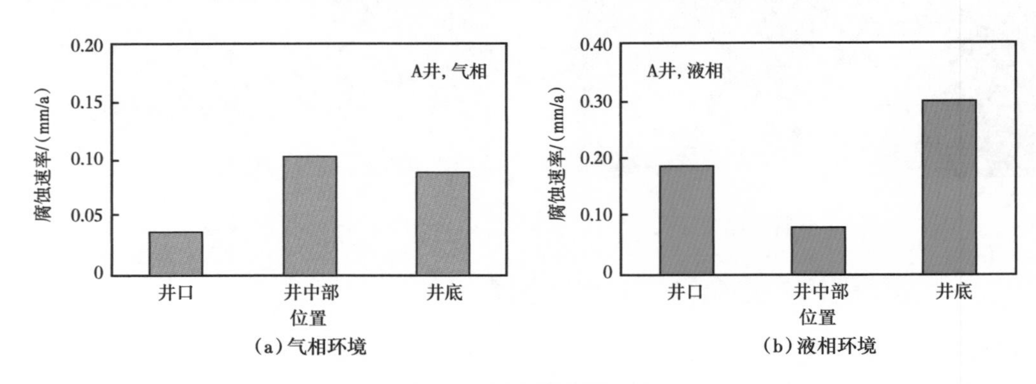

（a）气相环境　　（b）液相环境

图 4-1-11　腐蚀模拟实验结果

研究人员借助零电阻计和丝束电极研究了微生物诱导局部腐蚀行为，发现 SRB 的存在可以明显加速电偶腐蚀，进而加速局部腐蚀的扩展[13]（图 4-1-12）。同时，他们利用自制的微参比和对电极，原位通过电化学测量结合表面表征和微生物分析技术，测定了土壤环境中小孔内外电化学腐蚀行为的差异以及 SRB 作用下小孔的横向和纵向扩展速率，发现 SRB 作用下孔内腐蚀扩展速率是孔外的 2.3 倍。

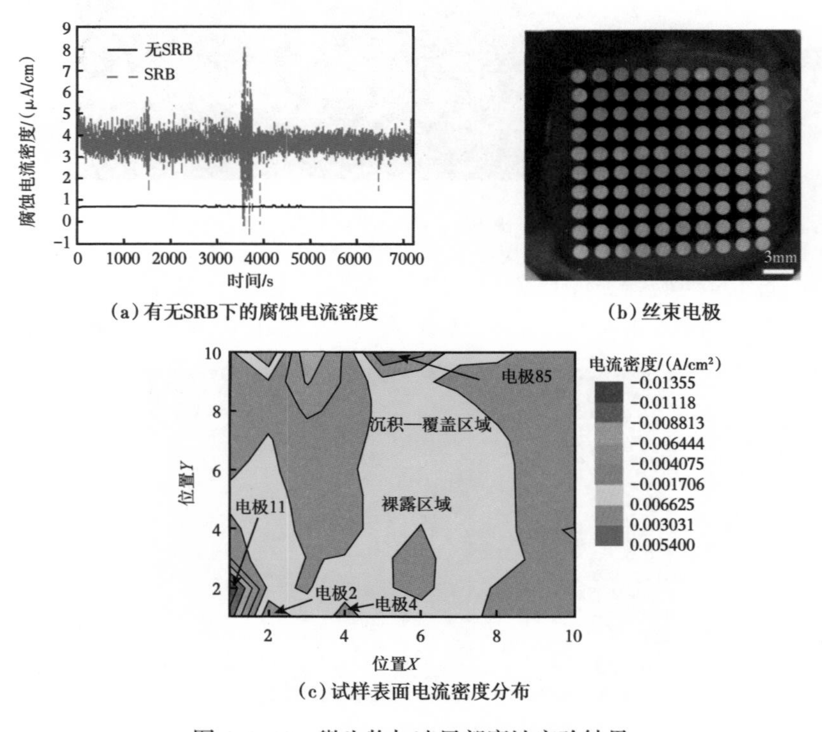

（a）有无SRB下的腐蚀电流密度　　（b）丝束电极

（c）试样表面电流密度分布

图 4-1-12　微生物加速局部腐蚀实验结果

总体来说，页岩气田腐蚀主要为CO_2、微生物、冲刷等的耦合作用，典型失效形式为穿孔、开裂。页岩气生产工况下，这些腐蚀失效现象往往是由SRB等产生硫化物的微生物、铁氧化菌和铁还原菌等影响铁的氧化还原状态的微生物，以及其他能够改变局部环境或电条件的微生物活动所主导。不同部位主要失效原因见表4-1-1。CO_2含量、温度、应力和Cl^-等都对微生物腐蚀有促进作用，是失效主要的影响因素。

表4-1-1　不同部位主要失效原因

部位	失效原因
井筒	高温环境CO_2腐蚀、CO_2和腐蚀性微生物耦合腐蚀、垢下腐蚀
站内	排采期以冲刷腐蚀为主
	生产期以冲刷腐蚀和（或）电化学腐蚀相互作用为主、应力腐蚀开裂
集输管线	本体以腐蚀性微生物和CO_2耦合腐蚀为主
	焊缝质量不佳，叠加环境/应力作用发生应力腐蚀开裂

三、主要腐蚀失效类型及识别

页岩气田微生物参与并影响的材料腐蚀类型有许多种，按腐蚀形态、机理等分为：均匀腐蚀、点蚀、冲刷腐蚀、缝隙腐蚀、垢下腐蚀和应力腐蚀等。

1. SRB腐蚀

实际工况下SRB腐蚀形貌多为密集的局部点蚀，去除表面腐蚀产物后，金属表面保护膜脱落，呈现光亮活性的表面极易发生腐蚀，蚀坑是开口的圆孔，纵切面呈锥形，孔内部是许多同心圆形或阶梯形的圆锥，如图4-1-13所示。现场失效情况符合该失效特征，且现场测试中SRB含量达到25个/mL，可推测为微生物腐蚀导致的失效。

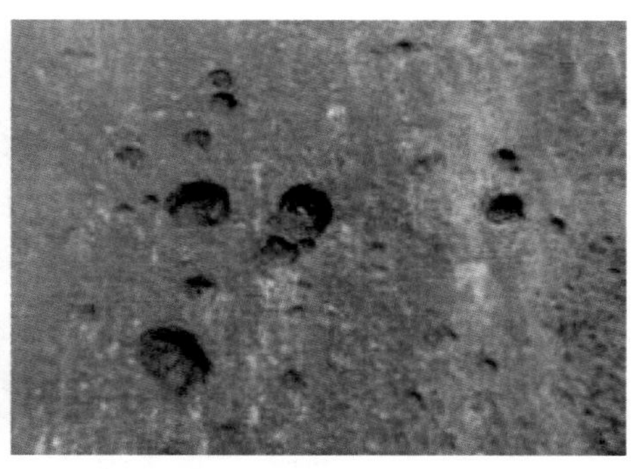

图4-1-13　典型的硫酸盐还原菌腐蚀形貌

2. 二氧化碳腐蚀

对于碳钢的二氧化碳腐蚀形貌，主要以均匀腐蚀和三种类别的局部腐蚀（点蚀、台地状腐蚀和冲刷诱发局部腐蚀）的形式出现（图4-1-14）。其中台地状腐蚀是腐蚀过程中最严重的一种情况，腐蚀穿孔率很高。失效环境一般为：管道内含水和伴生气二氧化碳，一般容易发生在管道底部和水线位置。现场失效情况同时符合所述的失效环境和失效特征，且现场测试环境二氧化碳分压大于0.021MPa时，可判断为二氧化碳腐蚀导致的失效。

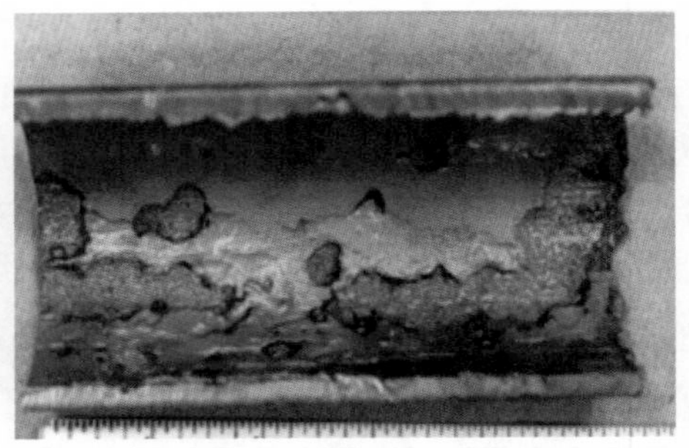

图 4-1-14 典型的二氧化碳腐蚀形貌

3. 冲刷腐蚀

冲刷腐蚀往往发生在管道的弯头、三通、变径等特定的部位。失效特征常带有方向性的槽、沟、波纹、圆孔和山谷形，如图 4-1-15 所示。

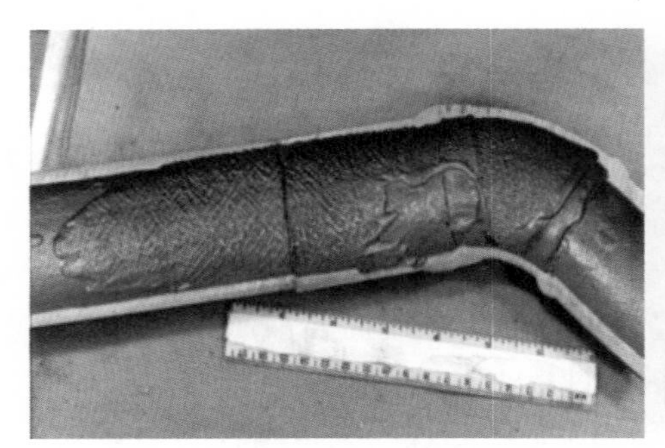
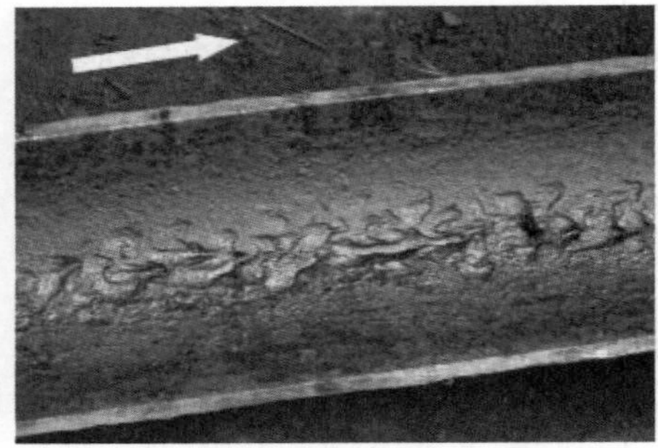

图 4-1-15 典型冲刷腐蚀形貌

4. 垢下腐蚀

管线内部各时钟位置均有垢形成，或由于流型和流态不同在管线底部出现垢层。严重的垢下腐蚀往往与微生物腐蚀协同作用（如 CO_2 和 SRB 协同作用）导致局部穿孔，失效特征往往呈规则圆形蚀坑或垢下成片腐蚀，与微生物腐蚀协同作用时的蚀坑呈规则圆锥形，如图 4-1-16 所示。

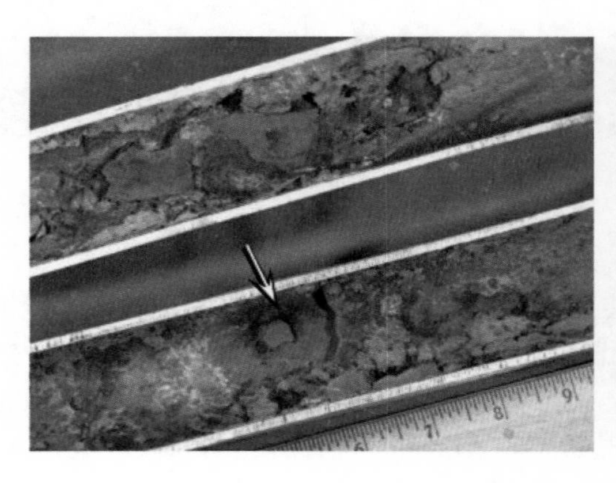

图 4-1-16 典型垢下腐蚀形貌

5. 电偶腐蚀

电偶腐蚀通常发生在两种不同金属相互接触（或焊接接头）、有内涂层和无内涂层涂覆的边线附近。腐蚀失效特征通常表现为一侧金属腐蚀严重，呈现沟槽装腐蚀特征（图 4-1-17）。例如，焊缝接头的电偶腐蚀表现为焊缝一侧的沟槽形貌，常常导致管道、储液槽等设备穿孔。很弱的腐蚀环境都能导致沟状腐蚀的发生，碳钢和低合金管线钢在含腐蚀性微生物、二氧化碳介质中发生焊缝腐蚀的案例近年来逐渐增多。

图 4-1-17　典型的电偶腐蚀形貌

6. 应力腐蚀开裂

通常涉及材料、环境以及与应力相结合的腐蚀过程，导致金属的力学性能下降，最终在金属表面或内部出现裂缝和断裂（图 4-1-18）。尤其易发生在应力集中的区域，如焊缝、接头或受力不均匀的部位。微生物影响下的应力开裂常见失效特征包括：在裂缝或腐蚀区域可能发现典型的腐蚀产物，如硫化物（由 SRB 产生）或其他微生物代谢产物。通过显微镜观察、培养实验或分子生物学手段，可以检测到腐蚀区域存在生物膜和特定的微生物。通常与内部或外部应力因素相结合，如张力、压力、扭矩或振动，这导致材料在微生物影响下更容易出现裂缝。

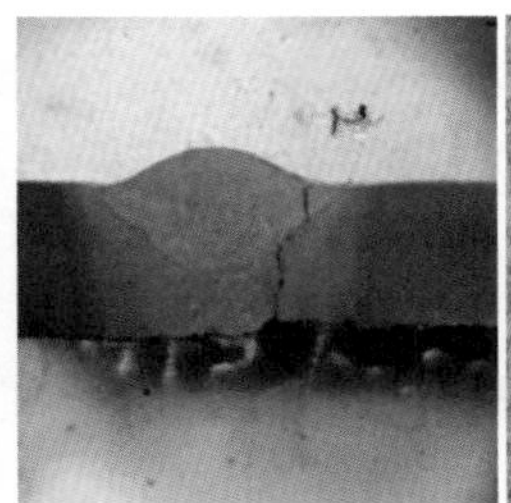
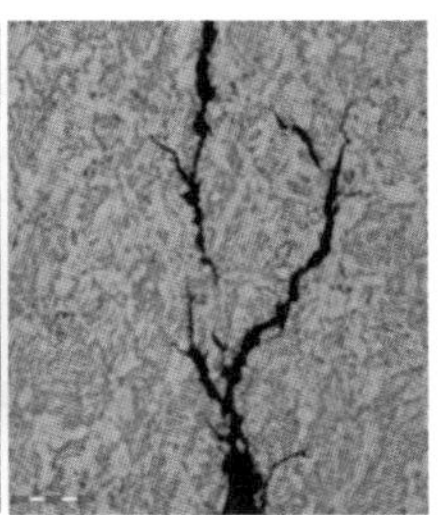

图 4-1-18　典型的应力腐蚀形貌

第二节　失效分析流程及方法

失效分析的原则是先进行非破坏性分析，后进行破坏性分析；先外部分析，后内部（解剖）分析；先调查了解与失效有关的情况（应用条件、失效现象等），后分析失效管段[14]。需要考虑的对象不仅仅是石油管材，更要把“管材—环境—工艺 / 操作”当作一个系统来考虑，逐个列出失效因素，再逐个进行排除。失效的表现是现象，原因才是本质。从现象到本质的失效分析原则，是从失效的现象出发，分析现象所表现的特征，查找失效原因，再从理论、机理上分析导致失效的本质因素，找出本质的原因。

金属材料的失效形式与失效原因密切相关，失效形式是材料失效过程的表观特征，可以通过适当的方式进行观察。页岩气田的主要腐蚀环境为微生物、CO_2、砂砾和高矿化度的返排液，失效分析过程中应在排除材料本身原因情况下再对照主要腐蚀环境的腐蚀特征进行有序的失效分析，失效分析主要流程如图 4-2-1 所示。

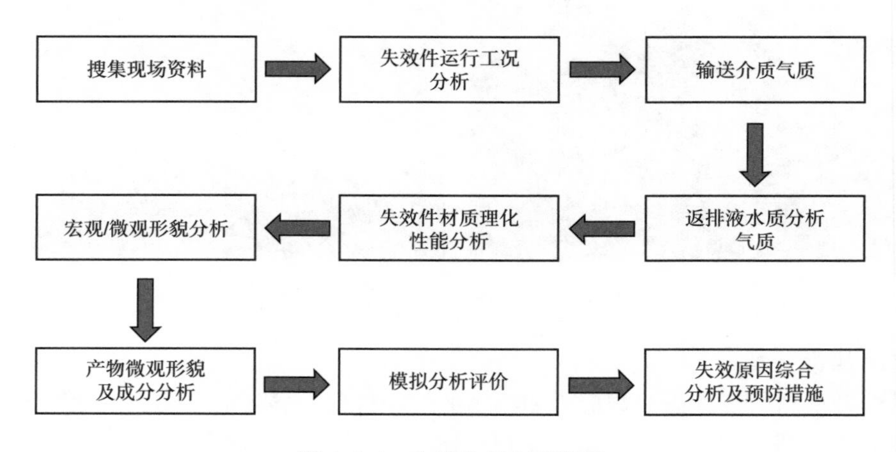

图 4-2-1　失效分析主要流程

一、现场调查与基础信息收集

保护腐蚀失效现场的一切证据，是保证腐蚀失效分析得以顺利有效进行的先决条件。要对腐蚀失效现场进行取证，并听取相关设备负责人、操作者等介绍情况，了解服役条件，收集相关的背景信息（如介质种类、温度、压力以及设备或管线的材质等，并且收取适量的腐蚀产物）。现场调查人员应观察并记录失效环境、失效后果、失效位置及失效特征等信息。在观察和记录时可用摄影、录像、录音和绘图及文字描述等方式进行，应注意观察和记录的项目主要有：

（1）失效件相关基础信息，包括名称、尺寸、订货技术条件、投入运行日期、运行 / 维修记录、工艺流程及操作规程等。

（2）失效件的腐蚀外观，如附着物和腐蚀生成物的收集以及一切可疑的杂物和痕迹的观察等。另外，当肉眼无法直接观察到腐蚀特征时，还可以采用探伤和现场金相观察等手段进一步对腐蚀情况进行详细的了解和观察。

（3）失效件服役条件及服役历史，如运行压力、温度、微生物种类及含量、气量、水量、气体中 CO_2 含量，液体中 Cl^- 含量、矿化度及 pH 值、采取的防腐措施、药剂加注情况等，应特别注意环境细节和异常工况，如突发超载、温度变化、压力和偶然与强腐蚀介质的接触等。

（4）现场采样包括失效件、周边样品和服役环境介质样品。其中周边样品包括腐蚀产物样品（若有的话）、失效件本体样品（若有截管）、服役环境液体样品、气体样以及固体和泥状物样品等。

（5）听取操作人员及佐证人介绍发现腐蚀失效的情况及其相应的处理方法。

（6）收集同类或相似部件过去曾发生过的腐蚀失效情况。

二、失效件取样和处理

失效件和残留物上具有说服力的物证是十分有限的，因此试验前，须对试验项目和顺序、取样部位、取样方法及试样数量等均应全面考虑，合理地确定切取试样的位置、尺寸、数量和取样方法。现场取样注意防止出现机械损伤和化学损伤，必要时需用衬垫材料。在取样时，应尽可能保证失效位置的原始形貌及完整性。在完成取样后应及时保护失效部位，如保鲜膜包裹等，避免失效部位的二次伤害（碰撞、折断、污染、腐蚀和氧化等）。取样后应尽快安排送样，一般不宜超过一周。

为保证有足够管线材料开展力学、能谱等实验分析，取样时样品长度 B 宜不低于600mm，失效位置距离截取位置宜高于 100mm。如果失效位置为焊缝且两端材质不同，样品长度 B 宜不低于 700mm，焊缝距离截取位置 A 宜不低于 300mm（图 4-2-2）。

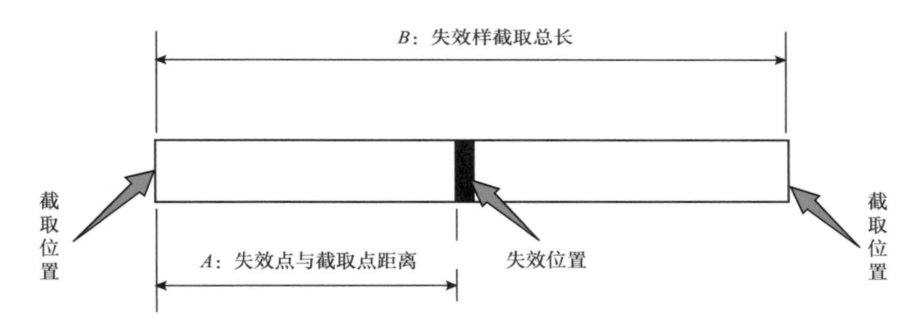

图 4-2-2　取样示意图

将失效件和样品带回实验室后，应制订详细的失效分析计划或方案。在开展全面地的失效分析时，需要制备各种试样，如金相试样、力学性能试样、化学分析试样、断口分析试样、电子探针试样、表面分析试样和模拟试验用试样等。这些试样要从有代表性的部位上有计划性地截取。在截取的部位，用草图或照相记录，标明是哪种试样及对应取样位置。

失效件需清洗除去外来沾污物并进行干燥等预处理。对需要观察腐蚀形貌的试样和含油污或有机涂层的试样，可以用汽油、石油醚、苯、丙酮等有机溶剂进行清除，再用无水酒精清洗后吹干。表面的腐蚀产物或氧化层可以使用化学或电化学方法清洗，但注意不能破坏断口，可参考 GB/T 16545《金属和合金的腐蚀　腐蚀试样上腐蚀产物的清除》开展。

三、失效件实验室分析

只有在少数的情况下，通过现场和背景材料的分析就能得出腐蚀失效的原因。大多数失效案例都需根据现场取证和背景材料进一步制订实验室分析方案。页岩气现场主要为 CO_2 和微生物等的耦合腐蚀作用，加速材料的点腐蚀，导致材料穿孔、开裂失效，因此页岩气失效分析的基本技能主要是微生物分析、断口分析、裂纹分析及引发穿孔和开裂的痕迹分析。

分析步骤应先进行非破坏性分析，再进行破坏性分析，再进行使用条件分析，最后必要时可做实验验证。

（1）非破坏性分析。

针对失效件的现存状态（形状、尺寸、厚度等），选择有效的无损检测方法可迅速而可靠地确定构件表面或内部裂纹和其他缺陷的大小、数量和位置。金属构件表面裂纹及缺陷常用渗透法及电磁法检测，内部缺陷则多用放射性检测，声发射常用于动态无损检测，如探测裂纹扩展情况。

（2）破坏性分析。

剖面分析、材料成分及理化性能分析、腐蚀坑/断口微观形貌分析、附着腐蚀产物分析和死活菌染色分析等。

（3）使用条件分析。

使用条件分析包括结构分析、力学分析和环境条件分析。

（4）模拟实验验证。

根据分析所得失效原因设计模拟实验，对失效原因进行验证。

失效件实验室分析主要测试分析项目及方法如下：

（1）宏观观察。

主要是凭借肉眼或其他简单仪器，检查腐蚀失效部件表面是否光滑、有无裂痕、有无腐蚀和腐蚀产物，记录其大小、颜色形态和分布情况等。这种方法简便、直观，可以确定简单的腐蚀类型。对于肉眼不能直接看到的设备或管道内部表面，可采用内窥镜技术或者局部破坏等方式加以检查。

（2）材质性能分析。

①微观组织分析。

主要是用金相显微镜、电子显微镜观察腐蚀失效部件的显微组织，分析组织对性能的影响，检查铸、锻、焊和热处理等工艺是否恰当，从而由材料的内在因素分析导致发生腐蚀失效的原因。

②化学成分分析。

主要是采用光谱法等测定腐蚀部件的材料是否符合技术要求，有无用错材料或出现成分偏差，必要时可进行微量元素分析或微区成分分析。

③力学性能。

主要包括失效件金属材料强度指标、塑性指标、韧性指标和硬度。可与材料技术要求的力学性能相比较，用于考察材料力学性能是否依然在技术要求的范围内或偏离的程度。

（3）腐蚀形貌观察。

腐蚀形貌真实地反映了材料被腐蚀的全过程，是分析中最重要的一环，通过详细分析可以得到失效点附近的性质和状况，推测腐蚀发展过程及主要原因。腐蚀形貌分析先用肉眼或低倍实体显微镜和立体显微镜从各个角度来观察腐蚀表面的特征，并利用其中所带的网格粗略估计腐蚀表面蚀点或蚀坑等的大小，然后用电子显微镜（特别是扫描电镜 SEM）对有代表性的部位进行深入观察，以了解腐蚀表面的微观特征，同时可以利用电镜附带的

X 射线能谱仪（EDS）功能对材料表面进行微区微量元素定性和定量分析，并进行元素点线分布和面分布分析。

对于微生物腐蚀失效而言，可参考本书第三章第一节所介绍的微生物鉴定、生物膜分析方法，重点观察微生物存在和活动迹象。微生物腐蚀区域可能会有硫化物沉积物（如铁硫化物）或其他由微生物代谢产生的腐蚀产物，这些产物可能会在 SEM 下表现为特定的结晶形态或膜状结构。微生物腐蚀往往会导致局部凹坑腐蚀或孔蚀，在金属表面可以观察到这些凹坑的微观形态，它们通常是不规则的，边缘可能会有生物膜的残留物。在某些情况下，微生物可能会参与裂纹的扩展过程，裂纹可能在金属表面或断面上可见，且裂纹路径可能会有微生物活动的迹象。

某些微生物代谢产物，如硫化物或有机酸，可以通过能谱仪（EDS）分析在腐蚀区域被检测到，这可以作为微生物腐蚀的直接证据。虽然不能直接通过失效件的微观形貌观察来鉴定微生物的具体种类，但可以通过取样并进行微生物培养、分子生物学分析（如 16S rRNA 基因测序）来识别可能导致腐蚀的微生物种类。

（4）腐蚀产物分析。

表面形貌观察还要配合相应的腐蚀产物分析结果，才能更准确地判断参与腐蚀的介质和主要腐蚀类型。对于腐蚀产物的分析，可以采用化学灼烧法、X 射线衍射仪（XRD）或俄歇电子能谱（AES）、光电子能谱（XPS）、傅里叶变换红外光谱和拉曼光谱进行元素或化合物分析。可参照标准 SY/T 0546《腐蚀产物的采集与鉴定技术规范》。

（5）介质分析。

对现场取得的失效零部件的环境介质（如水样、气质或油样）进行化学分析，如微生物种类及含量、CO_2 含量、pH 值、矿化度、Fe^{2+} 浓度和残余药剂浓度等。

（6）裂纹 / 断口分析[14-15]。

需要重点指出的是，对于开裂失效，断口上忠实地记录金属材料裂纹的产生、扩展直至开裂全过程特征，反映了内外部因素、材料本身的缺陷对裂纹萌生的促进作用，有必要进行全面分析，常见开裂 / 断裂类型及特征见表 4-2-1。

表 4-2-1　常见开裂 / 断裂类型及特征

分类方法	名称	主要特征
根据断裂前塑性变形大小	脆性断裂	断裂前没有明显的塑性变形，断口形貌是光亮的结晶状，主要指解理断口、准解理断口和冰糖状沿晶断口
	韧性断裂	断裂前发生明显的宏观塑性变形、断面有大量韧窝
根据微观断裂机制	环境开裂	在环境作用下引起的低应力断裂，主要包括应力腐蚀断裂和氢脆断裂
	疲劳断裂	材料在交变载荷下发生的断裂
根据裂纹扩展途径	沿晶断裂	裂纹沿晶界扩展，冰糖状断口形貌，大多数是脆性断裂
	穿晶断裂	裂纹穿过晶粒内部，可以是韧性断裂，也可以是脆性断裂

①断口分析的依据。

a. 断口的颜色与色泽。

观察断口表面光泽与颜色时，主要观察有无腐蚀的痕迹、有无夹杂物的特殊色彩与其他颜色等。

b. 断口上的花纹。

疲劳断裂断口宏观上有时可见沙滩条纹，微观上有疲劳辉纹。脆性断裂有解理特征，断口宏观上有闪闪发光的小刻面或人字形、山形条纹，而微观上有河流条纹、舌状花样等。韧性断裂的断口一般能寻见纤维区和剪唇区。微观上则多有韧窝或蛇形花样等。

c. 断口上的粗糙度。

断口的表面实际上由许多微小的小断面构成，其大小、高度差决定断口的粗糙度。一般来说，属于剪切型的韧性断裂的剪切唇比较光滑；而正断型的纤维区则较粗糙。属于脆性断裂的解理断裂形成的结晶状断口较粗糙，而准解理断裂形成的瓷状断口则较光滑。疲劳断口的粗糙度与裂纹扩展有关，扩展速率越快，断口越粗糙。

d. 断口外形。

韧性材料的拉伸断口形状一般呈杯锥状或呈 45° 切断的外形，其塑性变形是以缩颈的方式表现，即断口与拉伸轴向最大正应力交角是 45°。脆性材料的拉伸断口一般与最大拉伸正应力垂直，断口表面平齐，断口边缘通常没有剪切“唇口”，断口附近没有缩颈现象。

e. 断口上的冶金缺陷。

夹杂、分层、晶粒粗大、气孔等常在失效件断口上经宏观或微观观察而发现。

②裂纹分析目的。

裂纹分析的目的是确定裂纹的位置及裂纹产生的原因。裂纹形成的原因往往很复杂，裂纹分析往往需要从原材料的冶金质量、材料的力学性能、构件成型的工艺流程和工序工艺参数、构件的形状及其工作条件以及裂纹宏观和微观的特征等方向做综合的分析。其中涉及多种技术方法和专业知识，如无损探伤、化学成分分析、力学性能试验、金相分析和 X 射线微区分析等。裂纹分析的依据有以下几点：

a. 金属裂纹的基本形貌特征。

裂纹两侧凹凸不平，耦合自然。其耦合特征是与主应力性质相关；若主应力属于切应力则裂纹一般呈平滑的大耦合；若主应力属拉应力则裂纹一般呈锯齿状的小耦合。除某些沿晶裂纹外，绝大多数裂纹的尾端是尖锐的。裂纹有各种形状，直线状、分支状、龟裂状、辐射状、环形状、弧形状，各种形状往往与形成的原因密切相关。

b. 金属裂纹宏观的检查。

裂纹的宏观检查的主要目的是确定检查对象裂纹大小、分布及走向。除通过肉眼进行直接外观检查和采取建议的敲击测音法外，通常采用无损探伤法，如 X 射线、磁力渗透着色、超声波、荧光等物理探伤法检测裂纹。

c. 金属裂纹微观的检查。

常通过金相分析确定裂纹的分布是穿晶的，还是沿晶的，主裂纹附近有无微裂纹和分支。裂纹处及附近的晶粒度有无显著粗大或细化或大小极不均匀的现象，晶粒是否变形，裂纹与晶粒变形的方向相平行或相垂直。裂纹附近是否存在碳化物或非金属夹杂物，裂纹源是否产生于碳化物或非金属夹杂物周围，裂纹路径是否存在氧化和脱碳现象，是否有过热组织、魏氏组织、带状组织及其他形式的组织缺陷。

③主裂纹的判别。

裂纹的分叉或分枝方向通常为裂纹的局部扩展方向，其相反方向指向裂源，即分枝裂纹为二次裂纹，汇合裂纹为主裂纹。此外，在受环境因素影响较大的断裂失效中，检验断

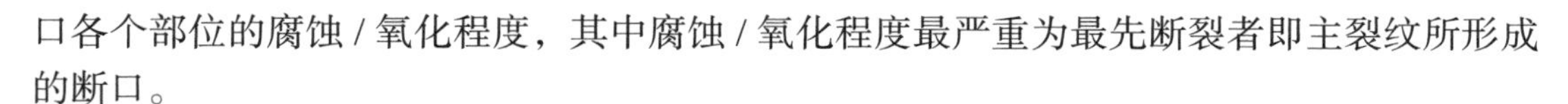

口各个部位的腐蚀/氧化程度，其中腐蚀/氧化程度最严重为最先断裂者即主裂纹所形成的断口。

④裂纹走向分析。

a. 应力原则。

在金属疲劳断裂、应力腐蚀断裂时，裂纹的扩展方向一般都垂直于主应力的方向，当韧性金属承受扭转载荷或金属在平面应力的情况下，其裂纹的扩展方向一般平行于切应力的方向，如韧性材料切断断口。

b. 强度原则。

强度原则即指裂纹总是倾向沿着最小阻力路线，即材料的薄弱环节或缺陷处扩展的情况。有时按应力原则扩展的裂纹，途中突然发生转折。在这种情况下，在转折处常常能够找到缺陷的痕迹或者证据。一般情况下，当材质比较均匀时，应力原则起主导作用，裂纹按应力原则进行扩展。

应力腐蚀裂纹、氢脆裂纹、回火脆性、焊接热裂纹、冷热疲劳裂纹、铸造热裂纹、蠕变裂纹等，晶界是薄弱环节，因此裂纹是通常沿晶界扩展的；疲劳裂纹、解理断裂裂纹、焊接冷裂纹及其他韧性断裂的情况下，晶界强度一般大于晶内强度，因此它们的裂纹通常为穿晶型，这时裂纹遇到亚晶界、晶界、硬质点或其他组织和性能的不均匀区时，往往会改变扩展方向。因此认为晶界能够阻碍疲劳裂纹的扩展，这也是常常用细化晶粒的方法来提高金属材料的疲劳寿命的原因之一。

（7）其他项目。

应力检测，在必要时可以对受力复杂的零部件进行应力分析（如磁应力检测、超声应力检测等）。痕迹分析，材料失效时，可能存在其他外部因素的协同作用，并在构件表面留下了某种痕迹（如机械接触痕迹、热损伤痕迹和非正常加工痕迹等）。有限元分析，可以用于失效件的受力状态分析和开裂失效过程模拟。

四、模拟验证评价试验

重大的腐蚀失效分析项目，在初步确定失效原因后，还应及时进行重现性试验（模拟试验），以验证分析结论的可靠性。利用介质分析和材料化学成分分析的结果，在实验室内配置成分相同的腐蚀介质，并选用和腐蚀失效部件相同的材质，进行相同的热处理，然后模拟现场环境（温度、压力和介质等）进行模拟腐蚀试验，进一步验证腐蚀失效过程和腐蚀机理；还可以利用安装在重点腐蚀设备上的在线旁路试验釜对材料的腐蚀状况进行监测（监测时间为3~6个月），监测结果可以排除材料服役工况波动等短时期影响，通过选用不同材质的试片，较为真实地反映管材/设备的长期腐蚀状况。

五、失效模式及原因综合分析

在调研、观察、试验的基础上，结合失效件的服役工况和相关理论知识，应用合适的失效分析方法，对所获得的各种信息进行归纳、整理和综合分析，判定失效件的失效原因。在大多数情况下，失效原因可能有多种，应努力分清主要原因和次要原因，最后依据判定的失效根本原因，提出具体的、切实可行的预防措施和建议。宜建立失效数据库对最终的失效分析报告、失效样品进行存档。

第三节　页岩气田失效分析案例

本节主要通过页岩气田生产过程中的失效案例分析，介绍了失效分析方法的实际运用。具体列举了页岩气田井筒油管、站场管线及地面集输管线的典型腐蚀失效案例，涉及穿孔、开裂和冲刷腐蚀典型失效形式，通过结合具体服役工况环境的失效分析，明确了失效根本原因，为防腐措施和工艺的优化提供了重要指导。

一、井筒油管腐蚀失效分析

1. 井筒腐蚀环境及整体腐蚀情况

某页岩气公司区块单井产气量为 1×10^4~$7\times10^4m^3/d$，产水量为 7~46m^3/d，返排液中 Cl^- 含量为 5760~28800mg/L、总矿化度 11.54~53.8g/L，同时返排液中含有细菌；原料气中不含硫化氢、二氧化碳含量为 0.9%~1.2%，属于低含二氧化碳天然气气质。结合气井油套压力折算二氧化碳分压 0.02~0.30MPa，会发生二氧化碳腐蚀；同时，返排液中 Cl^- 含量较高，且含有腐蚀性微生物，腐蚀环境较为恶劣。

该区块共 13 口井，材质有 N80（11 口）、P110（1 口）和 CB90SS（1 口）；截至 2021 年 6 月，根据抽出油管检测或生产情况判断有 6 口井油管失效，失效油管均为 N80 材质，壁厚 4.83mm，失效时间最快仅需 52d，折合点腐蚀速率超过 30mm/a。对其中某 1# 井共计取出检测油管 425 根，发现腐蚀严重油管 109 根，具体分布如图 4-3-1 所示。

可以看出，腐蚀重点在井口至井下 1500m 左右井段和井下 2000m 左右井段。其中井下 50~60m 井段发生腐蚀穿孔（图 4-3-2）。井下 2000m 左右井段油管运行 8 个月后最高腐蚀减薄 2.1mm，折合腐蚀速率 3.15mm/a。

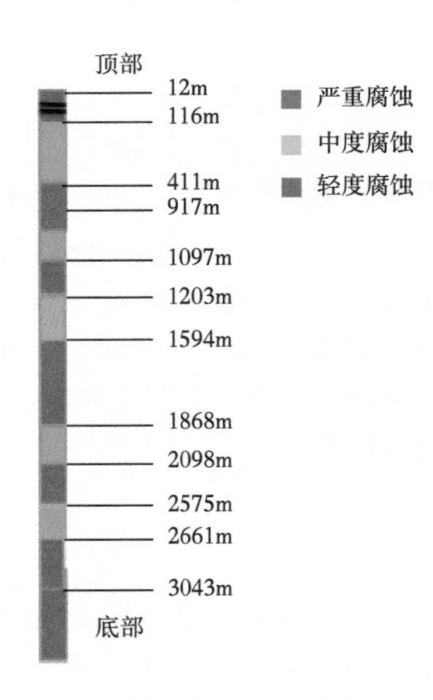

图 4-3-1　油管腐蚀情况分布示意图

图 4-3-2　油管腐蚀情况示例

结合取出的油管腐蚀情况结果，可以初步判断页岩气井下腐蚀主要发生在井下1500m以上油管段和井下2000~3000m油管段，其中井下1500m以上油管段腐蚀程度最为严重。结合井测温、测压情况和生产油压曲线，可以初步明确：（1）易发生油管腐蚀的温度在30~60℃温度区间和80~110℃温度区间，其中30~60℃温度区间腐蚀最为严重；（2）两口井井下2000~3000m二氧化碳分压超过0.21MPa，会发生严重二氧化碳腐蚀；（3）返排液中含腐蚀性微生物，会发生微生物腐蚀。

2. 油管失效原因分析

1）宏观形貌

取出失效油管发现腐蚀主要发生在油管内壁，内壁有沿着轴向腐蚀沟槽，但是冲刷特征不明显（图4-3-3）。

图4-3-3　油管内壁腐蚀形貌

2）油管材质质量

材质化学成分分析结果见表4-3-1，满足GB/T 19830—2023《石油天然气工业　油气井套管或油管用钢管》标准中对N80材质的要求。

表4-3-1　化学成分分析结果

元素	C/%（质量分数）	Si/%（质量分数）	Mn/%（质量分数）	S/%（质量分数）	P/%（质量分数）	V/%（质量分数）
测试结果	0.277	0.242	1.55	0.0078	0.015	＜0.005
标准要求	—	—	—	≤0.030	≤0.030	—

在金相显微镜下分析金相组织（图4-3-4），坑洞附近的基体的组织为粒状贝氏体+少量块状铁素体，组织细小，与远离腐蚀坑的基体金相组织相同。含少量夹杂物，整体冶金质量良好（图4-3-5）。

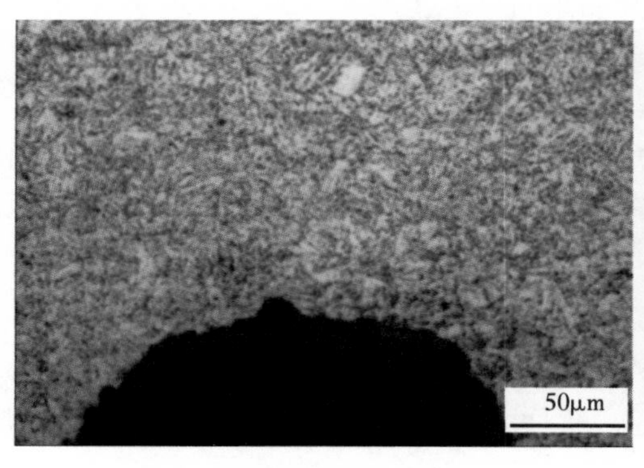

(a)腐蚀坑部位金相组织

(b)基体组织高倍

图 4-3-4　基体的金相组织

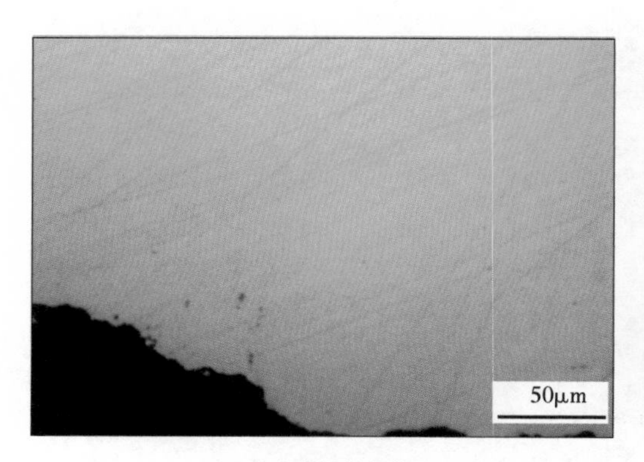

(a)腐蚀坑部位

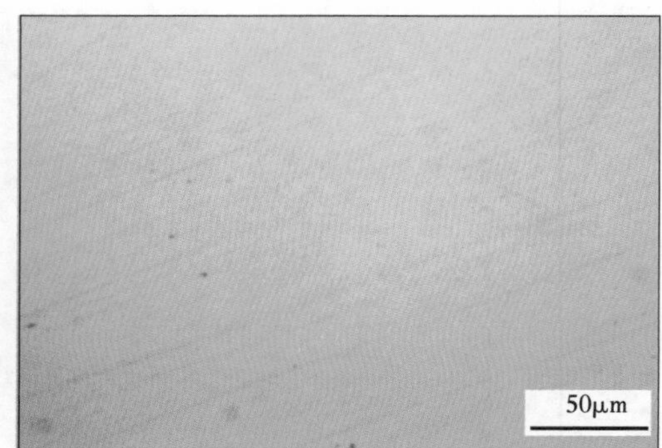

(b)远离腐蚀坑的基体

图 4-3-5　基体中夹杂物

力学性能测试结果见表 4-3-2。延伸率不满足 GB/T 19830—2023《石油天然气工业　油气井套管或油管用钢管》标准要求。

表 4-3-2　力学性能检测结果

项目	屈服强度 /MPa	抗拉强度 /MPa	硬度 /HRC
测试结果	695	726	17.6
标准要求	552~758	≥ 689	—

3）微观分析

根据前期油管检测情况可以看出，腐蚀主要发生在井口—井下 1500m 油管段和井下 2000~3000m 油管段，因此针对这两段开展了微观分析。

（1）井口—井下 1500m 段。

分析发现穿孔失效部位同时存在无机晶体状腐蚀产物和絮状腐蚀产物，如图 4-3-6 所示。

(a) 观察部位

(b) 晶体状腐蚀产物

(c) 絮状腐蚀产物

图 4-3-6　腐蚀形貌

图 4-3-7 和图 4-3-8 分别是晶体状腐蚀产物和絮状腐蚀产物的 EDS 测试结果。无机晶体状腐蚀产物元素主要是 C、O 和 Fe 等，且原子比例在 1∶3∶1 左右，说明这些腐蚀产物主要是二氧化碳的腐蚀产物 $FeCO_3$。絮状腐蚀产物中除 C、O、Fe 之外还含有 S，说明可能有 SRB 存在并参与了腐蚀。

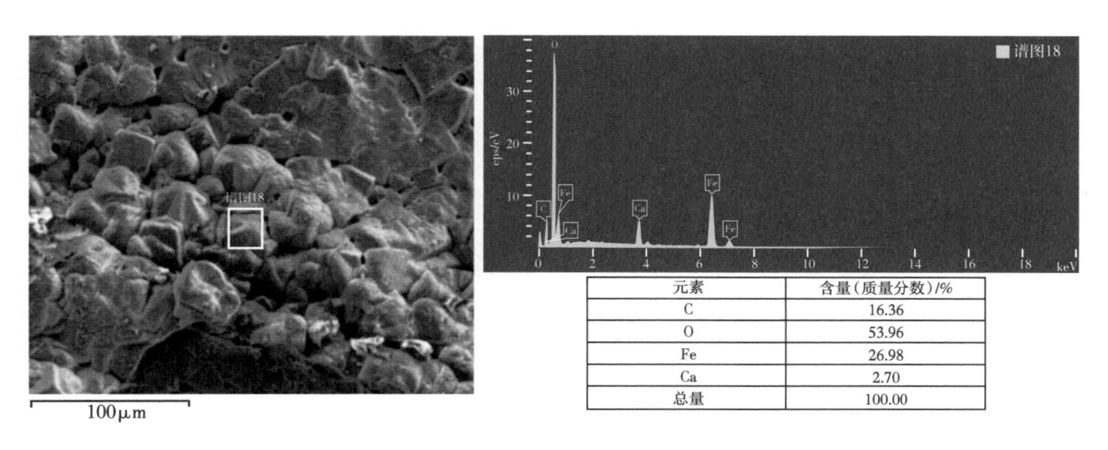

元素	含量（质量分数）/%
C	16.36
O	53.96
Fe	26.98
Ca	2.70
总量	100.00

图 4-3-7　晶体状腐蚀产物 EDS 测试结果

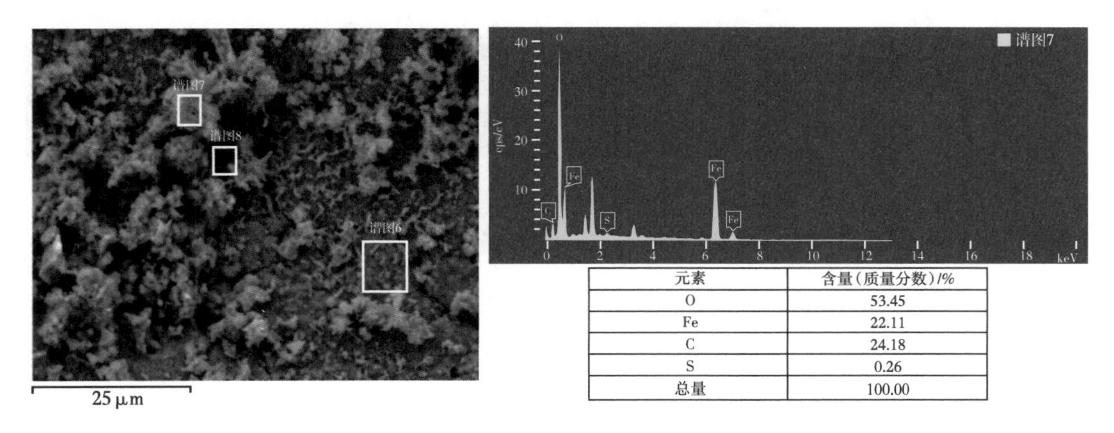

元素	含量（质量分数）/%
O	53.45
Fe	22.11
C	24.18
S	0.26
总量	100.00

图 4-3-8　絮状腐蚀产物 EDS 测试结果

管内壁蚀坑处腐蚀产物 XRD 分析表明（图 4-3-9），其主要成分含 $FeCO_3$、Fe_2O_3、Fe_3O_4、Fe_3S_4 和 FeS 等，其中以 $FeCO_3$ 为主。

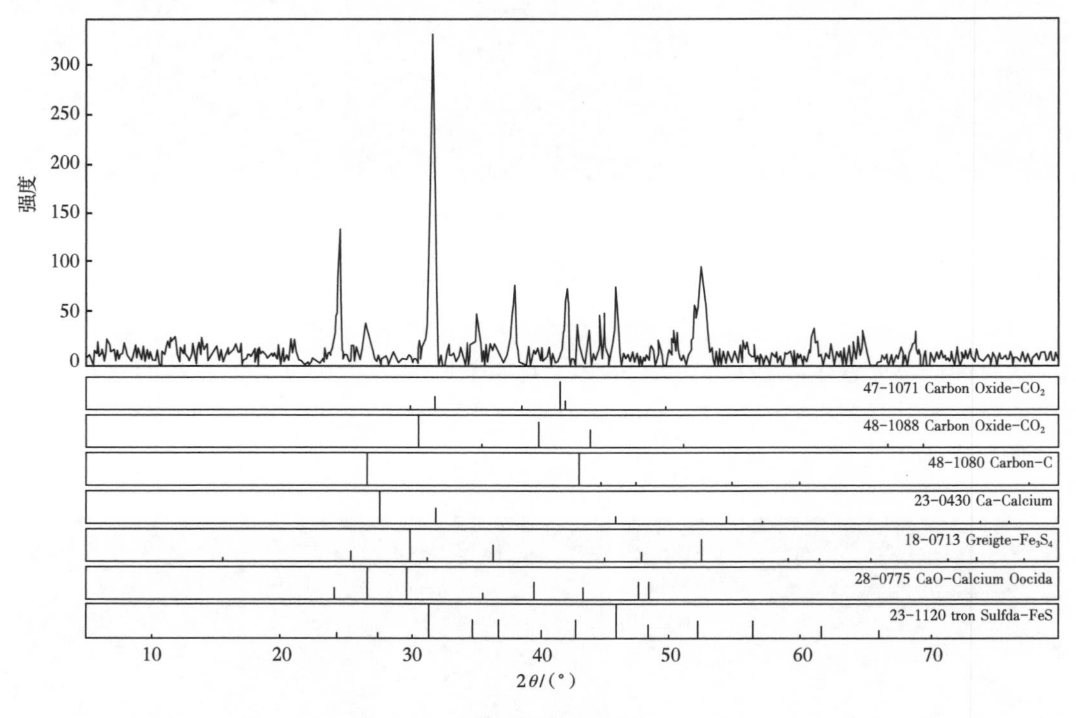

图 4-3-9　XRD 测试结果

由于该井天然气中含有 CO_2 且不含 H_2S，而腐蚀产物中检测出 $FeCO_3$、Fe_3S_4 和 FeS 等，因此可以说明 CO_2 和 SRB 都参与了腐蚀。进一步取油管腐蚀部位进行了死活微生物染色，结果如图 4-3-10 所示。

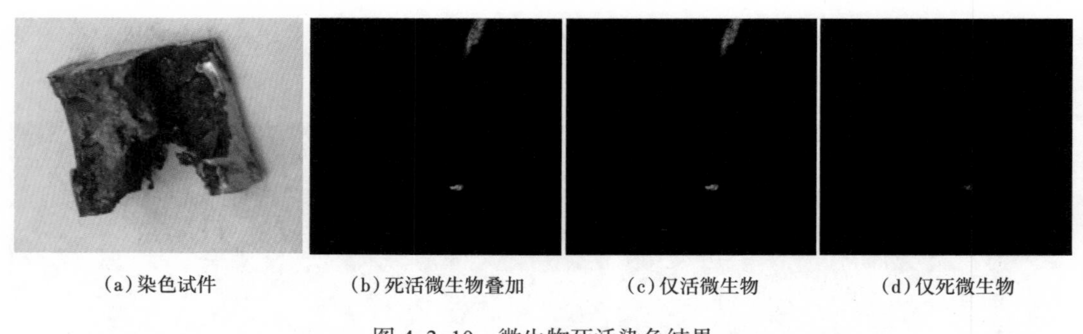

（a）染色试件　（b）死活微生物叠加　（c）仅活微生物　（d）仅死微生物

图 4-3-10　微生物死活染色结果

可以看出，腐蚀部位有微生物菌落，结合 EDS 和 XRD 分析结果，证明微生物参与了腐蚀。

（2）井下 2000~3000m 段。

对井下 2050m 油管进行取样，破开后可以看到内表面有明显的腐蚀特征，存在很多小台阶，具体如图 4-3-11 所示。

图 4-3-11　井下 2031m 油管内壁形貌

SEM 观察发现管段内表面腐蚀产物为立方块状和颗粒状，结构疏松，局部区域有少量致密的胞状结构和堆积疏松的锥状晶体（图 4-3-12）。EDS 点扫显示这些形态的腐蚀产物普遍含 C、O、Fe 及 Ca，应有 $CaCO_3$ 沉积。

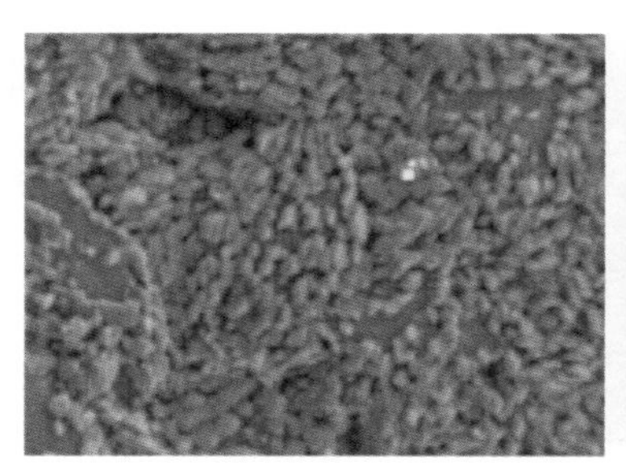
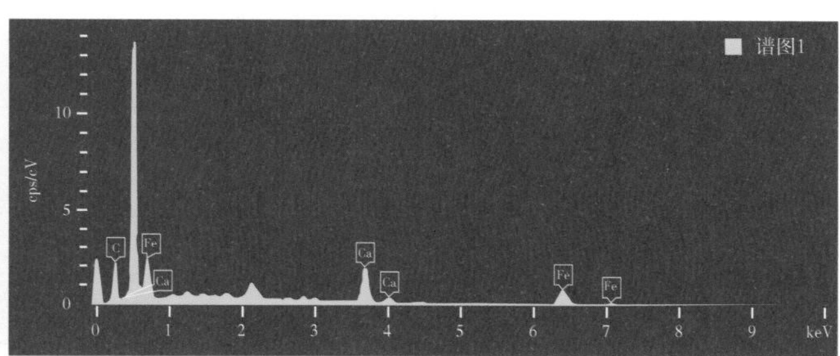

元素	质量分数/%	原子百分比/%
C	11.91	22.40
O	39.85	56.24
Ca	11.72	6.60
Fe	36.52	14.76
总量	100.00	100.00

图 4-3-12　产物微观形貌及元素组成

对腐蚀产物截面进行 EDS 线扫描，如图 4-3-13 所示，结果表明腐蚀产物层从内至外均不含硫。

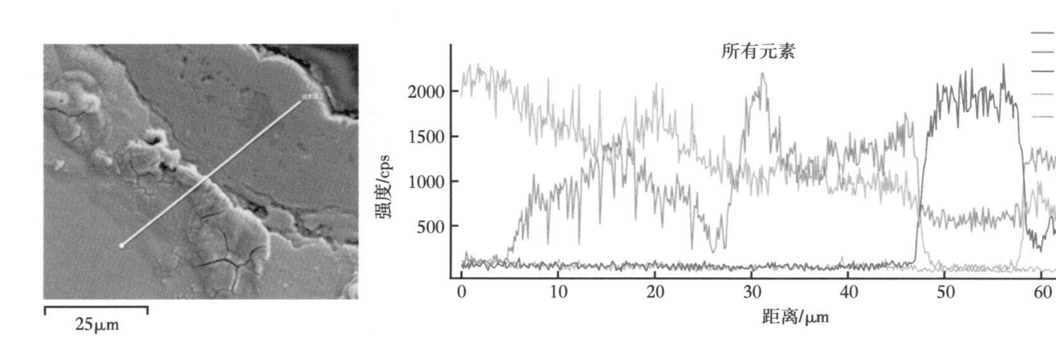

图 4-3-13　截面元素结果

将管内壁坑洞中的腐蚀物刮下进行 XRD 分析（图 4-3-14），腐蚀产物主要有 $FeCO_3$ 和 Fe_2O_3 等，其中以 $FeCO_3$ 为主。由于腐蚀产物中没有发现铁的硫化物，且腐蚀产物以 $FeCO_3$ 为主，因此可以说明 SRB 没有参与本段的腐蚀，腐蚀以 CO_2 腐蚀为主。

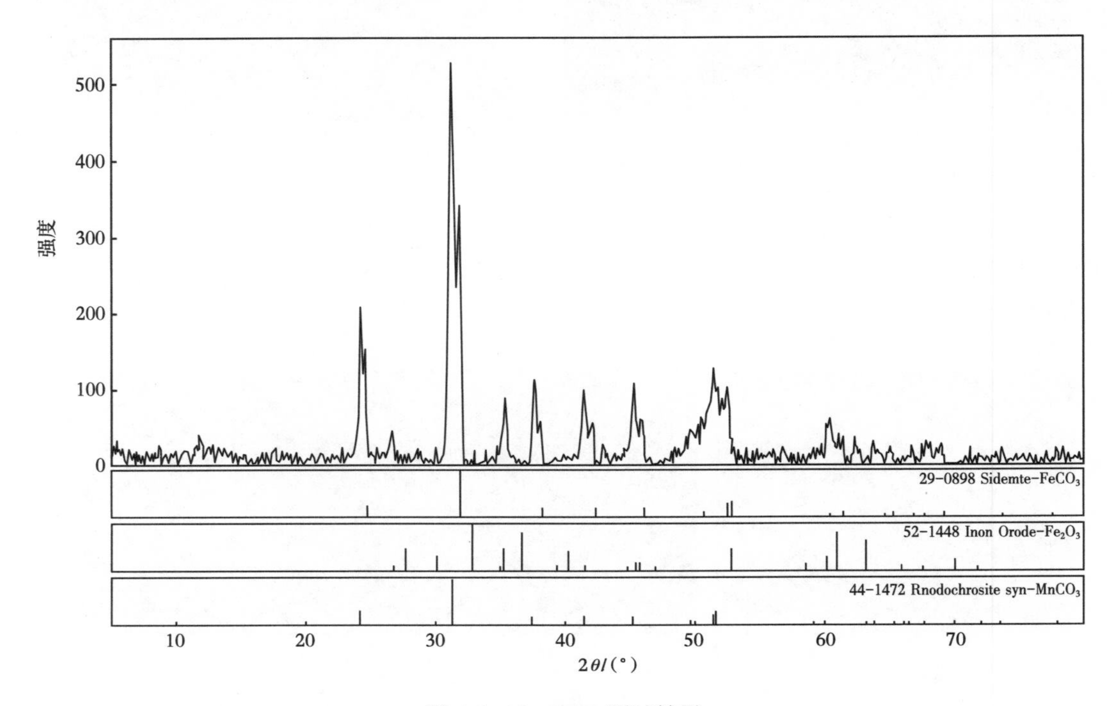

图 4-3-14　XRD 测试结果

3. 验证试验

1）井口—井下 1500m 段

本段温度主要为 30~60℃，因此首先开展了微生物在 60℃ 下的生存活性实验，结果见表 4-3-3。

表 4-3-3　60℃时返排液中微生物生存状态结果

培养时间 / d	SRB/（个 /mL）		IB/（个 /mL）	
	返排液	返排液 + 营养液	返排液 + 试片	返排液 + 营养液 + 试片
0	70×10^4	35×10^4	25×10^4	12.5×10^4
2	11×10^4	6×10^3	250	70×10^3
7	60	7×10^4	6.0×10^2	11×10^4
14	0	25×10^3	2.5×10^3	6×10^3
18	0	0.6	5×10^3	2.5×10^4

注：现场水 + 营养液 = 现场水 + SRB 营养液 + IB 营养液；加入比例为 50（现场水）: 25（SRB 营养液）: 25（IB 营养液）。

可以看出，微生物在 60℃ 返排液中生存状态较好，具有活性可以进行代谢，因此在本段中可能会参与腐蚀。

接着，开展了微生物和二氧化碳对腐蚀的影响实验。结果见表 4-3-4，如图 4-3-15 所示。

表 4-3-4　不同因素对腐蚀影响结果

条件	腐蚀速率 /（mm/a）
现场返排液（未加药，高温灭菌后通入 CO_2）	0.1015
现场返排液（未加药，通入 N_2 驱除 CO_2，未灭菌）	0.0879
现场返排液（未加药，通入 CO_2，未灭菌）	0.4224

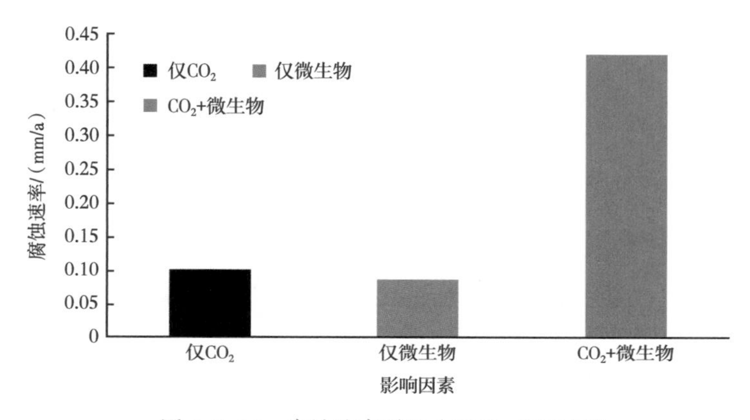

图 4-3-15　腐蚀速率对比（40℃、N80 钢）

可以看出，在中低温度下，微生物与 CO_2 对腐蚀具有耦合作用，均匀腐蚀速率由 0.1mm/a 左右升高至 0.4mm/a 左右，且腐蚀形貌以点蚀为主，点腐蚀速率达到 24.3mm/a（图 4-3-16），基本重现了现场最严重腐蚀情况。通过上述实验，可以说明微生物 +CO_2 是导致本段油管发生严重腐蚀的主要原因。

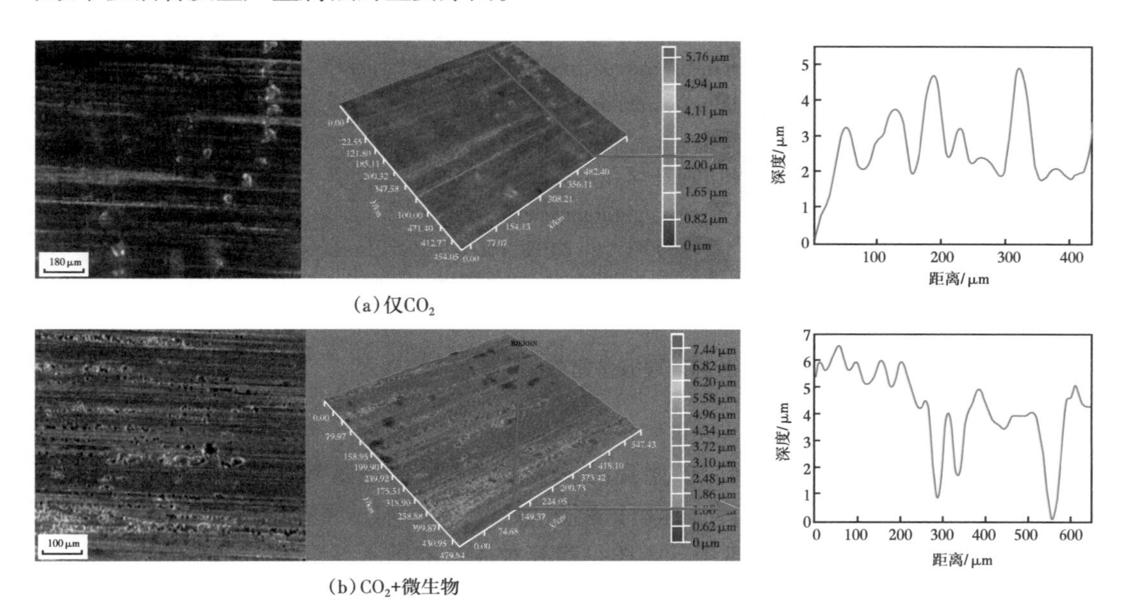

图 4-3-16　局部腐蚀情况对比

2）井下 2000~3000m 段

此井段温度为 80~110℃，首先开展了微生物在 80℃下的生存活性实验，结果见表 4-3-5。

表 4-3-5　80℃时返排液中微生物生存状态结果

培养时间 /d	SRB/（个 /mL）	IB/（个 /mL）
0	25×10^4	70×10^3
1	0	25
7	0	25

可以看出，SRB 在 80℃下几乎无活性，不能代谢；IB 在 80℃下可以代谢，但是整体活性较差。进一步模拟开展了仅含 CO_2 时温度对腐蚀的影响实验，结果见表 4-3-6。

表 4-3-6　温度对腐蚀的影响

温度 /℃	80	90	100	110	120
腐蚀速率 /（mm/a）	0.0526	0.1024	0.1375	0.2445	0.1618

注：试验条件：自配滑溜水、p_{CO_2}=0.05MPa、N80 钢。

可以看出，在中高温度段下，即使二氧化碳仅 0.05MPa，N80 在此条件下也会发生严重腐蚀，最高腐蚀速率达到 0.2445mm/a。图 4-3-17 是试验后试片表面及截面形貌图。

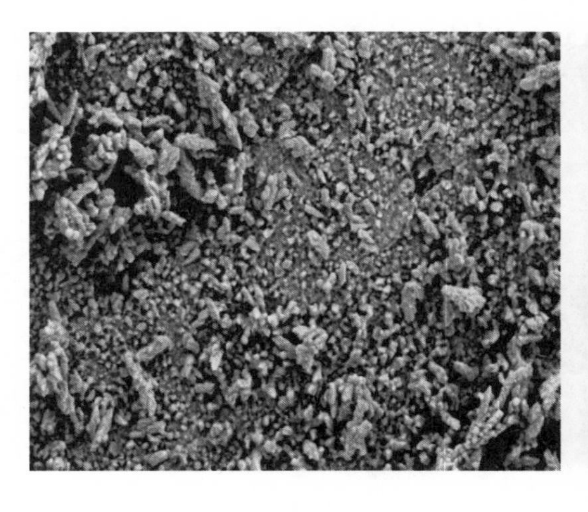

（a）表面形貌

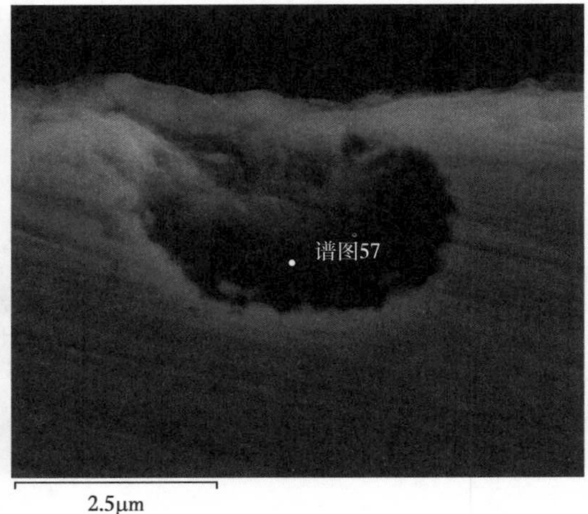

（b）截面形貌

图 4-3-17　试片表面及截面形貌

可以看出，试片表面腐蚀产物膜较为疏松，说明腐蚀产物膜对材料基体保护能力比较弱，腐蚀较易发生；同时，截面形貌表明有点蚀痕迹出现。上述实验表明，CO_2 是导致本段油管发生严重腐蚀的主要原因之一。

4. 油管腐蚀失效原因

综合现场失效油管分析、微生物分析及生存试验、腐蚀实验结果可以说明：

（1）地面—井下 1500m 段温度（30~60°C）下 SRB 具有活性可以良好代谢，有 CO_2 腐蚀和微生物腐蚀共同存在，且二者具备耦合作用，会大大加速腐蚀，特别是促进局部腐蚀，是本段腐蚀的主要原因。

（2）井下 2000~3000m 段温度（80~110°C）下 SRB 和 IB 活性均很低，不是本段油管发生腐蚀的原因；而本段生产期间平均二氧化碳分压高于 0.21MPa，会导致 N80 油管发生严重的二氧化碳腐蚀。

二、站场管线失效分析

1. 基本情况

失效管段平台于 2021 年 2 月 26 日投产，投产初期平台井口压力 48.0MPa，产气量 $50\times10^4m^3/d$，产水量 $700m^3/d$。于 2021 年 12 月 16 日采用气举生产，后陆续启用柱塞生产。

该平台目前 4 口井采用轮流间歇气举及柱塞生产，产出天然气 CO_2 含量约 1.68%。2022 年 1—3 月，该平台场站工艺区共计发生失效 4 次，其中 2 次为井口至除砂撬连接管道，1 次为分离器排污管道，1 次为除砂器排污管道，于 3—6 月对失效管道进行了更换。此次穿孔失效的管线为 2022 年 4 月更换的新管线，为井口至除砂撬装连接管段（图 4-3-18），仅投运 1 年，规格为 D88.9×10，材质为 L245N。

图 4-3-18　失效管件现场位置

失效件管段长与外径基本相等，约 9.5cm，初始壁厚 10mm（图 4-3-19）。失效件整个内壁均存在密集的蚀坑群，呈蜂窝状孔穴，目测平均深度 3~4mm，蚀坑边缘锐利，内部有少量腐蚀产物附着。蚀坑坑口面积小，内部空间大，呈口小肚大特征，椭圆形蚀坑延伸方向与气流方向一致，如图 4-3-20 所示。

图 4-3-19　失效件外观（短节长约 10cm，两端带焊缝）

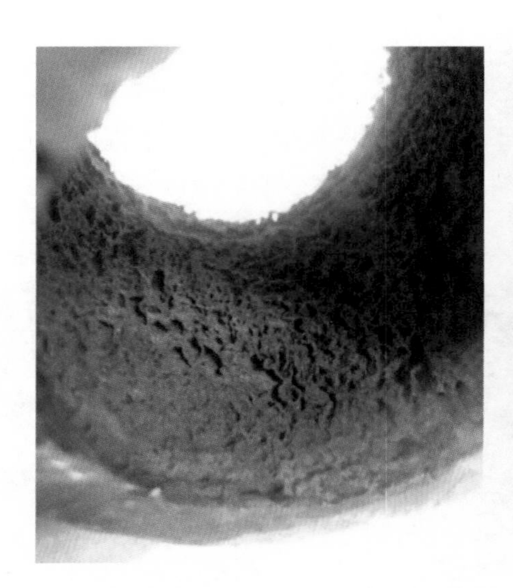

图 4-3-20　失效件内壁形貌

2. 材质理化性能检测

1）化学成分

取样开展管体母材成分检测，结果见表 4-3-7，母材化学成分结果符合标准 GB/T 9711—2017《石油天然气工业　管线输送系统用钢管》。

表 4-3-7　本体材质化学成分　　单位：%（质量分数）

元素	C	Si	Mn	P	S	Ni	Cr	Cu	Mo
测试值	0.130	0.350	1.410	0.015	0.006	0.020	0.050	0.040	＜0.010
GB/T 9711—2017 标准值	＜0.24	＜0.40	＜1.65	＜0.025	＜0.015	—			

2）硬度

洛氏硬度结果见表 4-3-8，平均 78.3HRB，换算布氏硬度约 153HBW，符合 GB/T 9711—2017《石油天然气工业　管线输送系统用钢管》标准规定。

表 4-3-8　材质硬度

点位 1 硬度 /HRB	点位 2 硬度 /HRB	点位 3 硬度 /HRB	平均值 /HRB
79.6	74.6	80.8	78.3

3）金相分析

材质金相组织如图 4-3-21 所示，金相试样中夹杂包含少量 C 类硅酸盐类和 D 类球状氧化物类，评定结果均为粗系 0.5 级（表 4-3-9），晶粒度评级 8.5 级，显微组织为铁素体 + 珠光体。

表 4-3-9　夹杂物等级

项目	A 类	B 类	C 类	D 类	DS 类
粗系	0 级	0 级	0 级	0 级	0 级
细系	0 级	0 级	0.5 级	0.5 级	—

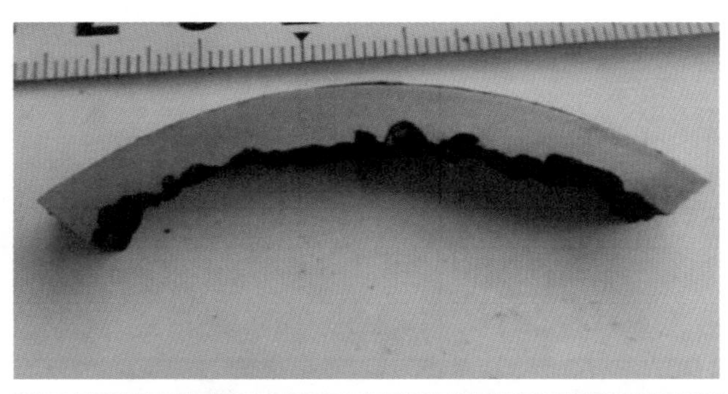

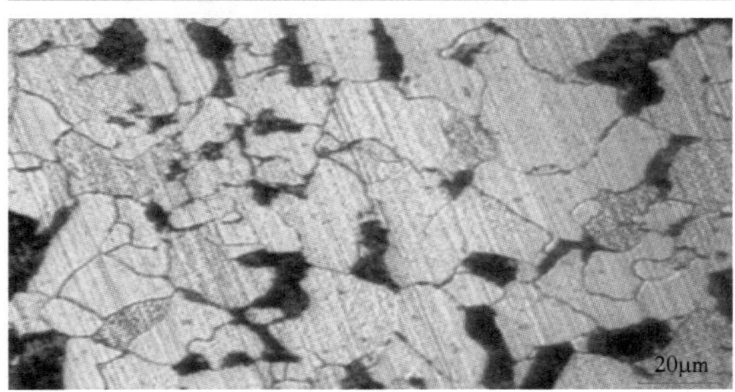

图 4-3-21　金相显微组织分析

3. 微观腐蚀形貌和产物分析

选取三处进行扫描电镜 + 能谱观察分析，如图 4-3-22 所示。由图 4-3-22 可知，样品内壁呈现大型凹坑沟壑，在坑内存在少量颗粒物质局部堆积，微区成分能谱图显示主要含 O、Si、Fe、C、S 和 Cl 等元素，推测 O、C 和 S 主要来源于 CO_2 腐蚀和微生物腐蚀产物，Si 主要为砂砾。

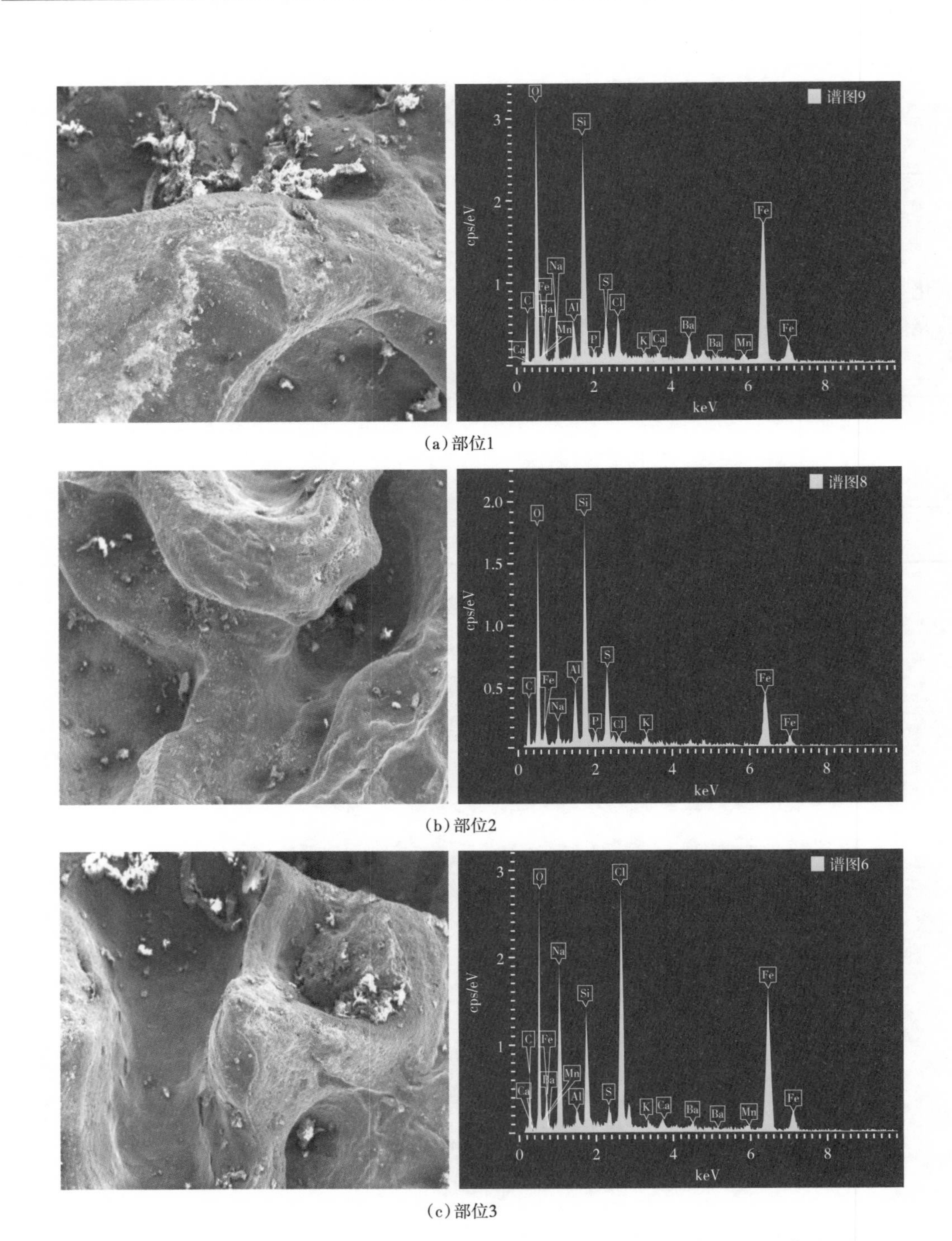

(a)部位1

(b)部位2

(c)部位3

图 4-3-22　内壁腐蚀微观形貌和产物元素能谱分析

进一步采用 X 射线光电子能谱（XPS）对产物 C、Fe、O 和 S 元素进行了分析。根据 XPS 结果（图 4-3-23），腐蚀产物中含有 Fe_2O_3、$FeCO_3$ 和 FeS，因此进一步说明了 SRB 参与了腐蚀，Fe_2O_3 可能由 $FeCO_3$ 空气中氧化所致。

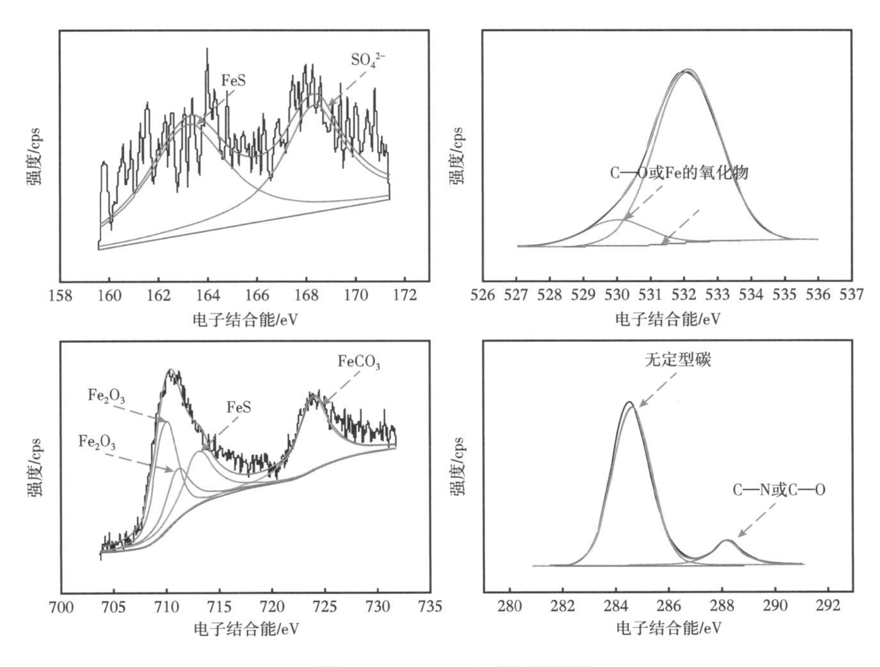

图 4-3-23　XPS 分析谱图

将腐蚀产物清除后，观察基体形貌，如图 4-3-24 所示。由图 4-3-24 可知，管材内壁面均分布密集蚀坑，未见显著的长形塑性犁削划痕特征，说明内壁蚀坑的形成不仅仅是砂砾冲蚀，而是以冲刷 + 腐蚀共同作用。流体的冲刷促进了腐蚀介质的运移和扩散，加剧了电化学腐蚀进程。此外，随着蚀坑的体积和密度的不断扩大，不规则的表面使流态更为紊乱，更易形成湍流和涡流，对腐蚀产物膜层的剪切破坏和剥离作用也会进一步增强。

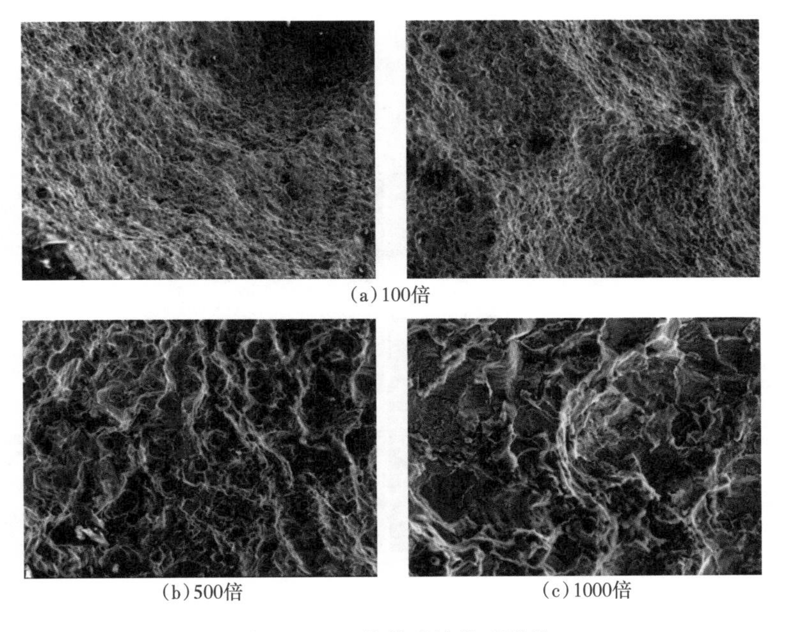
(a) 100倍

(b) 500倍　　(c) 1000倍

图 4-3-24　基体腐蚀微观形貌

4. 原因分析与讨论

（1）对母材成分、金相组织、硬度进行了测试，均符合标准 GB/T 9711—2023《石油天然气工业　管线输送系统用钢管》中对 L245N 材质的规定。

（2）失效管段内壁存在密集的沟槽（蚀坑）群，呈蜂窝状孔穴，平均深度为 3~4mm。坑口面积小，内部空间大，呈口小肚大特征，宏观上沟槽延伸方向与气流方向一致，说明蚀坑的生长受到流体冲刷作用影响。

（3）蚀坑内存在少量颗粒产物局部堆积，微区成分 EDS 谱图显示产物主要含 O、Si、Fe、C、S 和 Cl 等元素，XPS 分析表明腐蚀产物中存在 $FeCO_3$ 和 FeS，而产出天然气含 1.68% 的 CO_2 且不含 H_2S，说明同时发生了微生物和 CO_2 腐蚀，此外，采出液中 Cl^- 对腐蚀穿孔也有促进作用。

（4）清洗后内壁微观形貌显示基体表面存在密集蚀坑，未见显著的长形塑性犁削划痕特征，管段内壁以冲刷＋腐蚀共同作用为主。流体的冲刷促进了腐蚀介质的运移扩散，并持续剪切破坏和携离大量的腐蚀产物，导致基体裸露，加剧电化学腐蚀进程；腐蚀对冲刷的影响主要在于粗化材料表面，造成微湍流，促进冲刷。两者协同作用导致蚀坑的体积和密度的不断扩大，最终管段发生由内至外穿孔失效。

（5）建议对于易出现冲蚀穿孔部位，如弯头附近等流场突变的碳钢材质管段，应合理考虑冲蚀裕量，管段加厚或提升材料耐冲蚀性能，如可选用内衬陶瓷材料，或提升材料耐电化学腐蚀性能，如堆焊 625。

三、地面集输管线腐蚀失效分析

1. 失效背景

某平台集气管线采用 D273×7.1 L360N PSL2 无缝钢管，2019 年 12 月投产。2022 年 1 月 23 日，管道出现泄漏，现场开挖情况如图 4-3-25 所示，失效位置处于焊缝与母材熔接处 6 点钟方向；管线内壁无腐蚀及裂纹，泄漏点内壁缝隙长 99mm；失效点外壁缝隙长 15mm，焊缝外壁有 6mm 孔洞且与缝隙相连通。失效管道在失效前的 1 个月内，实际运行压力为 4.85~5.06MPa，输送气量最高峰为 $147\times10^4m^3/d$，低于设计值。

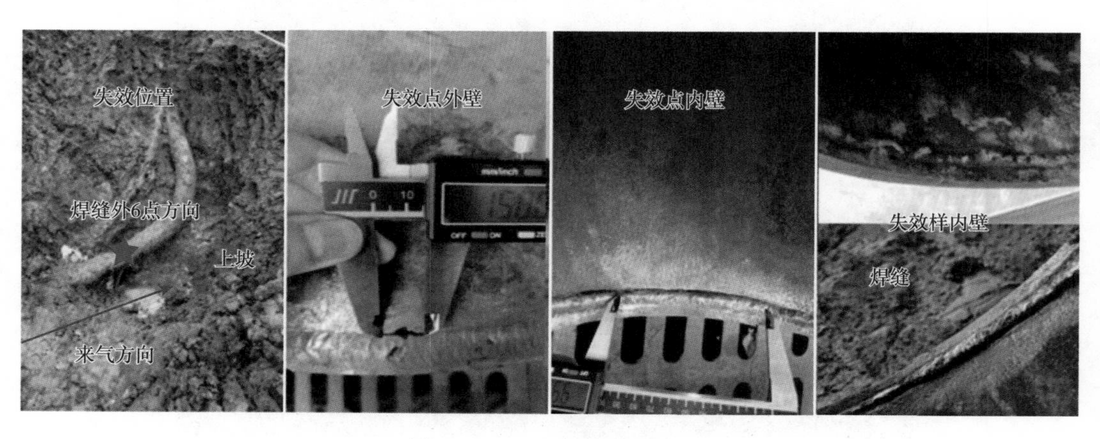

图 4-3-25　现场管道失效

2. 宏观形貌分析

对失效区域进行取样如图 4-3-26 所示，并分别切割出四块小样品，分别编号为 1#、2#、3#、4#，其中 4# 样从焊缝余高较高部分切割后不同端面的试样标为 4-1# 和 4-2#。

图 4-3-26　失效管段取样情况

对 1# 样品端面打磨后见如图 4-3-27 所示，从图中能清晰地观察到以下情况：端面有多条裂纹并逐渐合并为一条主裂纹，裂纹起于焊缝内侧的焊瘤边缘和热影响区，大致垂直向材料内部扩展；至距外壁约 1/2 壁厚处，大致呈 45° 向外壁延伸，并止于外表面焊缝焊趾根部。裂纹总体呈内宽外窄情况。整个接头形状呈现出剧烈的尺寸变化，厚薄差超过 4mm，并存在错边现象。

图 4-3-27　1# 样端面

对 4# 样内壁金属突出最严重的地方进行切割取样，观察端面如图 4-3-28 所示，4-1# 样焊缝余高超过 4mm，4-2# 样焊缝余高超标 7mm。焊缝内侧金属向管道内壁突出，根据突出形状及位置初步判断为焊接过热烧穿导致液体金属流入管道内部，在重力作用下形成的焊瘤管道外壁基本平齐，未观察到有错位现象。

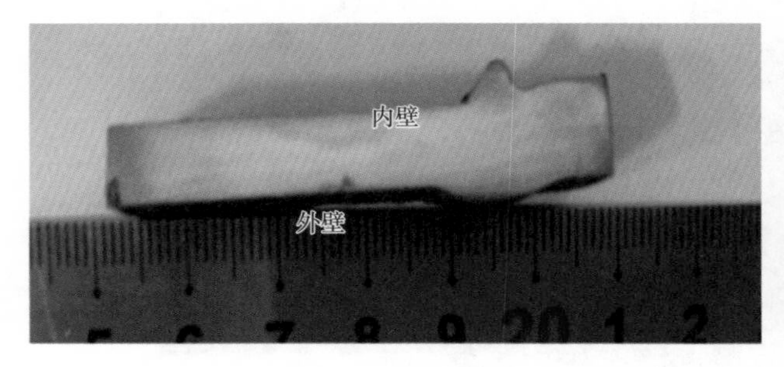

图 4-3-28　4-1#、4-2# 样端面

对 1# 样进行 X 射线探伤，对内外表面进行渗透探伤检查，如图 4-3-29 所示。

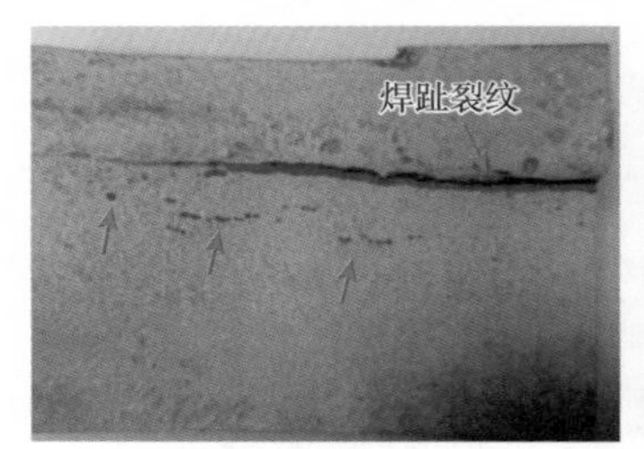

(a) 内壁渗透PT检测

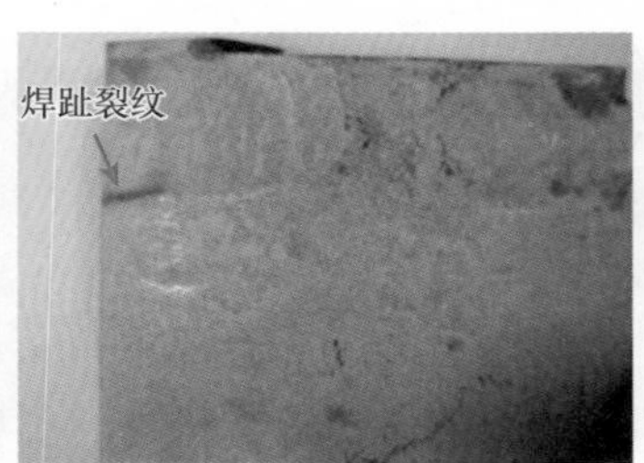

(b) 外壁渗透PT检测

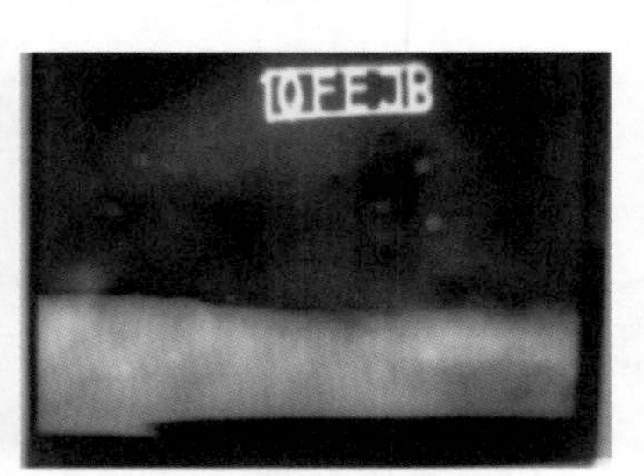

(c) 内壁射线RT检测

图 4-3-29　无损检查

根据渗透探伤和射线检测结果来看（图 4-3-29），内壁裂纹沿焊瘤贯穿了整个样品，外壁仅部分贯穿；内壁在热影响区和母材上另外发现三条横向发展的裂纹，一条位于热影响区且在材料的内部，两条裂纹位于内壁表面。

3. 材质理化性能分析

1）化学成分

对 1# 样的金相样品进行化学成分检查，结果见表 4-3-10，化学成分符合 GB/T 9711—2017 要求。

表 4-3-10　焊缝及母管主要化学成分检测

类别	C/%（质量分数）	Si/%（质量分数）	Mn/%（质量分数）	P/%（质量分数）	S/%（质量分数）	V/%（质量分数）
焊缝	0.085	0.73	1.33	0.010	0.012	—
管道实测值	0.13	0.39	1.32	0.016	0.004	0.005
GB/T 9711—2017	＜ 0.24	＜ 0.45	＜ 1.40	＜ 0.025	＜ 0.015	＜ 0.10

2）金相组织

图 4-3-30 所示为 1# 样检测部位低倍形貌，内壁焊瘤根部及内壁表面可见多处开裂痕迹（图中箭头所示部位），分别位于焊缝内侧根部、母材位置，与 RT 与 PT 检测出的裂纹吻合（图 4-3-31）。还能观察到焊缝外侧近表面处存在一明显的缩孔缺陷，内壁焊瘤根部有咬边现象。母材组织铁素体 + 珠光体（P+F）呈带状分布；热影响区母材金相无异常，有多处浅表裂纹（图中箭头），个别裂纹垂直深入内部超过 1mm，有浅表裂纹的区域，未观察到脱碳层，其金相无异常。图 4-3-32 所示为接头三区金相组织。

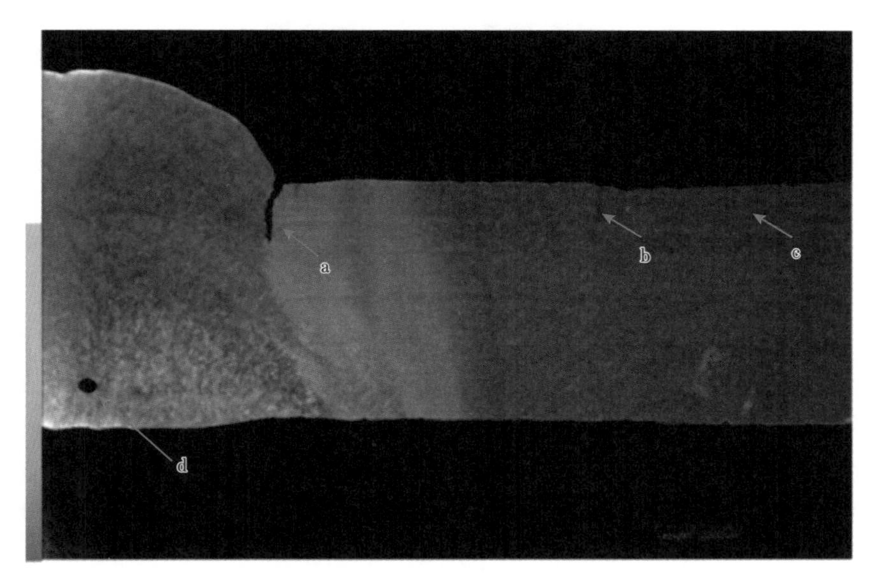

图 4-3-30　金相观察面低倍形貌

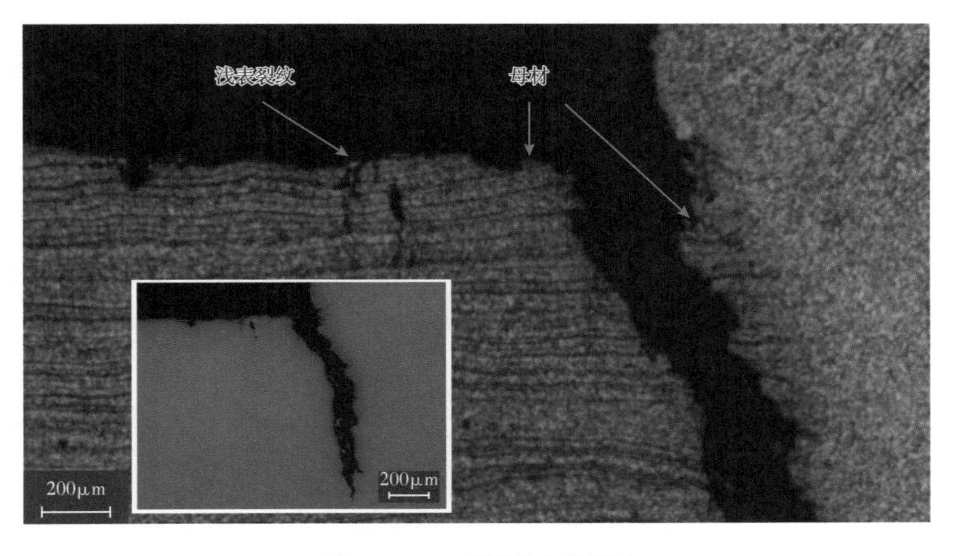

图 4-3-31　a 处裂纹金相组织

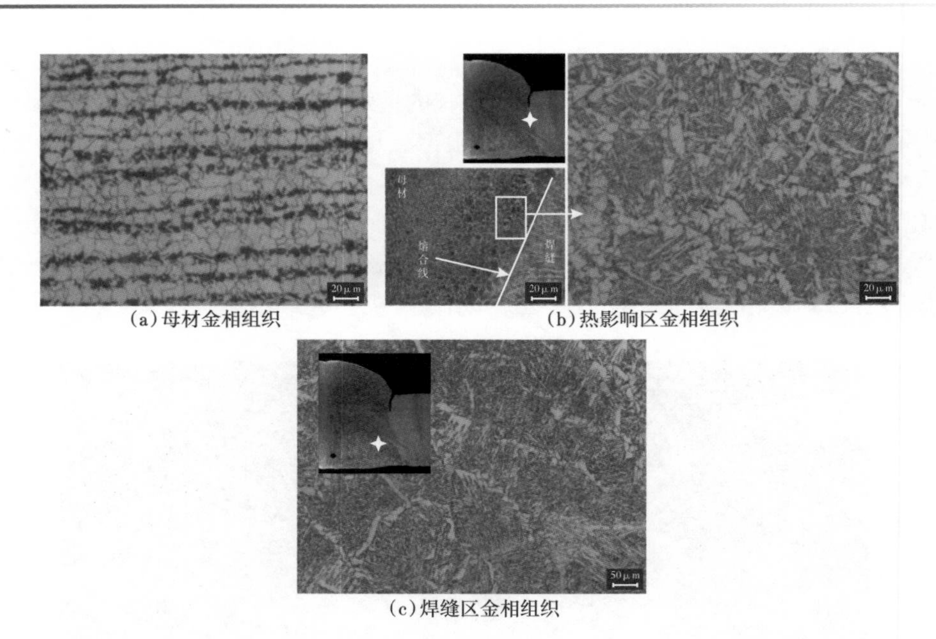

(a)母材金相组织　(b)热影响区金相组织

(c)焊缝区金相组织

图 4-3-32　金相组织

由图 4-3-32 可以发现，焊缝区域根据区域不同组织形态不同，在焊缝底部为细铁素体+珠光体组织；而焊缝顶部区域则出现大量柱状先共析铁素体，并可观察到贝氏体组织。焊缝有一条粗大裂纹，裂纹起于焊瘤根部，并紧紧地沿着焊接熔合线母材一侧向内扩展。

对 2# 样取焊缝区域嵌样（图 4-3-33），使用光学显微镜观察焊缝各区域金相组织，如图 4-3-34 所示。2# 焊缝内部多处存在气孔等缺陷；焊缝内壁根部可见缺口状缺陷；组织均为铁素体＋珠光体组织，但焊缝不同区域的形态组织类型各有差异：外壁焊缝顶部组织有下贝氏体存在；焊缝中间有粗大的柱状先共析铁素体；内壁侧组织呈细密等轴晶；熔合线附近、穿孔区均有粗大的柱状先共析铁素体；熔合线母材一侧能观察的过热半熔合区存在魏氏体组织。

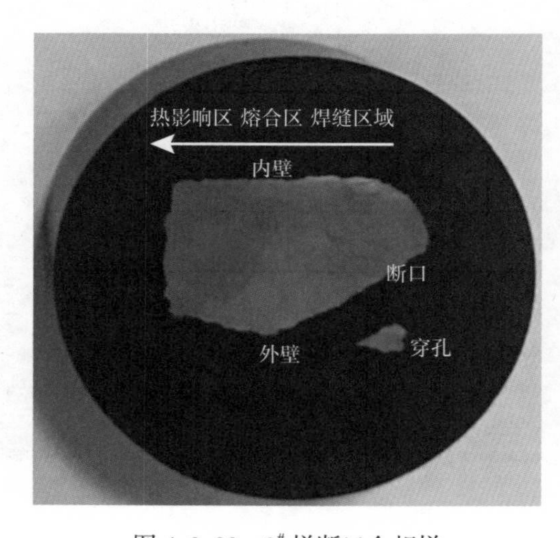

图 4-3-33　2# 样断口金相样

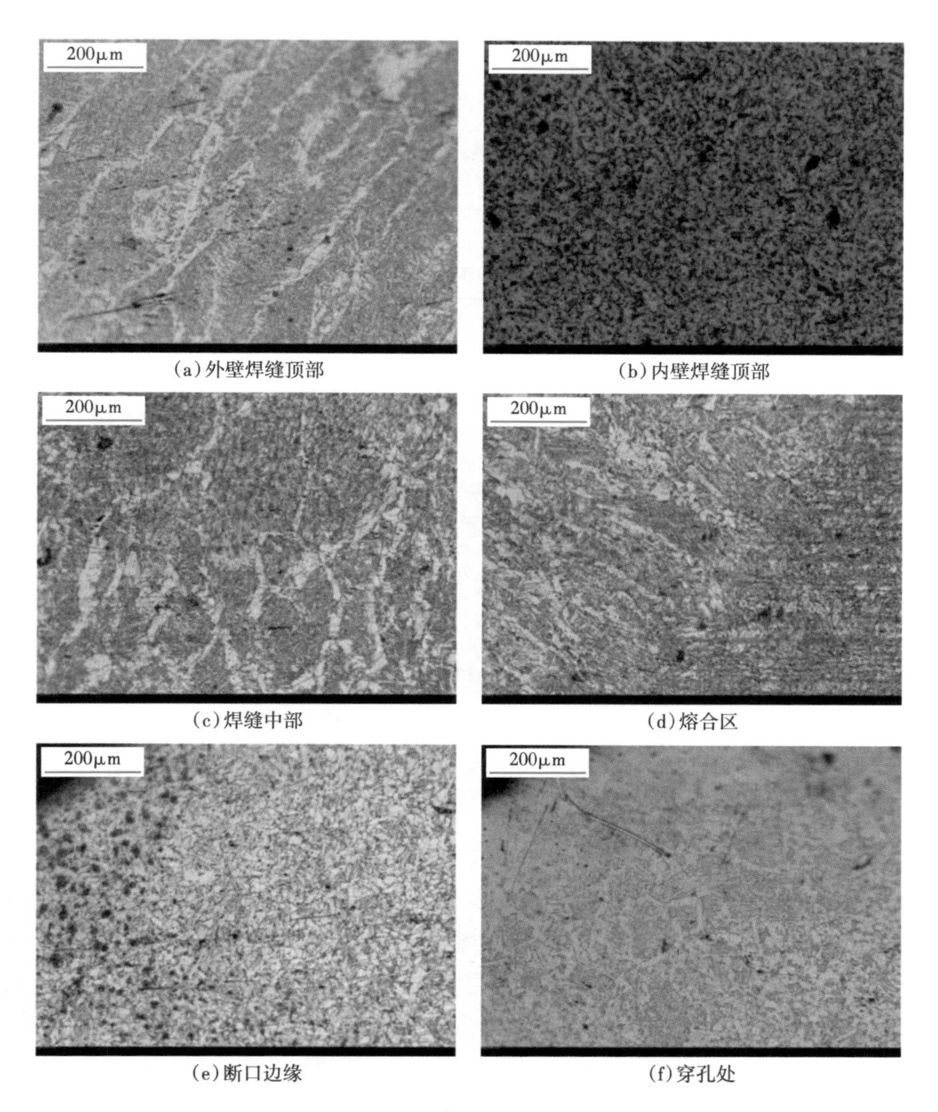

(a)外壁焊缝顶部　(b)内壁焊缝顶部
(c)焊缝中部　(d)熔合区
(e)断口边缘　(f)穿孔处

图 4-3-34　2# 断口试样金相图

3）硬度

对焊缝进行显微硬度检测，结果见表 4-3-11，硬度符合 GB/T 9711—2017 标准不大于 250HV_{10} 的要求。

表 4-3-11　焊缝（2#）各位置硬度 /HV_{10}

位置	位置 1	位置 2	位置 3	位置 4	位置 5	6 位置	平均
外壁焊缝	245.3	244.0	244.0	242.8	247.8	250.4	245.72
内壁焊缝	197.2	195.4	197.2	199.0	191.8	194.5	195.85
母材	199.9	197.2	204.6	203.7	215.6	208.5	204.92

续表

位置	位置 1	位置 2	位置 3	位置 4	位置 5	6 位置	平均
热影响区	223.0	239.1	239.1	251.7	208.5	225.2	231.10
断口（靠近外焊缝）	232.0	233.2	237.9	237.9	235.5	234.3	235.13
断口（靠近内焊缝）	202.7	204.6	204.6	198.1	212.5	208.5	214.5

4. 微观形貌分析

为了明确焊缝在焊接过程中是否存在元素富集导致开裂，对 2# 样断口处进行 EDS 元素分布面扫，结果如图 4-3-35 所示。从图 4-3-35 中可以看出，裂口处未出现元素富集现象。

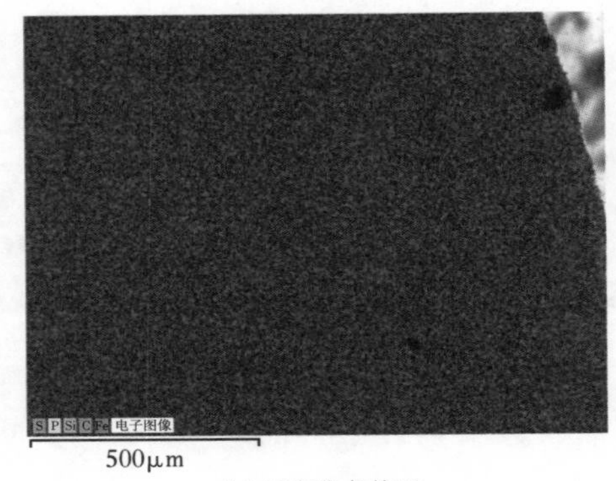

(a)元素分布总图

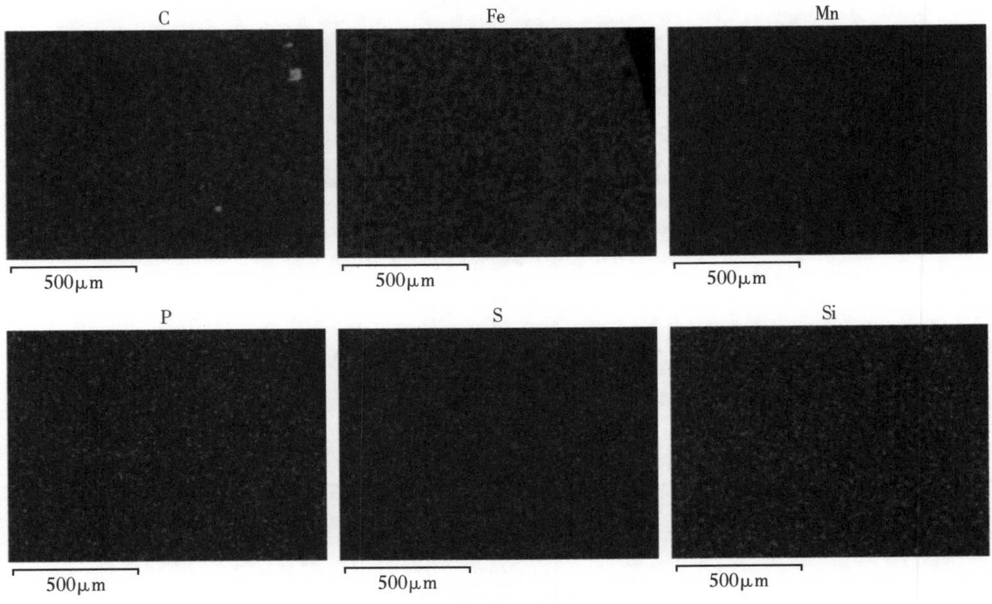

(b)C、Fe、Mn、P、S、Si元素分布图

图 4-3-35 EDS 检查

对 1[#] 样取金相样后，对出现的断口进行超声震荡清洗，通过扫描电镜观察断口，并进行能谱分析。图 4-3-36 为局部裂纹断面低倍形貌，将断面分为图示的 A、B 和 C 三个区域分布进行微观形貌及微区能谱检测，如图 4-3-37 至图 4-3-40 所示。

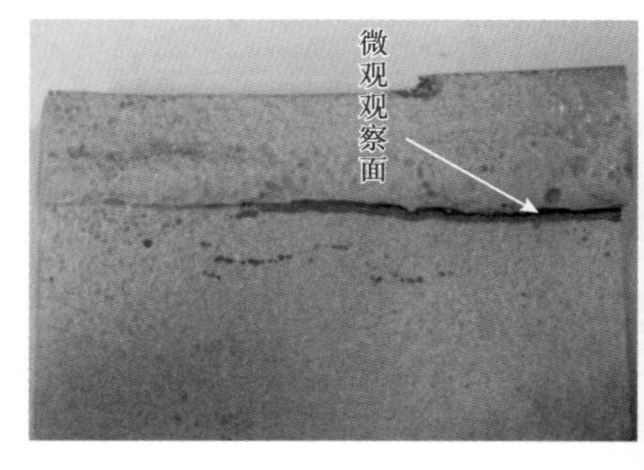

图 4-3-36　裂纹断面低倍形貌

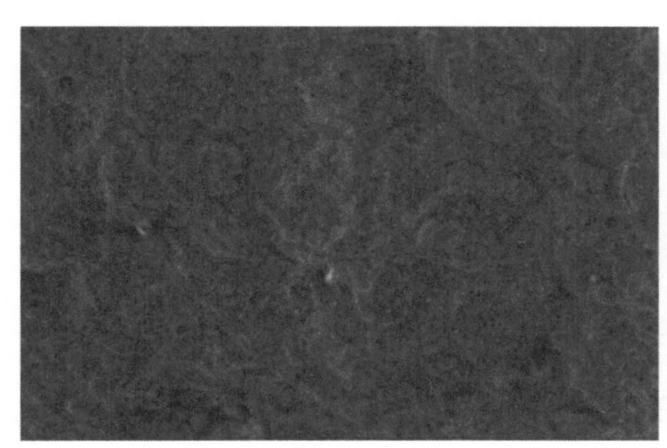

(a) 1000倍

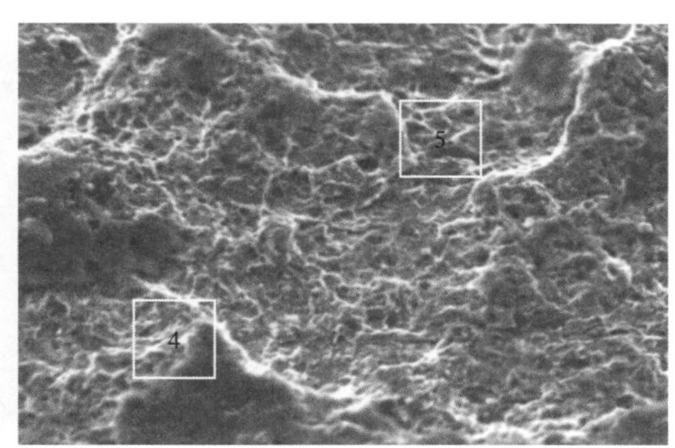

(b) 3000倍

图 4-3-37　A 区断面微观形貌

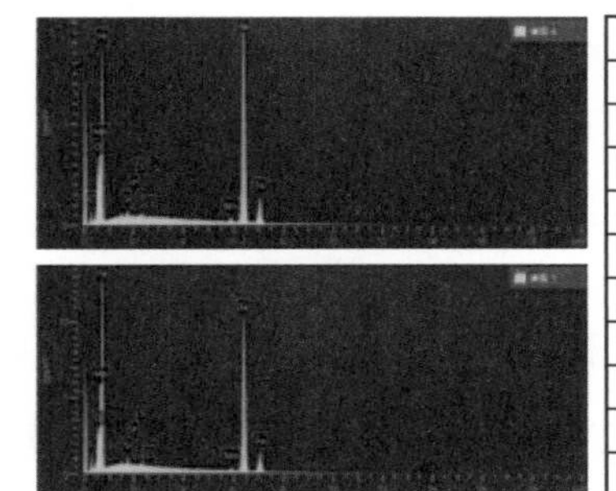

谱图4	
元素	质量分数/%
C	5.95
O	5.05
Fe	86.95
Mn	1.24
Si	0.38
S	0.20
P	0.16
Cl	0.06
总量	100.00

谱图5	
元素	质量分数/%
Fe	83.90
Si	0.69
C	9.99
O	3.70
S	0.37
Mn	1.27
Cl	0.00
P	0.07
总量	100.00

图 4-3-38　A 区断面微区能谱分析结果

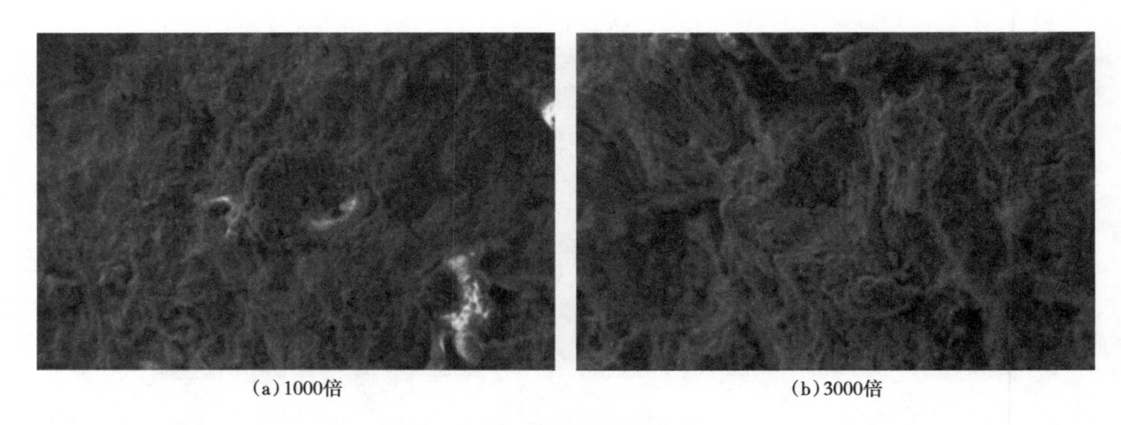

图 4-3-39　B 区断面微观形貌

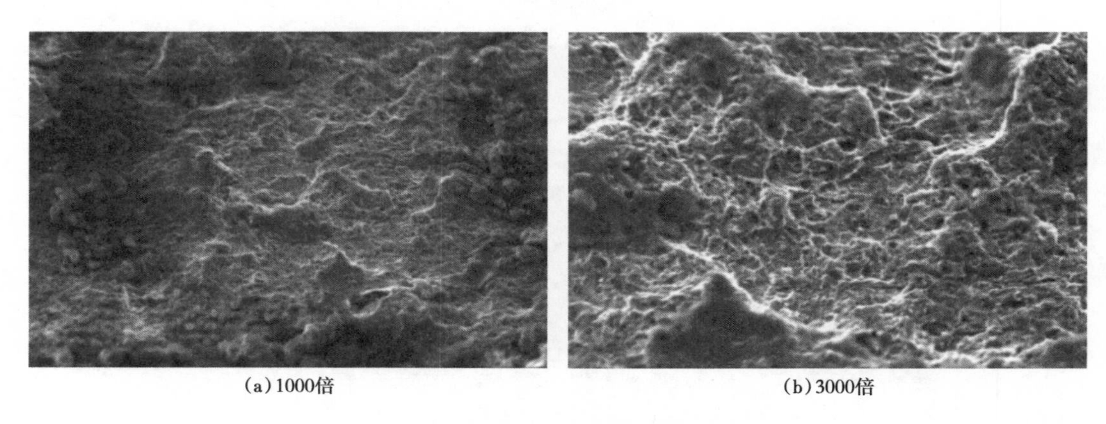

图 4-3-40　C 区断面微观形貌

根据断口微观观察和能谱分析，断面没有二次裂纹；裂纹起于内表面，止于外表面，C 区为瞬断剪切唇；其中，A 区及 B 区的断面均为准解理断面，C 区有大量小韧窝；B 区可观察到夹杂脱落出现的凹坑。能谱分析未发现元素异常，S、P 和 Cl 等元素均正常。综合分析，断口为脆性准解理断裂。

5. 失效原因分析与讨论

根据 GB 50819—2013《油气田集输管道施工规范》、SY/T 0452—2012《石油天然气金属管道焊接工艺评定》、GB/T 31032—2014《钢质管道焊接及验收》等标准内容中对管道有以下适用规定：错边量应小于 1.6mm；壁厚大于 3mm，应按焊接工艺规程的规定加工坡口；7.1mm 与 8.8mm 管道组对时，厚壁管应按焊接规程要求做过渡消薄处理。

从失效样宏观分析可知，焊缝两侧管道存在明显的对中错位，两侧管道轴线差最大超过 2mm，超过管道安装规范；对焊管道壁厚分别为 7.1mm 和 8.8mm，厚壁管一侧没有进行削薄过渡，违反管道安装规范；综合两种因素，引起管道壁厚局部厚薄偏差量超过 5mm，存在严重的形状突变引起的应力集中现象。

焊缝化学成分、硬度符合标准要求，从金相微观、形貌上看，焊缝内表面存在严重的焊瘤现象，并有咬边现象；焊缝内部多处存在气孔、夹杂等现象；焊缝外表面存在缩孔；焊缝热影响区，母材紧靠熔合线一侧，存在一层厚度 100~200μm 不等的魏氏体组织，为焊接过热导致局部母材半熔化生成魏氏体；该魏氏体层力学性能低、韧性低、脆性大，且无法通过焊后热处理消除，属于严重的焊接质量缺陷。

裂纹起于焊缝内表面焊瘤边缘，先沿焊瘤根部进行圆周方向扩展，已扩展了超过 1/3 圆周；同时裂纹沿焊接熔合线向外壁扩展，止于焊缝外表面焊趾位置。导致管道开裂的直接原因是焊缝区域同时存在严重的应力集中和低性能的焊接过热金相组织等多重因素。应力集中会导致材料局部过载，焊缝内表面严重的焊接质量容易导致裂纹萌生，而焊缝中的柱状先共析铁素体及热影响区魏氏体组织层等使裂纹更容易沿这些低性能组织层扩展。

母材化学成分、金相组织正常，但局部管道母材上内壁表面存在多道 7~14mm 的裂纹，个别裂纹深度近 1mm，裂纹长度及深度均已超过可接受的限值，如这些裂纹持续受到大的拉应力会发生扩展情况直至断裂。暂不能准确判断这些裂纹是管子制造缺陷或是使用过程中引起的；但考虑到裂纹垂直向材料内部发展、长短不一，并靠近形状变化造成的应力集中区域，这些裂纹更倾向于使用过程中过载造成的，并有扩展趋势。分析结果认为，管道开裂的直接原因为焊缝区域同时存在应力集中和低性能的焊接过热金相组织等因素、叠加腐蚀环境导致。

参考文献

[1] 侯保荣，闫静，王娅利，等．油气田开采中管道微生物腐蚀防护技术研究现状与趋势［J］. 石油与天然气化工，2022，51（5）：71-79.

[2] 钟显康，李浩男，扈俊颖．页岩气开采与集输过程中腐蚀问题与现状分析［J］. 西南石油大学学报（自然科学版），2022，44（6）：162-174.

[3] 谢明，唐永帆，宋彬，等．页岩气集输系统的腐蚀评价与控制——以长宁—威远国家级页岩气示范区为例［J］. 天然气工业，2020，40（11）：127-134.

[4] 李鹤林．石油管工程学［M］. 北京：石油工业出版社，2020.

[5] 吴贵阳，王俊力，袁曦，等．页岩气气田集输系统腐蚀控制技术研究与应用［J］. 石油与天然气化工，2022，51（2）：64-69.

[6] Yong C，Haochen W，Yanjun C，et al. Erosion - corrosion coupling analysis of shale gas production pipe[J]. Engineering Failure Analysis，2022，138.

[7] Hua W，Chencheng H，Ninghua W，et al. Analysis of the corrosion failure causes of shale gas surface pipelines[J].Materials and Corrosion，2021，72（12）：1908-1918.

[8] Wu G Y，Zhao W W，Wang Y R，et al. Analysis on corrosion-induced failure of shale gas gathering pipelines in the southern Sichuan Basin of China[J]. Engineering Failure Analysis，2021，130.

[9] Ke T，Xiao L B，Zhi H F，et al. Analysis and investigation of the leakage failure on the shale gas gathering and transmission pipeline[J].Engineering Failure Analysis，2022，140.

[10] Sherman S，Brownlee D，Kakadjian S. MIC Related Coil Tubing Failures and Equipment Damage[J]. Society of Petroleum Engineers，2015.

[11] 陈雨松，岳明，张腾，等．川南某页岩气区块油管腐蚀分析与防护技术优选［J］. 钻采工艺，2022，45（3）：136-140.

[12] 刘乔平，冯思乔，李迎超，等.页岩气田集输管线的腐蚀原因分析［J］.腐蚀与防护，2020，41(10)：69-73.
[13] Fan Y，Chen C，Zhang Y，et al.Early corrosion behavior of X80 pipeline steel in a simulated soil solution containing Desulfovibrio desulfuricans[J].Bioelectrochemistry，2021，141：107880.
[14] 何玉怀，姜涛.失效分析［M］.北京：国防工业出版社，2017.
[15] 孙智.失效分析：基础与应用［M］.北京：机械工业出版社，2005.

第五章　微生物腐蚀监测 / 检测与预测

腐蚀监测 / 检测是评估腐蚀程度和分析腐蚀防治效果的有效手段，腐蚀预测可用于快速掌握腐蚀程度和腐蚀高风险点。腐蚀监测 / 检测和预测对于高效开展腐蚀控制措施具有重要的指导意义。页岩气田的微生物腐蚀具有特殊的腐蚀特征，与常规气田相比存在一定的差异。腐蚀监测 / 检测点的选择及监测 / 检测方法都略有不同，腐蚀预测方法应基于环境因素对微生物腐蚀的影响，不同于常规气田基于酸性气体对腐蚀的影响。

本章主要结合页岩气生产中的腐蚀监测 / 检测需求，分别围绕微生物监测 / 检测技术、微生物腐蚀监测 / 检测技术和微生物腐蚀预测技术介绍研究进展和应用情况，为页岩气腐蚀监测 / 检测和预测方面的理论技术攻关提供参考。

第一节　微生物监测 / 检测技术

硫酸盐还原菌（SRB）是页岩气田中一类分布极广，破坏性极强的腐蚀性微生物，据不完全统计，页岩气田现场井筒、管道、设备的腐蚀大部分与 SRB 有关，给气田生产造成了重大损失[1-4]。SRB 检测是微生物腐蚀评价和防治工作中的重要环节。近年来，国家不断加大页岩气勘探开发力度，页岩气田的大规模建设，对 SRB 检测也提出了新的实际应用需求，具体包括以下几点。

（1）检测周期短。

页岩气生产过程中，各类腐蚀性微生物在返排液中的浓度随时间变化而发生较大的波动，因此在短时间内得到的检测结果才能够真实有效地反映现场情况。反之，如果检测周期太长，检测结果不具有即时性，得到的检测结果相对现场真实情况存在明显滞后，无法及时指导腐蚀控制措施的优化实施，难以提高杀菌效果和经济效益。此外，逐渐增大的检测量，检测效率低下容易造成大量数据的堆积和冗余。因此，缩短检测周期，加快检测数据分析，有利于提升管理效率，适应勘探开发力度增大的发展趋势。

（2）检测下限低。

页岩气田现场取得的不同水样中，各类腐蚀性微生物的浓度也有所不同。一方面，现场原始水样中的 SRB 浓度可能处于较低水平，数量级仅有 10^0 或 10^1 级；另一方面，对于已投加杀菌剂的生产井或管道，检测样本中的 SRB 浓度处于 10^0 级及以下的水平。为有效评价杀菌效果，表征低 SRB 浓度下的实际情况，必须依靠检测下限能够达到 10^1 级甚至 10^0 级以下的检测技术，否则将无法高效指导腐蚀控制工作。

（3）检测结果可有效排除死细胞数目干扰。

页岩气田现场开展腐蚀性微生物检测的主要目的在于评估是否存在微生物腐蚀风险和评价杀菌效果，而只有活性细胞进行生命活动才能诱发腐蚀，所以，检测的对象需要只关注活性细胞，用以准确表征微生物腐蚀风险。实际上，现场取得的检测样本往往存在一定量的死细胞，尤其是实施有效杀菌后的检测样本中几乎全是死细胞，如检测结果不能有效排除死细胞数目干扰，将造成检测结果明显偏大，也不适用于评价杀菌效果，因此，针对页岩气田的腐蚀检测需求，有必要形成检测结果仅针对活菌浓度的检测技术。

（4）检测设备或产品操作简单且便携。

页岩气田的细菌检测工作量大，检测人员构成复杂，开展检测操作的环境可能是野外或临时性的简易实验室，所以要求检测设备或产品包易于携带，检测操作简便易行，不需要依靠较高的专业知识水平。一些适用于室内精细研究的大型精密显微设备虽然也可用于细菌检测计数，但对于业务面广阔的生产作业现场，难以在每个简易实验室内配备这类昂贵精密的检测设备，而且大型精密的检测设备的操作通常也依赖于专业知识，不便在现场使用。

一、常规微生物检测方法

目前，油气工业生产中使用最为广泛的腐蚀性微生物检测方法是绝迹稀释法，相对于其他方法，该方法最早由 API RP-38 美国石油协会建立，在某些方面能够较好地契合腐蚀分析评价中的微生物检测需求，所以迅速推广到全球应用，也在页岩气田微生物腐蚀防治方面发挥了重要作用[5-6]。

1. 基本原理

绝迹稀释法是基于微生物培养过程中产生的特殊反应形成的一种微生物浓度的检测方法。以 SRB 为例，其代谢过程会催化液相中的硫酸根发生还原反应，产生低价态的 HS^- 或 S^{2-}，进一步再与铁反应生成铁的硫化物，这一过程是 SRB 这类微生物所特有的，即其他微生物的代谢无法引起硫酸根还原产生硫化物，因此，通过判断体系中是否发生了该催化反应过程，即能够特异性地检测体系中是否存在 SRB，判断反应发生与否的方法是肉眼观察体系中是否有黑色的硫化物生成，如图 5-1-1 所示。基于此，根据 SRB 生长所需

图 5-1-1　反应前（左）、反应后（右）的检测瓶

的营养物质配制培养液，检测时向培养液中注入待测水样，反应一定时间后，如观察到硫化物生成，则说明待测水样中存在SRB，呈阳性，反之，则不存在SRB，呈阴性[7]。类似地，该方法用于检测其他微生物时，也只需要通过肉眼观察是否存在检测对象所特有的代谢反应现象，判断体系中的阴阳性反应结果。目前，绝迹稀释法已经大规模用于页岩气田的SRB、FB和TGB的检测。

该方法的计数方式是基于统计学规律建立的[8]。操作时，将待测水样按比例逐级稀释（通常是10倍），分别注入不同的测试瓶中，为提高读数精度，一般设置2~3组作为平行对照，再记录每组阳性反应瓶的个数以及它们所处的位置，最后应用最大似然法计算得到所测水样中的微生物浓度。

2. 应用特征

在20世纪油气田生产中，绝迹稀释法已作为微生物检测的主要方法，服务于油气田微生物腐蚀评价和杀菌剂效果分析。近年来，页岩气开发过程中存在的微生物腐蚀问题日益凸显，绝迹稀释法及其产品也广泛用于气田压裂液和返排液等现场水样的检测。目前，该方法经过不断的实践优化，已形成行业标准SY/T 0532—2012《油田注入水细菌分析方法　绝迹稀释法》，指导该方法的实际应用。与其他方法相比，绝迹稀释法具有显著的技术优势，主要表现在以下几个方面：

（1）检测结果相对准确可靠：一方面，该方法是基于各类微生物特有的代谢反应现象形成的，可充分保证检测对各类微生物都具有特异性；另一方面，检测过程中设置有平行组实验，综合结果后统一运用概率统计方法计算，最大限度上避免了检测结果的随机性。

（2）检测下限可达到相对更低的水平：可用于检测微生物浓度为10^0级的水样，检测精度受微生物浓度的影响相对较小，适用于不同浓度级数的水样检测。

（3）检测结果只关注活细胞的浓度：因为只有活细胞才能完成代谢过程，所以出现代谢反应现象的测试瓶即可判定为存在活性细胞；而注入水样中如果仅存在死细胞，则无法发生代谢过程，从而不会发生反应呈阴性现象。

（4）操作简便易行：检测所涉及的整个操作过程仅涉及取样注射，无须经过烦琐的水样处理步骤，也不需要任何处理设备，读数仅通过肉眼观察和简单分析即可完成，不用借助昂贵精密的设备。所以，检测操作过程对人员的知识水平没有过高的要求，实现了简便快捷地完成操作。

对标油气田生产中的SRB检测需求，绝迹稀释法已满足了其中的大部分内容，所以能成为页岩气田生产中优选的检测方法。但是，该方法也存在一个难以克服的不足，即检测周期太长，通常都在7~14d，有的培养液配方用于绝迹稀释法检测的周期更长达21d，其原因在于从SRB催化硫酸根还原到生成足量的、肉眼可见的硫化物，反应所需的周期一般都较长，且注入的SRB浓度越低，反应周期越长。综上，采用绝迹稀释法通常需要7d以上的时间才能得到检测结果，导致检测结果具有明显的滞后性，不利于及时评价腐蚀风险和杀菌效果，制约着腐蚀控制措施实施和优化。

二、硫酸盐还原菌快速检测方法

国内外围绕SRB检测开展了大量的研究，基于不同的原理形成了各种类型的检测方法，主要包括五大类：基于细菌培养的检测方法、基于SRB代谢产物性质的检测方法、基于遗传物质特征的检测方法、基于特异性生物酶和免疫学特性的检测方法和基于生物传感器检测方法。

页岩气生产中常用的绝迹稀释法即属于基于细菌培养的检测方法。另外，琼脂深层培养法和琼脂管法也是利用SRB培养现象形成的检测方法，这两种方法容易出现假阴性现象，精度不如绝迹稀释法可靠，且检测周期一般在5d左右，仍存在检测效率较低的问题[9-10]。综上，目前基于培养原理形成的SRB检测方法普遍存在检测周期较长、检测即时性较差的不足。对此，相关学者立足于其他原理，以缩短检测周期为目的，开展SRB快速检测方法的探究，推动了SRB检测技术的发展。

1. 国内外研究形成的SRB快速检测方法

1）基于SRB代谢物质性质的检测方法

SRB进行生命活动的过程中，为获取能量，完成新陈代谢，必然会产生各种代谢物质，这些代谢物质本身也具有一些特殊的理化性质。基于此，形成了一些通过代谢物质检测分析SRB细胞浓度的方法。

（1）腺苷三磷酸（ATP）测定法。

ATP由腺嘌呤、核糖和3个磷酸基团连接而成，广泛存在于各类细胞中，为细胞进行生命活动过程提供能量。SRB细胞中的ATP可作为分析SRB浓度的一类代谢物质，ATP与萤光素酶之间可发生光电化学反应，产生的发射光强度与ATP浓度成正比。基于此，向待测样品中加入裂解液使细胞破裂，释放出ATP，再向待测样品中加入萤光素酶与ATP反应，完成后检测发射光的强度，换算得到SRB浓度[11]。

虽然该方法操作简便，灵敏快速，但页岩气田现场水中存在复杂的微生物群落，而所有生物细胞都会代谢产生ATP，实际测得的发射光强度是所有微生物释放的ATP反应的结果，使得该方法不能特异性地检测SRB，检测结果明显高于实际的SRB浓度，导致该方法用于页岩气田现场检测时的准确度偏低。

（2）亚甲基蓝法。

SRB代谢过程中催化硫酸根还原产生S^{2-}，通过检测S^{2-}的存在同样可判定SRB是否存在。三碘化亚甲基蓝是一类可以与维生素C和S^{2-}发生显色反应的物质，反应过程为生成亚甲基蓝氧化型和亚甲基蓝还原型，对应的显色变化过程为先变蓝再变为无色，通过肉眼观察是否存在以上显色变化过程即可检测SRB是否存在[12]。

该反应的显色过程可以在短时间内完成，但是难以对样品中的SRB浓度值实现定量分析[13]。实际应用中，仅能够判断样品中是否存在SRB，但无法得到SRB的浓度级数，限制了该方法在页岩气田生产中的应用。

为了弥补这一不足，进一步提出了通过测量亚甲基蓝反应显色的吸光度实现定量分析的观点，即将待测样品中离心获得的微生物细胞进行选择性培养，提高SRB细胞的纯度，降低杂菌对定量检测结果的干扰，再取上清液加入体积占比1/9的硝酸锌溶液进行离心，然后再取沉淀与亚甲基蓝反应，反应后的溶液经紫外灯照射1.5~2h，对比照射前后的溶液在665nm波长下的吸光度值，计算脱色率，根据SRB浓度、反应程度与脱色率之间的关系完成定量检测[14]。过程如图5-1-2所示。

该方法虽然可实现定量检测，但SRB菌种的培养纯化时间需要3~4d，大幅延长了检测周期，无法实现高效、快速的检测过程。

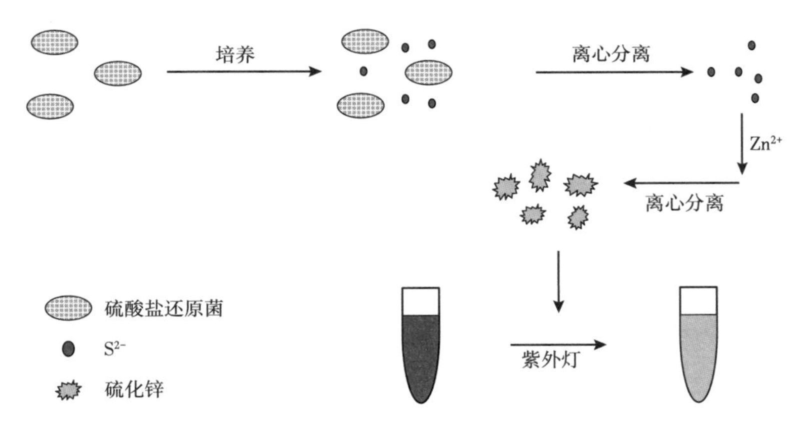

图 5-1-2 亚甲基蓝显色反应检测 SRB 的流程

（3）硫离子选择电极法。

该方法也是基于检测代谢产生的 S^{2-} 分析 SRB 浓度的思路建立的。利用硫离子选择性电极与参比电极、银－氯化银电极构成测量体系，硫离子选择性电极的核心结构包括硫化物选择性膜和固态离子 / 电子转化层，对 S^{2-} 具有选择性响应的功能 [15-16]。响应方式为在敏感膜和溶液体系间产生膜电势，膜电势大小与 S^{2-} 浓度有关，且两者的定量关系满足能斯特方程，所以通过三电极体系测量膜电势，再计算得到 S^{2-} 浓度，即可完成对 SRB 浓度的分析。

该方法不仅成熟可靠，反应迅速，还能够基于电极的连续反应实现动态在线分析，缺陷在于对检测体系的密闭性要求较高，外界环境容易对检测结果产生较大的干扰，尤其是氧气的接触极易氧化 S^{2-}，造成假阴性现象，所以无法满足现场应用需求。因此，该方法可用于室内研究检测，但难以适应生产现场的大规模应用。

（4）放射性物质测定法。

SRB 催化硫酸根发生一系列反应，S 元素的价态和存在形式也随之变化，当 S 元素被同位素标记后，可对其追踪反应过程，分析被还原的 S 元素的量，从而完成 SRB 检测 [17]。通常用 35S 标记硫酸根，被还原的 35S 最终成为 FeS 的组成元素，再通过 FeS 与酸和 Zn^{2+} 的反应，将被还原的 35S 从反应介质中分离出来，成为 ZnS 的组成元素，最后用闪烁计数法测定 ZnS 中 35S 的强度，进一步定量硫酸盐的还原率和 SRB 浓度。

该方法的检测周期仅有 7~8h，满足快速检测需求，且能够特异准确地分析待测样品中的活菌浓度，但该方法与硫离子选择电极法存在相同的局限性，检测的实施过程对检测条件要求较高，需在无氧条件下进行，目前的应用范围仅限于室内的检测分析。

（5）基于硫离子与荧光检测液反应的检测方法。

基于 SRB 还原 SO_4^{2-} 产生的 S^{2-} 与荧光检测液中的 GSH-Au（Ⅰ）-Pb（Ⅱ）发生化学反应，引起荧光猝灭现象的原理，将离心获得的细菌菌体接种到选择性培养基中进行 SRB 纯化，再将过滤后的培养液与荧光检测液反应，记录荧光完全淬灭所需的时间，计算待测样品中的 SRB 浓度 [14]。为了实现更加简明可靠的定量计算，相关研究人员拟合得到淬灭时间（t）与 SRB 浓度（C_{SRB}）间的关系式：

$$\lg C_{SRB}=9-0.083333t \tag{5-1-1}$$

该方法不涉及生物酶的催化反应，整体简便易行，能够保证对SRB具有可靠的选择性，存在的不足之处与亚甲基蓝法相同，细菌的纯化培养需要一定的周期，且该方法主要是针对海洋环境中的SRB菌种形成的，SRB浓度与淬灭时间之间的计算关系式对于页岩气田环境的适应性还有待验证。

2）基于遗传物质特征的检测方法

任何生物特有的生命活动特征都是由遗传物质决定的，其中，DNA序列是遗传物质特异性的一大表现[18]。对此，国内外研究SRB细胞相对其他生物细胞在DNA序列方面的特殊性，针对能够体现SRB特殊性的一些DNA序列形成检测方法，即通过检测样品中是否存在SRB细胞特有的DNA序列达到检测SRB的目的。由于遗传物质的特异性，所以基于该原理形成的检测方法能够保证检测过程对SRB具有可靠的选择性。

（1）PCR技术。

PCR技术是一种在体外快速扩增特定基因或DNA序列的方法，所用引物可根据16S rRNA基因特征性序列设计，该技术在SRB检测的应用中，可依据SRB细胞内存在的异化型亚硫酸盐还原酶基因进行分析鉴定[19]。随着SRB菌种和遗传特性研究的深入，PCR技术也得到不断发展。有学者以SRB的功能基因dsrB为检验目标，分别对浅水层、土壤和地下深部热水的SRB浓度进行检测，建立了SRBddPCR检测技术[20]；也有学者发明了SRB直接倍比稀释PCR快速定量检测方法；E. BEN-DOV等基于SRB的dsrA和apsA基因建立了一种实时PCR检测技术，PCR技术对SRB检测的适应性不断提高[21]。魏利等基于APS还原酶的特异性，还将PCR技术与绝迹稀释法结合建立了一种快速定量的检测方法，检测效果有所提升，但需配合电泳等操作，且菌液保存条件为-20~4℃，为该方法的推广应用增加了难度[22]。总体上，该方法具有快速灵敏的优势，几小时内即可得到检测结果，且检测下限可达极低水平，但由于死细胞内残留的遗传物质同样存在于样品中，所以检测结果会计入死细胞的数目，导致读数结果远大于样品中实际存在的活细胞浓度。

（2）限制性片段长度多态性检测方法（RFLP）。

该方法用于检测SRB时，都是基于SRB385序列片段进行的切割，得到片段再通过分子探针的杂交技术进行检测[23]。它可与PCR联合使用，基于SRB中独特的dsrAB基因片段，利用RFLP对PCR产物进行消解，提高检测精度。该方法同样具有快速灵敏的优势，但也存在无法排除死细胞数目干扰的不足，难以满足页岩气现场的微生物检测需求。

（3）寡核苷酸探针杂交。

基于寡核苷酸探针与SRB特有基因的杂交思路形成了多种检测方法。一种是斑点杂交法，采用放射性标记的寡核苷酸探针与RNA杂交，冲洗后通过放射性强度确定RNA的量。该方法的检测结果易受菌株生长阶段影响，精度不稳定。另一种是原位杂交技术，它是在不改变细胞形态和细胞所处微观环境的前提下进行的杂交[24]。目前常用的是荧光原位杂交技术（FISH），检测时用荧光素标记的寡核苷酸探针完成杂交，再用显微镜观察细胞内的荧光标记，确定物种和数量[25-26]。同样，该方法的检测结果也会计入死细胞数目。

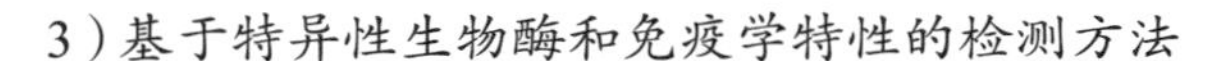

3）基于特异性生物酶和免疫学特性的检测方法

SRB 细胞内存在一些特有的生物酶和特殊的免疫物质，使得 SRB 细胞能够完成自身独特的生命活动。利用 SRB 特有生物酶催化发生的特异性反应以及特殊抗体与抗原的特异性结合，即可建立对 SRB 具有选择性的检测方法。催化反应的强度或抗体与抗原的结合程度都能够表征生物酶或免疫物质的浓度，由此形成基于生物酶和免疫物质特性的 SRB 浓度检测方法。

（1）酶联免疫吸附法。

酶联免疫吸附法（ELISA）是基于抗体与抗原的特异性反应原理和生物酶的高催化活性特征形成的。检测过程中，首先利用抗体的共价修饰与生物酶结合形成一个整体，称为酶标抗体，实现将生物酶的高催化活性和抗体的选择特异性相结合，再将酶标抗体与 SRB 细胞表面的响应抗原相结合，洗去未结合的酶标抗体，进一步加入显色液，在生物酶的催化作用下发生显色反应。与酶标抗体结合的抗原浓度越高，显色反应的强度越大。基于显色强度与抗原浓度间的对应关系即可实现对 SRB 细胞的定量检测[27]。

该方法也具有灵敏快速的特征，但检测下限为 10^3~10^4 个 /mL，适用范围相对有限，对于页岩气田的 SRB 检测，无法用于分析 SRB 浓度偏低的水样，更无法用于评价杀菌效果。

（2）荧光抗体法。

基于免疫学原理，特定类型的抗体和抗原之间能够发生特异性的结合，SRB 细胞表面也存在特异性的抗体附着点[28]，所以，选取相关的抗体用荧光标记，再将标记的抗体用于与 SRB 细胞表面的抗体附着点进行特异性结合，那么结合有抗体的 SRB 细胞上会存在荧光标记，而其他微生物细胞不能结合这类抗体，所以不存在荧光标记；使用荧光显微镜观察制备的样品，便可对 SRB 进行计数。间接荧光抗体技术（IFA）和表面荧光 / 细胞表面抗体法（ESCA）都是利用荧光标记抗体选择性地对 SRB 着色进行计数的方法。

该方法能够保证检测结果具有极强的选择性，还具有快速灵敏的技术特征，可作为室内研究的一种检测方法。但是，该方法在计数过程中需要用到精密的显微镜设备，对检测人员的操作和分析能力提出了一定的要求，难以在检测样品量大，人力和物力条件相对有限的页岩气田现场使用。

（3）APS 还原酶催化显色方法。

该方法形成的原理是：SRB 特有的 APS 还原酶具有高催化活性，可催化含有显色剂和以铁氰化钾为主要成分的反应底物发生显色反应，显色强度与 APS 还原酶的浓度有关，而酶浓度又与 SRB 浓度有关，所以可以通过测试显色强度分析 SRB 浓度[29-30]。该方法的实施步骤包括过滤、离心、浓缩、裂解、反应和读数，其中，SRB 细胞在裂解液作用下发生破裂，释放出 APS 还原酶，再将反应试剂加入体系中使 APS 还原酶催化腺苷 -5- 磷酸硫酸盐发生还原反应，生成蓝色还原产物发生显色现象，读取显色介质的 OD420 值，再基于 OD420 值与 SRB 浓度之间的定量关系换算得到 SRB 浓度。该方法可在 1h 内得到测定结果，具有高灵敏度和强特异性的特征，基本能达到与绝迹稀释法相近的检测精度，见表 5-1-1。但是，该方法的检测下限在 10^2~10^3 级，同样存在检测下限偏高的不足。

表 5-1-1　APS 还原酶催化显色方法与绝迹稀释法的检测结果对比[31]

样品编号	APS 还原酶催化显色方法的检测结果 / 个 /mL	绝迹稀释法的检测结果 / 个 /mL	偏差 / %
1	0	0	0
2	35000	25000	40
3	85000	75000	13
4	110000	90000	22
5	72000	5000	1340
6	9000	2500	260
7	800	250	220
8	400	60	566

4）基于生物传感器检测方法

随着检测技术的不断发展，如何实现连续在线检测 SRB 浓度的问题逐渐受到行业关注，成为技术攻关热点。受葡萄糖检测装置的启发，该领域有学者率先提出了生物传感器的概念，希望研发形成能够连续采集生物信号，同时将获取的信号通过能量转化呈现为与生物细胞浓度对应的定量表征形式，从而完成检测过程。经过数十年的发展，生物传感器已在医药等领域商品化应用，为开发用于 SRB 检测的生物传感器提供了宝贵经验。截至目前，生物传感器的研究取得了诸多实质性的突破，国内外已采用不同的材料研发形成多种类型的生物传感器，有力推动了 SRB 快速检测技术的发展。作为新兴的前沿检测技术，生物传感器的发展为页岩气田实现细菌快速检测与智慧化相融合奠定了基础。

生物传感器的定义为：分析器件结合生物或者生物来源的元件，与物理化学传感器整合，来分析响应的生物物质，通过换能器的作用产生持续的数字电信号，信号与检测物质的浓度成比例[32-33]。生物传感器完成检测的核心步骤主要是两步：一是识别检测对象的生物信号，二是将生物信号转换为其他形式的信号，以上两个步骤分别由生物识别元件和换能器完成。

生物识别元件和换能器是构成生物传感器的核心部件，决定了生物传感器的功能适应性，生物传感器的分类主要也是基于两者的作用原理或功能进行的。生物识别元件要求能够对检测目标产生特异性的影响，充分排除其他环境因素的干扰，以保证检测过程对检测目标具有足够高的选择性。对此，生物识别元件研发过程中，研究人员基于 SRB 的生物学特征领域的研究成果，综合代谢产物、免疫学、遗传学等方面，探究各类识别元件对 SRB 和其他微生物的响应特征，通过精细化比对分析，形成了系列对 SRB 选择性响应效果相对较好的几类生物识别元件，具有代表性的有以下几类[34-37]：

（1）酶类物质形成的生物识别元件：基于 SRB 特有生物酶的催化反应，选取相关的酶类物质，当酶类物质与 SRB 检测有关的底物接触时，会发生特定的催化反应，引起生物化学信号发生变化，从而完成对 SRB 的识别。

（2）核酸物质形成的生物识别元件：选择能够与 SRB 细胞中特有的核苷酸序列进行

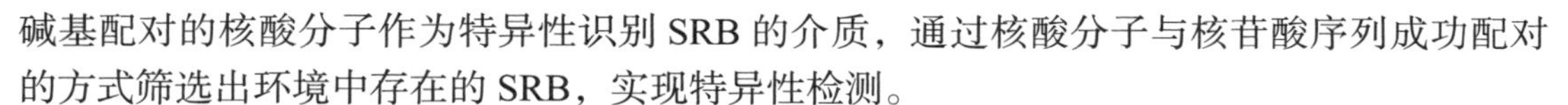

碱基配对的核酸分子作为特异性识别 SRB 的介质，通过核酸分子与核苷酸序列成功配对的方式筛选出环境中存在的 SRB，实现特异性检测。

（3）抗体物质形成的生物识别元件：利用抗体与抗原的特异性结合也可实现对 SRB 的特异性检测，所以，将能够与 SRB 细胞上的抗原发生特异性结合的抗体作为生物识别元件，通过两者的结合程度分析环境中的 SRB 浓度。

（4）生物组织形成的生物识别元件：活组织细胞切片中含有丰富的酶类，并且酶类物质在生物组织内具有更高的稳定性，所以，在保证特异性的基础上，生物组织可直接作为生物识别元件与 SRB 发生催化反应，完成 SRB 检测。

（5）蛋白质物质形成的生物识别元件：蛋白质是构成细胞的重要物质，也具有千变万化的分子结构，结构不同的蛋白质分子往往具有不同的理化性质，某些结构的蛋白质能够与某些生物细胞内存在的其他蛋白质或核酸等物质发生特异性结合，所以，能够与 SRB 细胞中的物质特异性结合的蛋白质也可作为生物识别元件，形成生物传感器。

（6）人工新型材料形成的生物识别元件：近年来，围绕提高 SRB 检测的选择性和准确度的命题，该领域的研究方向正向着使用新材料方面发展，这些材料的研发和应用是基于更加微观层面上的 SRB 识别原理，例如氧化性纳米材料、SRB 生物印记薄膜等都能够达到提升 SRB 识别效果的目的。

换能器的功能在于将生物识别元件采集到的信号通过一定的形式进行转化，使信号以一种定量的形式直观地呈现出来。换能器的精度直接决定了读数的准确度，对此，生物信号与转化形成的信号间需要有可靠的定量关系，同时，信号之间的转换过程要保证灵敏快速。为实现上述目标，研究人员基于各类不同的能量形式开展探究，形成了多种将生物信号转换为不同呈现信号的换能器，主要包括呈现为光强度的光学换能器、呈现为电流强度的电学换能器、呈现为磁场强度的磁学换能器、呈现为热学参数的热力学换能器等[38-39]。

近年来，在传统换能器的基础上，又研发形成了催化活性极强的光电传感器，应用氧化石墨烯材料增强信号且具有纳米信号标记特征的传感器，以及利用石墨烯纳米材料提升导电性的电化学生物膜传感器[40-41]。虽然生物传感器取得了快速发展，但面对复杂的油气田现场环境，还未诞生出能够有效适应页岩气田，包括油田介质工况，长期稳定有效采集数据的 SRB 生物传感器，因此，该技术尚不具备现场应用的条件。但是，该技术具有显著的优越性，可实时监测体系中的 SRB 浓度，在未来仍将是 SRB 检测领域中的研究热点，一旦具备成熟的现场应用条件，将推动 SRB 检测技术取得历史性的进步。

2. 页岩气田 SRB 快速检测新技术

目前，SRB 检测技术虽然已取得了长足的发展，但目前国内外已成熟掌握且投入到工业应用中的检测技术都难以同时满足上述的 4 项微生物检测需求，无法支撑页岩气田快速、准确和简便地完成 SRB 的检测工作。为进一步提升 SRB 检测技术在页岩气田生产现场的适用性，探究快速简便的 SRB 检测方法，近年来，中国石油西南油气田公司天然气研究院基于页岩气田的水质情况和现场普遍存在的 SRB 菌属类型，研发形成了适用于页岩气田的 SRB 快速检测新技术。

1）APS 还原酶催化显色方法

基于不同原理形成的 SRB 检测方法都具有各自的应用特征，其中 APS 还原酶催化显色方法可实现 SRB 的特异性定量检测，而且可以在几个小时内得到检测结果。为验证该方法针对页岩气田水质和 SRB 的检测效果，开展了以下探究。

（1）检测方法。

APS 还原酶显色的方法在实施过程中，需要对待测水样进行预处理，提取出水样中的微生物细胞，再进一步进行特异性的催化显色反应。整个过程需要使用多种反应试剂，涉及多个操作步骤。

基于反应原理，SRB 细胞内特有的 APS 还原酶能够催化铁氰化钾反应生成滕氏蓝，使溶液呈现出特有的蓝色现象，从而根据显色强度分析 SRB 浓度。为使细胞裂解释放出 APS 还原酶并完成催化显色反应，SRB 快速检测的实验中需要用到裂解液、反应底物和显色剂。三类试剂的作用如下：

①裂解液：破坏细胞结构，使细胞破裂释放出 APS 还原酶。

②反应底物：提供反应物质，在 APS 还原酶的催化作用下发生显色反应。

③显色剂：加强显色效果。

其中，反应底物中包含有铁氰化钾，该物质在 APS 还原酶的催化作用下会反应。裂解液分为 A 和 B，其使用直接关系到细胞的破裂程度，进而影响显色反应的速率和完全程度。实验中，采用 Tris-HCl、SDS、溶菌酶、EDTA 等物质混合，作用于溶液中存在的微生物细胞。

基于以上几类试剂，采用该方法检测 SRB 的过程主要分为五步：过滤、离心、分散、裂解和反应，前三步是将细菌菌体进行沉淀收集，同时除去页岩气返排液中原本存在的大量有色杂质，避免这些物质对反应后的溶液颜色造成干扰。裂解是使用裂解液，让 SRB 细胞释放出 APS 还原酶。反应指的是 APS 还原酶催化铁氰化钾发生显色反应。每一步的具体操作如图 5-1-3 所示。

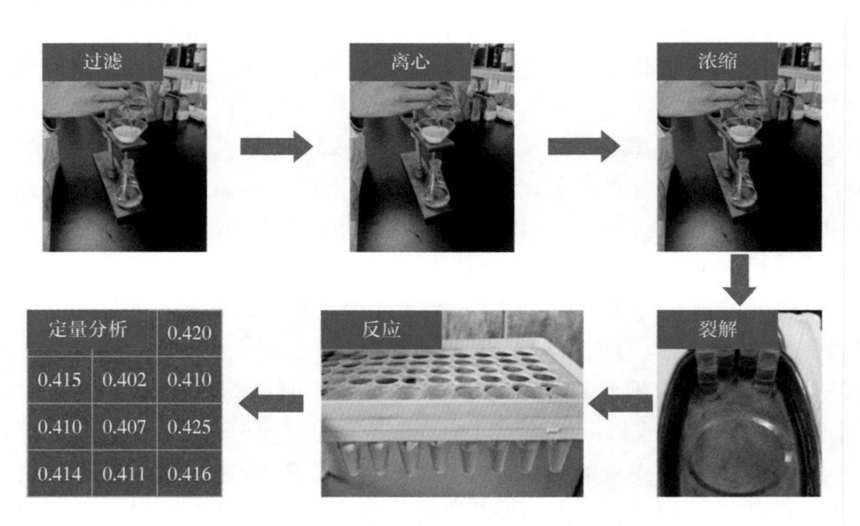

图 5-1-3　APS 还原酶催化显色方法的检测步骤

①取待测水样，用 200 目的筛网过滤水样中的固体微粒杂质，用无菌超纯水洗涤筛网及网侧的杂质微粒 1~2 次，将过滤后的水样和清洗滤网后的无菌水一同收集后分别装入离心管中，离心分离，弃去上清液，收集沉淀的菌体。

②用少量无菌超纯水悬浮沉淀的菌体并混合均匀，再次离心收集沉淀的菌体。重复上述步骤2~3次可去除可溶性杂质，最终将收集的沉淀菌体分散到超纯水中，并收集于离心管中（根据水样中杂质多少合理选择清洗次数）。

③向预处理过的水样中滴入细菌裂解液进行反应，使水样中的硫酸盐还原菌充分裂解并释放出APS还原酶。

④取裂解过的水样，并向其中滴入反应底物，并混合均匀避光反应让APS还原酶与反应底物反应。

⑤向第4步的溶液中加入显色剂，并混合均匀避光反应使其充分发生显色反应生成蓝色的滕氏蓝反应液。

⑥取100μL的上述反应液将各已知含量的SRB菌液显色反应后，反应液的颜色用化学发光仪分别检测其OD420值，做定量检测。

⑦参考SRB浓度与OD420值之间的标准曲线，基于测定得到的OD420值计算SRB浓度，完成检测。

（2）页岩气田适应性评价。

为明确APS还原酶催化反应显色的检测方法在页岩气田的适用性，采用以上所述的试剂和检测步骤，对反应底物和裂解液两类关键试剂的使用浓度开展评价，对比同一样品在不同反应底物或裂解液浓度条件下的显色程度，明确两类试剂的最佳使用浓度，使得显色反应程度最彻底、速率最快。

①适应性最佳的反应底物浓度配方。

反应底物是直接发生显色反应的物质，如反应底物的浓度太低，将在短时间内消耗殆尽，无法通过对比不同浓度下的显色反应程度分析SRB浓度，如浓度太高，可能导致显色反应难以快速进行。因此，本节在待测水样、菌液、裂解液的用量均相同的前提下，选取了多个样本，针对不同的反应底物浓度配方开展评价（表5-1-2），分析对页岩气田水样和菌种适应性最佳的反应底物浓度配方。

表5-1-2 反应底物的配方浓度

序号	反应底物A浓度/mmol/L	反应底物B浓度/mmol/L	反应底物C浓度/mmol/L	EDTA浓度/mmol/L	MES缓冲液浓度/mmol/L
1	1.500	2.500	2.500	1.500	100
2	1.125	1.875	1.875	1.125	75
3	0.750	1.250	1.250	0.750	50
4	0.375	0.625	0.625	0.375	25
5	0	0	0	0	0

根据反应3小时后的显色程度分析反应底物浓度配方的适应性，其中2个样本的反应结果如图5-1-4所示。2个反应结果都显示：表5-1-2中序号为1、2和3三组条件下，溶液经过反应都呈现出了明显的蓝色，表明在反应底物浓度达到序号3所列的条件后，显色的化学反应能够在3小时以内基本进行，生成滕氏蓝，得到检测结果。但是，余下两组实验的溶液并没有呈现出明显的变蓝，表明这两组实验的反应底物浓度偏低，未能快速进

行显色反应过程。

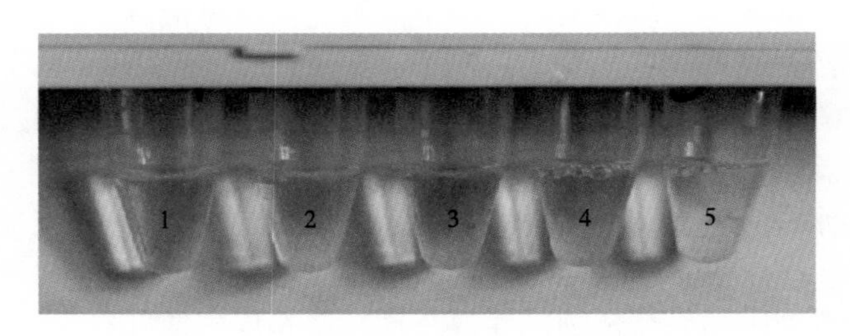

图 5-1-4　不同反应底物浓度下的显色反应实验结果

通过以上探究表明，反应底物浓度直接影响催化反应速率，只有反应体系中存在足够浓度的反应底物，才能保证APS还原酶催化铁氰化钾的显色反应能够快速进行。基于图5-1-4所示的显色反应结果，推荐反应底物的最低浓度为表5-1-2中序号3对应的浓度配方：成分A0.75mmol/L、成分B1.25mmol/L、成分C1.25mmol/L、成分EDTA0.75mmol/L、成分MES缓冲液E50mmol/L。

②适应性最佳的裂解液浓度配方。

微生物细胞的裂解速率与裂解液浓度有关，而细胞充分裂解释放出APS还原酶是快速进行显色反应的前提条件，因此，如果体系内存在的裂解液浓度不能使SRB细胞快速进行彻底的裂解，将直接影响反应进程。对此，本节针对页岩气田的水样组分和SRB菌种，在每组的待测水样和反应底物浓度配方均相同的前提下，评价不同裂解液浓度配方下的显色反应效果，见表5-1-3，分析不同的裂解液浓度配方对页岩气田的适应性。

表 5-1-3　裂解液配方

序号	裂解液 A			裂解液 B		
	裂解化合物 A 浓度 / mmol/L	EDTA 浓度 / mmol/L	NaCl 浓度 / mmol/L	裂解化合物 B 浓度 / %	裂解化合物 C 浓度 / μg/mL	裂解化合物 D 浓度 / mg/mL
1	0	0	0	0	0	0
2	6	0.4	20	0.02	10	0.1
3	12	0.8	40	0.04	20	0.2
4	18	1.2	60	0.06	30	0.3
5	24	1.6	80	0.08	40	0.4
6	30	2.0	100	0.10	50	0.5
7	60	4.0	200	0.20	100	1.0
8	90	6.0	300	0.30	150	1.5
9	120	8.0	400	0.40	200	2.0

同样，通过对比显色反应程度分析反应速率，评价裂解液浓度配方的适应性。如图5-1-5所示，表5-1-3中序号5-9对应的条件下，裂解液成分的浓度太低，无法促进

SRB 细胞快速裂解，导致体系中 APS 还原酶的浓度不足，所以催化反应的速率比较缓慢，特征显色现象相对较弱。表 5-1-3 中序号 1-4 对应的条件下，裂解液成分的浓度相对更高，能够有效促进 SRB 细胞快速裂解释放生物酶，反应底物在足够的 APS 还原酶的催化下快速进行彻底的反应。该结果表明裂解液组成物质的浓度在不低于序号 4 的条件时，更有利于裂解 SRB 细胞，释放出 APS 还原酶，使得更快速地催化显色反应进行，生成滕氏蓝，实现对硫酸盐还原菌的快速检测。

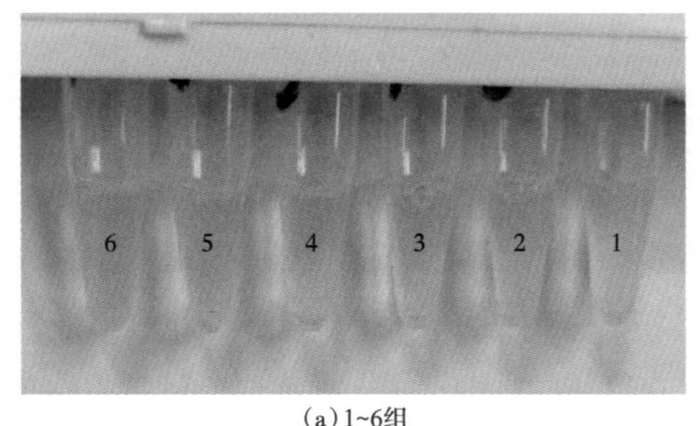

(a) 1~6组

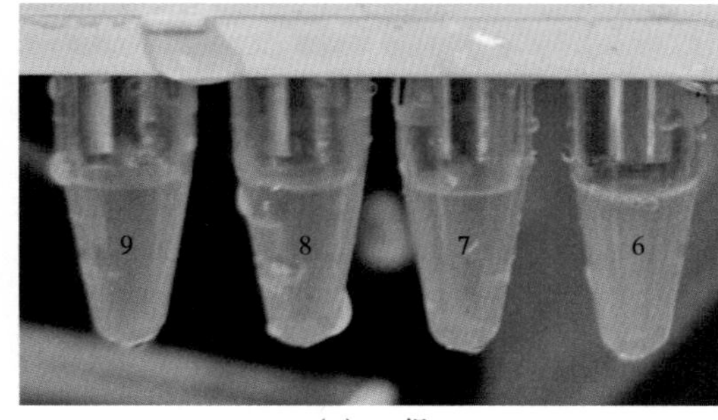

(b) 6~9组

图 5-1-5　不同裂解液浓度下的显色反应实验结果

基于裂解液浓度配方的探究结果，体系中存在浓度足够高的裂解液成分，才能有效促进 SRB 细胞快速裂解，保证催化显色反应的快速进行，基于图 5-1-5 所示的显色反应结果，针对页岩气田现场水样的 SRB 浓度检测，本节推荐反应底物的最低浓度为表 5-1-3 中序号 4 对应的浓度配方：裂解化合物 A 30mmol/L、EDTA 2mmol/L、NaCl 100mmol/L、裂解化合物 B 0.1%、裂解化合物 C 浓度 50μg/mL 及裂解化合物 D 0.5mg/mL。

③ SRB 浓度与吸光度的标准曲线。

建立标准曲线是实现定量检测的关键，根据本节所述的检测实施步骤，菌液体系发生反应只能直接测得 OD420 值，而标准曲线就是连接 OD420 值和 SRB 浓度值之间的桥梁，它反映了两者之间的定量对应关系。因此，有必要针对页岩气田的水质和 SRB 菌种，建立标准曲线，为实施检测提供基础。

建立标准曲线的过程主要是利用已知 SRB 浓度的水样进行显色反应，再定量测试反应溶液的 OD420 值，将每组的对应结果进行拟合，从而得到标准曲线。具体为：依据 APS 还原酶催化显色方法的实验步骤，分别将已知浓度为 10^2 个 /mL，10^3 个 /mL，10^4 个 /mL，10^5 个 /mL，10^6 个 /mL 的硫酸盐还原菌菌液与裂解液和反应底物反应，测试各自的 OD420 值；以菌液中的 SRB 浓度值为横坐标，测定的 OD420 值为纵坐标，拟合标准曲线；分析拟合结果的偏差，如偏差较大，再调整思路重新拟合。

采用上述步骤开展探究表明：SRB 浓度与 OD420 值之间存在线性关系，在已知 OD420 值的前提下，利用线性关系式可快速推算出所测样品中的 SRB 浓度。以图 5-1-6 所示的拟合结果为例，经过多次重复实验无异常数据，再取平均值描点，将两个变量拟合形成了一条直线，并且 R^2 为 0.9986，表明拟合误差极小，可达到检测要求。实际应用中，需要针对不同的检测对象制备标准曲线，建立 SRB 浓度与 OD420 值之间的换算关系式，用于 SRB 浓度的计算。

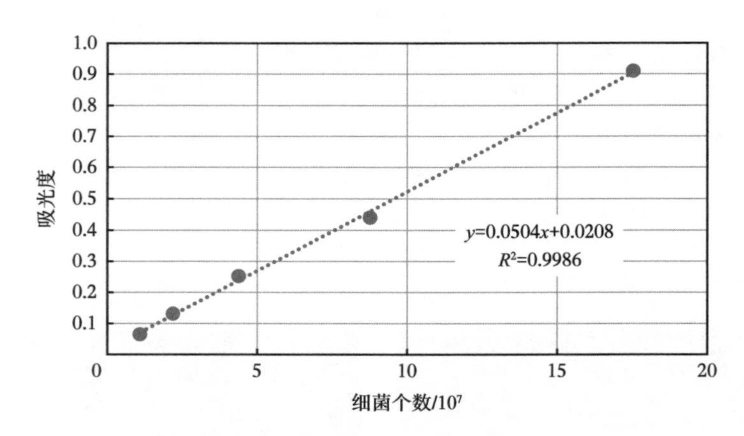

图 5-1-6 吸光度与 SRB 浓度之间的标准曲线

针对页岩气田的水质和 SRB 菌种，该方法实施过程中使用的标准曲线也存在一个明显的不足，适用的 SRB 浓度范围十分有限，存在较高的检测下限，最低只能达到 10^2~10^3 个 /mL。研究表明，对于 SRB 浓度的数量级处于更低水平的样品，该检测方法难以得到稳定可靠的检测结果。例如，采用 APS 还原酶催化显色方法重复检测同一个样品，样品中的 SRB 浓度在 10^2 个 /mL 的数量级，结果如图 5-1-7 所示，针对同一样品检测所呈现出的显色效果存在明显的差异，反应现象十分不稳定，造成检测结果计数困难，从而限制了该方法的适用范围。

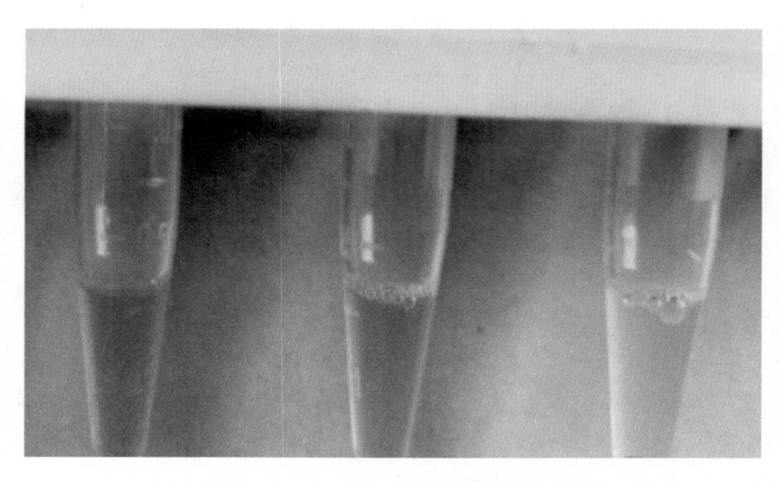

图 5-1-7 同一样品同时检测所呈现的显色效果比较

相对于经典的绝迹稀释法，该方法检测下限偏高的局限性更加凸显，部分对比结果见表 5-1-4。对于 SRB 浓度较高的水样，两类方法所测得的结果基本能够达到相同的数量级，部分存在一定的偏差，分析其原因，主要是细菌检测取样的随机性对结果具有一定的影响。但是，这些偏差不会对方法的使用造成实质性的影响，可满足现场的检测目的，指导存在高浓度 SRB 的气井和管道实施腐蚀控制措施。另外，当水样中的 SRB 浓度低于 10^2 级的检测下限时，检测结果出现了明显的偏差。

表 5-1-4 基于 APS 还原酶的特征催化显色反应建立的显色法的准确度验证

序号	显色法检测结果 /（个 /mL）	绝迹稀释法检测结果 /（个 /mL）
1	5.4×10^3	10^3~10^4
2	3.6×10^7	＞ 110×10^4
3	7.5×10^7	＞ 110×10^4
4	5.0×10^4	70.0×10^3
5	1.5×10^5	6.0×10^3
6	2.5×10^2	0.6
7	8.0×10^2	0.6

综上，基于 APS 还原酶催化显色原理的检测方法可用于页岩气田水样的 SRB 检测，通过优选反应底物和裂解液的浓度配方，能够保证在几小时内快速获得检测结果，但是，该方法存在明显的短板，即检测下限在 10^2 个 /mL 的数量级以上，无法用于 SRB 浓度更低的水样检测，尤其是投加杀菌缓蚀剂后的水样。实际应用中，该方法可用于未投加杀菌缓蚀剂的原始水样，快速摸底现场水样中的 SRB 浓度，但需要辅助其他方法进一步准确分析样品中的 SRB 浓度级数。

2）页岩气现场水 SRB 检测平板计数法

针对检测结果只关注活菌浓度，充分排除死细胞数目干扰的需求进行方法原理的比较发现：基于培养原理形成的检测技术最能够区分细胞死活，因为只有活细胞才能进行生长代谢过程，从而产生与活细胞生命活动相对应的现象。但是，SRB 培养过程中，要产生明显的生命活动现象往往需要较长的周期，如绝迹稀释法所呈现的黑色铁锈，所以形成 SRB 快速检测技术的关键在于形成能够在短时间内呈现出细胞生命活动现象的方法。

（1）技术原理。

平板计数法是一类已成熟应用于其他微生物浓度分析的检测方法，并已经形成系列标准如大肠杆菌的检测标准 GB 4789.3—2016 等，参考标准 ISO 7218：2007（E），该方法可实现对微生物细胞数目的精确计数。从原理上分析，微生物细胞在获取到营养物质后会不断生长繁殖，当足够多的细胞发生堆积后，将形成肉眼可见的菌落，而一个菌落源自一个细胞，因此，明确形成的菌落数目就能够完成对细菌浓度的检测。生长繁殖也是 SRB 细胞所具有的生命活动，所以，基于细胞繁殖形成菌落实现浓度检测的平板计数法同样适用于 SRB，即可利用平板计数法检测 SRB。应用需求方面，由于该方法是基于细胞生长繁殖建立的，所以能够充分排除死细胞数目的干扰；另外，菌落的形成与浓度无关，极少量细胞接种到培养基中也能够繁殖形成菌落，所以该方法的检测下限可达到 10^0 个 /mL 的数量级水平；最后，该方法的操作过程主要是稀释待测水样和涂布平板，不经过复杂的操作流程。唯一不足的是，形成肉眼可见的菌落，且数目达到相对稳定的状态仍需要 3~5d 的时间，在绝迹稀释法的基础上，无法显著地缩短检测周期。因此，基于该原理，形成能够实现精准计数的检测步骤，以及开展培养基配方创新优化，加快 SRB 细胞在培养基中的生长繁殖速度，缩短培养周期，是将平板计数法引入 SRB 检测后实现快速检测的关键卡点。

（2）检测步骤。

平板计数法检测的关键在于将含有 SRB 的液体均匀地涂布在培养基表面，使 SRB 细胞尽量间隔开，能够实现一个细胞对应形成一个菌落。因为所有 SRB 细胞在培养基中生长繁殖形成菌落的宏观过程都是一致的，所以采用平板计数法检测气田水中 SRB 浓度的操作步骤基本与检测大肠杆菌相同，主要分为以下几步：

①待测水样稀释：根据测试需要，预估水样的稀释倍数，取一定量待测水样，用去离子水进行稀释，如待测水样中的 SRB 原始浓度处于较低水平，则可以省略该步骤。

②取样涂布：用移液管取一定量稀释后的待测水样，滴加到培养基表面，用涂布棒将液体向一个方向均匀地涂抹在整个培养基表面，整个操作过程在无菌操作台上完成。

③ SRB 细胞培养：将完成涂布的培养基进行密封，放入 35℃ 电热恒温培养箱中培养 24h。

④菌落计数：SRB 细胞培养后经生长繁殖，在培养基表面形成肉眼可见的菌落，计数菌落的数目。

⑤ SRB 浓度计算：根据稀释倍数以及涂布到培养基表面的液体量，计算待测水样中的 SRB 浓度，计算方法如下：

$$c = \frac{1000nd}{V} \tag{5-1-2}$$

式中 c——硫酸盐还原菌浓度，个 /mL；

n——计数所得的菌落数目，个；

d——稀释倍数；

V——滴加到培养基表面的液体体积，μL。

值得注意的是，涂布平板的步骤需要在无菌条件下进行，通常只能将样品取到配备有无菌工作台的实验室内进行操作，至少也需要在一个便携式的无菌箱内操作。为克服这一不足，提升方法使用的便利性，如果形成密闭式的试剂盒，整个取样涂布的操作过程无须打开试剂盒，都在封闭的条件下完成操作，可充分避免杂菌的引入，保证操作过程所需的无菌环境。试剂盒投入使用后，将实质性地改变依靠无菌工作台等设备才能完成操作的现状，可在实验条件受限的生产现场随时随地进行平板计数操作，有力地推进该方法在页岩气田生产一线大规模推广应用。

实际应用时，待测水样的稀释倍数和涂布的液体量直接关系到培养基表面的菌落生长情况，所以需要检测人员根据经验判断待测水样中的 SRB 浓度，从而决定稀释倍数和涂布的液体量。一方面，如果涂布到培养基表面的 SRB 细胞过多，细胞繁殖形成的菌落可能连接成一整片，无法对菌落进行计数。另一方面，如果将原始细菌浓度较低的水样过多地稀释或者涂布量太少，如出现了菌落，则通过式（5-1-2）换算后可能会将检测结果过度放大，远高于真实值。因此，在检测页岩气田现场返排液时，需要具体情况具体分析，具体的使用建议如下：

①对于 SRB 原始浓度处于较低水平的水样检测，如预估水样中的 SRB 浓度在 10^2 级以下，可不进行稀释，且涂布量可以相对较高，可选取 200μL 或 250μL。

②对于 SRB 原始浓度略高于以上范围的水样检测，如预估水样中的 SRB 浓度达到

10^2 级，但不到 10^3 级，可不进行稀释，但涂布量相对较低，可选取 20μL 或 50μL。

③对于 SRB 原始浓度较高的水样检测，如预估浓度不低于 10^3 级，水样应充分稀释，稀释倍数可达 1000 倍或更高，涂布量应取得相对低一些，如 20~50μL。

（3）SRB 培养基配方。

培养基为细胞的生长繁殖提供必需的营养物质，用于 SRB 培养检测的培养基需要包含的营养物质包括碳源、氮源、磷源和无机盐离子等，国内外也基于 SRB 生长所需的营养成分形成了多种培养基，常用的部分配方见表 5-1-5。利用这些配方形成的培养基不仅能够保证 SRB 细胞进行正常的生长代谢，还具有可靠的选择性，即只有 SRB 细胞能够在培养基中生长，其他微生物的生长会受到抑制或相对于 SRB 细胞的生长速度慢。但是，采用传统配方的培养基进行 SRB 的检测计数时，因菌落形成的耗时较长，所以仍存在检测效率低下的不足。

表 5-1-5 常见的传统培养基配方

培养基种类	PB/（g/L）	PC/（g/L）	MB/（g/L）	API PR 38/（g/L）
KH_2PO_4	0.500	—	—	0.500
K_2HPO_4	—	0.500	0.050	—
NH_4Cl	1.000	1.000	1.000	1.000
$CaCl_2 \cdot 2H_2O$	0.060	—	—	—
$CaCl_2 \cdot 6H_2O$	—	0.060	—	—
$CaCl_2$	—	—	—	1.000
$CaSO_4$	—	—	1.000	—
Na_2SO_4	4.500	2.000	—	0.500
$FeSO_4 \cdot 7H_2O$	0.004	—	—	—
$MgSO_4 \cdot 7H_2O$	0.060	0.060	4.100	—
$MgSO_4$	—	—	—	2.000
乳酸钠	6.000	6.000	3.500	3.500
酵母膏	1.000	1.000	1.000	1.000
柠檬酸钠	0.300	0.300	5.000	—
$(NH_4)_2FeSO_4 \cdot 6H_2O$	—	—	1.380	—

针对上述不足，创新培养基配方。在全面满足 SRB 生长所需的营养成分且浓度配比合适的条件下，SRB 菌落的生长速度已接近极限，从营养成分上进行创新已很难进一步提高 SRB 的生长代谢速度，所以，基于传统培养基中含有的营养物质，探究培养基配方创新的两条途径：

①加入促进细胞代谢的活性物质：SRB 的代谢过程主要是从培养基中的营养物质中获取电子，再通过胞内电子传递过程还原培养基中的硫酸盐，从而获取生长繁殖所需的能量，因此，基于 SRB 特有的代谢过程，选择能够加速这一过程进行的物质加入培养基，使 SRB 细胞更快速地获取能量，提高生长繁殖速度，从而在更短的时间内形成肉眼可见的菌落。

②加入除氧剂：SRB属于兼性厌氧的一类微生物，氧气的存在会抑制SRB的生长代谢，而采用平板计数法检测SRB浓度时，取样过程中难免引入微量的氧气，造成SRB与氧气接触，对此，可在培养基中加入除氧剂，用于还原溶入培养基的氧气，从而在一定程度上减弱氧气对SRB生长的干扰，提高菌落形成的速度。

通过在含有SRB生长必需的营养物质的培养基中加入促进代谢的物质和除氧剂，再根据两类物质与常规营养物质之间的协同作用效果调整营养物质的组分和配比，创新形成SRB快速检测的培养基配方。同时采用传统配方的培养基与新配方的培养基检测同一页岩气田现场返排液样品的SRB浓度，培养1d后，结果如图5-1-8所示。可以看出，两种培养基表面形成的菌落数目存在明显的差异，新配方的培养基表面形成的菌落数目远大于传统配方的培养基，且随着时间的延长，新配方的培养基表面的菌落数目变化不大，而传统配方的培养基表面的菌落数目在缓慢增长。以上结果表明，加入促进代谢的物质和除氧剂后，SRB的生长繁殖得到促进，能够在更短的时间内形成更多肉眼可见的菌落，可将检测周期缩短至1d，具有显著的进步性，更多对比结果见表5-1-6。

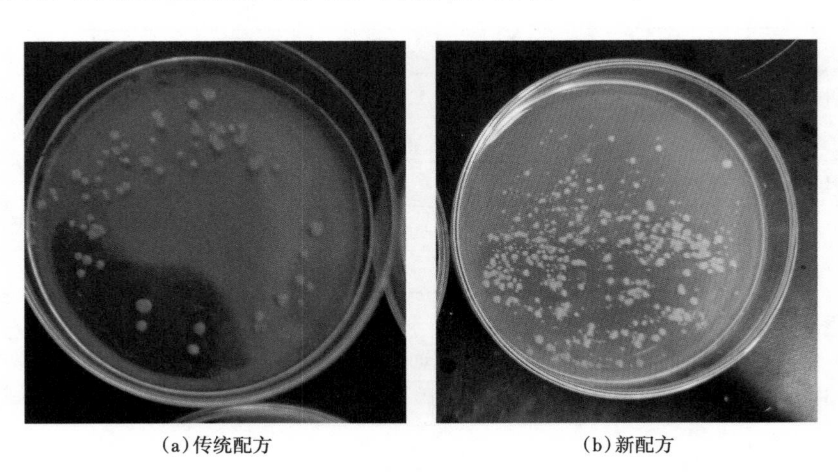

(a)传统配方　　(b)新配方

图5-1-8　传统配方的培养基与新配方的培养基培养1d后形成的菌落照片

表5-1-6　传统配方的培养基与新配方的培养基培养1d后形成的菌落数目对比

样品序号	配方类型	菌落数目/个
1	传统配方	53
	新配方	80
2	传统配方	54
	新配方	81
3	传统配方	59
	新配方	82
4	传统配方	52
	新配方	80

续表

样品序号	配方类型	菌落数目／个
5	传统配方	48
	新配方	75
6	传统配方	46
	新配方	71

（4）平板计数法的应用效果。

通过培养基配方创新以及建立配套的平板计数检测方法，形成针对页岩气田腐蚀检测需求的 SRB 快速检测方法，实际应用中，将制备的培养基放置在试剂盒中，携带至生产现场，完成平板计数的相关操作和周期为 1d 的 SRB 培养，再通过菌落计数和换算得到活性 SRB 浓度检测结果。页岩气田现场不同的水样中存在的 SRB 浓度存在极大的差异，而且大部分水样已投加杀菌缓蚀剂，极可能已将 SRB 浓度控制到了极低水平。近年，累计采用平板计数法完成数百样次的页岩气田返排液检测，在现场应用过程中不断优化提升，达到了检测周期为 1d、检测下限可达 10^0 个 /mL 的数量级、检测结果只针对活细胞浓度且操作简便的技术效果。为了进一步验证该技术的适用性，笔者基于上百样次的实验结果，总结了平板计数法和绝迹稀释法的应用效果对比，具体如下：

①对于 SRB 浓度处于极低水平的水样，如加注有杀菌缓蚀剂且杀菌效果显著的水样，两类方法测得的检测结果都在 10^0 级或 10^1 级，相差最多 1 个数量级，大部分处于同一数量级，表明应用平板计数法检测低 SRB 浓度的水样时，能够得到较为准确的检测结果，该方法可用于检测分析杀菌缓蚀剂的杀菌效果。部分检测结果如图 5-1-9 和表 5-1-7 所示。

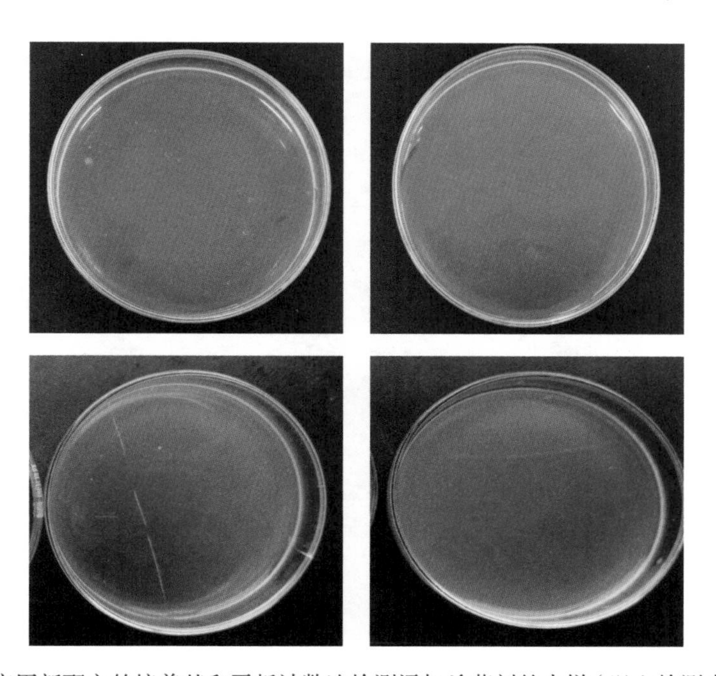

图 5-1-9　应用新配方的培养基和平板计数法检测添加杀菌剂的水样（以上检测水样未稀释）

表 5-1-7 平板计数法与绝迹稀释法的检测结果对比

序号	平板计数法检测结果 / 个	绝迹稀释法检测结果 / 个
1	80	25
2	65	60
3	0	0
4	0	0
5	0	0
6	0	0.5
7	0	0
8	0	0
9	0	0
10	0	2.5
11	100	130
12	10	0
13	10	0
14	65	70
15	50	70
16	220	130

②通过图 5-1-10 和表 5-1-8 可知，对于 SRB 浓度不低于 10^2 级的水样，两种方法的检测结果相近，均高于 10^2 级；当 SRB 浓度处于该范围的情况下，通常极易诱发较严重或严重的微生物腐蚀；如果水样中已加注杀菌缓蚀剂，可表明杀菌效果欠佳。因此，通过此方法检测 SRB 含量来初步评估现场微生物腐蚀风险和杀菌效果是可行的。

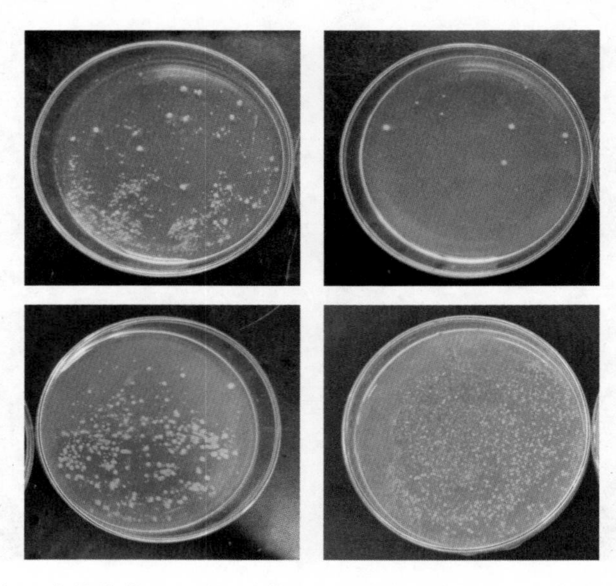

图 5-1-10 应用新配方的培养基和平板计数法不同浓度的水样（以上检测水样都稀释 100 倍）

表 5-1-8 平板计数法与绝迹稀释法的检测结果对比

序号	平板计数法检测结果 / 个	绝迹稀释法检测结果 / 个
1	1.3×10^3	10^3~10^4
2	6.9×10^6	＞110×10^4
3	5.8×10^7	＞110×10^4
4	1.9×10^4	6.0×10^3
5	3.7×10^4	70.0×10^3
6	＞15000	110×10^2
7	＞100000	6.0×10^5
8	1.75×10^5	＞110×10^4
9	7.25×10^5	＞110×10^4
10	2.85×10^4	＞110×10^4
11	5×10^5	＞110×10^4
12	7×10^5	＞110×10^4

综上，本节所述的基于 SRB 培养基新配方及其配套应用方法所建立平板计数法适用于页岩气田现场水样的检测，能够明确水样中 SRB 浓度所处的数量级，达到与绝迹稀释法相近的检测效果，尤其是针对 SRB 浓度在 10^0~10^1 个 /mL 数量级的水样，能够将检测结果精确到个位，所以该方法能够反映腐蚀风险和杀菌效果，可用于判断 SRB 浓度是否超标（根据标准 SY/T 5329，SRB 浓度控制指标为 25 个 /mL），有效反应杀菌缓蚀剂的杀菌效果以及现场的微生物腐蚀风险。因此，该套技术推广应用后，可将检测周期从绝迹稀释法的 7d 以上缩短至 1d，有望在页岩气田开发产业中实现同类技术的替代，成为页岩气田 SRB 检测的实用方法。

三、生物膜下腐蚀活性监测方法

SRB 在不同的环境下或不同的生长阶段往往具有不同的代谢活性，其活性强弱水平直接决定了因 SRB 代谢而引起的腐蚀程度。因此仅检测 SRB 浓度并不能全面准确地掌握其对管道的腐蚀程度，还必须掌握 SRB 的代谢活性。通常，SRB 在高活性状态会快速分泌代谢物形成生物膜，固着于生物膜内部的 SRB 具有更高的腐蚀活性，促进局部腐蚀电池的形成，导致菌落附着部位发生严重的电化学腐蚀[42-43]。SRB 的腐蚀活性越强，电子转移过程也就越快，从而影响代谢产物体系的性质。国内外已基于生物膜演变或代谢产物积累过程中的电化学响应特征，初步形成了生物膜下腐蚀活性监测方法，并不断开展室内实验验证，奠定了方法应用的可靠性。

1. 基于电化学参数变化的监测方法

生物膜的演变影响着微生物腐蚀行为，微生物腐蚀是一个电化学过程，涉及电子的传递，必然引起电化学参数的响应。微生物腐蚀的实验研究中，常用到的电化学数据主要是开路电位、阻抗谱和极化曲线，其中阻抗谱得到的关键参数有双电层电容、电荷转移电阻等，极化曲线得到关键参数有腐蚀电位和腐蚀电流密度。每个电化学参数都具有自身的表征意义，应用中需将各种参数结合分析，以判断材料在 SRB 作用下的腐蚀倾向、瞬时腐蚀速率等信息，进一步根据电化学参数在整个 SRB 腐蚀过程中的变化趋势，分析对应膜内 SRB 腐蚀行为的发展趋势。许多学者利用电化学方法研究各种环境下 SRB 的腐蚀行为。Liu 等发现 SRB 腐蚀体系中的电化学参数变化趋势出现转折点，表明膜内 SRB 代谢活性提高，生物膜作用由抑制腐蚀转变为促进腐蚀 [44]；柳伟等研究得到 SRB 腐蚀体系中的开路电位、电荷转移电阻和膜层电阻都出现了明显的下降，同样表明了生物膜导电性增强，电子转移过程加快；舒韵等证实了 SRB 代谢产物的积累导致生物膜导电性增强，使得电阻参数持续下降，电流参数持续升高 [45]。中国石油西南油气田分公司天然气研究院针对川渝页岩气田返排液介质和集输管道的服役工况，系统研究了 SRB 成膜过程中电化学参数的变化规律，如图 5-1-11 所示，发现各参数都存在一个明显的转折点，电阻类参数和电位参数都是从升高转变为降低，电流参数相反，是从降低变为升高，各参数的变化趋势相吻合，都表明 SRB 代谢形成生物膜的过程中会在前期短暂地抑制腐蚀，但随着膜下环境的不断成熟，微生物的腐蚀活性升高，导致腐蚀倾向迅速增大，所以出现转折点，电阻类参数和电位参数迅速减小，电流密度参数迅速增大。进一步基于参数的拐点变化特征，初步形成连续实时监测电化学参数，捕捉参数拐点预警的微生物膜监测探针，未来将继续提高该探针对现场介质和工况的适应性，提升现场监测的灵敏度和准确度，为研究成果的工程化进程奠定坚实的基础。

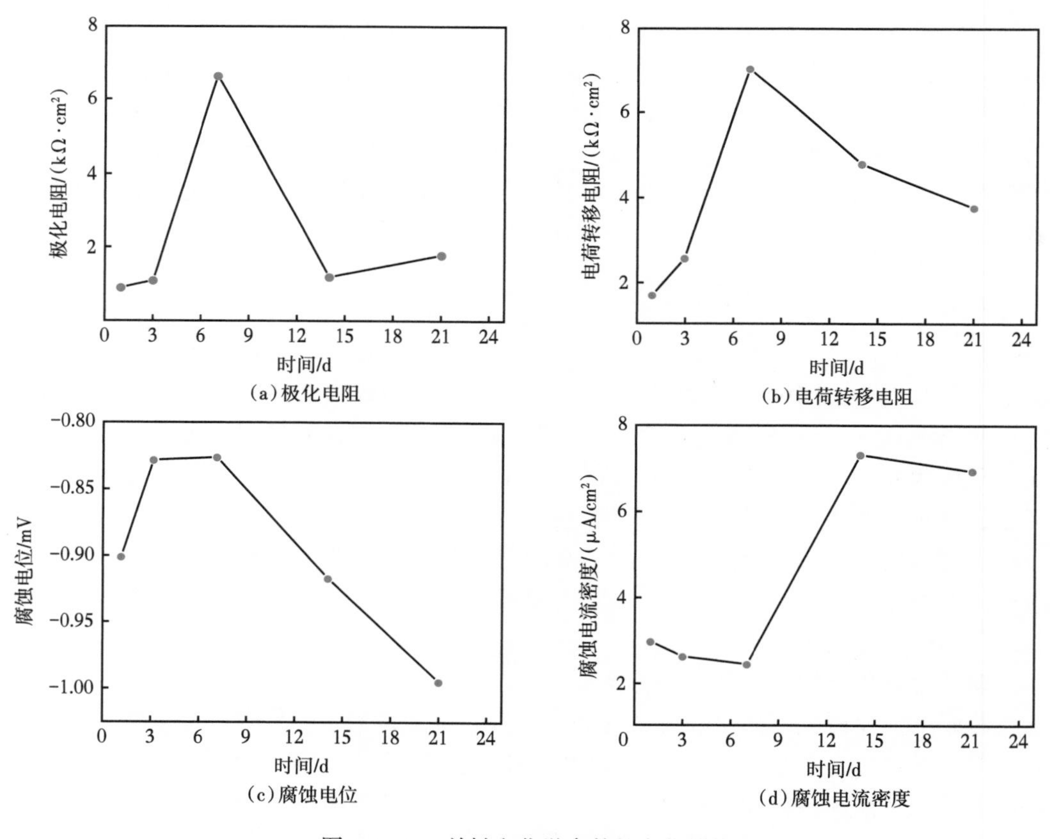

图 5-1-11　关键电化学参数的变化趋势

因此，利用电化学手段可达到直接监测 SRB 成膜状态和膜下腐蚀的目的。据文献报道，在缺乏营养物质的厌氧环境中，SRB 主要是以膜下局部腐蚀的形式对钢铁造成破坏，所以近年来对 SRB 腐蚀监测技术的研究逐渐集中到对局部腐蚀监测方面。常用的电化学方法在表征局部腐蚀行为方面的效果相对不足，对此，探究形成了系列新技术，不断提高对 SRB 腐蚀体系下的局部腐蚀监测水平。电化学噪声技术是基于电化学参数非平衡波动建立的监测技术。相对于极化曲线、开路电位等测试，该技术能够捕捉到生物膜下的局部活性，针对均匀腐蚀和局部腐蚀呈现不同的响应特征，以电位和电流参数的波动反映局部腐蚀倾向及腐蚀速率。另外，在电化学测试手段中，丝束电极是一类更能够实现从微观层面上分析被生物膜覆盖的试样表面不同点位的电化学参数的手段，华中科技大学基于丝束电极的工作机理形成了阵列电极传感器，该仪器通过零阻电流计和 99 根钢丝组成的回路测试试样表面的电流分布，并提供了定量表征局部腐蚀的计算公式，标志着局部腐蚀监测技术迈出了实质性的一步[46]。通过电化学参数响应形成的监测方法理论成熟，能够灵敏可靠地得到监测结果，在室内实验中得到了较多的应用，但在生产中实现应用还存在诸多困难，监测系统的构建、参数分析模型的形成等都还需要深入研究，而且制作出的传感器对现场复杂环境的适应性还有待进一步验证。

2. 基于 S^{2-} 反应性质的监测方法

因为还原 SO_4^{2-} 是 SRB 特有的生命活动，所以利用监测 SO_4^{2-} 的还原产物的探针判断 SRB 膜下腐蚀进程仍是保证特异性的有效手段。因为 S^{2-} 在液相中的离子活度便于通过电化学手段实现在线分析和连续监测，所以研究思路主要集中在通过检测液相中的 S^{2-} 建立监测方法，如图 5-1-12 所示。实现 S^{2-} 选择性测试的方法主要是硫离子选择电极，它的核心结构包括硫化物选择性膜和固态离子／电子转化层将离子活度转换为电池电动势，所以通过电化学手段测定电动势大小即可计算 S^{2-} 浓度，进一步分析 SRB 的浓度与腐蚀活性[47]。目前，硫离子选择性电极基于全固态离子选择性电极概念不断发展，为形成硫化物选择性微探针提供了理论基础。有研究通过改进电极核心部件建立了全固态硫化物选择性微探针，硫化物选择性膜和固态离子／电子转化层的材质分别为 Ag_2S 和石墨烯，检测结果经有机荧光探针验证，准确可靠[48]。该方法易于实现在线分析和动态测试，且不产生 H_2S，但检测条件同样苛刻，无法在开放体系下应用。

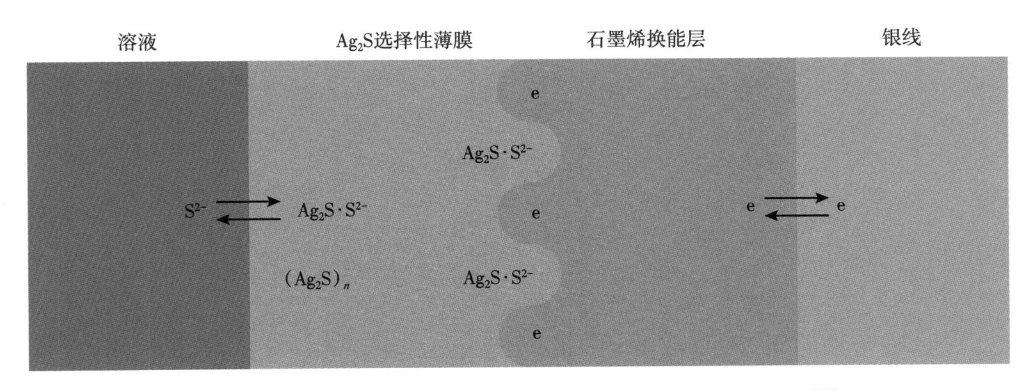

图 5-1-12 全固态硫化物选择性电极信号响应机理示意图[48]

第二节　微生物腐蚀监测 / 检测技术

页岩气田管道与站场规模庞大，腐蚀监测 / 检测由于检测费用和生产管理需求等综合原因，不可能达到任何部位都布置腐蚀监测 / 检测点或安装腐蚀监测装置。因此，希望能在最优的位置进行监测 / 检测点设置，使得监测 / 检测点能获得具有代表性的腐蚀状况。监测 / 检测点设置总体应遵循“区域性、系统性、代表性”的基本原则，监测结果应能有效地确定腐蚀状况。“区域性”是指根据生产需要选择一个自成体系、相对完整的区块进行监测；“系统性”是指监测点的布置要围绕贯穿整个生产系统的各个流程环节，以便全面准确地反映系统的腐蚀状况；“代表性”是指选择的监测点能提供具有代表性的腐蚀测量结果，能够达到以点带面的作用。

一、腐蚀监测 / 检测点设置

1. 腐蚀单元的划分

页岩气井不同生产阶段的生产特点有所不同，宜适应不同的工艺流程，各生产阶段宜采用以下工艺：

（1）排液生产期—经捕屑、除砂、节流、气液分离、计量、清管工艺后输送至下游。

（2）相对稳产期—经节流、除砂、气液分离、计量、清管工艺后输至下游。

（3）递减期—经节流、分离计量、清管工艺后输至下游。

（4）低压小产期—经节流、计量、清管工艺后输至下游。

目前，页岩气平台在川渝地区有两套比较成熟的工艺方案，包括：

（1）高压流程。

相对稳产期：井口一级节流 → 井口“一对一”除砂 → 二级节流 → “一对一”连续分离计量 → 清管出站；

递减期：井口节流 → 轮换分离计量 → 清管出站；

低压小产期：井口节流 → 轮换计量 → 清管出站。

以相对稳产期工艺流程为例，如图 5-2-1 所示。

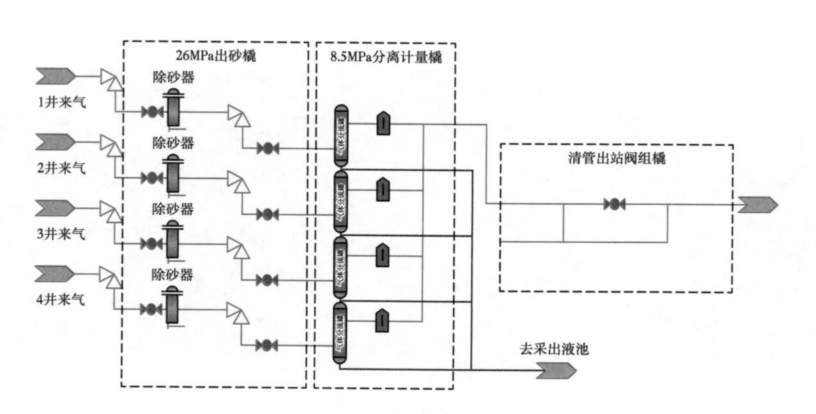

图 5-2-1　相对稳产期高压流程示意图（4 井式为例）

（2）中压流程。

相对稳产期：井口二级节流 → “一对一”两相流量计 → 中压集中除砂 → 中压集中分离计量 → 清管出站；

递减期、低压小产期：井口二级节流 → “一对一”两相流量计 → 集中分离计量 → 清管出站。

以相对稳产期工艺流程为例，如图 5-2-2 所示。

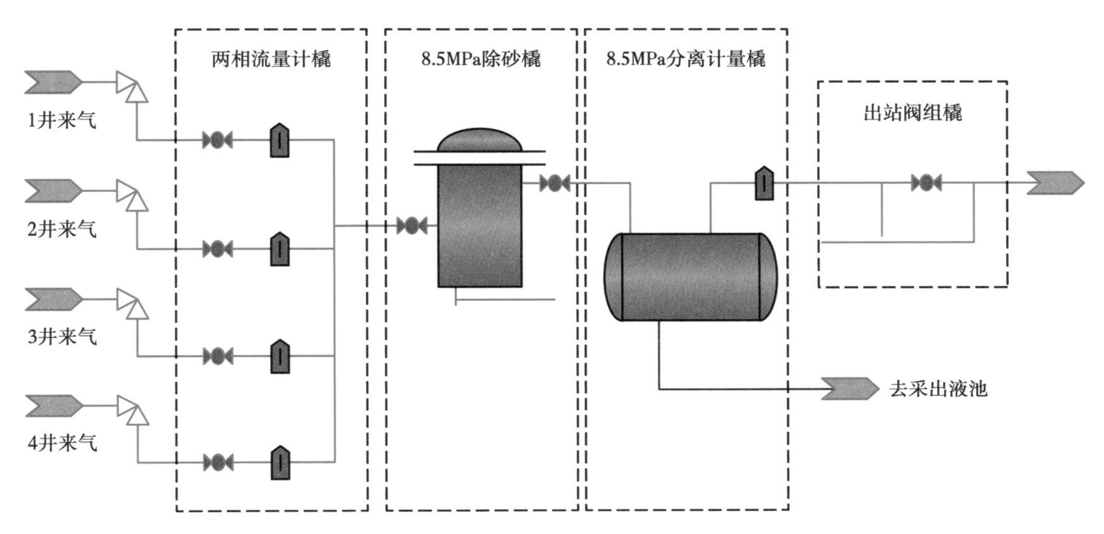

图 5-2-2　相对稳产期中压流程示意图（4 井式为例）

基于以上不同工艺流程及页岩气田生产与微生物腐蚀特点，根据工艺流程、物料回路、材料类型、设备类型和腐蚀控制措施，把腐蚀环境相同、腐蚀行为类似的管线和设备分为一个腐蚀单元，页岩气田微生物腐蚀的腐蚀单元划分见表 5-2-1。

表 5-2-1　单井（站）腐蚀单元划分

序号	腐蚀单元名称	主要腐蚀环境特征	划分原因
1	井口至二级节流	高温、高压、高砂、微生物、二氧化碳	温度压力变化大，砂含量高
2	二级节流至除砂器	高流速、高砂、微生物、二氧化碳	节流后流速高，含砂含菌下的冲蚀
3	除砂器至分离器	流速、含砂、微生物、二氧化碳	弯头变径等局部高流速及积砂积液下的微生物腐蚀共存
4	分离器至集输管道	微生物、二氧化碳	积液下的微生物腐蚀
5	排污管线	流速、含砂、微生物、二氧化碳	弯头变径等局部高流速及积砂积液下的微生物腐蚀共存

2. 腐蚀行为分析

（1）井口至二级节流：管道内高压、高温、高砂，在阀门以及管道的弯头等部件的迎冲面造成冲刷磨损，同时在一定程度上伴随微生物成膜及二氧化碳引起的电化学腐蚀，破坏的严重程度主要受温度、含砂量、流速、砂砾粒径等因素影响。

（2）二级节流至除砂器：管道内高压、高流速、高砂，在阀门以及管道的弯头等部件的迎冲面造成冲刷磨损，同时在一定程度上伴随微生物成膜及二氧化碳引起的电化学腐蚀，破坏的严重程度主要受温度、含砂量、流速、砂砾粒径等因素影响。

（3）除砂器至分离器：管道内流速、砂、微生物、二氧化碳，在阀门以及管道的弯头等部件的迎冲面造成冲刷磨损，同时随微生物成膜及二氧化碳引起的电化学腐蚀，破坏的严重程度主要受含砂量、流速、微生物等因素影响。

（4）分离器至集输管道：进入集输管道的原料气中仍含有较多的游离水，析出的游离水容易汇集在管道的低洼部位引起积液，积液内存在游离的腐蚀性微生物，它们在管道内壁附着，诱发集输管道的微生物腐蚀，影响腐蚀行为的关键因素包括腐蚀性微生物的种类、返排液的组分和 pH 值、原料气中 CO_2 含量等。

（5）井站排污管道：排污管道内存在大量的液相和固相介质，未排污的时候，管道内的介质都处于或接近静止的状态，有利于液相中存在的腐蚀性微生物、CO_2 和侵蚀性离子发生协同的电化学腐蚀；当开启排污阀进行排污的过程中，液固介质通常都会发生高速的流动，对管道弯头的迎冲面造成强烈的冲刷；因此，排污管道内存在复杂的电化学腐蚀和冲刷腐蚀交替作用，介质流速、含砂量、腐蚀性微生物种类、液体组分等都会影响排污管道的腐蚀破坏过程。

3. 微生物腐蚀监测 / 检测点的布置

不同腐蚀单元的微生物腐蚀监测 / 检测点的布置见表 5-2-2 至表 5-2-5。

表 5-2-2　二级节流至除砂器的工艺管道腐蚀监测点推荐位置

序号	推荐监测部位	腐蚀环境特征	选择原因
1	弯头迎冲面部位	微生物存在下的高压、高流速、高砂环境	发生流动方向改变和流态扰动，正面遭受冲刷，破坏最严重
2	焊缝部位	微生物存在下的高压、高流速、高砂环境	组织结构复杂，抗腐蚀能力偏弱，易遭受到严重的破坏
3	20%~30% 的直管段	微生物存在下的高压、高流速、高砂环境	腐蚀破坏相对较慢，抽检即可

表 5-2-3　除砂器至分离器的工艺管道腐蚀监测点推荐位置

序号	推荐监测部位	腐蚀环境特征	选择原因
1	弯头迎冲面部位	微生物存在下的二氧化碳、高流速、含砂环境	发生流动方向改变和流态扰动，正面遭受冲刷，破坏最严重
2	三通部件的迎冲面部位	微生物存在下的二氧化碳、高流速、含砂环境	发生流动方向改变和流态扰动，正面遭受冲刷，破坏最严重
3	焊缝部位	微生物存在下的二氧化碳、高流速、含砂环境	组织结构复杂，抗腐蚀能力偏弱，易遭受到严重的破坏
4	20%~30% 的直管段	微生物存在下的二氧化碳、高流速、含砂环境	腐蚀破坏相对较慢，抽检即可

表 5-2-4　站内排污管道腐蚀监测点推荐位置

序号	推荐监测部位	腐蚀环境特征	选择原因
1	弯头迎冲面部位	微生物存在下的二氧化碳、高流速、高含砂、动静交替环境	发生流动方向改变和流态扰动，正面遭受冲刷
2	焊缝部位	微生物存在下的二氧化碳、高流速、高含砂、动静交替环境	组织结构复杂，抗腐蚀能力偏弱，易遭受到严重的破坏
3	直管段	微生物存在下的二氧化碳、高流速、高含砂、动静交替环境	在电化学腐蚀作用下可能存在局部蚀孔导致刺漏

表 5-2-5　站外集输管道腐蚀监测点推荐位置

序号	推荐监测部位	腐蚀环境特征	选择原因
1	低洼管段	积液、腐蚀性微生物与 CO_2 共存	容易发生微生物腐蚀，导致穿孔失效

二、腐蚀监测 / 检测方法

工程实践中监测 / 检测页岩气田管道及站场的腐蚀相关参数，以此推导腐蚀速率、腐蚀率及使用寿命等。通过监测腐蚀速率，检测管道剩余壁厚，掌握局部腐蚀情况，有利于研究页岩气田管道及站场腐蚀的发生发展过程，为明确腐蚀成因和优化控制腐蚀措施提供依据。

1. 腐蚀监测方法

页岩气田生产现场目前针对微生物腐蚀的监测技术主要包括腐蚀探针法、腐蚀挂片法以及壁厚监测法。

微生物腐蚀是一个电化学过程，涉及电子的传递，必然引起电化学参数的响应。因此，可以通过不同的电化学参数变化表征腐蚀状况。

除了电化学方法，一些传统的监测方法同样适用于页岩气田的微生物腐蚀监测，如通过挂片的腐蚀情况评估管道内壁遭受的腐蚀状况，或者采用测厚方法直接探测管道内壁的腐蚀程度揭示管道内壁的微生物腐蚀情况。

1）线性极化探针

线性极化探针是广泛用于油气田腐蚀监测的技术之一，其是将所测定的金属制成电极试样（探头）装入设备内，适合于监测电解液中发生的电化学腐蚀，如图 5-2-3 所示。其

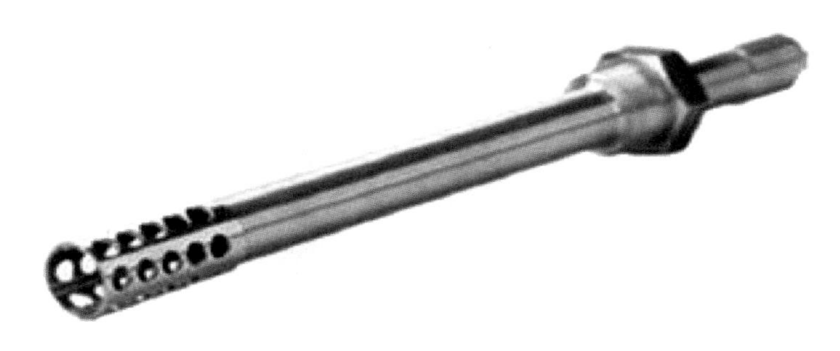

图 5-2-3　线性极化探针

优势在于监测灵敏度高，响应速率快，并且是一种原位的腐蚀监测技术。其缺点在于只能应用于电解质腐蚀体系（主要是水系统），受电导率影响较大，很容易受到介质的污染，现场应用过程中监测数据不稳定。

2）电阻探针

电阻探针是通过电阻变化来测定腐蚀率。探针材质应与现场腐蚀监测点材质一致，可制作为管状、平面和丝状，如图 5-2-4 所示。丝状与平面相比，其优点一是寿命长，二是丝状测量元件表面较均匀，不会像平面测量元件易产生边缘效应。

(a) 管状　　(b) 平面　　(c) 丝状

图 5-2-4　探针不同类型

3）电感探针

电感探针是通过检测电磁场强度的变化来测试试样腐蚀变化。通过测量腐蚀前后电感的变化代替测量电阻值的变化，并依据监测对象尺寸变化与电感变化的关系，测算出监测对象尺寸的变化，进而推算出目标时间内监测对象的腐蚀速率。

4）交流阻抗探针

交流阻抗探针（EIS）是通过给电极体系施加一个小幅正弦波，测量交流阻抗值随正弦波频率的变化，并绘成阻抗谱图，计算介质电阻，极化电阻和电容，可反映材料的全面腐蚀状态，特别适用于缓蚀剂效率的快速评价，可与自动加药装置联合使用以实现腐蚀速率的实时控制，常见 EIS 如图 5-2-5 所示。

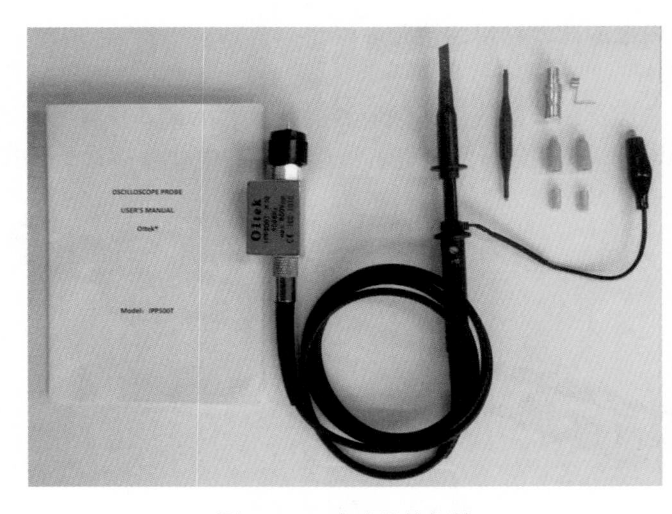

图 5-2-5　交流阻抗探针

5）挂片失重法

通过将腐蚀挂片放置于管道或设备内部，在一定时间后取出挂片进行清洗和精密称重。通过计算腐蚀挂片的腐蚀量和速率，间接推断管道或设备内壁的腐蚀情况。常见挂片形状如图 5-2-6 所示。

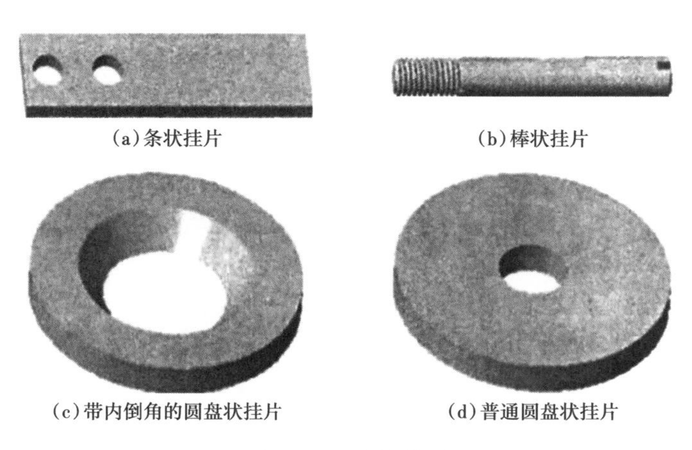

（a）条状挂片　（b）棒状挂片

（c）带内倒角的圆盘状挂片　（d）普通圆盘状挂片

图 5-2-6　腐蚀挂片

6）超声测厚法

超声测厚技术实施主要是在预测会发生微生物腐蚀的部位设置测厚点，定期利用超声波测厚仪器进行厚度监测。超声波测厚仪器利用超声波穿过材料并测量回波的特性来检测材料的壁厚和腐蚀情况。通过测量声波传播的时间或振幅变化，可以确定材料的厚度或腐蚀程度[49]。

在线超声波定点测厚则是一种有效的、在线腐蚀监测方法，可实现对易发生微生物腐蚀的部位进行连续监测的目的。在线腐蚀监测系统主要由在线壁厚监测仪、智能网关、无线路由器、夹具或螺柱、数据分析软件、PC 机及服务器、电源适配器等构成。系统总体结构如图 5-2-7 所示。

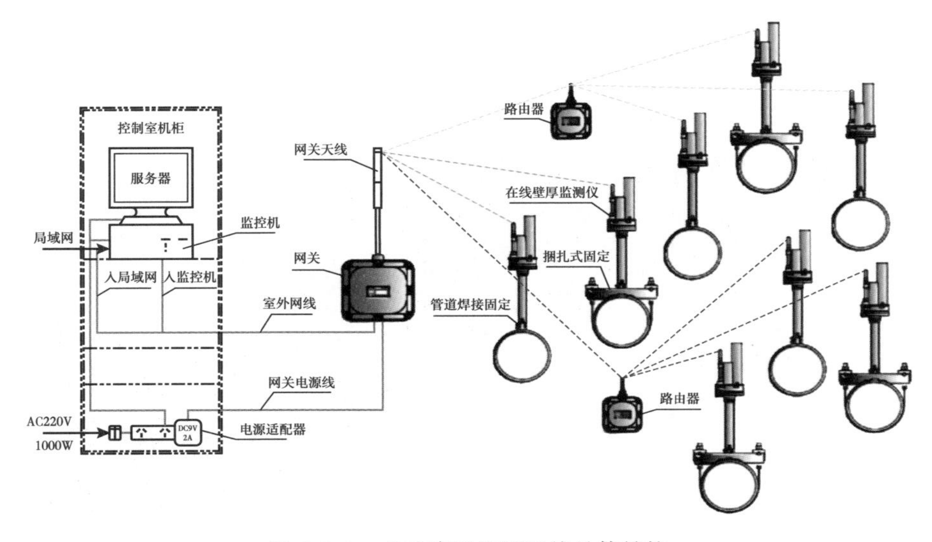

图 5-2-7　在线腐蚀监测系统总体结构

7）其他技术

除上述较为成熟、应用较为广泛的监测技术外，本节介绍其他 3 种腐蚀监测技术，以期未来能工程化应用在页岩气微生物腐蚀监测中[50]。

（1）电化学噪声（EN）。

电化学噪声（Electrochemical Noise，EN）是指电化学动力学中的状态参量（电位、电流）随机非平衡的波动现象，对电化学噪声测试结果分析的方法主要包括时域分析以及频域分析[51]。系统结构如图 5-2-8 所示。具有优良的特性：①它是一种原位无损的监测技术，在测量过程中无须对被测电极施加可能改变腐蚀电极腐蚀过程的外界扰动；②它无须预先建立被测体系的电极过程模型；③检测设备简单，相应速度快，可以实现远距离监测；④可以监测局部腐蚀，并且在低电导率或不连续的电解质体系中也适用。

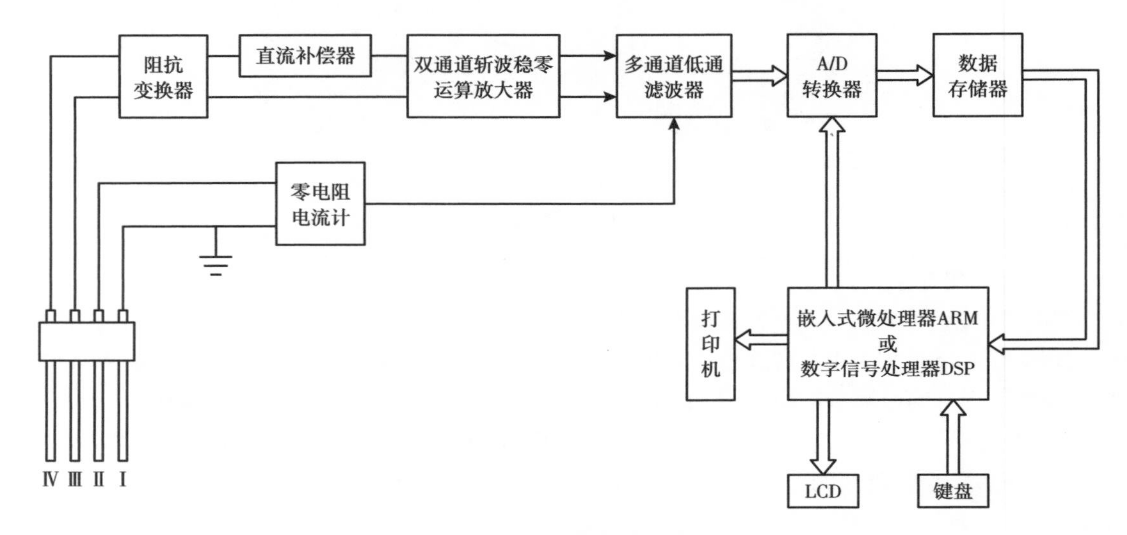

图 5-2-8　电化学噪声系统电路结构图

（2）场指纹腐蚀监测（FSM）。

FSM 是基于欧姆定律的一种无损监测技术，在监测的金属管段上通直流电，根据电位差的变化来判断整个设备的壁厚减薄[52]，如图 5-2-9 所示。具有以下优点：①没有元

图 5-2-9　FSM 的系统构成

件暴露在腐蚀、磨蚀、高温和高压环境中；②没有将杂物引入管道的危险；③不存在监测部件损耗问题；④在进行装配或发生误操作时没有泄漏的危险；⑤具备较高精度的监测平均腐蚀率、坑蚀、冲蚀的大小、深度位置及分布的能力；⑥温度适应范围大：-40~450℃；⑦不破坏保护层的在线监测；⑧能长期监测，有利于分析缺陷形成规律；⑨可用于监测复杂的几何体（弯头、T形接头、Y形接头和焊缝等）。

（3）阵列电极技术。

阵列电极，又称丝束电极或微电极阵列，是由一系列规则排列的电极丝组成的复合电极，能够实现从微观层面上分析试样表面不同点位的电化学参数[53]，如图5-2-10所示。阵列电极具有明显的优势：①是一种基于底部而非表面的测试技术，对电极表面要求不高，即使电极表面有较厚垢层覆盖时也能准确测量；②扫描速度快，有利于研究腐蚀随时间的演变规律；③数据同步性高。

该技术在室内实验中得到了较多的应用，但在生产中实现应用还存在诸多困难，监测系统的构建，参数分析模型的形成等都还需要深入研究，而且制作出的传感器对现场复杂环境的适应性还有待进一步验证。

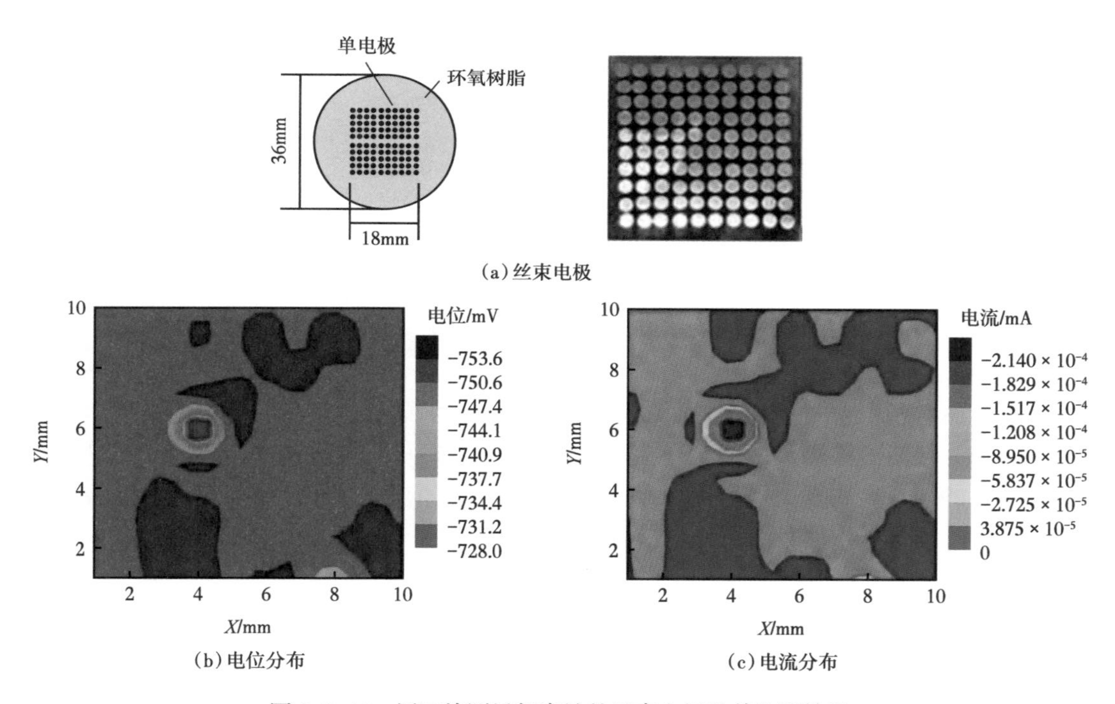

图5-2-10　用于检测局部腐蚀的丝束电极及其监测结果

2. 腐蚀检测方法

页岩气生产现场目前针对微生物腐蚀的检测技术均为非侵入式，主要通过无损检测方法实现。无损检测方法的选择，主要考虑对微生物腐蚀导致的局部腐蚀、穿孔等破坏的检出率。

1）漏磁检测

漏磁检测是在管线表面外布置两磁场，使其与管线构成励磁回路，当管线通过这一磁化磁场时，若存在缺陷，就会在表面产生漏磁场，或者引起两磁极之间的漏磁场的改变，检测这一漏磁场的改变，即可获得有关缺陷的信息，如图 5-2-11 所示。

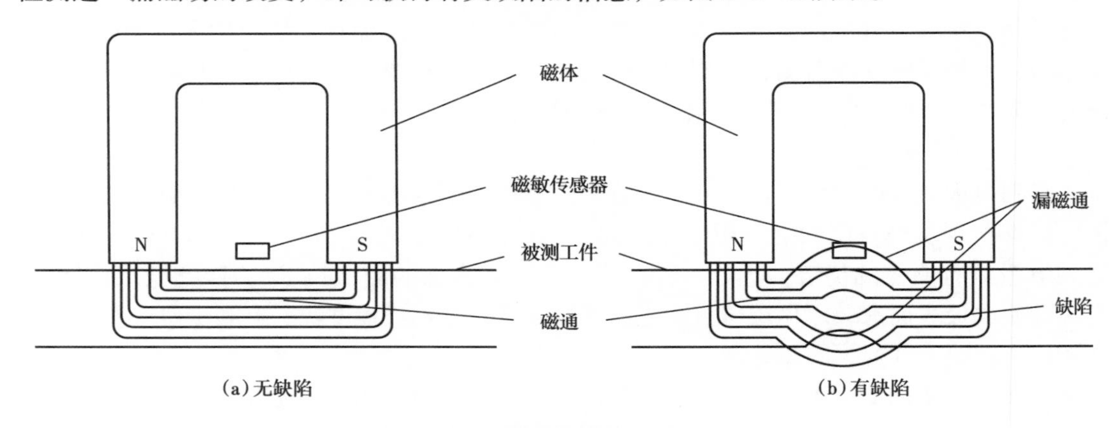

图 5-2-11　漏磁检测仪技术原理图

漏磁检测仪采用总磁通测量法与漏磁通测量法同时进行检测，减少漏检盲区。同时采用轴向磁化横向检测和周向磁化纵向检测两种手段进行二维检测，从而确保能分辨各种缺陷和保证不漏检。

（1）轴向漏磁检测。

轴向磁场检测技术发展历史较长，技术比较成熟，应用较为广泛，目前仍是大部分检测公司最常用的检测技术。三轴高清漏磁内检测技术是具有代表性的一种检测方法，增加了对不同缺陷的检测能力，提高了检测范围；传统漏磁检测器只记录一个方向的磁力线变化量，对沿磁力线方向分布的缺陷不敏感，而三轴高清漏磁检测器通过三维方向的磁场变化，在一次检测中可能准确测量出不同方向分布的狭长类裂纹。

（2）横向漏磁检测。

横向磁场检测技术主要作为常规轴向漏磁检测技术的补充，用它来提高沿管道轴向狭长金属损失缺陷的检测灵敏度。在横向漏磁检测方法中，磁场是沿管道周向的分量，因此对沿轴向的狭长金属损失可以更精确。目前，国际上个别公司已开发出横向磁场检测设备，对漏磁检测技术发展具有重要意义。

（3）螺旋磁场检测。

螺旋磁场检测技术利用了倾斜磁场检测器，是轴向和周向磁场检测技术的有机结合。牵拉试验结果表明，该种设备不仅可以检测到轴向狭长的缺陷，也能够检测到周向的缺陷。对于轴向狭长缺陷，螺旋漏磁检测（SMFL）比普通漏磁检测（MFL）检测信号灵敏度明显提高。

2）超声检测

超声波检测有多种形式，如前文介绍的超声波定点测厚。而精度更高的应用，是基于相控阵的超声波检测。用相控阵探头对焊缝进行检测时，无须像普通单探头那样在焊缝两侧频繁地来回前后左右移动，相控阵探头只需沿着焊缝长度方向平行于焊缝进行直线扫查，即可实现焊接接头快速检测，检测效率非常高。结果采用二次波检测成像显示模式，成像结果与真实几何结构一致。可用于区域查扫、可直观显示缺陷图像，如图 5-2-12 所示。

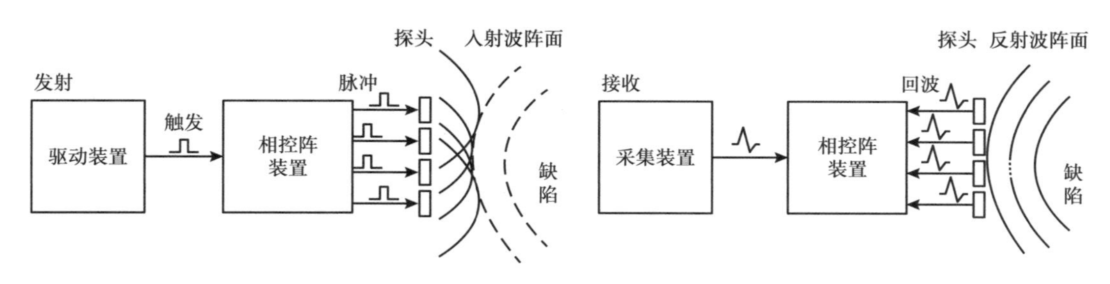

图 5-2-12　超声相控阵检测原理

3）超声导波检测

超声导波检测系统利用导波在管壁中传播，管道的不连续处和形变处会引起导波传播速度的变化，产生相应回波反射信号，对其进行提取、分析便可判断被测物体的损伤情况，确定缺陷的位置和尺寸，如图 5-2-13 所示。

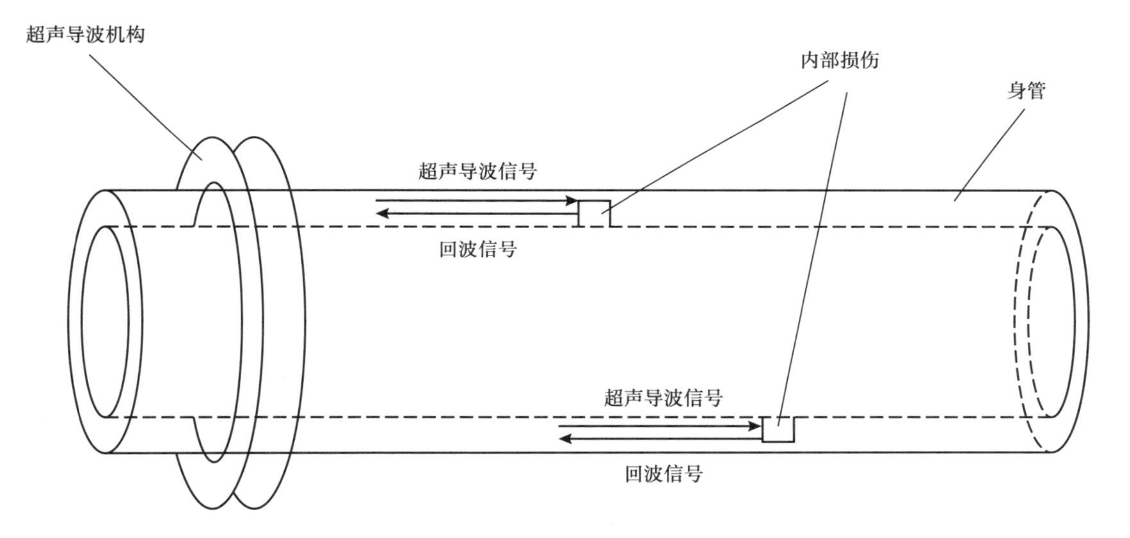

图 5-2-13　超声导波的传播示意图

超声导波具有以下优点：（1）可以检测管道内部多个方向且检测距离达上百米；人员无法接触的管壁腐蚀位置可以通过超声导波检测完成，如穿越管道或埋地管道等。（2）检测速度较快且工作质量高，能够更高程度地降低漏检概率。（3）对管壁截面上的壁厚非常敏感，其检测精确度能达到横截面面积的 9%。

4）电磁声波检测技术

电磁超声（Electromagnetic Acoustic Transducer，EMAT），是无损检测领域出现的新技术，该技术利用电磁耦合方法激励和接收超声波。当电磁声波传感器在管壁上激发出超声波能时，波的传播采取以管壁内、外表面作为“波导器”的方式进行，当管壁是均匀的，波沿管壁传播只会受到衰减作用；当管壁上有异常出现时，在异常边界处的声阻抗的突变产生波的反射、折射和漫反射，可以通过接收装置进行接收并放大显示，从而识别出缺陷，如图 5-2-14 所示。

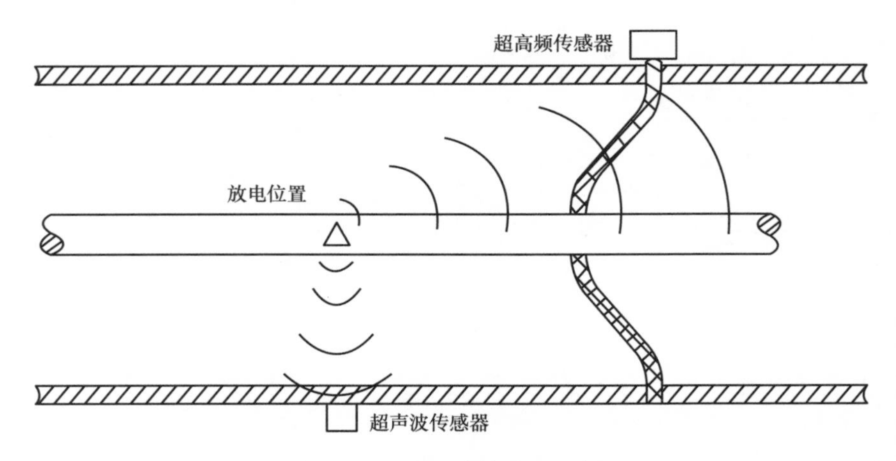

图 5-2-14　电磁声波检测示意图

该技术优点：（1）非接触式，不需要耦合剂，可透过包覆层检测；（2）产生波形形式多样，适合表面缺陷检测；（3）适合高温检测；（4）对被检测对象表面质量要求不高；（5）声波传播距离远。

5）射线探伤仪（含数字射线检测仪）

射线探伤具有缺陷显示直观、容易检出那些形成局部厚度差的缺陷（如气孔和夹渣）、能检出的长度和宽度尺寸分别为毫米数量级和亚毫米数量级，且几乎不存在检测厚度下限，对试件的形状、表面粗糙度没有严格要求，材料晶粒度对检测不产生影响等优点。页岩气平台检测常用的携带式 X 射线探伤机，利用 SF6 气体绝缘，体积小、重量轻，如图 5-2-15 所示。

图 5-2-15　X 射线检测仪

6）超声波衍射时差法（TOFD）检测

超声波衍射时差法（TOFD）是一种通过超声波的尖端衍射来检测缺陷、通过波的传播时差来测量缺陷、通过信号的图像化处理来显示缺陷的新型超声检测技术，如图 5-2-16 所示。近年来 TOFD 技术因高可靠性、高精度、廉价以及高效的优点，被广泛地应用于锅炉、压力容器、压力管道的检测中。

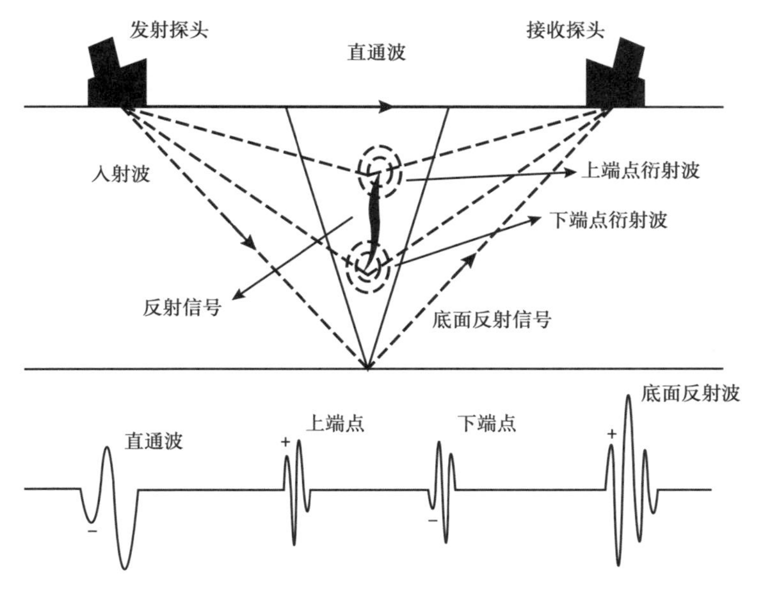

图 5-2-16　TOFD 方法原理示意图

7）涡流检测

涡流检测是指利用电磁感应，通过测量被检工件内感生涡流的变化来无损地评定导电材料及其工件的某些性能，或发现缺陷的无损检测方法，如图 5-2-17 所示。该方法能穿透非导体的覆盖层，这就使得在检测时不需要做特殊的表面处理，因此缩短了检测周期，降低了成本，灵敏度非常高。

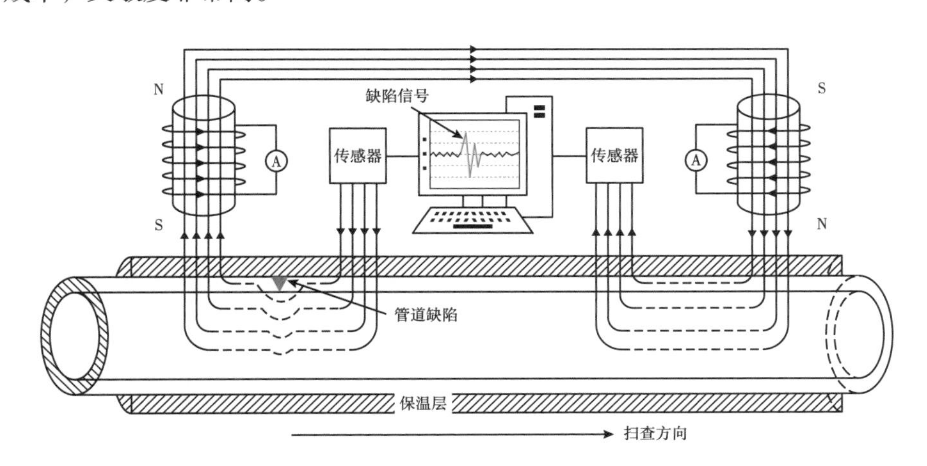

图 5-2-17　涡流检测原理示意图

涡流检测优点：（1）可以检查厚壁管，最大可检测壁厚为 25mm；（2）能够以相同灵敏度检测管壁内表面和外表面的缺陷；（3）探头与钢管表面不接触，探头外径与钢管内径之间的间隙变化对检测结果的影响很小；（4）对均匀减薄、渐变减薄和偏磨减薄的检测，都有极高的检测灵敏度；（5）探头的检测速度是否均匀对检测结果无影响；（6）钢管内的气体、液体介质对检测结果无影响；（7）检测设备体积小，重量轻，便于现场灵活应用；检测数据还可存入探头内，实施长距离检测。

8）应力检测

应力是评估金属材料应力腐蚀开裂风险的关键指标，目前常见应力无损检测技术包括磁记忆应力检测（图 5-2-18）、超声应力检测（图 5-2-19）和 X 射线应力检测[54]。

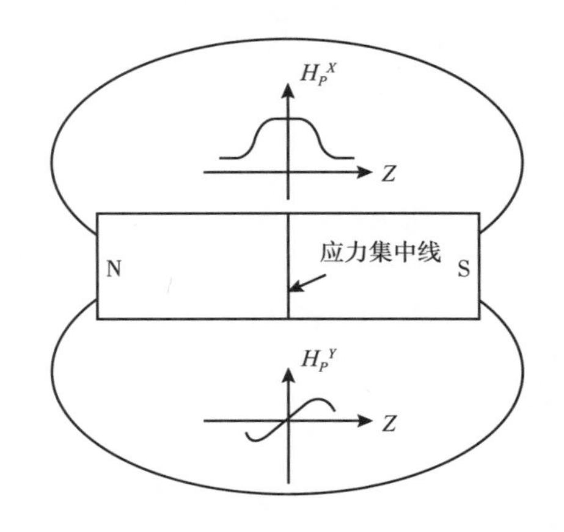

图 5-2-18　磁记忆应力检测原理示意图

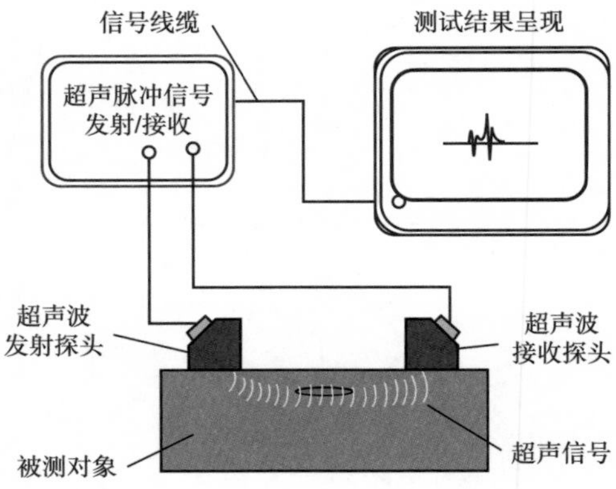

信号线缆
测试结果呈现
超声脉冲信号
发射/接收
超声波
发射探头
超声波
接收探头
被测对象
超声信号

图 5-2-19　超声应力检测原理示意图

（1）磁记忆应力检测。

磁记忆应力检测运用了金属磁记忆效应，当铁磁性试件受外载荷和地磁场的共同作用时，在应力和变形集中区域会发生具有磁致伸缩性质的磁畴组织定向和不可逆的重新取向，这种磁状态的不可逆变化在工作载荷消除后不仅会保留，还与最大作用应力有关。金属构件表面的这种磁状态“记忆”着微观缺陷或应力集中的位置，通过磁场测量评估应力集中区，可早期预测损伤部位，但是目前还不能够实现定量化检测。

（2）超声应力检测。

超声应力检测是基于声弹性理论，当材料内部产生残余应力时，超声波的传播速度、频率、振幅、相位和能量等参量将发生变化，通过测量和分析超声波在材料中传播过程中的声波信号，来定量确定材料的应力状态。具有便携、检测速度快、成本低等优点，拥有较佳的空间分辨率和较大范围的检测深度，但测量结果稳定性受操作环境影响较大。

（3）X 射线应力检测。

X 射线应力检测测定的是表面 10μm 左右的表面应力，其基本原理是通过测量晶格的应变情况来计算应力。检测时对材料表面状态要求高，检测结果的准确性受晶粒尺寸、表面粗糙度和表面曲率等因素的影响较大，也受到仪器设备体积重量的制约和操作复杂性的限制，目前该方法对于页岩气田工况下的应力检测适用性不高。

除上述的腐蚀监测和检测方法外，油气田判断腐蚀的其他方法还包括表观检查法、腐蚀环境分析法、腐蚀形貌分析法、点蚀测量法、磁粉检测分析法等，每种新技术都有各自的特点，随着向多功能、高精度、智能化发展的行业需求的增长，多种方法相结合将是页岩气田管道及厂站腐蚀监测 / 检测技术发展方向，常用监测 / 检测方法对比分析见表 5-2-6 和表 5-2-7。

表 5-2-6 常用监测方法对比分析

方法	特点	响应时间	检出信息	腐蚀类型	适用介质	数据分析难易	主要应用范围	备注
线性极化法（LPR）	瞬时监测、应用灵活	快	连续腐蚀速率	均匀腐蚀	电解液	易	导电液相介质腐蚀性和药剂效果监测	易受不导电相、污垢、固体沉积等干扰，只适用于相对干净的含水电解液里
电阻探针（ER）	连续监测、应用灵活	快	连续腐蚀速率	均匀腐蚀	电解液	易	气液相介质腐蚀性和药剂效果监测	易受不导电相、污垢、固体沉积等干扰，适用于相对干净的含水电解液里
电感探针（EI）	连续监测	快	连续腐蚀速率	均匀腐蚀	电解液	易	气液相介质腐蚀性和药剂效果监测	适用于磁性材料腐蚀监测
交流阻抗探针（EIS）	瞬时监测、应用灵活	快	连续腐蚀速率	均匀腐蚀	电解液	易	气液相介质腐蚀性和药剂效果监测	—
腐蚀挂片	长期监测、操作复杂	慢	平均腐蚀速率、腐蚀形态、腐蚀产物	均匀和局部腐蚀	任意	易	气液相介质腐蚀性和药剂效果监测	适用范围广
超声波测厚	简单易行	慢	壁厚	均匀和局部腐蚀	任意	易	管道或设备的腐蚀状态	常规测厚应用广泛，远程在线主要应用于埋地或架空管线及设备
电化学噪声（EN）	瞬时监测	较快	半定量点腐蚀倾向	均匀和局部腐蚀	任意	较难	导电液相点蚀倾向测量和药剂效果监测	易受不导电相、污垢、固体沉积干扰，处于应用研究阶段
电指纹法（FSM）	连续监测	快	平均腐蚀速率、点蚀图谱	均匀和局部腐蚀	任意	复杂	管道腐蚀状态	易受导电性腐蚀产物、现场环境的变化（如温度变化）干扰，设备故障率高

表 5-2-7　常用检测方法对比分析

无损检测技术	检测原理	特点	缺点	应用范围
超声波相控阵	超声波在被检测材料中传播时，通过对超声波受影响程度和状况的检测，来了解材料的性能和结构的变化	检测灵敏度高、声束指向性好、采用斜探头可检测裂纹等危害性缺陷敏感、检出率高，检测厚度大，能检测到工件的内部缺陷，可确定缺陷深度，并能对检测到的缺陷采用图形直观展示，能定量缺陷的大小，适用广泛	对检测构件表面要求比较高，检测结果定性解释困难	适用于各类管线，但需完全去除外防腐层或涂层后才能检测。采用干耦合探头可不去除薄的涂层
超声导波	激发不同模式的低频超声信号，分析反射回来的声波	能够检测管道横截面损失率 3% 以上的金属损失	不能确定缺陷尺寸	推荐应用于场站工艺管道检测、穿跨越管道检测。不适用于长距离埋地管道检测
X 射线探伤仪	利用正常部位与缺陷部位透过的放射线量不同，而造成平板上的明暗差别，从而识别缺陷	适合各种金属零件检测、管板材和焊缝探伤，除系统本身自带的射线源外，也可使用用户现有射线源。便携性强，无须剥除防腐层，检测效率高	受发射枪功率限制，对壁厚有要求，不能太厚	适用于各类管线，无须剥除外防腐层。液体石油管道不适用
漏磁检测	缺陷处磁导率远小于钢管的磁导率，磁力线发生弯曲，部分磁力线泄漏出钢管表面。利用传感器检测缺陷处的漏磁场，从而判断缺陷是否存在及缺陷有关的尺寸参数	适合铁磁性材料的检测，检测精度较高，检测效率高	受工件几何形状影响会降低检测灵敏度	铁磁性材料，需去除防腐层后才能检测
涡流检测	通过测量被检工件内感生涡流的变化来无损地评定导电材料及其工件的某些性能	适合导电材料，检测效率高	多用于直径较小的管道，对于直径较大的管道需要沿圆周分布一组检测线圈，才能改善信号特征	非接触检测，而且能穿透非导体的覆盖层，适用于导电材料管道
磁记忆应力检测	当铁磁性试件受外载荷和地磁场的共同作用时，铁磁性材料内部的磁畴变化具有一定的记忆性，可反应力集中的程度	便携，高效率、低成本，可早期预测损伤部位	目前应力量化检测困难	适用于铁磁性材料，需接触设备、管道材料表面
超声应力检测	利用超声波速与应力之间的存在固有的关系，并将这种特性转为数字信号表征	便携，应力定量检测速度快，成本低	对校准和标定要求高，稳定性受操作环境影响较大	适用于各类管线，但需完全去除外防腐层或涂层后才能检测
X 射线应力检测	通过 X 射线测量晶格的应变情况来计算应力	检测精度高	成本高、受到仪器设备体积重量的制约和操作复杂性的限制、具有辐射	各类金属设备 / 管线，材料 10μm 左右的表面应力

三、腐蚀监测 / 检测策略

上述的微生物腐蚀监测 / 检测方法门类众多，单一的腐蚀监测 / 检测方法往往只能提供有限的信息，因此，在实际应用中，要紧紧围绕监测 / 检测的目的，基于监测 / 检测对象的特征，灵活选择或组合各种方法，做到既能够全面获取监测 / 检测需要的信息。

1. 腐蚀监测策略

（1）易发生电化学腐蚀部位可选用失重挂片法、电阻探针（或电感探针）、冲蚀探针、超声波腐蚀监测法和常规分析方法相组合的监测方法；在易发生冲刷腐蚀的部位选择以具备监测冲刷腐蚀功能的电感探针为主的监测方法，需探究区块出砂规律时可采用砂含量监测法。

（2）监测技术特点对比见表 5-2-8，腐蚀监测数据宜实现远传。

表 5-2-8　常用监测技术的特点对比

技术方法	适用的腐蚀环境	信息类型	适用的腐蚀类型
失重挂片法	任意	失重、腐蚀形态、腐蚀产物物相及组成	全面腐蚀、局部腐蚀
电阻探针	任意	腐蚀速率	全面腐蚀
电感探针	任意	腐蚀速率	全面腐蚀，并可用于监测冲刷腐蚀
超声波腐蚀监测法	任意	壁厚	全面腐蚀、局部腐蚀
返排液分析	任意	水中铁离子、细菌含量	半定量分析全面腐蚀
砂含量监测法	任意	砂含量	冲刷腐蚀

2. 腐蚀检测策略

（1）超声导波可用于快速对采气管线进行腐蚀检测，初步判断腐蚀部位。射线探伤仪（含 DR）则精确地对腐蚀存疑部位进行检测，对判定的需要立即整改的超标缺陷采用超声 B 扫或超声 C 扫验证，射线检测方法执行 SY/T 4109《石油天然气钢质管道无损检测》，超声导波检测执行 GB/T 31211《无损检测　超声导波检测　总则》，超声测厚执行 GB/T 11344《无损检测　超声测厚》等，设备的检测参照 NB/T 47013.1~47013.13《承压设备无损检测》执行。

（2）常用腐蚀检测仪特性见表 5-2-9，腐蚀检测结果参考 SY/T 0087.2《钢质管道及储罐腐蚀评价标准　第 2 部分：埋地钢质管道内腐蚀直接评价》对检测部分的壁厚减薄程度进行预估判断。

表 5-2-9　常用腐蚀检测仪特性

检测仪器	功能	精度	特性
超声导波检测仪	采气管线腐蚀检测	纵向定位精度为 ±6cm，环向定位精度为 22°，检测精度为缺陷损失横截面积的 2%，任何位置缺陷的灵敏度（1%~2%）	传播距离远，不适用于复杂结构的管道，精度不高
射线探伤仪	采气管线及设备腐蚀检测	X 射线：壁厚的 10%； Y 射线：壁厚的 20%~25%	精度高，底片可留存能追溯，射线对人体有伤害
数字射线检测仪	采气管线及设备腐蚀检测	同射线探伤仪	图像存储、阅读更方便，射线对人体有伤害

（3）管道内检测依据 SY/T 6597《油气管道内检测技术规范》执行。

3. 腐蚀监检测数据采集、处理及应用

（1）腐蚀挂片取出后，应立即拍照，并记录试片的挂片编号、取出日期、观察腐蚀或机械损伤、垢或腐蚀产物的形貌以及其他相关的数据（工况和工艺参数等）。其后按照 JB/T 7901《金属材料实验室均匀腐蚀全浸试验方法》及时进行清洗、干燥及称重，计算平均腐蚀速率，并观察试片表面状况。必要时可进行试片表面形貌微观分析，腐蚀产物成分分析等分析。腐蚀挂片的均匀腐蚀速率分析参照 JB/T 7901《金属材料实验室均匀腐蚀全浸试验方法》，点蚀的评价参照 GB/T 18590《金属和合金的腐蚀　点蚀评定方法》。做好记录，绘制腐蚀速率随时间的曲线图，及时评价腐蚀状况。

（2）探针及超声波腐蚀监测法数据宜通过数据远传至终端服务器，采用仪器配套的腐蚀监测软件分析处理；若不具备远传功能，则通过手持式下载器采集数据后处理，记录历史数据。绘制历年腐蚀速率变化曲线。

（3）返排液细菌分析方法参考 SY/T 0532《油田注入水细菌分析方法　绝迹稀释法》，铁离子浓度分析参考 HG/T 3539《工业循环冷却水中铁含量的测定　邻菲啰啉分光光度法》分析后做好记录，绘制含量—时间曲线图。

（4）检测评价结果和生产运行信息（包含预估平均腐蚀速率、投产年限、腐蚀程度、缺陷类型、生产运行状态和历史检维修情况等），应对缺陷进行响应级别的划分，主要包括立即整改、计划响应和监测使用。

（5）整改包括更换、维修和材质升级（如碳钢弯头改为内衬陶瓷弯头）等措施。计划响应应提出完整的整改计划。监测使用的，应加强定点测厚，还可增加在线监测措施。

（6）腐蚀监检测数据作为腐蚀评价的关键依据应长期保存，数据要具有延续性，保存期为 15~20 年。

（7）腐蚀监检测数据应采用纸质或电子文档形式，由相应责任岗位人员保存。

（8）各页岩气单位、技术支撑称部门宜采用网络技术、数据库技术对监测数据的进行专业化管理。

第三节　微生物腐蚀预测技术

环境体系中的各类微生物共同构成了一个复杂的群落，时刻都在进行新陈代谢和生长繁殖，其浓度和活性都可能发生明显的波动，所以，微生物代谢作用下的腐蚀速率具有很大的随机性，使得微生物腐蚀的预测十分困难。相对于 CO_2 和 H_2S 的腐蚀预测，微生物腐蚀的预测起步较晚，发展也相对更缓慢，所形成的理论技术体系并不完善。由于微生物群落的复杂性，建立微生物腐蚀预测模型时难以同时囊括所有的物种或影响因素。国内外学者基于微生物代谢、生物膜研究的理论成果，一步步优化完善，逐渐深入地分析介质环境的影响，形成了一些具有代表性的腐蚀预测模型。本节将围绕与微生物腐蚀有关的预测方法及模型进行阐述，为页岩气田微生物腐蚀预测技术的研究和应用提供参考。

基于第三章微生物腐蚀机理方面的论述可知，生物催化作用下的金属腐蚀受到诸多因素影响，并且与微生物的生命活动具有紧密的关联。微生物的生命活动具有较大的随机性，主要表现在水相中游离的微生物会向金属表面附着以及微生物细胞的生长、繁殖和死亡都始终在进行，使得微生物群落一直处于动态变化之中。因此，对于微生物腐蚀的预测，除了要全面分析页岩气田的外部环境因素影响，还要充分考虑微生物特有的生命活动过程。另外，微生物腐蚀作用下，金属的腐蚀形态主要是点蚀，实验预测的结果应关注点蚀情况，无须过多关注整体腐蚀状况，而点蚀的预测往往比整体腐蚀预测的难度更高[55]。研究表明，基于微生物腐蚀机理研究建立腐蚀预测模型时，页岩气田环境中可能存在的影响因素包括材质性质、营养组分、温度、压力、流速、微生物种类和 CO_2 分压等（图 5-3-1）。在针对页岩气田介质环境开展腐蚀预测时，有必要将这些因素纳入分析的范围内，确定与腐蚀密切相关的主要影响因素。

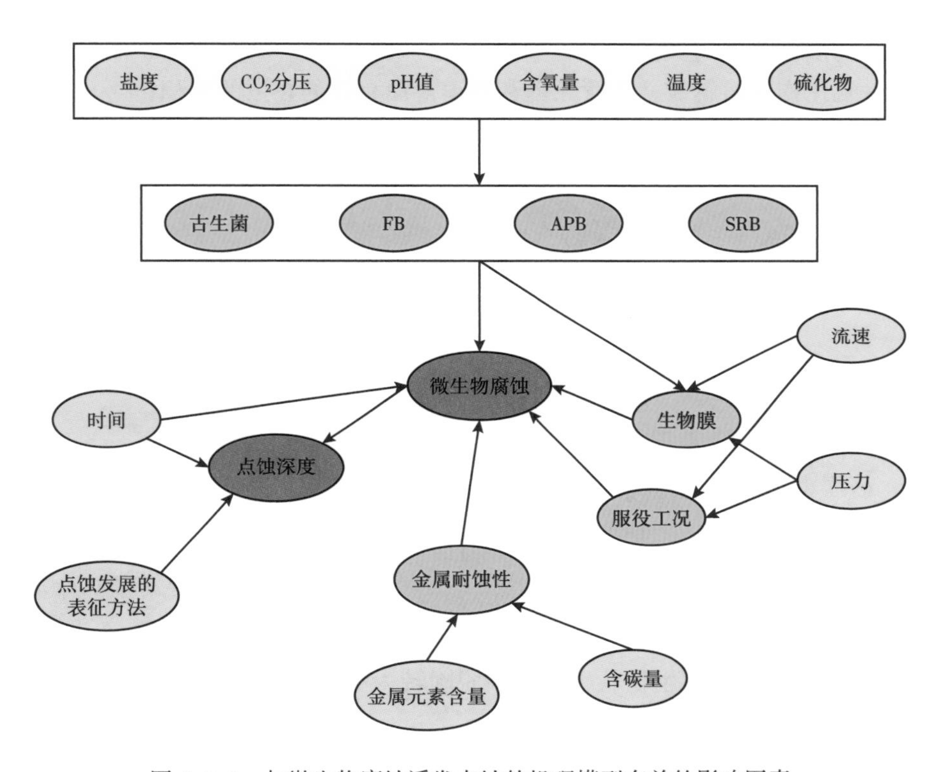

图 5-3-1　与微生物腐蚀诱发点蚀的机理模型有关的影响因素

其中，生物膜的形成为微生物的生长代谢提供了适宜的场所，金属的腐蚀行为与膜内的微生物直接相关。以 SRB 为例，高活性状态的 SRB 会快速分泌代谢物形成生物膜，固着于生物膜内部的 SRB 具有更高的腐蚀活性，促进局部腐蚀电池的形成，导致菌落附着部位发生严重的电化学腐蚀。因此，微生物腐蚀的预测需重点关注与生物膜有关的动态过程，主要包括以下三点[56]：

（1）生物膜演变的动力学过程：微生物细胞向金属表面附着，繁殖形成菌落以及微生物死亡脱附。

（2）传质过程：溶液环境中的化学介质从液体环境向生物膜与溶液的分界面扩散，再进一步扩散至生物膜内部。

（3）化学反应过程：在生物膜内部、生物膜与溶液的界面处及金属表面都在发生微生物的生长代谢、微生物对金属的化学作用过程，共同构成复杂的反应体系。

目前基于微生物腐蚀机理研究成果的微生物腐蚀预测模型已经取得了初步的发展。

一、S. Maxwell 模型

2006 年，S. Maxwell[57] 等基于 SRB 腐蚀机理，建立 SRB 腐蚀的定量预测模型，在模型中充分考虑了腐蚀产生的硫化物、溶解氧、清管频率和管道寿命四个方面，并通过系数的方式引入到腐蚀速率的计算公式中，算法如下：

$$CR_{Fe}=C\cdot F^{P} \tag{5-3-1}$$

式中 C——与腐蚀速率有关的常数；

F——硫化物、溶解氧、清管频率和管道寿命有关的系数的乘积；

P——幂律指数。

该模型在后续得到了进一步发展，总共考虑了 15 个因素，使用多水平因子分析方法分析每一个因素的影响程度。进一步基于生物膜内微生物的接种、生长、死亡等过程中的质量平衡现象，提出形成结构稳定的生物膜所需的时间 t 为：

$$t=10/(Y_s\cdot MW_s\cdot N_s) \tag{5-3-2}$$

式中 Y_s——硫化物的产量，kg/（个·s）；

MW_s——摩尔质量，kg/mol；

N_s——膜下细菌量，个 /m^2。

同时，该模型还指出生物膜下微生物的固着量与体系中的微生物的接种量、繁殖量、死亡量和脱附量有关，具体为：

固着菌量 = 接种量（N_i）+ 繁殖量（N_s）- 死亡量（$N_{s,o}$）- 浮游量（N_p）

其中，水环境中微生物的接种量、生物膜生长过程中细菌的繁殖量、加入杀菌剂后进入衰亡期细菌的死亡量和微生物从生物膜中脱附转为游离态的量 4 个参数的计算公式分别如下：

$$N_i=c\left(\frac{N_p\cdot V}{a}\right) \tag{5-3-3}$$

$$N_s=N_i\cdot 10^{\mu^{(t-t_0)}/2.303} \tag{5-3-4}$$

$$\ln\left(\frac{N_s}{N_{s,o}}\right)=-k\beta^{\eta}t \tag{5-3-5}$$

$$N_p=\delta\cdot N_s\frac{a}{V} \tag{5-3-6}$$

式中 c——与附着有关的常数；

V——流体体积，m^3；

a——材料表面积，m^2；

μ——生长动力学参数，s^{-1}；

k，η——经验常数；

β——杀菌剂浓度；

t——杀菌剂作用时间，s；

δ——分离常数。

二、Gu，Zhao and Nessic 模型

Gu[56] 等基于阴极催化硫酸盐还原的机理，充分考虑生物膜—金属界面的质量和电荷转移电阻，结合 Butler–Volmer 方程与质量平衡计算点蚀速率和蚀孔深度。针对金属的电化学反应过程，该模型同样认为阳极反应只有铁的溶解，阳极铁溶解产生的电流密度应等于阴极 H^+、硫酸盐和乙酸还原产生的电流密度之和。电荷转移和传质过程中的阻力分别通过塔菲尔公式和传质阻力公式计算：

$$CR_{Fe} = \frac{MW_{Fe}}{2F\rho_{Fe}} i_{a(Fe)} \tag{5-3-7}$$

$$CR_{Fe}\left(\frac{mm}{yr}\right) = 1.55 i_{a(Fe)}\left(\frac{A}{m^2}\right) \tag{5-3-8}$$

$$\frac{D_{eff}}{D_{SO_4^{2-}}} = 1 - \frac{0.43\rho_{bfl}^{0.92}}{11.19 + 0.27\rho_{bfl}^{0.99}} \tag{5-3-9}$$

式中 MW_{Fe}——Fe 的摩尔质量，kg/mol；

ρ_{Fe}——Fe 的密度，kg/m^3；

$i_{a(Fe)}$——铁溶解产生的阳极腐蚀电流密度，A/m^2；

D_{eff}——生物膜内的有效扩散系数，m^2/s；

$D_{SO_4^{2-}}$——SO_4^{2-}在液相中的扩散系数，m^2/s；

ρ_{bfl}——生物膜的密度，kg/m^3。

进一步针对与生物膜有关的介质扩散过程，提出了各类化学介质组分在生物膜内的浓度分布计算方法：

$$\frac{\partial C_i}{\partial t} = \frac{\partial}{\partial x}\left(D_i \frac{\partial C_i}{\partial x}\right) + R_i \tag{5-3-10}$$

式中 C_i——生物膜内化学介质组分的浓度，mol/m^3；

D_i——扩散系数，m^2/s；

R_i——膜内固着微生物代谢产生或消耗某介质的速率，$mol/(m^3 \cdot s)$。

该模型未考虑游离状态的微生物产生的代谢物质对腐蚀的影响，因为它们对于腐蚀的

直接影响程度远低于固着状态的微生物。总体而言，该模型可用于微生物腐蚀作用下的点蚀以及生物膜形成方面的预测。

三、Xu，Li and Gu 模型

Xu[58] 等针对 SRB 与产酸菌（APB）之间的协同腐蚀作用开展预测模型的研究。研究人员认为，SRB 直接诱发了腐蚀，硫酸根是最终的电子受体，而 APB 则是通过分解乙酸的方式间接导致腐蚀。两类微生物代谢引起的硫酸根还原和氢的还原共同参与了阴极反应，其总和等于阳极的反应程度。阴阳极反应的表达如下：

$$CR_{Fe}=\frac{MW_{Fe}j_{a(Fe)}}{2F\rho_{Fe}} \text{ 或 } CR_{Fe}(mm/a)=1.16j_{a(Fe)} \tag{5-3-11}$$

$$j_{a(Fe)}=j_{c(SO_4^{2-})}+j_{c(H^+)} \tag{5-3-12}$$

进一步假设阴极反应中的传质过程不是阻碍反应进行的因素，将经典 CO_2 腐蚀模型中表征电子传递过程和传质过程的公式化简，再根据“蚀孔内部 pH 值恒定”的假设简化巴特勒—沃尔默方程。

经过分析简化形成的研究模型，在模拟应用中的结果表明，生物膜厚度增加有利于抑制微生物腐蚀，因为生物膜的存在延长了硫酸根从外界扩散到生物膜内部的距离，使得 SRB 的代谢变得缓慢。另外，该模型的预测结果显示 SRB 和 APB 共同作用下的腐蚀电流密度比它们单独参与腐蚀时的值更低，从而揭示了两者共存的条件下可能会相互抑制，降低腐蚀速率。

四、基于 BP 神经网络建立模型

经过数十年的研究，国内外学者先后提出了多种人工神经网络流派，形成了系列基于众多的神经元由可调的连接权值连接的信息处理方法，成为许多领域中分析数据的有效手段。其中，基于误差反向传播算法（BP）形成的神经网络模型在油气田腐蚀预测中的应用最为广泛和成熟。该模型通过梯度下降算法不断调整权重和阈值，将最终预期输出值与实际值之间的差异最小化，从而实现缩小计算误差的目的，而且所有定量或定性的信息都等势分布贮存于网络内的各神经元，使得该模型具有较强的容错性。该模型主要的优势在于应用的对象不局限于简单的线性函数，还能够分析变量之间的非线性关系[59]。

油气田现场存在诸多影响管道腐蚀速率的因素，各类因素之间可能还存在协同作用，对腐蚀速率的影响不一定是严格的线性关系，所以，BP 神经网络有关的计算方法适用于这类多因素复杂样本的数据预测。页岩气田的腐蚀影响因素也复杂多样，不仅 CO_2、Cl^- 等腐蚀性介质会对腐蚀造成影响，还有在腐蚀过程中起决定性作用的腐蚀性微生物。而且，腐蚀性微生物的浓度在现场环境中始终处于动态变化过程，由本节所述的微生物腐蚀预测模型可知，页岩气田管道的腐蚀速率与腐蚀性微生物有关的参数之间的函数关系不是简单的线性关系，再加上其他因素的叠加作用，使得腐蚀速率与各因素之间的关系错综复杂，预测难度高。近年来，BP 神经网络计算方法已用于预测酸性气田管道的腐蚀速率，

取得了一些值得借鉴的成果。类似地，酸性气田同样存在 CO_2、Cl^- 等腐蚀介质，同时存在 H_2S，腐蚀影响因素同样复杂，H_2S 对管道材质腐蚀速率的影响也非单一的线性关系，因此，对于页岩气田的腐蚀速率预测，笔者认为也可以尝试利用 BP 神经网络的计算方法分析各因素的耦合作用。截至目前，业界暂无这方面的研究报道，本节就 BP 神经网络的相关内容进行简要介绍，为今后采用该方法预测页岩气田管道腐蚀速率提供参考。

1. BP 神经网络的计算方法

BP 神经网络模型的基本功能与线性回归类似，是完成 n 维空间向量对 m 维空间的近似映照，这种映照是通过各个神经元之间的连接权值和阈值来实现的。我们对网络进行训练学习，其目的就是得到神经元之间的连接权 W、V 和阈值 θ、γ，使输出值与实际观测值的误差平方和最小。BP 网络的学习过程分两个阶段，即信息的前向传播和误差的反向传播修正权阈值的过程。BP 网络是一种具有三层或三层以上的神经网络，包括输入层、中间层（隐含层）和输出层，如图 5-3-2 所示，上下层之间实现全连接，而每层神经元之间无连接。外部输入的信号经输入层和隐含层的神经元逐层处理，向前传播到输出层，输出结果。误差的反向学习过程则是指如果输出层的输出值和样本值有误差，则该误差沿原来的连接通道反向传播，通过修改各层神经元的连接权值和阈值，使得误差变小，经反复迭代，当误差小于容许值时，网络的训练过程即可结束。简而言之，就是由已知条件确定输入节点和输出节点数量，输入层接收指令后开始传递给中间的隐含层，隐含层接收信号后进行学习和处理，将处理结果发送给输出层，若误差不满足已知要求，就将误差反馈给隐含层进行修正权值和阈值，这种算法称为“误差逆传播算法”，即 BP 算法，随着这种误差逆的传播修正不断进行，网络对输入模式响应的正确率也不断上升。直到满意为止[60]。

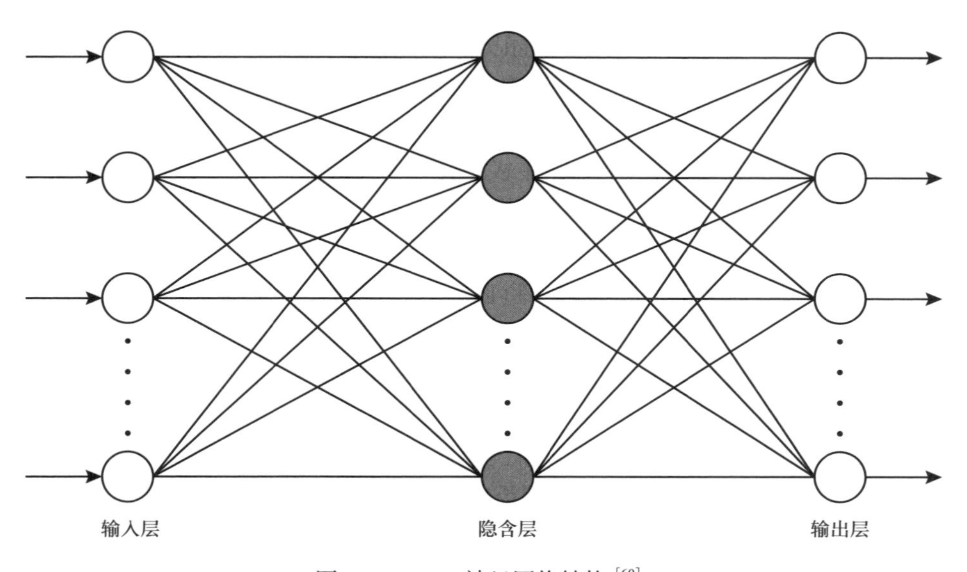

图 5-3-2　BP 神经网络结构[60]

2. 网络的结构设计

网络结构的确定就是确定输入层、隐含层和输出层各层的节点数。对于前向 BP 网络来说，网络的结构包括输入输出层的单元数、隐含层数、隐含层单元数和隐含层、输出层神经元特性函数。输入输出层单元数由具体问题决定，隐含层数（至少有一个隐含层）和隐含层单元数由用户确定。加入隐含单元相当于增强网络的表达能力和增加优化问题的可调参数。因此，过小的隐含层将减少检索信息的精确度、降低网络的表达能力，但隐含层过大，则会使网络进入记忆输入模式而不是归纳输入的模式，从而降低网络处理非线性样本信息的能力[61]。

3. 变量选取

神经网络的输入变量个数由考虑的因素个数决定。对变量进行取值时，考虑到采样条件的随机性和一致性，首先需要在研究区划分统计单元，其次在各个单元中对不同的变量进行取值。对于输入变量中的定性变量的处理方法是采用数量化理论中的二态变量取值法，即用“0”和“1”来表示某种属性的“无”和“有”。输入因素与输出因素的量化处理，在 BP 网络中，传递函数一般为（0，1）的 S 函数［式（5-3-13）］，即

$$F(x)=1/\left(1+e^{-x}\right) \tag{5-3-13}$$

因为 S 型函数具有非线性放大系数功能，它可以把输入从负无穷大到正无穷大的信号变换成 0 到 1 之间的输出，则采用线性激活函数，可以使网络输出任何值。所以对网络的输出进行限制。

4. 模型的建立

（1）BP 网络层数和隐含层神经元个数的确定。

BP 网络最佳配置的原则是简洁实用，即在能够满足求解要求的前提下尽量减少网络的规模，这样能减少学习的时间，降低系统的复杂性。在 BP 人工神经网络拓扑结构中，输入节点与输出节点是由问题本身决定的，关键在于隐含层的层数与隐节点的数目。许多学者对此进行了理论研究，指出只有一个隐含层的神经网络，只要隐节点足够多，就能够以任意精度逼近一个非线性函数。理论上已经证明 3 层 BP 网络可以实现任意非线性关系的映射，虽然 4 层网络比 3 层网络收敛速度快，但更容易进入局部极小点，并且，增加网络层数和神经元个数意味着需要更多的训练样本，否则会导致网络的泛化能力减弱和预测能力下降。

（2）输入层和输出层节点数的确定。

BP 网络输入层节点的数目取决于数据源的维数，即上面提及的关键因素的选取。输出层节点数取决于研究对象的分类，实际应用中，到底腐蚀速率是作为不同速率等级进行区分还是要得到连续型腐蚀速率数据，是研究者需要考虑。

（3）网络隐层的设计。

BP 神经网络隐含层层数和各层节点数的确定是 BP 神经网络算法的关键。对于隐含层层数的选择是一个十分复杂的问题。它与问题的要求、输入和输出单元的多少都有直接关系。隐含层层数太少，网络不能训练出来，或网络不“强壮”，不能识别以前没有看到的样本，容错性差；增加层数可以进一步降低误差，提高精度，但同时也使网络复杂化，从而增加了网络权值的训练时间，而误差也不一定最小；因此，需要高效的设计方法，以选择一个最佳的隐含层层数。另外，增加隐含层中的神经元数目实际上也能够达

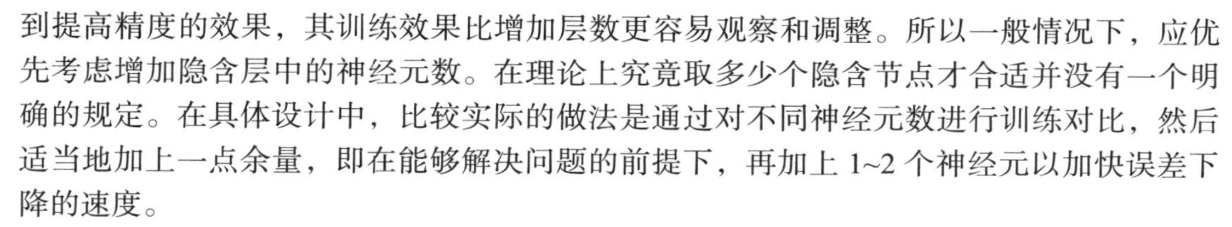

到提高精度的效果，其训练效果比增加层数更容易观察和调整。所以一般情况下，应优先考虑增加隐含层中的神经元数。在理论上究竟取多少个隐含节点才合适并没有一个明确的规定。在具体设计中，比较实际的做法是通过对不同神经元数进行训练对比，然后适当地加上一点余量，即在能够解决问题的前提下，再加上 1~2 个神经元以加快误差下降的速度。

（4）神经网络的训练。

最初的 BP 训练算法在实际应用时存在许多问题，如网络的麻痹现象、局部最小问题和阶距大小不当等。后来针对这些问题提出了许多改进的训练算法，如附加冲量法、Levenberg-Marquardt 算法、改进误差函数法、自适应参数变化法和双极性 S 型压缩函数法等。MATALB 神经网络工具箱针对神经网络系统的分析与设计，提供了大量可供直接调用的工具函数。实施过程中，首先把多个数值顺序送入输入层，通过前向过程得到输出结果，将结果与目标模型进行比较，如果存在误差立即进入反向传播过程，修正网络中的各个权值以减小误差，其间有正向输出计算与反向传播过程权值修改交替进行。通常，为了更有效地训练网络，在训练前对训练集进行处理；为了提高系统的可靠性，需要大量的例子来进行学习训练，因此学习应该是动态和长期的过程。

（5）训练参数、训练样本的确定。

预测系统程序由三部分组成：初始化、训练和仿真。先利用函数为参数随机赋初值，之后进行网络的训练，即权值和误差的调整过程，规定训练次数和期望误差，当次数超过规定次数或误差达到要求时即停止训练，最后对样本进行仿真，将训练结果储存，用于对样本以外的数据进行预测。

为了能够清楚地表达网络的迭代学习过程，训练过程应给出误差曲线，当发现学习过程发散或陷入假饱和状态时，应终止程序执行。不同的初始权值以及不同的隐含层结点数目有着不同的迭代过程和误差。

对于非线性系统，初始值对学习是否达到局部最小和是否收敛的影响很大，一个关键点是希望初始权在输入累加时使每个神经元的状态值接近于零，这样可保证一开始时不落到那些平坦区上，权值一般取随机数，而且权值要求比较小，以保证每个神经元一开始都在它们转换（传递）函数变化最大的地方进行。

对于输入样本同样希望能够进行归一，使那些比较大的输入仍落在神经元转换函数梯度大的那些地方。所以，在预测系统中，我们可以将相关输入参数进行无量纲化，使其最终值落于 [0，1] 内。

权值和阈值的初始化是指给一个（0，1）区间内的随机值初始化权值和阈值。在 MATLAB 工具箱中可采用函数 initnw.m 初始化隐含层权值 $W1$ 和 $B1$。

采用三种学习规则对 BP 神经网络进行训练，依次为利用 Levenberg 优化规则的 BP 算法 trainlm、标准 BP 算法 trainbp、改进 BP 算法 trainbpx。然后，对它们的学习效率进行比较，从中选择最有效的学习算法。对隐含层选取不同节点数进行多次训练，分别计算相对误差值和绘制误差曲线，确定学习效果最好的模型。采用训练好的 BP 网络，输入要预测的样本参数，就可以获得相应的预测结果。网络的训练及结果在设定网络的最大运行次数后，运用网络训练子系统进行训练，得到相应的误差精度。

参考文献

[1] Wang Y, Yu L, Tang Y, et al. Pitting behavior of L245N pipeline steel by microbiologically influenced corrosion in shale gas produced water with dissolved CO_2[J]. Journal of Materials Engineering and Performance, 2022, 32 (13): 5823–5836.

[2] Jiang X, Zhang Q, Qu D, et al. Corrosion behavior of L360N and L415N mild steel in a shale gas gathering environment – laboratory and on-site studies[J]. Journal of Natural Gas Science and Engineering, 2020, 82 (16): 103492.

[3] 钟显康, 李浩男, 扈俊颖. 页岩气开采与集输过程中腐蚀问题与现状分析[J]. 西南石油大学学报(自然科学版), 2022, 44 (6): 162-174.

[4] 汤林, 宋彬, 唐馨, 等. 页岩气地面工程技术[M]. 北京: 石油工业出版社, 2020.

[5] Flemming, Vester, Kjeld, et al. Improved most-probable-number method to detect sulfate-reducing bacteria with natural media and a radiotracer[J]. Applied and Environmental Microbiology, 1998, 64 (5): 1700-1707.

[6] 魏利, 马放, 王继华, 等. 油田硫酸盐还原菌快速定量检测方法[J]. 环境科学, 2007, 28 (2): 441-444.

[7] 易绍金, 丁齐柱. 硫酸盐还原菌检测方法评述[J]. 世界石油科学, 1993(2): 66-69.

[8] 何世梅, 田剑临, 余伟明, 等. 测试瓶法快速检测循环水中硫酸盐还原菌[J]. 工业水处理, 2004, 24 (1): 52-53.

[9] Du Z, Li H, Gu T. A state of the art review on microbial fuel cells: A promising technology for wastewater treatment and bioenergy[J]. Biotechnology Advances, 2007, 25 (5): 464-482.

[10] 胡德蓉, 林钦. 硫酸盐还原菌(SRB)的生态特性及其检测方法研究进展[J]. 南方水产, 2007, 3(3): 67-72.

[11] Tabor P S, Neihof R A. Improved microautoradiographic method to determine individual microorganisms active in substrate uptake in natural waters[J]. Applied and Environmental Microbiology, 1982, 44 (4): 945-953.

[12] Kim H J, Bennetto H P, Halablab M A, et al. Performance of an electrochemical sensor with different types of liposomal mediators for the detection of hemolytic bacteria[J]. Sensors and Actuators B: Chemical, 2006, 119 (1): 143-149.

[13] 李婉义, 向望清, 郭稚弧. 三碘化亚甲基蓝法测定硫酸盐还原菌菌量[J]. 油田化学, 1991, 8 (3): 72-75.

[14] 张盾, 万逸, 戚鹏, 等. 硫酸盐还原菌快速检测技术的设计与研究[M]. 北京: 科学出版社, 2016.

[15] Bobacka J. Conducting polymer-based solid-state ion-selective electrodes[J]. Electroanalysis: An International Journal Devoted to Fundamental and Practical Aspects of Electroanalysis, 2006, 18(1): 7-18.

[16] Lai C Z, Fierke M A, Stein A, et al. Ion-selective electrodes with three-dimensionally ordered macroporous carbon as the solid contact[J]. Analytical Chemistry, 2007, 79 (12): 4621-4626.

[17] Maxwell S, Hamilton W A. Modified radiorespirometric assay for determining the sulfate reduction activity of biofilms on metal surfaces[J]. Journal of Microbiological Methods, 1986, 5 (2): 83-91.

[18] Ai Q, Liang G, Zhang H, et al. Control of sulfate concentration by miR395-targeted APS genes in Arabidopsis thaliana [J]. Plant Diversity, 2016, 38 (2): 92-100.

[19] Tatnall R E, Stanton K M, Ebersole K R C. Testing for the presence of sulfate-reducing bacteria[J]. Materials Performance, 1988, 27 (8): 71-80.

[20] 赵佳怡，甄世军，张翠云，等 . 深部热水硫酸盐还原菌微滴数字 PCR 检测技术的建立与应用 [J]. 微生物学通报，2020，47（11）：3756-3767.

[21] Ben-Dov E，Brenner A，Kushmaro A. Quantification of sulfate-reducing bacteria in industrial wastewater，by real-time polymerase chain reaction（PCR）using dsrA and apsA genes[J]. Microbial Ecology，2007，54（3）：439-451.

[22] 魏利，马放 . 油田硫酸盐还原菌 APS-MPN-PCR 快速定量检测方法 [J]. 西安石油大学学报（自然科学版），2007，22（1）1：91-94.

[23] 王明义，梁小兵，郑娅萍，等 . 硫酸盐还原菌鉴定和检测方法的研究进展 [J]. 微生物学杂志，2005，25（6）：81-84.

[24] 王彦然，唐永帆，肖杰 . 硫酸盐还原菌浓度检测和腐蚀活性监测方法研究进展 [J]. 工业水处理，2023，43（12）：58-65.

[25] 王明义，袁晓燕，宋雪珍，等 . 荧光原位杂交法在检测硫酸盐还原菌中的应用 [J]. 中国现代医学杂志，2008，18（3）：302-304.

[26] 张伟，刘丛强，刘涛泽，等 . 荧光原位杂交在喀斯特山地土壤硫酸盐还原菌检测中的应用 [J]. 微生物学通报，2008，35（8）：1273-1277.

[27] 张也，刘以祥 . 酶联免疫技术与食品安全快速检测 [J]. 食品科学，2003，24（8）：200-204.

[28] Bhagobaty R K. Culture dependent methods for enumeration of sulphate reducing bacteria（SRB）in the Oil and Gas industry[J]. Reviews in Environmental Science and Biotechnology，2014，13（1）：11-16.

[29] Kushkevych I，Abdulina D，Kováč J，et al. Adenosine-5′-phosphosulfate- and sulfate reductases activities of sulfate-reducing bacteria from various environments[J]. Biomolecules，2020，10（6）：921.

[30] Du Z，Li H，Gu T. A state of the art review on microbial fuel cells：A promising technology for wastewater treatment and bioenergy[J]. Biotechnology Advances，2007，25（5）：464-482.

[31] 杨帆，王彪，孟章进，等 . 一种硫酸盐还原菌快速检测方法及其试剂盒：103983636B[P]. 2016-06-22.

[32] Borisov S M，Wolfbeis O S. Optical biosensors[J]. Chemical Reviews，2008，108（2）：423-461.

[33] 戚鹏，万逸，曾艳，等 . 海洋环境中硫酸盐还原菌的快速测定方法研究 [J]. 中国腐蚀与防护学报，2019，39（5）：387-394.

[34] Länge K，Rapp B E，Rapp M. Surface acoustic wave biosensors：A review[J]. Analytical and Bioanalytical Chemistry，2008，391（5）：1509-1519.

[35] Rocha-Gaso María-Isabel，Carmen M I，Montoya-Baides Ángel，et al. Surface generated acoustic wave biosensors for the detection of pathogens：A review[J]. Sensors，2009，9（7）：5740-5769.

[36] Lee C S，Kim S K，Kim M. Ion-sensitive field-effect transistor for biological sensing[J]. Sensors，2009，9（9）：7111-7131.

[37] 朱丹，李强强，逄秀梅，等 . 阻抗光谱在电化学生物传感器中的应用 [J]. 化学传感器，2016，36（1）：42-47.

[38] Kim H J，Bennetto H P，Halablab M A，et al. Performance of an electrochemical sensor with different types of liposomal mediators for the detection of hemolytic bacteria[J]. Sensors and Actuators B：Chemical，2006，119（1）：143-149.

[39] Asif M，Aziz A，Ashraf G，et al. Facet-inspired core-shell gold nanoislands on metal oxide octadecahedral heterostructures：High sensing performance toward sulfide in biotic fluids[J]. ACS Applied Materials & Interfaces，2018，10（43）：36675-36685.

[40] Qi P，Zhang D，Wan Y. Determination of sulfate-reducing bacteria with chemical conversion from ZnO nanorods arrays to ZnS arrays[J]. Sensors and Actuators B：Chemical，2013，181：274-279.

[41] Wan Y，Qi P，Zhang D，et al. Manganese oxide nanowire-mediated enzyme-linked immunosorbent

assay[J]. Biosensors and Bioelectronics，2012，33（1）：69-74.
[42] Yingchao，Li，Dake，et al. Anaerobic microbiologically inflfluenced corrosion mechanisms interpreted using bioenergetics and bioelectrochemistry：A review[J]. Journal of Materials Science & Technology，2018，34（10）：1713-1718.
[43] Liu T，Cheng Y F. The Influence of Cathodic Protection Potential on the Biofilm Formation and Corrosion Behaviour of an X70 Steel Pipeline in Sulfate Reducing Bacteria Media[J]. Journal of Alloys and Compounds，2017，729：180-188.
[44] Liu H，Gu T，Zhang G，et al. Corrosion of X80 pipeline steel under sulfate-reducing bacterium biofilms in simulated CO_2-saturated oilfield produced water with carbon source starvation[J]. Corrosion Science，2018，136：47-59.
[45] 柳伟，赵艳亮，路民旭 . SRB 和 CO_2 共存环境中 X60 管线钢腐蚀电化学特征 [J]. 物理化学学报，2008，24（3）：393-399.
[46] Dong Z，Shi W，Ruan H，et al. Heterogeneous corrosion of mild steel under SRB-biofilm characterised by electrochemical mapping technique[J]. Corrosion Science，2011，53（9）：2978-2987.
[47] Alhitti I K，Moody G J，Thomas J D R. Sulphide ion-selective electrode studies concerning Desulfovibrio species of sulphatereducing bacteria[J]. Analyst，1983，108（1291）：1209-1220.
[48] Ye X，Qi P，Sun Y，et al. A high flexibility all-solid contact sulfide selective electrode using a graphene transducer[J]. Analytical Methods，2020，12（24）：3151-3155.
[49] 李冰毅，王振强 . 工艺管道腐蚀超声波在线监测技术及应用 [J]. 安全、健康和环境，2020，20（10）：26-29.
[50] 赵大伟，桂晶，李大朋，等 . 石油行业腐蚀监测技术研究现状及发展趋势 [J]. 全面腐蚀控制，2019，33（9）：45-50.
[51] 张鉴清，张昭，王建明，等 . 电化学噪声的分析与应用—电化学噪声的分析原理 [J]. 中国腐蚀与防护学报，2001，5（10）：310-320.
[52] 祁永刚，段汝娇，杨绪运，等 . 基于 FSM 的管道腐蚀监测技术实验研究 [J]. 中国特种设备安全，2023，39（S02）：56-61.
[53] 范林，邢青，邱日，等 . 阵列电极技术在腐蚀领域的应用进展 [J]. 腐蚀科学与防护技术，2015，27（5）：509-513.
[54] 张兴超，刘志盈 . 金属应力腐蚀开裂敏感性评定标准探讨 [J]. 航天标准化，2009，3：13-16.
[55] Yazdi M，Khan F，Abbassi R. A dynamic model for microbiologically influenced corrosion（MIC）integrity risk management of subsea pipelines[J]. Ocean Engineering，2023，269：113515.
[56] Marciales A，Peralta Y，Haile T，et al. Mechanistic microbiologically influenced corrosion modeling—A review[J]. Corrosion Science，2019，146：99-111.
[57] Maxwell S. Predicting microbially influenced corrosion（MIC）in seawater injection system[J]. SPE International Oilfield Corrosion Symposium，2006.
[58] Xu D，Li Y，Gu T，Mechanistic modeling of biocorrosion caused by biofilms of sulfate reducing bacteria and acid producing bacteria，Biolectrochemistry，2016，110：52–58.
[59] Zhang S，Wang L. The use of least squares error in neural network training process[J]. Journal of Computer Science and Technology，2018，33（6）：1142-1149.
[60] 许宏良，殷苏民 . 基于改进 BP 神经网络优化的管道腐蚀速率预测模型研究 [J]. 表面技术，2018，47（2）：177-181.
[61] 张梁，高源，杨光，等 . BP 神经网络模型的改进及其在海底管道外腐蚀速率预测中的应用 [J]. 安全与环境学报，2023，23（11）：3882-3888.

第六章 页岩气田微生物腐蚀控制技术

随着页岩气田的大规模开发，微生物腐蚀问题逐渐凸显，成为影响页岩气田稳定和高效开发的关键因素之一。因此，研究并控制微生物腐蚀成为国内外科研人员和工程技术人员的一大挑战和研究热点。本章针对微生物腐蚀控制难题，介绍国内外微生物腐蚀控制技术的发展现状。微生物腐蚀控制技术包括材料防腐、药剂防腐和其他防腐技术，其中材料防腐技术和药剂防腐技术是目前页岩气田微生物腐蚀控制最常用也是最有效的手段。微生物腐蚀控制技术的研究和应用对于保障页岩气田的安全、高效开发至关重要，需通过不断探索和优化各类防腐技术，为页岩气田提供更加可靠和经济的腐蚀控制措施。

第一节 材料防腐技术

材料防腐具备效果好、后期维护成本低等优点，可用于气田全流程腐蚀控制之中，但材料现场应用需从防腐效果、技术成熟度和建设成本等综合考虑。针对页岩气田微生物腐蚀，目前主要采用的有耐蚀材料和表面改性材料，且有一些材料已成功应用于页岩气田生产现场。

针对油气田选材已经有 NACE MR 0175、ISO 15156、SY/T 0599 等标准作为指导，但这些标准大多针对硫化氢应力腐蚀开裂而言。目前尚没有针对页岩气工况环境下的选材标准，目前对于腐蚀程度通常参考 GB/T 23258—2020《钢制管道内腐蚀控制规范》关于管道内腐蚀性评价指标进行分级，具体见表 6-1-1，其中中度及以下腐蚀被普遍认为是可以接受的。

表 6-1-1 不同腐蚀速率分级

项目	轻度腐蚀	中度腐蚀	较重腐蚀	严重腐蚀
均匀腐蚀 /（mm/a）	<0.025	0.025~0.12	0.13~0.25	＞0.25
点蚀 /（mm/a）	<0.13	0.13~0.20	0.21~0.38	＞0.38

一、耐蚀材料防腐技术

在应对微生物腐蚀挑战的过程中，耐蚀材料的应用已经被证明是一种极为有效的策略。随着抗菌钢和各类非金属管材的技术突破与快速发展，这些材料在抗微生物腐蚀方面的优异性能逐渐显现。特别是在页岩气田这样的特殊环境下，这些耐蚀材料展现出了应用价值和潜力。

1. 抗菌钢

工程材料在服役过程中或多或少会受到不同种微生物的附着和影响，其中由微生物腐

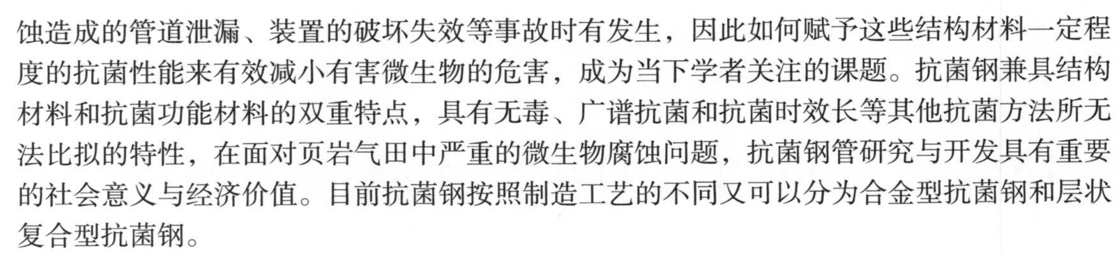

蚀造成的管道泄漏、装置的破坏失效等事故时有发生，因此如何赋予这些结构材料一定程度的抗菌性能来有效减小有害微生物的危害，成为当下学者关注的课题。抗菌钢兼具结构材料和抗菌功能材料的双重特点，具有无毒、广谱抗菌和抗菌时效长等其他抗菌方法所无法比拟的特性，在面对页岩气田中严重的微生物腐蚀问题，抗菌钢管研究与开发具有重要的社会意义与经济价值。目前抗菌钢按照制造工艺的不同又可以分为合金型抗菌钢和层状复合型抗菌钢。

1）合金型抗菌钢

合金型抗菌钢是当前研究最广泛的抗菌材料之一。它的制备工艺相对简单，通常是在钢材的冶炼过程中添加具有抗菌性能的金属元素，如银（Ag）、铜（Cu）等，随后经过后续的加工工艺，使抗菌元素在钢材基体中能够分布均匀。这种制备方法制得的钢材整体都具有抗菌性能，因此无须专门考虑抗菌持久性和耐磨性。早在20世纪90年代，日本的钢铁公司便最早在不锈钢中添加了银、铜等抗菌元素，从而制备出了整体具有抗菌性的不锈钢材料。研究指出，大多数金属具有一定的抗菌性能。根据常用金属元素的杀菌效果排序：银（Ag）＞汞（Hg）＞铜（Cu）＞镉（Cd）＞钴（Co）＞锌（Zn）＞铁（Fe），其中最为突出的是含银抗菌不锈钢，其仅需要添加极少量的银（0.04%）即可达到较好的抗菌效果[1]。而由于含铜抗菌钢的抗菌率仅为含银的百分之一左右，因此抗菌钢中铜的添加量一般要大于3.5%才能达到较为良好的杀菌效果[2]。合金型抗菌钢具有抗菌效果持久、耐热性好，并且抗菌性不受表面磨损的影响等优点。但是添加的抗菌元素如银、铜等价格昂贵，大大增加了钢管的生产制造成本。

2）层状复合型抗菌钢

层状复合型抗菌钢是通过钢板材与具有抗菌性能的金属板材（铜或铜合金）轧制而成，产品增添了抗菌性能的同时，保留了钢材的机械性能和耐蚀性能。这种抗菌钢多见于食品加工行业的刀具，可以在保留锋利度的同时，对大肠杆菌、金黄色葡萄球菌和伤寒沙门氏杆菌等均具有良好的抗菌效果[3]。层状复合型抗菌钢具有抗菌效果好、持久抗菌、产品美观等优点，但其制备工艺复杂、不同板材之间的结合力差导致的耐用性差等缺点制约其在油气田行业的应用。

在油气田领域中，针对微生物腐蚀研发及应用的抗菌钢主要为合金型抗菌钢。近年来，国内某钢厂研发了在普通碳钢中添加微量抗菌元素的抗菌管材，实现抑制SRB腐蚀。经腐蚀评价，该类产品较普通碳钢表面腐蚀产物膜中SRB数量明显降低，在某页岩气田区块现场场站管线中试用33个月后，未出现穿孔。目前该类抗菌钢已在该页岩气田区块18个集气站推广应用，服役的抗菌钢管均未出现腐蚀穿孔现象。尽管抗菌钢管的技术不断完善和发展，但目前在国内外对于抗菌钢的性能、评价方法以及应用仍然缺乏统一和明确的标准规范，这在一定程度上限制了其广泛应用和产业化发展的步伐。

2. 非金属材料

与金属管道相比，非金属管材具有多方面的优势：优良的耐蚀性，水力学性能，绝缘性能，绝热性能；使用寿命长——20~50年；重量轻，安装运输方便；投资成本低，后期维护成本低[4]。国外油气田已经大量使用非金属管道用于油气田污水处理，并开始使用非金属管道用于油气田集输。

目前常用的非金属管材主要有钢骨架增强复合管、玻璃钢管、纤维增强热塑性塑料复合管、陶瓷内衬复合管和玻璃钢内衬复合管等。然而，在国内各油气田非金属管道的应用中，管材的制造、设计、检验标准和方法不全，制造和检验过程均是执行常规使用的行标和企标，缺乏针对性的管材选择指导、产品验收检验技术和方法不完善，这给非金属管道的设计、施工、检验和验收带来了诸多不便，增加了安全风险，影响着非金属管道在油气田的推广应用。

国内外油气田采输常用的非金属管道按其结构可以分为增强塑料管和衬管两大类，见表 6-1-2。

表 6-1-2　油气田常用非金属管道分类

分类		管道名称	用途
增强塑料管	热固性	玻璃钢管	输油、输气、给排水、注聚
	热塑性	钢骨架增强塑料复合管、纤维增强热塑性塑料复合管	集气、供水
衬管		陶瓷内衬复合管	油、气集输
		玻璃钢内衬复合管	油管修复、油气集输

1）增强塑料管

增强塑料管可分为热固性塑料管和热塑性塑料管两种类型。增强型热固性塑料管是以热固性树脂为基体，采用玻璃纤维为增强材料制备而成。增强热塑性塑料管通常是可盘圈的，以热塑性塑料为基管，采用有机纤维、钢丝 / 钢带，以及玻璃纤维等为增强材料制成[5]。目前国内外油气田常用增强塑料管产品类型包括玻璃钢管、钢骨架增强塑料复合管和纤维增强热塑性塑料复合管[6]。

（1）玻璃钢管。

玻璃钢管是目前油气田应用时间最长、用量最大的非金属管材。玻璃钢管的成型工艺包括缠绕、离心浇铸和手工铺设等，树脂可采用环氧树脂、乙烯基树脂和不饱和聚酯树脂等，典型的玻璃钢管如图 6-1-1 所示[7]。1950 年，第一根手糊的聚酯玻璃钢管用于石油工业，这第一根手糊管是将玻璃纤维布和树脂涂在卷筒上制成的。1962 年 6 月，美国史密斯玻璃纤维公司在取得玻璃钢管抗腐蚀的短期良好成绩后，为了掌握整体玻璃钢管在油

图 6-1-1　玻璃钢管

田长期应用中抗腐蚀的性能，在得克萨斯 Crane Country 油田安装了研究用的 2 条芳香胺固化环氧玻璃钢管埋地管线，管径 610mm，使用条件是连续输送表压为 0.276~0.414MPa，温度为 27℃ 的盐水、酸性原油和天然气。试验结果表明，试验管在这种使用条件下已正常运行 25 年。美国 AMOCO 数千口井使用了玻璃钢油管，300 口井成套使用了玻璃钢油管，4 口井成套使用了玻璃钢套管，还有 CO_2 井采用了玻璃钢油管作采出管。总的来说，玻璃钢套管在美国使用较少，主要原因是强度不足，包括拉伸和抗外压强度，另一个原因是外径为名义直径，内壁必须加厚使环空减少，使用不便；目前它主要用在无油管采油产气浅井、观察井的产油、产气层段，以及腐蚀严重的生产井。

经过多年的技术发展，现在的玻璃钢管多以无碱玻璃纤维为增强材料，以环氧树脂为基体，经过连续缠绕成型、固化而成。根据环氧树脂固化剂的不同，可以分为酸酐固化和芳胺固化两种玻璃钢管。玻璃钢管的连接形式主要包括螺纹连接、承插粘接、锁键连接和法兰连接等形式，尤以螺纹连接和承插粘接比较常用[8]。目前，玻璃钢管的最高公称压力在 32MPa 以上，但限于 50mm 以内的小口径管材。与其他非金属管相比，玻璃钢管的主要优点是耐温性能高、价格较低，主要缺点是接头性能和抗冲击性能差，不适用于沙漠、戈壁等地势起伏比较大的区域。此外，玻璃钢管虽然刚度大，但韧性差，抗第三方破坏、地质灾害能力相对较差，不宜用于人口密集区域进行危险品的输送（包括危险化学品和气体等）。

（2）钢骨架增强塑料复合管。

钢骨架增强塑料复合管以钢骨架（钢丝焊接骨架、钢丝 / 钢带缠绕骨架）为增强体，以聚乙烯树脂为基材复合成型，当有特殊环境要求时，基体也采用其他高性能的热塑性塑料（如 PVDF、PEX 和 PA-11 等）。根据增强层的结构特点，钢骨架聚乙烯复合管又可分为钢丝网骨架聚乙烯复合管、钢板网骨架聚乙烯复合管、钢丝缠绕骨架聚乙烯复合管和钢带缠绕骨架聚乙烯复合管四种。钢骨架增强热塑性塑料复合管有定长管和连续管两种管型，即硬管和盘卷管，如图 6-1-2 所示。

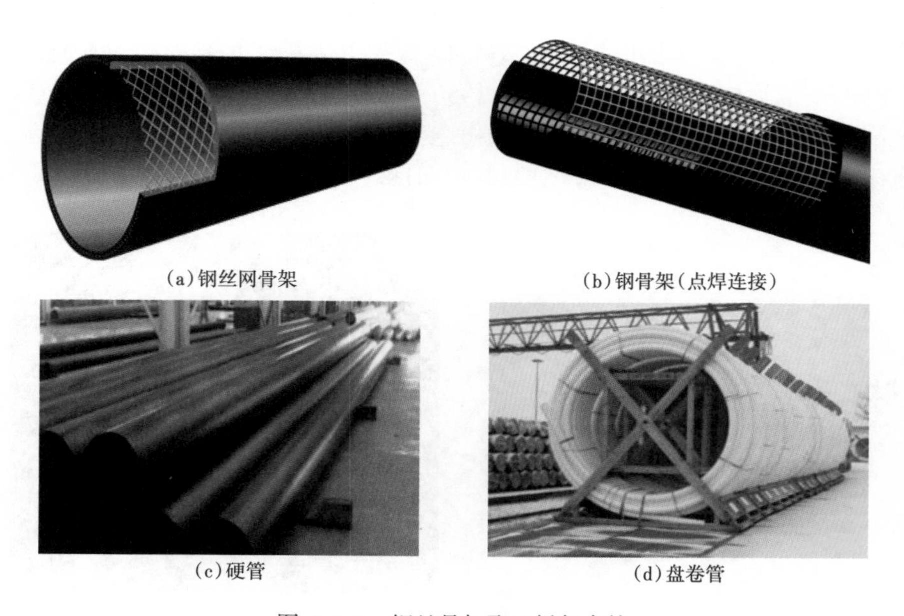
(a) 钢丝网骨架　(b) 钢骨架（点焊连接）　(c) 硬管　(d) 盘卷管

图 6-1-2　钢丝骨架聚乙烯复合管

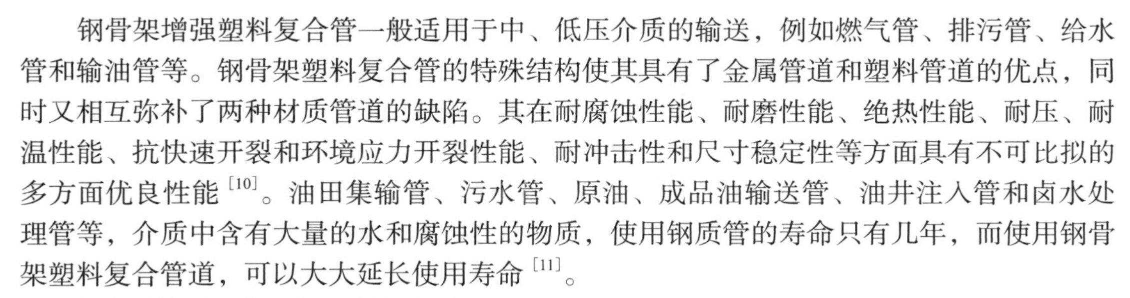

钢骨架增强塑料复合管一般适用于中、低压介质的输送，例如燃气管、排污管、给水管和输油管等。钢骨架塑料复合管的特殊结构使其具有了金属管道和塑料管道的优点，同时又相互弥补了两种材质管道的缺陷。其在耐腐蚀性能、耐磨性能、绝热性能、耐压、耐温性能、抗快速开裂和环境应力开裂性能、耐冲击性和尺寸稳定性等方面具有不可比拟的多方面优良性能[10]。油田集输管、污水管、原油、成品油输送管、油井注入管和卤水处理管等，介质中含有大量的水和腐蚀性的物质，使用钢质管的寿命只有几年，而使用钢骨架塑料复合管道，可以大大延长使用寿命[11]。

（3）纤维增强热塑性塑料复合管。

纤维增强热塑性塑料复合管是以热塑性塑料管为基体，通过有机纤维（芳纶和聚酯纤维等）增强带或纤维绳网增强，再外敷热塑性塑料保护层复合而成。典型纤维增强热塑性塑料复合管为三层结构[12-13]。纤维增强热塑性塑料管为连续管形式，商业上常称为柔性复合高压输送管。国外产品通常采用芳纶纤维增强材料，国内为降低成本常采用聚酯纤维为增强材料。与其他增强塑料管相比，芳纶纤维增强塑料管有其独特的综合性能，它重量轻、强度高、抗腐蚀、耐疲劳且柔性好，可以满足更为广泛的使用要求[14-15]。其内层聚乙烯管具有足够的径向刚度和防渗透性，对增强层起到支撑作用并承受外压；中间层是管材的承力构件，它几乎吸收由内压引起的全部应力；外层聚乙烯保护层用以抵挡管道的外部损伤，对管道起到保护作用[16]。

目前芳纶纤维增强塑料管在油气管网上的应用处于推广期，但根据已有的应用实例和试验结果，它已展现出良好的发展前景。国际上一些石油天然气公司已经开始进行相关的论证工作。1998 年，英国纽卡斯尔大学、英国石油公司、壳牌石油公司、巴西石油公司、法国天然气公司，以及一些制造商进行了联合工程项目研究，其目的是将芳纶纤维增强塑料管全面推广应用于陆上油气开发、陆上燃气输送及海上油气开发等领域。各项研究工作主要侧重于考察芳纶纤维增强塑料管在其使用领域应用的经济性和技术的可靠性。

总的说来，这些增强型材料各有特点，其性能对比见表 6-1-3。

表 6-1-3　不同类型增强塑料管优缺点对比

管材类型	主要优点	局限性
玻璃钢管	耐温性能好，酸酐固化 65℃，芳胺固化 80℃，价格相对便宜	抗冲击性能差，接头易损，地形起伏大时接头与管体易发生剪切破坏
钢骨架增强聚乙烯复合管（定长）	管道口径范围大，适应性强	承压能力（一般在 1~5MPa），使用温度不高于 60℃
纤维增强热塑性塑料复合管连续管	连续成型，单根可达数百米，接头少；柔性好，抗冲击性能好；重量轻，运输成本低；安装快速简单	价格较高，口径一般低于 150mm

2）衬管材料

衬管材料分为耐蚀合金内衬和非金属内衬。非金属衬管材料主要有玻璃钢内衬复合管和陶瓷内衬复合管。

玻璃钢内衬复合管具有防腐、防垢和减阻等优良的性能。将浸润在改性树脂胶黏剂的玻璃纤维布上，并借助特殊模具直接贴附于管道内壁一次成型的改性玻璃钢内衬复合管，具有更为广泛的应用潜力和使用价值，其具体特征与优势与玻璃钢管类似[17]。

陶瓷内衬复合管根据工艺和应用领域的不同，可分为自蔓延高温合成陶瓷内衬复合管、离心浇注陶瓷内衬复合管、热喷涂陶瓷内衬复合管、粘接式陶瓷内衬复合管和陶瓷颗粒增强复合管等[18]。陶瓷内衬复合管的耐磨性能、耐热性能及耐蚀性能都远远优于普通钢管。既能用于煤矿等坚硬固体的运输，也可用于高温金属液体、携砂的腐蚀性气液体的运输[19]。目前页岩气田中主要在地面管道中微生物协同冲刷腐蚀较为严重处采用陶瓷内衬复合管。相对于普通碳钢，陶瓷内衬复合管的虽具有诸多优势，但其高昂的价格也限制其在页岩气田中大规模应用。

由于非金属材料其在防腐、保温及施工运输等方面表现出的优越性，已在国外已经得到了广泛的应用。随着国内生产厂商的技术进步，非金属管道在国内的认知度不断提高，目前国内也已进入了使用的大发展期。据不完全统计，截至 2007 年底，大庆、吉林、长庆、新疆、大港、华北、辽河、青海和玉门 9 个油田已建成各类非金属管道 10371km，其中，玻璃纤维管最多，达到了 6616km，占总数的 63.8%[20]。总体上看，非金属管道已在油气田得到广泛的应用。这些非金属管道分别应用于油气集输系统、注水系统、供水及水处理系统、三元复合驱及聚合物驱注采系统中[21]。虽然非金属材料具有多种优良性能，但不同种类的非金属材料在耐蚀性、耐高温等方面性能存在较大差异，目前国内在气田天然气集输管道方面还缺乏应用经验，相关的性能测试方法、适用的管道类型、接头在输气环境的密封性等目前还需要研究和完善；另外非金属管道产品验收检验评价方法和指标不完善，迫切需要开展针对不同非金属管道产品检验评价方法和指标的研究，针对不同类型的非金属管道确定合理的检验方法和适宜的检验指标，建立或完善相关的产品验收指标及方法。这些都是非金属管材今后在页岩气田集输中应用需要研究和明确的问题。

二、表面工程防腐技术

表面工程是将材料表面与基体一起作为一个系统进行设计、制造，利用表面工程技术使材料表面获得材料本身原本没有而又希望拥有的性能的系统工程。它能使材料表面获得预防腐蚀、调整摩擦磨损（增加润滑，降低摩擦磨损）、美化装饰和其他功能的能力，极大地提高各种产品和各种建设工程项目抵抗环境（运行环境和自然环境）侵蚀、美化装饰，或赋予表面特殊需要的物理、化学或微电子方面的特种功能。表面工程技术包括三大技术：表面转化改性技术、薄膜技术和涂镀层技术。目前在油气田行业中普遍采用涂镀层表面改性技术进行管材改性从而提升其耐蚀性能。

涂镀层技术是一种将特定材料均匀地覆盖在基体材料表面的技术，旨在提高材料的表面性能，如耐磨性、耐腐蚀性、耐高温性和抗氧化性等[22]。涂镀层材料可以是金属、陶瓷、聚合物或其复合材料，不同的涂镀层材料能够满足各种工业应用的需求。以下是几种常见的涂层技术：物理气相沉积（PVD）、化学气相沉积（CVD）、热喷涂、溶胶—凝胶工艺及涂装（喷涂、滚涂、浸涂等）等。根据镀覆方法的不同，镀层技术可以分为多种类型：电镀、化学镀、热浸镀等。目前在页岩气田中常用的涂镀层为环氧类涂层、碳化钨涂层及镍钨镀层等。随着工业技术的进步和环境标准的提升，涂镀层技术已经成为提升管道性能和延长

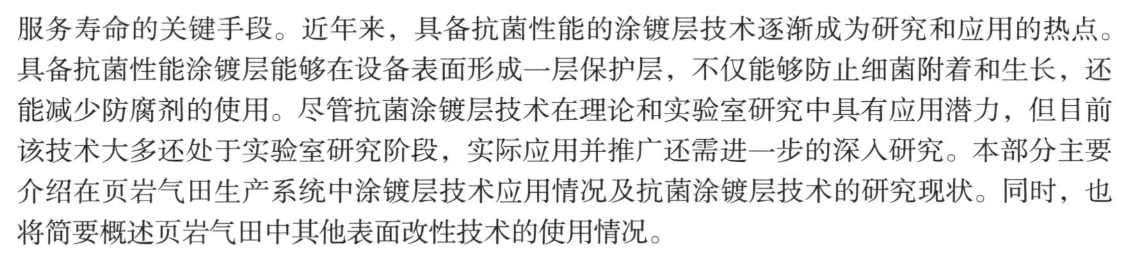
服务寿命的关键手段。近年来，具备抗菌性能的涂镀层技术逐渐成为研究和应用的热点。具备抗菌性能涂镀层能够在设备表面形成一层保护层，不仅能够防止细菌附着和生长，还能减少防腐剂的使用。尽管抗菌涂镀层技术在理论和实验室研究中具有应用潜力，但目前该技术大多还处于实验室研究阶段，实际应用并推广还需进一步的深入研究。本部分主要介绍在页岩气田生产系统中涂镀层技术应用情况及抗菌涂镀层技术的研究现状。同时，也将简要概述页岩气田中其他表面改性技术的使用情况。

1. 涂层技术

1）环氧涂层

环氧类涂层是以环氧树脂为基础的一类涂层的总称，广泛应用于提供抗电化学腐蚀、增强耐磨性及提升结构强度的场合。环氧树脂因其出色的化学稳定性、黏附性、耐水性和电绝缘性，成为众多工业应用中的首选材料。环氧涂层可应用于金属、混凝土等多种基材上，为其提供长期的保护[23]。环氧树脂的防腐机理大致有两种：屏蔽作用和抑制作用，即屏蔽腐蚀介质向金属内部扩散和抑制金属基体发生电化学腐蚀[24]。酚醛环氧树脂是环氧树脂的一种，它通过将环氧树脂与酚醛树脂反应而成。由于酚醛的引入，使得最终产物具有更好的热稳定性、耐化学性和机械强度。酚醛环氧树脂特别适合于需要耐高温、耐强酸强碱和要求高强度的应用环境。酚醛环氧树脂涂层的应用广泛，包括但不限于管道内衬、储罐和反应器涂层、海洋平台保护以及设备维护和修复等方面。在油气管道内部使用酚醛环氧树脂作为内衬，可以显著延长管道的使用寿命，防止由于内部腐蚀导致的泄漏事故。同样，将其应用于储罐和反应器的内壁，能够保护这些容器免受腐蚀性化学物质的作用，确保油气的安全存储和处理。对于海上油气开采平台，酚醛环氧树脂涂层不仅能抵御海水腐蚀，还能防止海洋生物的附着，从而延长平台及其设施的服务寿命。

目前酚醛环氧树脂类涂层主要用于页岩气田井下油管内表面改性，从而减少油管内壁因微生物及二氧化碳的协同腐蚀导致的失效问题。目前川南页岩气区块应用该类涂层油管数已占总井数的20%以上。涂层油管一定程度上可减少防腐药剂的加入，但涂层油管的长期适应性及是否适用于页岩气田的柱塞工艺还需进一步确认。

2）碳化钨涂层

碳化钨（WC）具有较高硬度，由于通常含有金属黏结相，也称为硬金属涂层。这类涂层具有硬度高、韧性大、抗冲击性能强及耐高温性能，并且与金属基体结合性较好，通常采用热喷涂技术进行制备[25]。典型材料有碳化钨—钴涂层、碳化铬—镍铬涂层及碳化钛涂层等[26]。由于其具备良好的性能，碳化钨涂层广泛用于航天、化工和造纸等多个相关的工业领域[27]。

目前，国内一些页岩气公司已采用具有碳化钨涂层的阀门，以应对场站中常见的微生物和砂砾引发的协同腐蚀问题。通过对阀门表面改性，提升其耐蚀性能，降低场站失效风险。

3）抗菌涂层

抗菌涂层材料的种类繁多，其表现形态及抗菌性能也各不相同，但根据其抗菌材料特征可大致将其分为有机抗菌涂层和无机抗菌涂层两类[28]。

（1）有机抗菌涂层。

有机抗菌涂层是指含有能够抑制或杀死微生物的有机抗菌剂的涂层。有机抗菌剂种类

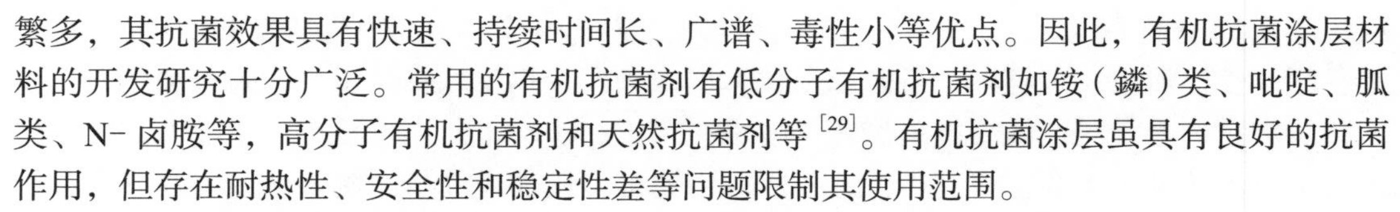

繁多，其抗菌效果具有快速、持续时间长、广谱、毒性小等优点。因此，有机抗菌涂层材料的开发研究十分广泛。常用的有机抗菌剂有低分子有机抗菌剂如铵（鏻）类、吡啶、胍类、N- 卤胺等，高分子有机抗菌剂和天然抗菌剂等[29]。有机抗菌涂层虽具有良好的抗菌作用，但存在耐热性、安全性和稳定性差等问题限制其使用范围。

（2）无机抗菌涂层。

与传统的有机抗菌剂相比，无机抗菌涂层有抗菌稳定、毒副作用小等优点。根据抗菌机理，无机抗菌涂层又分为金属离子型抗菌涂层和光催化型抗菌涂层。金属离子作为抗菌活性成分历史较为悠久，其抗菌机理主要分为两种，一种是金属离子诱导菌体氧化损伤；另一种是以库仑引力作用诱导生物大分子结构改变，破坏细菌主体结构，从而达到防菌抗菌的目的[30]。抗菌涂层材料常用的金属离子有 Ag^+、Cu^{2+}、Zn^{2+}、Ni^+、Al^{3+}、Mn^{2+} 和 Sn^{2+} 等。光催化型抗菌涂层的特征是含有金属氧化物半导体光催化型抗菌剂，如二氧化钛（TiO_2）及氧化锌（ZnO）等，它们不仅物理化学性质相对稳定，而且还是比较高效、安全、价廉的材料，可杀死各种各样的生物，如革兰氏阴性细菌和革兰氏阳性细菌、孢子内真菌、藻类原生动物和病毒[31]。一般而言，这些半导体的能带隙值较大，需要光活化才能形成大量活性氧（ROS），从而达到抗菌目的。光催化抗菌涂层不仅要有氧气全程参与，而且需要适当的波段光照进行催化，这在一定程度上限制了光催化抗菌涂层材料的应用。

2. 镀层技术

1）镍钨合金镀层

在高磨损和腐蚀环境中，硬铬镀层凭借其高耐磨性和高耐蚀性等优点常作为保护性镀层被广泛应用，但是镀铬过程中产生的六价铬离子具有剧毒，会对人体的呼吸系统和消化系统造成严重的危害，因此该硬铬镀层正逐渐被淘汰。镍镀层因其对人体健康与人类环境友好性，且具有良好的耐腐性与耐磨蚀性而得到广大学者的青睐。镍钨合金镀层具有强度高、密度高、导电和导热性良好、热膨胀系数小、抗氧化、耐腐蚀性强及耐磨性好等诸多优点。在国内，镀镍钨合金防腐耐磨管柱已在胜利油田多个采油厂推广应用，并取得了较好的应用效果。目前，已有一些页岩公司尝试井下使用镍钨合金镀层油管，但在面临井下微生物、CO_2 及砂砾等复杂腐蚀介质的情况下，其适应性还需进一步评估。

2）抗菌镀层

随着工业需求与技术的发展，除要改善基本的耐磨、耐蚀性能外，还要求其他特殊的性能，因此在钢表面镀抗菌镀层的技术也迅速发展起来。赵斌等[32]在镁合金表面制备了 Ni-Ce-P/ 纳米 TiO_2 化学复合镀层，经过测试后发现，Ni-Ce-P/ 纳米 TiO_2 复合镀层的耐磨性是基体的 1.89 倍；同时，复合镀层的抗菌率可达 90% 以上，有明显的抑菌作用。由抗菌机理分析得出，抗菌性能是由纳米 TiO_2、稀土铈、稀土铈对纳米 TiO_2 的作用及镍的共同作用而来。王红艳等[33]用化学复合镀的方法在钢铁基体上形成 Ni-P（-Ag-ZrP）复合镀层，并对镀层抗大肠杆菌和金黄色葡萄球菌的性能及持久性、附着性和耐腐蚀性能进行了定量测试。结果显示：实验后 Ni-P（-Ag-ZrP）镀层光亮、致密，镀层对大肠杆菌和金黄色葡萄球菌具有良好的抑制作用，杀菌率分别为 98.90% 和 99.05%，且镀层耐久性能好，镀层附着性能好。

3. 其他表面改性技术

堆焊镍基合金是一种在基材表面通过堆焊工艺添加镍基合金层的表面改性技术。镍基合金因其卓越的耐腐蚀性、耐高温性能以及良好的机械性能，被广泛应用于各种极端环境下。在页岩气田中，场站管道各弯头等部位经常暴露于含腐蚀性微生物、二氧化碳、砂砾等腐蚀性环境中，常规低碳钢在此环境下容易受到腐蚀损坏，导致的失效时有发生。通过堆焊镍基合金技术改性碳钢材料，从而增强其耐腐蚀性能，可以减少这些薄弱部件的失效。

第二节 药剂防腐技术

针对页岩气田中微生物与二氧化碳协同腐蚀特征，目前主要通过添加化学药剂进行腐蚀控制。所用药剂包括杀菌剂、缓蚀剂和杀菌缓蚀剂。本节重点介绍药剂的种类、药剂的开发及应用。

一、药剂的种类

1. 杀菌剂

采用杀菌剂杀灭或抑制微生物作用，是在油气田中被广泛采用的方法，具有简便、灵活、效果较好等优点。目前，杀菌剂的种类繁多，根据功能化学基团被分为：酚类、胺类、胍类、醛类、醚类、阳离子或阴离子型化合物、咪唑衍生物、有机和无机酸、卤素、异噻唑酮类、乌洛托品类、萜烯类、喹啉和异喹啉衍生物、醇类、过氧化物、重金属衍生物和二氧六环等[34]。杀菌剂通过活性物质与细胞之间发生物理、化学反应，从而发挥抗菌或灭菌作用。按作用位点划分，杀菌剂可大致分为四类，分别为作用于细胞壁、细胞膜、核酸及蛋白质。此外，很多杀菌剂可能同时作用于不同活性位点，并且作用的活性位点还可能受杀菌剂活性物质浓度的影响，在低浓度下为特定活性位点效应，在高浓度下则为无特定活性位点的作用[35]。

我国油气田注水系统杀菌剂应用起步于20世纪60年代，广泛使用则从80年代初期开始。目前国内在杀菌剂的品种、数量、种类方面，基本和国外先进水平一致。但是在技术方面还有一定差距，其原因除了与各自成本控制水平差异有关，也与国内应用配方开发的深度、广度和系统性不足有关。下面对油气田行业中常用几类杀菌剂种类进行介绍，并重点说明页岩气田生产系统中常用化学杀菌剂的情况。

1）氧化型杀菌剂

氧化型杀菌剂具有杀菌力强、价格低廉和来源广泛等优点，利用其氧化作用分解细菌细胞内的代谢酶，使酶失活，甚至破坏细胞壁来达到灭菌的目的。氧化型杀菌剂主要包括氯系列、溴系列、卤化海因、臭氧和过氧化氢等。氯系列是油田水系统中使用较早较广泛的一类氧化型杀菌剂[36]。主要包括：氯气、二氧化氯、三氯异氰尿酸、次氯酸和次氯酸钠等。

我国各油田早期注水杀菌常用氯气，这是因为氯气具有来源丰富、价格便宜、使用方便、作用快、杀菌致死时间短、可清除管壁附着的菌落、防止垢下腐蚀、污染较小等优点。但是长期的实验表明，氧化型杀菌剂存在诸多问题[37]：可降低水的 pH 值，增强水的腐蚀性；水中的有机物与还原性物质会同氯系列杀菌剂发生反应导致其失去杀菌作用，甚至破坏系统中的缓蚀剂性能；且大部分物质毒性较大，其对操作使用的安全性要求高，很多行业和企业已经禁止使用。近些年，国内外氧化型杀菌剂的研究向使用安全、杀菌效率高的方向发展，如稳定性二氧化氯、三氯异氰尿酸和溴类杀菌剂等。但国内大多陆上油气田，注水系统主要在密闭条件下进行，注水中有机质含量很高，通常需要大量的氧化剂才能达到杀菌的目的，绝大多数条件下已不适用。因此，我国油气注水系统和生产系统中还是以非氧化型杀菌剂为主。

2）非氧化型杀菌剂

非氧化型杀菌剂大多具有不易受水质影响，杀菌持续性好等特点。非氧化型杀菌剂主要是对微生物的吸附、渗透、溶解或者微生物体内特定的官能团发生化学反应，破坏微生物的正常代谢等原理达到杀灭或抑制细菌的目的。非氧化型杀菌剂主要有季铵盐、季磷盐、有机醛类、有机硫化物、氯代酚类、胍类、杂环化合物、有机锡化合物、纳米材料和其他类型杀菌剂。

（1）季铵盐类杀菌剂。

季铵盐类物质的化学式为 $R_4N^+X^-$，该类杀菌剂是目前最常见的阳离子型杀菌剂之一，杀菌效率高，速度快，已经在各油气田中广泛使用。由于其拥有一定表面活性，在水溶液中的作用方式为其结构中的阳离子以静电作用或氢键力以及表面活性分子与其他大分子之间的相互结合作用，通过异性电荷相互吸引逐渐聚集在呈负电性的细菌细胞壁上，使细菌的新陈代谢受到阻碍而死亡。同时阳离子结构中的亲油基还能与细菌的亲水基团发生作用，使细胞膜的通透性能发生变化，细胞内外盐浓度产生差异而溶胞，达到杀死细菌的目的[38]。常见的季铵盐杀菌剂包括十二烷基二甲基苄基氯化铵（1227）、十二烷基二甲基苄基溴化铵（新洁尔灭）、十六烷基溴化吡啶等。最具代表性的季铵盐杀菌剂为1227，因其具有成本低、易制备，对 SRB 的杀灭效果极好等优点，其在页岩气田中广泛应用。但是该类杀菌剂受环境因素的影响较大，易起泡，较易吸附损失，且易使腐蚀微生物产生抗药性，导致杀菌作用降低。

目前，关于季铵盐类杀菌剂的研究，大多聚焦于以下两方面：一是在原有季铵盐杀菌剂的基础上进行改性，如双子季铵盐、新季铵盐、聚季铵盐等；二是应用已有季铵盐类杀菌剂与其他非氧化型杀菌剂进行优化复配，得到新型高效油气田杀菌剂[39]。双子（Gemini）季铵盐杀菌剂，因其一分子双子季铵盐拥有两个季铵阳离子，电荷密度更高，更易吸附细菌细胞，杀菌效果优于1227[40]。Asadov 等[41]以乙二胺为原料合成含羟异丙基 Gemini 杀菌剂，对 SRB 具有较好的杀菌效果。聚季铵盐杀菌剂与小分子季铵盐杀菌剂相比，相对分子质量更高，相应的电荷密度更强，表现出的杀菌性和稳定性也更好[44]，同时还可能具有絮凝和缓蚀的作用，作为油气田用杀菌剂具有很好的应用前景。

（2）季磷盐类杀菌剂。

季磷盐杀菌剂结构与季铵盐类似，只是 P^+ 替换了 N^+，由于 P 元素的极化作用比 N 元素强，极化作用使周围的正电性增大，所以更易吸附带负电的细菌。从结构上分析季磷盐比季铵盐的杀菌活性高，而且不易起泡、对污泥剥离作用强，而且其结构比较稳定，与一般氧化还原剂和酸碱都不发生反应。但是其生产成本高，价格相对比较昂贵。美国 Albright & Wilson 公司发明的季鏻盐杀菌剂四羟甲基硫酸鏻（THPS），具有低毒、在环境

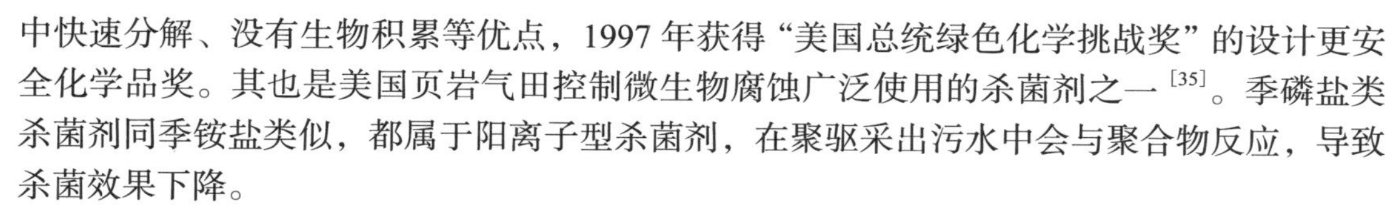

中快速分解、没有生物积累等优点，1997年获得“美国总统绿色化学挑战奖”的设计更安全化学品奖。其也是美国页岩气田控制微生物腐蚀广泛使用的杀菌剂之一[35]。季磷盐类杀菌剂同季铵盐类似，都属于阳离子型杀菌剂，在聚驱采出污水中会与聚合物反应，导致杀菌效果下降。

（3）有机醛类。

有机醛类杀菌剂主要包括甲醛、丙烯醛、戊二醛、异丁醛、肉桂醛、苯甲醛和乙醛等。有机醛类杀菌剂的杀菌基团为醛基，醛基与菌体蛋白质作用，引起代谢系统紊乱，达到杀菌抑菌的目的。应用于油田水系统中最具代表性的醛类杀菌剂为戊二醛[43]。总体来讲有机醛类杀菌剂适合碱性水处理，作用时间长，能杀灭季铵盐类未杀灭的细菌；但其具有穿透能力差、不能渗透到黏泥底部的弱点，这一点正好可以与季铵盐复配弥补，所以目前醛类（戊二醛为主）杀菌剂在循环冷却水和油气田的应用中基本采用与各种季铵盐复配的方式使用，其复配添加量一般为5%～15%。另外，戊二醛本身为化学反应起交联作用的化合物，在高温后易分解或发生交联，因此不适合在井下使用。

（4）异噻唑啉酮类。

异噻唑啉酮类杀菌剂是利用杂环上的活性部分与细菌体内DNA分子上的碱基形成氢键，破坏细菌DNA结构，影响其正常的生命活动从而杀灭细菌。其对真菌、腐生菌和SRB都有很强的杀菌作用，是一种广谱型杀菌剂[44]。其缺点是当注水中硫化物含量过高时，会因硫化物作用而使其杀菌能力降低乃至失效。此外，异噻唑啉酮类化合物在水或极性的有机物质作为溶剂时，贮存时间过长或使用温度高的情况下，会发生氧化、分解，导致其杀菌性能降低。受热不稳定也限制其在井下使用。

（5）有机胍类。

有机胍类杀菌剂杀菌机理与季铵盐、季鏻盐类杀菌剂相似，都是通过静电作用吸附于细胞膜，破坏细菌细胞膜的结构，同时胍类物质还能使细菌菌体中的蛋白质变性。有机胍是一种阳离子表面活性剂，具备易溶于水、杀菌效果好、使用方便，并且广谱抗菌，毒性小，不污染环境等优点。胍类产品包括氯己定、烷基胍（醋酸十二烷基胍等）、聚胍（聚六亚甲基单胍盐、聚六亚甲基双胍盐）等。以胍为主的杀菌剂杀菌效果优于1227。国外常用胍类杀菌剂对纤维织物、纸张等进行杀菌，也用于毛巾、口罩和衣帽等的消毒[45]。目前单胍和双胍盐在油气田领域中均有一定的应用。

（6）杂环化合物。

杂环化合物杀菌剂主要包括咪唑类衍生物（如甲硝唑）、吡啶类衍生物（如十六烷溴化吡啶）、噻唑、咪唑啉和三嗪的衍生物等。这类化合物主要靠杂环上的活性部分，如氮、氢、氧与细菌体内的蛋白质中脱氧核糖核酸（DNA）的碱基形成氢键，吸附在细菌的细胞上，破坏细菌的DNA结构，使之失去复制能力而死亡。这类杀菌剂具有杀菌效率高、用量较低等优点。但普遍存在溶解性较差、容易吸附损失、一些化合物对好氧菌不起作用的问题，且合成工艺较复杂、成本较高。

3）纳米杀菌剂

随着纳米技术的不断进步，关于纳米材料杀菌的研究越来越多。纳米材料可通过直接接触微生物的细胞膜，作用于细胞内DNA、蛋白质和酶等重要成分，从而影响细菌细胞的正常生长、增殖、分化与信息传递[46]。目前研究报道的纳米杀菌剂主要有贵金属型、超分子型、碳基纳米、过渡金属氧化物和硫化物型等，研究最多的用于工业水处理的纳米材料是纳米银材料。纳米银对微生物有强烈的抑制和杀灭作用，而且不会产生耐药性，越来越受到研究者的关注[47]。但纳米银粒径微小，比表面积大，很容易发生团聚，大大降低了纳米银的杀菌率。加入硫蒽哌醇、葡聚糖乙二胺聚合物等稳定剂可提高纳米银的稳定性，但也对纳米银本身产生包覆和掩蔽作用，改变了纳米银的理化性质，降低了抗菌活性[48]。尽管有很多关于纳米银杀菌的报道，但市面销售的多种纳米银杀菌剂（民用产品），均存在稳定性差、失效快和实际应用效果差等问题，在国内将其用于循环水系统鲜有报道，也证明了该类产品要获得好应用还有很多技术难题需要解决。

2. 缓蚀剂

缓蚀剂是一种以一定的浓度和状态投放于腐蚀环境或腐蚀介质中时，可以防止或减缓金属或合金发生腐蚀的化学品或几种化学品的混合物。一般说来，缓蚀剂是指那些能够对金属表面起到保护作用的化学物质，当这类物质以微量或少量添加到环境介质中时即可明显降低金属材料的腐蚀速度，同时还不改变金属材料原有的物理、力学等性能[49]。目前，缓蚀剂作为石油产品的生产加工、化工生产、机械制造和化学清洗等过程中的一种最主要的防腐蚀手段，现已得到了广泛的应用。

缓蚀剂防腐蚀工作具有以下明显特点[50]：（1）缓蚀剂的添加方法简单方便，易操作，可直接向腐蚀体系进行投放，可对整个系统进行保护。（2）缓蚀效率高，对金属有明显的保护作用。对于不同的腐蚀环境及介质，选用恰当的缓蚀剂种类和防腐蚀方法，便可达到很好的防腐蚀作用。当将不同类型的缓蚀剂合理地复配在一起使用时，腐蚀抑制效果会大大增强，并且这种复配缓蚀剂可以对腐蚀环境中的不同种类的金属进行同时保护。（3）缓蚀剂的添加能够确保金属设备及制品的本质特性不变。（4）缓蚀剂的添加量一般较少，经济投入较低。（5）缓蚀剂应用的选择性极高，对于某一特定腐蚀体系，需要选择特定种类的缓蚀剂，甚至对于相同的体系，当体系的某一状态（如温度、浓度和流速等）发生变化时，所用缓蚀剂种类及用量也会发生相应变化。（6）缓蚀剂的应用一般受腐蚀体系状态的限制，因为缓蚀剂可能会随着时间逐渐被消耗，并且随着介质一起流动，因此需要不断补充。（7）部分缓蚀剂具有一定的毒性，选用时需考虑其对生物的毒害作用和对环境的污染。

缓蚀剂的种类庞大且数目众多，不同结构的缓蚀剂缓蚀机理各不相同，目前较多采用按其化学组成分类。根据缓蚀剂化学组成的不同分类，可将缓蚀剂分为无机缓蚀剂和有机缓蚀剂两大类。无机缓蚀剂会和金属发生化学反应而生成钝化膜，这种覆盖在金属表面的保护膜可以有效阻止金属与腐蚀介质接触，从而起到降低腐蚀速率的作用。有机缓蚀剂会在腐蚀环境中吸附到金属表面上，通过将金属表面的活性部位覆盖，降低双电层的物质交换，从而抑制金属发生电化学腐蚀[51]。普遍来说，无机缓蚀剂缓蚀性能低于有机缓蚀剂，目前在油气田领域中主要采用有机缓蚀剂。根据缓蚀剂结构特征，分为：咪唑啉类、铵盐和季铵盐类、松香胺类、噻唑类、炔醇类，以及多元醇磷酸酯类。

1）咪唑啉类缓蚀剂

CO_2 缓蚀剂品种中以咪唑啉及其衍生物的用量最大，约占缓蚀剂总用量的90%。咪唑啉及其衍生物的缓蚀性能最为优良，它于1949年首次在美国获得专利，目前已被成功地用于多个含 CO_2 的油气田[52]。咪唑啉类缓蚀剂分油溶性和水溶性两类。研究发现含硫基

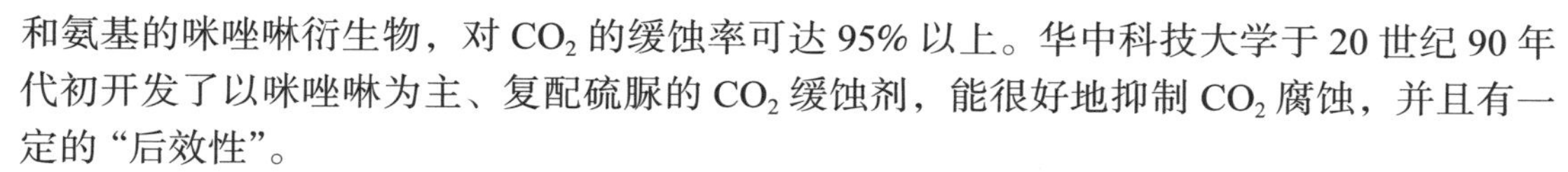

和氨基的咪唑啉衍生物，对 CO_2 的缓蚀率可达 95% 以上。华中科技大学于 20 世纪 90 年代初开发了以咪唑啉为主、复配硫脲的 CO_2 缓蚀剂，能很好地抑制 CO_2 腐蚀，并且有一定的“后效性”。

2）铵盐和季铵盐类缓蚀剂

这类缓蚀剂广泛应用于油气井腐蚀防保中。杨怀玉等 [53] 研制了 IMC 系列缓蚀剂，并在我国多个油田得到了应用。例如，IMC-80 系列缓蚀剂是通过有机合成的手段把炔醇基、氨基和季氨基结构等具有较好缓蚀性能的官能团相互嫁接，集中反映在一个化合物中，使其在使用性能上能相互取长补短，再复配一定比例的杀菌剂、分散剂和消泡剂等辅助成分而形成性能十分优良的缓蚀剂，其研发的 IMC-80-ZS 在中原油田试用后发现其效果优于美国同类产品 CI-203。

3）松香胺类缓蚀剂

松香胺是一种主要含有烷基氢化菲结构的树脂胺，分子结构中非极性三环结构具有很好的疏水性，而极性的胺基部分具有亲水性，因此松香胺属于两亲分子。国外松香胺衍生物和咪唑啉化合物作为酸化缓蚀剂运用广泛。华中科技大学开发的抑制碳钢 CO_2 腐蚀的水溶性缓蚀剂就是以松香胺为主，复配硫脲及其衍生物，用于较高温度和较高压力下含有 CO_2 的集输管线系统以及有腐蚀产物的金属材料表面都有很好的保护作用。另外也有对松香胺改性后制得的水溶性松香胺衍生物 [54]。

4）噻唑类缓蚀剂

噻唑衍生物有非常好的气相缓蚀效果，可以在较高温度下使用。任呈强等 [55] 利用交流阻抗技术和动电位极化方法研究了噻唑缓蚀剂在模拟高温高压油气井水介质中对 N80 油管钢的缓蚀机理，认为在 CO_2 环境中，噻唑的缓蚀机理服从负催化效应，缓蚀效率越高，在腐蚀产物膜上的吸附能力降低；在 CO_2 和 H_2S 混合环境中，噻唑的缓蚀机理变为几何覆盖效应，吸附能力较差，缓蚀效率较低，但能改变腐蚀产物膜的性能。

5）炔醇类缓蚀剂

气井防腐还必须考虑与井深相适应的高温缓蚀剂。炔醇类缓蚀剂是高温、浓酸条件下的重要缓蚀剂，早在 20 世纪 50 年代中期就已发现它的高缓蚀效果，对其缓蚀机理也进行了许多研究。炔醇类缓蚀剂的三键必须在碳链的顶端，即 1 位，羟基位置必须与三键相邻，即 3 位。否则，炔醇的缓蚀效果不佳，甚至无作用。在高温缓蚀剂中，炔醇类化合物和含氮化合物的混合物能有效地应用于 100℃ 以上的高温环境。炔醇缓蚀剂的主要缺点是毒性高 [56]。

6）多元醇磷酸酯类缓蚀剂

多元醇磷酸酯是国内外较早使用的一种缓蚀剂，广泛应用于炼油厂、化工厂和化肥厂等冷却水处理以及油田水处理。鉴于多元醇磷酸酯在高矿化度水中溶解能力差，近年来国内又以聚氧乙烯甘油醚代替多元醇，开发了分子中含有氧乙烯基的新型多元醇磷酸酯。与一般的有机磷酸酯相比，其稳定性、缓蚀性能和溶解性都有不同程度的改善。

3. 杀菌缓蚀剂

随着页岩气田规模开发，CO_2 和细菌协同腐蚀严重限制了其效益开发。因此杀菌缓蚀剂的需求越来越大。目前杀菌缓蚀剂主要分为两种：复配型杀菌缓蚀剂和双功能一体化杀菌缓蚀剂。

1）复配型杀菌缓蚀剂

复配型杀菌缓蚀剂主要是将杀菌剂与缓蚀剂混合。复配型杀菌缓蚀剂需要注意以下几点：杀菌剂与缓蚀剂不发生反应；二者能以任意比例混合后为澄明均相液体，不能分层或沉淀；二者混合后不降低各自杀菌和缓蚀性能。郦和生等[57]将大环内酯类、β-内酰胺类、氨基糖苷类和四环素类等多种类型抗生素与二价锡盐进行复配，得到适用于循环冷却水系统的杀菌缓蚀剂。任山等[58]将环丙沙星和左氧氟沙星组成的杀菌剂与自制的三种苄胺类缓蚀剂在乙醇或水中以质量比为3~5∶40~50∶100进行复配，形成的杀菌缓蚀剂无刺激气味，稳定性好，杀菌缓蚀效果良好。濮阳市科洋化工有限公司[59]以含羟基季铵盐为杀菌缓蚀主剂、葡萄糖酸钠与硫脲的混合物为增效剂、十二烷基二甲基苄基氯化铵与卡松的混合物为助剂和水复配形成杀菌缓蚀剂，该剂既对CO_2/H_2S酸性介质及Cl^-引发的腐蚀具有很好的抑制作用，又对油田中常见的SRB、TGB和IB等细菌具有良好的杀菌和抑菌效果。目前复配型杀菌缓蚀剂在页岩气田生产现场中应用最广泛。

2）双功能一体化杀菌缓蚀剂

复配型杀菌缓蚀剂中杀菌剂与缓蚀剂的配伍性制约其发展，因此，研发出安全有效、具有双功能的杀菌缓蚀剂是一个可靠的解决方案。余华利等[60]采用十一烷基咪唑为原料，通过酸化反应后合成了兼具杀菌和缓蚀功能的一体化药剂。其在100mg/L的浓度下，杀菌率的达99%以上，腐蚀速率控制在0.076mm/a。韦博鑫等[61]将氯化十六烷基吡啶作为杀菌剂和缓蚀剂，通过氯化十六烷基吡啶杀灭细菌，并吸附在金属表面形成保护层防止腐蚀。在添加氯化十六烷基吡啶质量浓度为50~80mg/L后能有效杀死细菌，微生物腐蚀的抑制率为76.7%~80.5%。Wang等[62]利用乙二胺与1-溴代烷烃的烷基化反应生成*N*，*N*-二烷基乙二胺，再与氯乙酰氯以进一步反应得到中间化合物与1-甲基咪唑啉合成含有氨基联接基的双子咪唑啉季铵盐。该类咪唑啉季铵盐有很好的杀菌性能，并且还有很好的缓蚀作用，很适用于油田水处理。Ahmed等[63]将*N*，*N*-二甲基乙醇胺与1-溴代十二烷反应后，再与磷酸发生酯化反应得到磷酸酯双子季铵盐，最后与KOH反应得到具备杀菌和缓蚀功能化合物。该化合物因为有磷元素存在能显著提高缓蚀作用，减少腐蚀性盐溶液的侵蚀，用量为5mmol时，缓蚀率达到97%；用量为1mmol时，就能很好地杀灭SRB，还有很好的广谱抗菌性能。Liu等利用洗发水、化妆品中常含的物质吡啶硫酮钠作为抗菌防腐试剂，发现其能有效杀灭SRB，缓蚀效果也能达到80%以上。Ismail等改性THPS，将季鏻盐的羟乙基与羧酸反应，引入烷基羧酸酯增强THPS的缓蚀性能。Zhu等[64]研究了Gemini表面活性剂（12-B-12）的杀菌和缓蚀性能并与1227进行对比，发现12-B-12比1227具有更好的杀菌缓蚀性能。目前，随着科技的发展双功能一体化杀菌缓蚀剂由于其优异的性能受到了越来越多的重视，该类产品初步显示出较大的应用前景。

二、药剂的开发

药剂的开发一般通过收集现场资料，明确防腐药剂的性能指标要求后，对现有药剂进行筛选评价或开发新型药剂，再通过适应性评价、性能筛选与优化、加注工艺优选，以及现场试验后确定药剂的防腐工艺。具体的开发程序如图6-2-1所示。

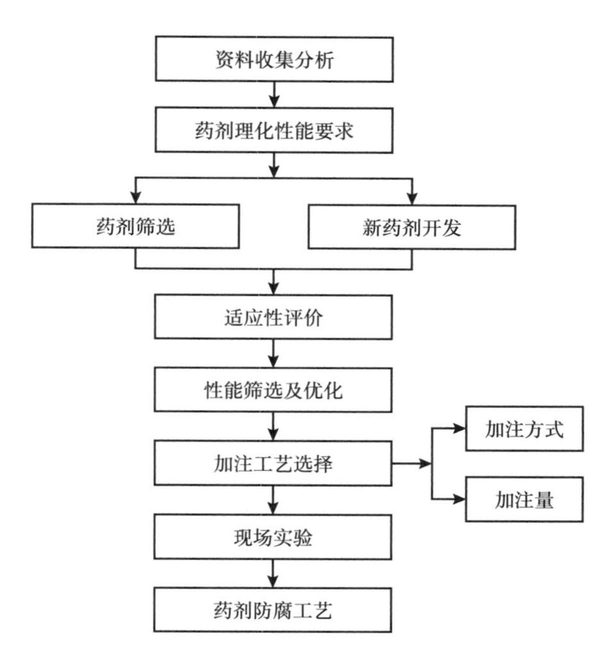

图 6-2-1 药剂开发程序

1. 资料收集分析

腐蚀参数及现场药剂问题收集是否正确、齐全将直接影响下一步理化性能要求、腐蚀性能和配伍性能评价的准确性和可靠性。规模应用后，与现场水的配伍性差、起泡性强、高温不稳定、降低泡排剂性能，以及长期使用后 SRB 的耐药性等问题制约药剂在页岩气田生产系统中的应用。解决这些问题是目前新防腐药剂开发的主要方向。

1）配伍性

页岩气田系统中返排液成分复杂，含多种无机盐离子和大量的有机化合物，如压裂液、泡排剂和缓蚀剂等。随着生产周期的变化，返排液中的组分也发生变化。因此常常出现杀菌剂的杀菌性能等指标都满足现场要求，但无法与现场水配伍，或者在前期药剂与现场水配伍，但是随着现场水返排液组分的变化，又出现不配伍的问题。一旦杀菌剂与现场水不配伍，出现乳化、分层、沉淀等，不仅影响药剂的杀菌性能，还可能形成沉淀堵塞阀门、管线等，甚至有堵井风险。因此杀菌剂与现场水的配伍性是其应用前首要考虑的指标，并在生产中跟踪配伍性变化情况。

2）起泡性

在药剂使用过程中，如其起泡性严重，在集输过程中会与产出水在气流的影响下产生大量且不易消除的泡沫，这些泡沫不仅会对集输过程造成气阻的影响，还会因为分离器分离不完全，导致末端脱水装置的三甘醇起泡失效、发泡拦液等问题。特别是 LNG 生产工艺，返排液从井筒返出后，经分离器直接进胺液脱碳后进脱水塔脱水，产生大量泡沫进入胺液及脱水塔后，会严重影响脱碳脱水性能，甚至导致胺液及脱水分子筛无法使用，这极大地影响了天然气生产。因此药剂在开发和筛选过程中，需考虑其起泡性能，满足现场高效生产需求。

3）耐高温性

由于页岩气井下与地面环境差异大，井下最高温度可超150℃。而大部分杀菌剂含如戊二醛、异噻唑啉酮等，经井下高温后存在交联或性能降低的情况。从而使井下返排出药剂对地面管线保护作用降低。目前页岩气田生产大多在井筒等处设置加注口加注杀菌缓蚀剂，对井下和采气管线进行保护。如果药剂不耐高温，则经过井下高温后返排至地面对地面管线的保护作用降低，这导致药剂加注量大，腐蚀控制成本会大幅增加。因此，可通过提升药剂的耐高温性能，使井筒加注的药剂经井下高温后仍具有较高性能，返出地面后可保护地面管线，从而减少药剂加注量，进一步降低腐蚀控制成本。

4）对泡排剂性能影响

随着页岩气的开发时间的延长，产水量增多导致井底的地层水和相关的凝析物无法被带出到地面，造成井底积液。井底积液不仅影响页岩气井的产能，严重时还可能会导致水淹和停产，由此造成的损失是不可估量的。为解决气井中产水严重的问题，需要从排水工艺着手，只有采取有效的排水采气方法，才能保障高产能。目前泡沫排水法是页岩气田常用的排水采气方法之一。泡沫排水的具体工作原理是向气井中加入起泡剂，使得井筒积液与起泡剂混合后形成大量泡沫，从而降低井内的摩擦损失和井内的重力梯度，降低井内的回升压力，使液体得到举升。泡排工艺目前发展迅速，作为泡排工艺中极其重要的一环，起泡剂也有很多种类。泡排剂要有较好的起泡性能、稳泡能力及携液能力才能发挥稳产和增产功能[65]。杀菌剂在满足配伍性的要求后，又存在影响泡排剂的起泡性、稳泡性或携液能力等问题。例如杀菌剂1227，其自身起泡性能强，与起泡剂混合后，虽不影响起泡剂的起泡性能及携液能力，但是对起泡剂的稳泡能力影响较大。因此杀菌剂对泡排作业井中起泡剂性能的影响也是现场应用中面临的难题。

5）耐药性

因杀菌剂的长期使用，使SRB产生耐药性，因此对SRB耐药性处理困难的问题也是生产现场面临的一大难题。传统杀菌剂造成的SRB产生耐药性主要是因为杀菌剂在环境中分布不均匀，使局部位置的SRB长期处于低浓度的杀菌剂中而不能被杀死，其中的少数个体由于染色体的抗药性突变，或者通过生理适应方式，最终形成了对杀菌剂的抗药性，这些SRB通过进一步繁殖，导致对抗菌剂的耐药性不断增加。传统杀菌剂对SRB耐药性处理困难的另一个原因是SRB生物膜的形成，有证据表明，SRB对大量抗菌剂的耐药性不断增加，这是由于表面化学作用对生物膜代谢状态的影响以及生物膜形成的表型变化造成的。SRB可以产生细胞外聚合物（EPS），EPS除有助于钙沉淀和矿化、促进局部生物腐蚀之外，还有助于将SRB黏附到表面上，阻碍了杀菌剂的渗透，可以防止SRB暴露于杀菌剂中。生物膜具有抗杀菌剂的先天机制，包括扩散限制，降低的代谢速率，持久性细胞的形成以及用于使杀菌剂和外排泵酶失活的抗微生物基因上调等。据报道，生物膜中的固着细胞对杀菌剂的耐受性提高了10~1000倍，处理固着细菌通常需要的杀菌剂浓度是浮游细胞的十倍或更高[66]。SRB等腐蚀性细菌对杀菌剂的耐药性问题是目前页岩气生产现场的主要问题之一。

2. 理化性能要求

药剂的理化性能决定了药剂的应用范围。根据页岩气田工艺特征，防腐药剂的开发中需重点考查的理化性能包括：闪点、溶解性和起泡性等指标。

1）闪点

闪点是材料或制品与外界空气形成混合气与火焰接触时发生闪火并立刻燃烧的最低温度，是材料或制品贮存、运输及使用中安全防护的重要指标。为保证防腐药剂的运输安全及应用安全，药剂的闪点需满足安全需求，开口闪点不小于40℃。

2）溶解性

药剂在页岩气返排液中应具有一定的溶解度，可适当加入少量助溶剂，促进药剂在返排液中的溶解性，从而使混合液不发生乳化、分层及沉淀问题。对于加入井下的杀菌缓蚀剂，还需考虑在高温条件下与返排液的溶解性。温度一般选择为待加药剂井下的最高温度。另外，药剂还需与其他入井液配伍。

3）起泡性

药剂的起泡性也是其应用需重点考察的性能。药剂在现场水中，如起泡性能强，在集输过程中会与产出水在气流的影响下产生大量且不易消除的泡沫，这些泡沫不仅会对集输过程造成气阻的影响，还会因为分离器分离不完全，导致末端脱水装置的三甘醇起泡失效、发泡拦液等问题。常采用高速搅拌方法，根据其初始泡沫体积和消泡时间判断其是否可用。另外，为进一步增产稳产，有一些气井会采用泡沫排水采气工艺，通过从井口向井底注入某种能够遇水起泡的表面活性剂（起泡剂），井底积水与起泡剂接触以后，借助天然气流的搅动，生成大量低密度含水泡沫，随气流从井底携带到地面，从而达到排出井筒积液的目的。因此，药剂不能影响泡排作业中起泡剂的携液能力和起泡能力。

3. 药剂筛选

根据理化性能要求评价现有药剂是否符合要求。为确保评价结果具有代表性，收集的药剂应是商业产品，而不应是中试或室内小试产品。收集产品样品时，应注意其生产日期和外观等，确保测试的药剂为合格产品。

4. 新药剂开发

基于理化性能要求，明确分子结构与所需性能关系，提出新型药剂分子结构及合成路线，合成新型药剂分子并进行结构表征，然后根据性能评价结果，进一步改进分子结构并优化合路线，开发新型药剂。

缓蚀和杀菌的各种实验研究方法及检测技术都相对成熟，为研发新型药剂提供了较为可靠的技术手段。

近年来，随着计算机硬件水平的提高和技术的完善，计算机分子模拟已发展成为一种可以将复杂问题从微观水平进行研究的有效手段。药剂的缓蚀性能或杀菌性能均有一些计算机分子模拟方法报道。

目前关于缓蚀剂机理与性能的计算机分子模拟方法相对成熟。该方法能够提供与实验相互补充的有关缓蚀剂分子结构、电子分布和吸附过程的详细信息，为深入探讨缓蚀剂的作用机理创造了条件，是今后缓蚀剂研究领域的发展方向。人们已采用量子化学计算、分子动力学模拟等方法从缓蚀剂的吸附选择性、构效相关性和成膜机制等方面对其缓蚀作用机理进行了研究，取得了一定的成果，为缓蚀剂的分子设计提供了有力的技术支持。

已有大量学者用各种量子化学计算方法（Quantum Chemical Calculations，QC）研究了各类吸附型缓蚀剂的分子结构与缓蚀效率间的关系，即采用量子化学方法计算出表征缓蚀剂分子内部特征的结构参数（图 6-2-2）：如最高占有轨道（HOMO）能量、最低空轨道（LUMO）能量、静电势力（ESP）、偶极距、极化率、电荷密度和自由价等，然后由量化参数与缓蚀性能（实验数据）的关系分析缓蚀剂的结构和官能团对缓蚀作用的影响，进而探讨可能的作用机理，将缓蚀作用的认识推进到电子水平。

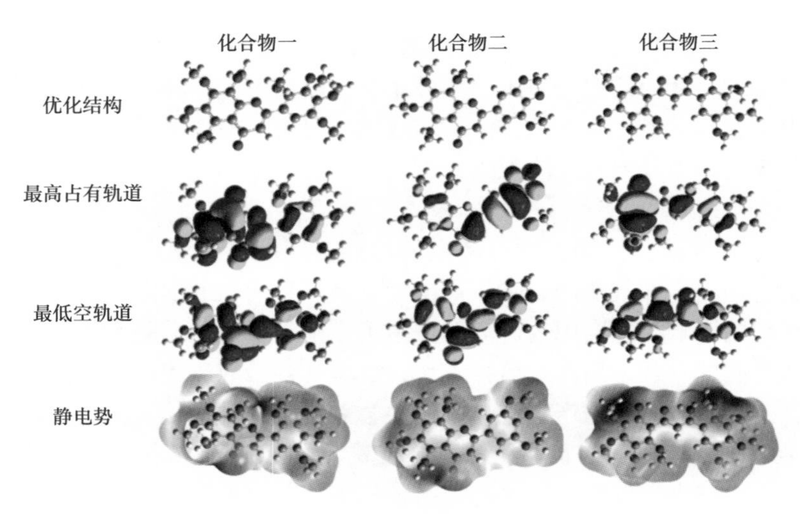

图 6-2-2　量子化学计算结果

通过量子化学方法可以研究缓蚀剂分子的结构和简单的界面体系（包含几十个到几百个原子的体系），进而对缓蚀剂的缓蚀机理进行讨论。但是该方法无法对系统状态随时间演化的过程进行描述。缓蚀剂的缓蚀性能除自身反应性之外，还与具体的腐蚀环境有关。分子动力学模拟方法在解决此类问题时有着绝对的优势。分子动力学模拟方法（Molecular Dynamics，MD）和量子化学计算方法相比，前者把整个原子作为研究的最小单元，不考虑内部电子的运动情况，处理的体系较大。同时 MD 方法可以模拟体系随时间演化的过程（图 6-2-3），研究腐蚀介质（如溶剂等）对缓蚀剂分子吸附行为的影响，分析缓蚀剂在金属表面的成膜机制。这些研究工作更接近真实情况，使缓蚀机理研究得到丰富和发展。

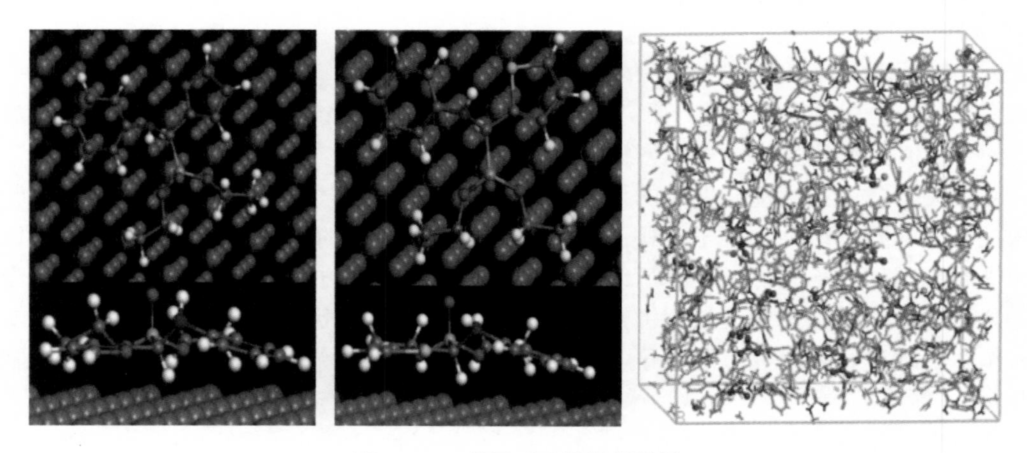

图 6-2-3　分子动力学模拟结果

杀菌剂的机理研究主要采用分子模拟手段为分子对接，分子对接（Molecular Docking，M-D）方法是在相关数据软件中虚拟模拟将靶标蛋白（受体）跟杀菌剂互相结合，二者之间识别从能量、几何、环境等层面得以体现，并根据一系列参数数据分析预测结合模式和结合力。分子对接技术不仅对明确杀菌机理具有重要作用，对于筛选新的化合物和发现新的靶标也有重要指导意义。Dos 等[67]利用虚拟筛选技术，通过 SRB 特征酶腺苷酰硫酸还原酶（APS）与杀菌剂分子进行对接，发现了 15 种新的潜在 APS 抑制剂，其中 3 种对石油工业采出水中 SRB 具有良好抑制作用。Tantawy 等将磺胺衍生物与正十六烷基碘化物进行季铵化，合成了一系列新的阳离子表面活性剂磺胺偶联物，发现其对 SRB 具有良好的杀菌作用，并通过分子对接进一步确定其抗菌机理（图 6-2-4）。

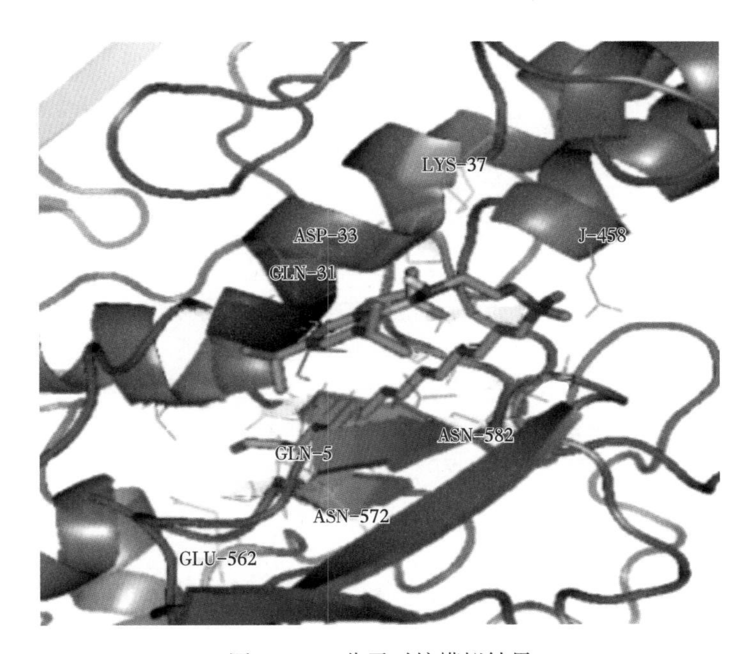

图 6-2-4　分子对接模拟结果

5. 适应性评价

根据理化性质需求，评价药剂的溶解性、起泡性及高温稳定性，以确定药剂是否适用于页岩气田生产系统中。

6. 性能筛选与优化

1）腐蚀控制指标的确定

防腐性能评价的第一步是确定腐蚀控制指标，为下一步腐蚀评价提供依据。目前页岩气田的腐蚀控制指标普遍为腐蚀速率低于 0.076mm/a；腐蚀微生物控制指标为 SRB ≤ 25 个 /mL、FB ≤ 10000 个 /mL、TGB ≤ 10000 个 /mL。

2）防腐性能评价原则

当供选择的缓蚀剂较多时，防腐性能评价应包括初选评价和强化条件评价。初选评价应具有简单、快速、低成本，以及结果明确等特点，一般在温和条件下进行电化学测试或静态挂片即可满足这种要求，快速筛选掉大部分缓蚀剂，使下一步成本更高的强化试验目标数降低。在缓蚀剂品种很少时，也可略去这一步，直接进行强化条件下的腐蚀评价。

强化条件下的腐蚀评价一般应考虑流速、温度、压力的影响。根据现场腐蚀因素的不同，也可考虑其他试验。

3）模拟试验条件的建立

腐蚀评价的最大困难在于实验室评价条件是否能代表现场条件，二者通过何种关系关联起来。只有明确了这个问题，经室内评选出的缓蚀剂才能安全应用于现场。

某些情况下，实验室采用配制水作为试验介质。但有时现场水和配制水在腐蚀严重程度和缓蚀剂效果上不大相同，因此，缓蚀剂筛选所用介质最好为现场水。若无法获得现场水，则室内筛选结果必须经过小范围的现场试验，以验证室内筛选结果是否正确。

7. 加注工艺选择

在防腐药剂的开发过程中，加注工艺是一个至关重要的环节。加注工艺主要为药剂的加注量及加注方式。药剂的加注量和加注方式的选择必须基于对药剂性能的深入理解。加注量的确定则需要基于药剂的有效浓度范围，确保加入足够的药剂以达到预期的防腐效果。在加注方式上，根据药剂的特性并结合现场工艺流程选择最适宜的方法，一般的加注方式为间歇加注和连续加注。

8. 现场试验

防腐药剂开发中，经过现场试验后才能评估药剂是否可用或在现场该如何使用。现场试验能够提供真实的环境条件下药剂的防腐效果和适应性数据，这些数据对于评估药剂在实际应用中的性能至关重要。不同于实验室条件，真实环境中复杂多变的因素，如温度、压力及流速波动、微生物种类和浓度的差异，都可能对防腐药剂的效果产生影响。通过现场试验，可以明确药剂能否在各种条件下保持其预期的防腐能力并明确其实际使用方法。

三、药剂的应用

目前，页岩气生产现场中主要通过在井筒及地面集输加注杀菌缓蚀剂以控制微生物与二氧化碳的协同腐蚀。

1. 药剂加注工艺

1）加注装置

目前页岩气田使用的药剂生产现场加注装置主要有气动泵和电动泵，其各自有优缺点。电动泵运行稳定，但安装较复杂，且必须依靠稳定电源提供动力；气动泵的安装和使用简便，但运行稳定性不如电动泵，且有废气排出。随着井站条件的逐渐成熟，可进一步提升加注装置的功能，如川南页岩气部分区块为提高现场的管理效率和推动气田的数字化建设，引入了撬装智能加注装置，赋予了装置数据远传和远控功能，使得管理人员能够实时掌握和调控现场的加注情况，提升管理效率。

2）加注方式

加注方式包括间歇加注和连续加注。间歇加注为每隔一定周期加注杀菌缓蚀剂，对系统进行杀菌缓蚀防腐。优点为药剂加注工作量少，缺点为杀菌效果不够稳定，难以完全抑制生产系统中微生物。对于平台第一次加注杀菌缓蚀剂时，建议对集气管线清管并进行预膜，可有效减少管道中细菌滋生情况，将细菌数量降低到较低水平。预膜可通过管线清管设施完成，如不具备清管条件则可直接一次性大剂量加入杀菌缓蚀剂，以达到预膜的效

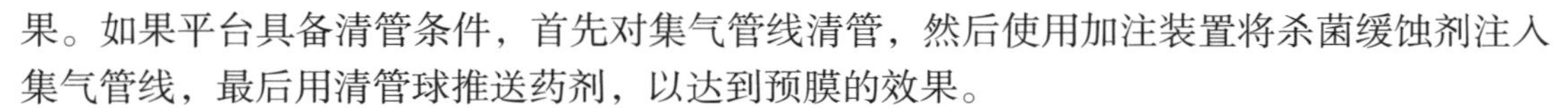

果。如果平台具备清管条件，首先对集气管线清管，然后使用加注装置将杀菌缓蚀剂注入集气管线，最后用清管球推送药剂，以达到预膜的效果。

连续加注指每天连续投加一定浓度的杀菌缓蚀剂，其对系统细菌控制效果较好，缺点为要配备连续药剂投加装置，运维成本高。

3）加注量

井筒、场站及集输管线杀菌缓蚀剂每日加注量可按产液量进行计算：

$$Q=1.1C_{m}Q_{w}/\rho \qquad (6-2-1)$$

式中　Q——每日加注量，L；

C_{m}——水中杀菌缓蚀剂浓度（由实验室模拟评价实验得出），mg/L；

Q_{w}——每日产水量，m^3；

ρ——缓蚀剂密度，g/L。

杀菌缓蚀剂单次间歇加注量可按“每日加注量 × 加注间歇天数”进行计算。

2. 井筒、场站及集输管线药剂加注

根据页岩气田不同生产特征，井筒、场站及集输管线药剂加注有所区别。

1）井筒加注

压裂期间，压裂施工完成后应立即用压裂车向井筒加注一次杀菌缓蚀剂。下油管前生产期间，宜通过油层套管向井筒间歇加注杀菌缓蚀剂。下油管后生产期间，当油管采气时应通过油管环空加注，当套管环空采气时应通过油管加注，杀菌缓蚀剂加注量可由式（6-2-1）计算。泡排期间井筒杀菌缓蚀剂与泡排药剂混合连续加注。停产期间，如果生产时仅通过油管采气，停产时应通过车载泵向油管开展一次杀菌缓蚀剂涂膜加注，涂膜加注杀菌缓蚀剂量可由式（6-2-2）计算：

$$Q=2.4DLk \qquad (6-2-2)$$

式中　Q——涂膜处理量，L；

D——油管内径，cm；

L——油管长度，km；

k——增加的药剂裕量系数，通常取 1.3。

如果生产时通过油套环空采气，停产时通过化排车分别向油套环空和油管内壁开展一次杀菌缓蚀剂涂膜加注；油管内壁涂膜加注杀菌缓蚀剂量可由式（6-2-3）计算：

$$Q=2.4(D_{1}+D_{2})(L_{1}+L_{1})k \qquad (6-2-3)$$

式中　Q——涂膜处理量，L；

D_{1}——油管外径，cm；

D_{2}——油层套管内径，cm；

L_{1}——油管长度，km；

L_{2}——油层套管垂直段长度，km；

k——加的药剂裕量系数，通常取 1.3。

2）场站加注

生产期间：井筒已加注杀菌缓蚀剂的气井，场站可不额外加注。井筒未加注杀菌缓蚀剂的气井应在井口向场站加注杀菌缓蚀剂。杀菌缓蚀剂加注量可由式（6–2–1）计算。停产期间：停产时应向场站内原料气管线开展一次杀菌缓蚀剂涂膜加注。

3）集气管道加注

生产期间：平台第一次加注杀菌缓蚀剂时，应对集气管线进行杀菌缓蚀剂涂膜。具备清管条件的管道，应首先对集气管道开展清管作业，其次使用加注装置将杀菌缓蚀剂注入集气管道清管发球筒，最后用清管球推送药剂，达到涂膜的效果。不具备清管条件的管道，可使用加注装置将涂膜的杀菌缓蚀剂一次性注入集气管道，由管道内气流推送药剂，达到涂膜的效果。涂膜完成后，使用加注装置对集气管线进行 24h 连续加注。杀菌缓蚀剂加注量可由式（6–2–1）计算。停产期间：停产期间的集气管道，停产时应开展一次杀菌缓蚀剂涂膜。

3. 腐蚀监测 / 检测

腐蚀监测与检测是杀菌缓蚀剂腐蚀控制技术中不可或缺的一环，它通过精准监测腐蚀微生物含量、杀菌缓蚀剂残余浓度以及 Fe^{2+} 含量，为腐蚀控制的有效性提供了直观的评估。通过腐蚀微生物含量的监测，准确了解页岩气田生产系统中腐蚀微生物的控制情况，为药剂防腐的效果及优化提供参考。其次，杀菌缓蚀剂的残余浓度监测确保了化学处理剂的有效性，从而也是优化加注量的关键。而 Fe^{2+} 含量的监测反映了系统中腐蚀速率的一个重要指标，Fe^{2+} 的含量的增多往往伴随着金属的腐蚀过程。通过这些关键指标的综合监测，不仅可以实时掌握腐蚀控制的实际效果，及时调整和优化策略，而且还能为杀菌缓蚀剂的加注量提供科学依据，避免过量或不足的情况发生，从而在保障系统安全运行的同时，实现成本效益的最大化，达到降本增效的目的。表 6–2–1 为某页岩气公司集气管线杀菌缓蚀剂腐蚀控制监测 / 检测方案。

表 6–2–1　某页岩气公司集气管线杀菌缓蚀剂腐蚀控制监测 / 检测方案

评价内容	评价方法	评价对象	评价周期	取样位置	分析依据
杀菌效果	SRB 含量监测	集气站和中心站返排液	（1）药剂加注前对集气站和中心站进行取样检测；（2）前期每半月 1 次，后期每月 1 次	集气站和中心站分离器	（1）NB/T 14002.3—2022《页岩气　储层改造　第 3 部分：压裂返排液回收和处理方法》；（2）SY/T 5329—2022《碎屑岩油藏注水水质指标技术要求及分析方法》
缓蚀效果	杀菌缓蚀剂残余浓度监测	集气站和中心站返排液	药剂加注后，1 季度 1 次	集气站和中心站分离器	杀菌缓蚀剂产品残余浓度检测方法
	Fe^{2+} 含量监测	集气站和中心站返排液	药剂加注后，1 季度 1 次	集气站和中心站分离器	HG/T 3539-2003/ISO 6332：1988《工业循环冷却水中铁含量的测定邻菲啰啉分光光度法》

第三节　其他防腐技术

随着微生物腐蚀危害越来越受到重视，控制技术除材料防腐和药剂防腐外，其他防腐技术如清管、物理防腐和生物防腐等也在迅速发展。其中，清管是页岩气田中最普遍使用的腐蚀控制措施。

一、清管

清管即采用某种工具在外来驱动力的作用下清理管道中存在的异物。油气田管道中采用的清管工具有骨架清管器、泡沫清管器、硬质铸造清管器和清管球等。清管工具在长输管道中由气体、液体或管道输送介质推动，其可以携带电磁发射装置与地面接收仪器共同构成电子跟踪系统，还可配置其他配套附件，完成各种管道清管作业任务[68]。管道清管基本覆盖了管道全生命周期的各个阶段，包括建设、运营与维护、检测、修复，以及退役/停用等阶段。不同阶段的管道清管发挥的作用和需要达到的目的不一样。

天然气在役集输管线清管目的：清除管线内部积液、污物、甲烷水合物及管道内腐蚀产物；提高管道输送效率，降低管道压力损失，减少腐蚀性物质对管道内壁的腐蚀损伤；检测管线变形、腐蚀状况等。对于新建管线，主要为清除管线杂物、浮锈、清除水垢、沉淀物等。进行清管作业前应充分了解管道的材质、管道内径、管道途经的地形、收发球站的间距、弯头的曲率半径与角度、特征的相对位置、支管的内容及阀门类型等。

页岩气田中 SRB 等腐蚀性微生物可以在厌氧条件产生大量黏液状的胞外聚合物 EPS，通过 EPS 附着在管道表面通过代谢作用腐蚀管道。因此可通过清管抑制微生物腐蚀。通过清管球在管道内移动，机械去除腐蚀结垢和沉积物。清管器只能应用于直径恒定且没有障碍物阻碍的可清管线。

根据页岩气开发方案，典型的页岩气井生产阶段分为：排采期、相对稳产期、递减期、低压小产期等 4 个阶段。在页岩气井开发方案中新建气液混输管线、长度超过 3km 的湿气输送管线应设置清管装置，气液混输干线、环形管网输气干线应考虑双向清管流程，线路弯头宜采用 $R=5D$（R 为该弯头的弯曲半径，mm；D 为该弯头的外径，mm）及以上弯头；DN150 以上管径管道宜采用双向清管收发球筒，具备几何、漏磁检测器运行的条件。

根据页岩气返排液量大，管道积液较严重的特点，排采期管道和正式生产流程管道分别制定清管周期。页岩气田生产现场清管发接球作业如图 6-3-1 所示。管道清管周期确定的主要原则依次为管输效率、污物量和最长周期。

图 6-3-1 页岩气田生产现场清管发接球作业

1. 管输效率原则

湿气管道采用威莫斯公式计算，管径 DN400mm 以下管线管输效率小于 80%、管径 DN400mm 及以上管线管输效率小于 85% 时，应安排清管作业。如果管输效率难以计算，可根据管道输送压差的变化合理安排清管作业。

2. 污物参考原则

管径 DN300mm 及以下管道（段）每次清出污水应小于 10m^3；管径 DN300mm 以上管道（段）每次清出污水折算到每千米管道应小于 0.5m^3，如清出污物量超过上述参考量，应考虑缩短清管周期。

3. 最长周期原则

气液混输管道的清管周期不应超过 1 个月；湿气管道清管周期不应超过 3 个月；清管条件差（流速低、运行压力低且管道较长）、卡堵后影响大（如主供气源管线的清管作业）的管线，最长清管周期不宜超过 1 年。针对排采期产水量大，温度高，管道积液多的特点，最长清管周期不宜超过 1 周，相对稳产期及递减期最长周期不宜超过 1 月，当管道压差较大时，应适当加密清管。

清管球（器）的选择应综合考虑输送介质、清管装置、历次清管情况及季节变化等因素。气液混输与湿气输送管线清管可采用清管球或柱状清管器，条件具备时宜尽量选用柱状清管器。清管球排尽空气后注满水过盈量宜控制在 3%~10%，清管器过盈量一般控制在 1%~4%。清管器（球）在运行过程中，推球压差宜控制在 0.2~0.3MPa，清管器（球）运行速度宜控制在 10~18km/h 内。管线投运后的第一次清管或管内杂质较多管线清管时，应先采用清管球或泡沫清管器等质地较软的清管器清管，再根据清管情况合理选择清管工具。管道智能检测的清管方案应根据管输介质、管线新旧程度、历次清洁等因素进行优化，以降低清管卡堵风险。

二、物理防腐技术

物理防腐技术即物理杀菌，采用声、光、热、电、力等手段杀灭或抑制细菌生长，防止其腐蚀。一般物理杀菌的方法包括高温蒸汽灭菌、紫外线灭菌、辐射灭菌、电流灭菌、磁场灭菌、超声波灭菌、改变微生物生存环境、物理清洗及阴极保护等。相对化学法，其具备安全、性能稳定及环保等优势，但物理杀菌法对设备要求高、使用条件苛刻等限制了其应用。工业上一般采用物理法与化学药剂结合使用的方法[69]。

1. 高温蒸汽灭菌

用高温加高压条件灭菌，不仅可杀死一般的细菌、真菌等微生物，对芽孢、孢子也有杀灭效果，是最可靠、应用最普遍的物理灭菌法。由于高温蒸汽灭菌法能耗大，对设备要求高，其在油气田领域中难以推广应用。

2. 辐射杀菌

当微生物受到放射性物质的辐射时会发生突变，导致其生理特性和外在能力发生改变。这些突变能够抑制细菌的繁殖，甚至在辐射量足够大的情况下直接导致细菌的死亡。可通过直接辐射和间接辐射对微生物产生影响。直接辐射可诱导微生物的遗传物质发生突变，从而抑制微生物的生长和繁殖过程。间接辐射则诱导水分子和氧气分子产生活性氧分子，例如超氧自由基[70]，这些活性分子攻击细菌细胞导致细胞裂解。

辐射杀菌包括电离辐射杀菌和微波杀菌等。电离辐射杀菌利用γ射线或阴极射线对微生物进行照射，使微生物的细胞失去活性，达到杀菌的目的。这种杀菌方式具有辐射穿透力强、杀菌效果好且无须高温高压的优点，适用于大批量工业杀菌。微生物对辐射的敏感性取决于其生长环境、温度、pH值和生长环境中含氧量等条件。但由于辐射杀菌操作条件苛刻、设备复杂、使用难度大，以及要对操作人员进行严格的防护措施且可能对人体造成伤害等原因，目前尚未推广使用。微波杀菌利用微波辐射，当有水分存在时会产生热效应。微生物在微波场的作用下，其蛋白质或遗传物质会发生变性，导致细胞失活。微波杀菌具有加热速度快、能耗低的优点，能够迅速灭菌。然而，同样其仪器设备成本高、安全风险大等问题限制其工业应用。

3. 超声波杀菌

超声波具有强烈的生理学作用，特别是当其频率达到一定程度时，超声波能够使微生物内部受到强烈的震荡，最终导致其死亡。超声波的杀菌效果与多种因素相关，包括频率、处理时间、微生物种类以及细胞大小等。大多数学者认为，超声波灭活微生物主要是由声流和声空化产生的瞬时高温高压所引起的。具体来说，这一过程包括以下三个方面：(1)超声波空化作用产生的瞬时高温使细菌内部蛋白质发生变性[71]；(2)空化作用形成的瞬时高压和剪切力能够破坏微生物细胞壁，同时使细胞膜变薄、渗透性发生改变，导致胞内物质泄漏，从而引起细菌死亡；(3)超声波形成的空化泡破裂过程中产生的自由基和过氧化氢使胞内物质氧化丧失原有功能，进一步导致细菌死亡[72]。Soleimanzadeh等[73]的研究表明，高振幅的超声波能够增强对细菌的细胞壁和细胞膜的破坏，因此超声波对金黄色葡萄球菌的杀菌效果随着振幅的增加而增加。此外，他们还研究了超声波占空比(超声时间与间歇时间之比)对杀菌效果的影响。研究结果表明，当占空比为7∶3时，超声波的杀菌效果最佳。在这种情况下，探头所产生的空化泡能更有效地破裂产生空化效应，从而达到最佳的杀菌效果。因其杀菌效果与超声频率、杀菌时间及微生物种类有关，油气田生产系统环境复杂，其适应性应用还需进一步探究。

4. 高频电流杀菌

高频率电流作用在水体中时，会产生强大的紊流波动，从而影响水中的微生物。这种影响改变了微生物的生长环境，例如形成无氧的环境，导致好氧微生物丧失活性。通过改变水体中的物理条件，对微生物产生了直接的影响，进而影响了水体的微生物生态系统[74]。目前，由于设备价格及安全性能限制了该装置在油气田的工业化应用。

5. 高频电磁杀菌

高频电磁主要是通过向水中持续的发送交变的高频电磁场能，在电磁场能作用下水分子的电子被激活，使之处于高能位的状态，由于电子能位上升，使水中溶解盐类的离子或带电粒子因静电引力减弱而不能互相集聚或产生化学结合。同时，它具有大功率脉冲电压和高频电位移电流特性，可以使微生物细胞内的“补酶”丧失代谢功能，细胞的活性受到抑制。脉冲电压破坏了微生物的细胞膜，使细胞内的原生质漏出而死亡。同时能在水中产生一定量的活性氧自由基。这些自由基能破坏生物细胞的离子通道，因此具有很强的杀菌、灭藻作用。高频电磁杀菌技术主要应用于循环水处理，其不但可防止水垢的生成，而且还可以使已有的除旧水垢分解脱落，从而达到除垢的功能，同时还具备突出的杀菌、杀藻、除锈和防腐蚀功能。但是页岩气中返排液成分复杂，量大，因此，高频电磁杀菌技术其在油气田中的腐蚀控制还需进一步考察[75]。

6. 紫外线杀菌

波长为210~280 nm的紫外光线照射污水中的微生物，能够使微生物的脱氧核糖核苷酸DNA发生突变，进而导致细菌无法正常合成蛋白质。此外，紫外光还能产生大量的自由基，这些自由基具有强烈的氧化性，能够破坏细菌的基本结构，最终达到杀灭细菌的效果[76]。紫外线杀菌装置通常安装在污水处理流程的末端[77]，在国内的油田生产作业中也有一定的应用。然而，它存在一些不足之处：紫外光线的穿透能力较差，距离紫外线发生器越远，杀菌效果就越差。由于油田水的成分较为复杂，且浊度较大，这给紫外光线造成了较大的阻隔。并且紫外线杀菌装置并不具备油田水系统对长效抑菌能力的要求。

7. 改变细菌生长环境

油气田行业水体的温度、pH值、矿化度及溶解氧等因素都会对细菌的生长繁殖产生影响。因此，通过改变细菌的生长环境，可以达到抑制甚至杀灭细菌的目的。然而，对于油田水系统来说，由于系统污水量较大，管线流程复杂且含有很长的管线系统，因此这种方法在实际应用中并不具备可行性。

8. 阴极保护

在存在SRB的环境中，阴极保护是一种有效地防止微生物腐蚀的方法。这是因为阴极保护能够加速氢的释放，使得细菌无法利用这些氢进行去极化作用。通过这种方式，阴极保护可以有效地防止海洋环境中厌氧微生物膜在碳钢构筑物表面的附着。在没有SRB的情况下，只需要将被保护对象的阴极极化电位降至−0.850V（相对于$Cu/CuSO_4$电极）即可达到保护目的。在SRB存在的条件下，需要进一步降低阴极极化电位至−0.950V才能实现保护。这是因为SRB的活动会在金属表面附近形成酸性环境，从而增强了其对碳钢的腐蚀作用。

生产环境中存在着复杂的微生物环境，部分微生物的呼吸可能会为SRB营造一个缺氧环境，同时其分泌的EPS等物质可以帮助SRB完成附着，降低阴极保护对SRB附着的作用。为了更好地保护碳钢构筑物，阴极保护通常与涂层防护方法联合使用[78]。

目前紫外杀菌、超声波杀菌、变频电磁杀菌及阴极保护等技术在油气田领域已有一定的应用，但由于油气田污水成分复杂，在实际的应用中物理法出现很多问题，如设备要求高、操作不便、杀菌效果差等问题。尤其是紫外杀菌技术在很多油气田的应用中由于水中杂质的影响，杀菌效果很差，甚至没有效果。另外，阴极保护大多只针对外腐蚀，管道内微生物腐蚀无法抑制。因此，物理杀菌技术在页岩气田中进行微生物腐蚀控制的应用的适应性还需深入探究。

三、生物防腐技术

微生物腐蚀的生物防治可以通过生物驱除、腐蚀抑制剂分泌、生物膜层保护和非生物膜屏障保护等过程实现。从腐蚀机制入手，研究腐蚀防治的生物控制手段，对全面认识和探究微生物腐蚀生物防治有着重要的意义。

1. 生物驱除

生物驱除法是一种通过使用生物制剂（通常是自然来源的微生物杀灭剂）来控制或消除引起腐蚀的微生物，从而抑制腐蚀的方法。通过生物驱除法降低腐蚀性微生物的腐蚀效

果是生物防治控制腐蚀的首选。

1）种间竞争法

微生物群落可以释放多种信号分子相互“沟通”，从而形成协同或竞争代谢。近年来，生物竞争法在各大油田有一定的应用且备受研究者关注，普遍通过在油田中投加硝酸盐、亚硝酸盐和钼酸盐等盐类促进硝酸盐还原菌（NRB）或反硝化细菌（DNB）的生长，从而抑制 SRB 作用产生的硫化物变酸及腐蚀。Stoeva 等[79] 通过高氯酸盐处理含硫混合连续流系统，使用高氯酸盐还原菌（DPRB）实现对 SRB 的生物竞争抑制，高氯酸盐的加入可以使 SRB 菌群因生长缓慢而容易被冲刷，且实验表明低浓度的高氯酸盐加上 DRPB 修正剂可以将硫化物浓度降至零。Pillay 等[80] 从腐蚀的低碳钢和不锈钢挂片中分离出 40 株细菌。系统发育分析表明，大多数细菌为芽孢杆菌属（Bacillus），且亲缘关系较近，向环境中添加反硝化细菌（DNB）繁殖所需要的硝酸盐或亚硝酸盐，可以使得 DNB 在与 SRB 在种间竞争中占据优势，从而抑制了 H_2S 的产生和 SRB 的繁殖。由于 NO_3^- 还原释放的能量比 SO_4^{2-} 高，DNB 需要的氧化还原电位高于 SRB，因此优先发生的是硝酸盐还原反应，减少了 SRB 对腐蚀的影响，腐蚀得到了进一步缓解。

苏三宝等[81] 从青海油田（低渗透）和胜利油田（低渗透）等分离出多种菌株。采用生物竞争法投注激活剂后硝酸盐还原菌（NRB）被有效激活，最高达到 10^6 个 /mL 以上，而铁细菌（IB）和腐生菌（TGB）基本控制在 10^2~10^4 个 /mL，可控制 SRB 低于 10^2 个 /mL，硫化物含量低于 3mg/L，达到污水处理标准。但这一方法的使用使得悬浮物含量偏高，生产过程中需要谨慎调整药品用量，避免管道堵塞。佘栋宇[82] 等发现在混菌培养系统中，脱氮硫杆菌（TDN）通过其反硝化过程产生的代谢产物而改变 SRB 的生长环境，从而抑制 SRB 生长，并减少 H_2S 的产生。有研究表明，TDN 能将 SRB 产生的还原性硫化物氧化成 SO_4^{2-}，阻止 FeS 和 H_2S 产生，既控制了 SRB 引起的腐蚀，又解除了因 FeS 造成的堵塞。张冰[83] 等有针对性地开发了能够促进反硝化细菌生长的 DN-1001 型反硝化药剂，发现在存在原生反硝化细菌的系统中，使用 400mg/L DN-1001 反硝化药剂，可有效抑制 SRB 生长并控制其硫化物的产生。

2）噬菌体感染法

噬菌体，又称细菌病毒，可以侵入“宿主”细菌细胞内，通过酶作用破坏细胞壁，使细菌裂解，通过溶菌作用将细菌杀死。利用噬菌体可以除去产生腐蚀的细菌，分解胞外多聚物，还能破坏金属表面的生物膜。现目前将噬菌体应用于金属腐蚀抑制的研究较少，Mathews 等[84] 利用靶向噬菌体生物防治技术改变微生物群落，以减少特定的产生硫化物的细菌，从而控制微生物诱导的混凝土腐蚀。Summer 等[85] 从石油盐水和泥浆样品中筛选出拟杆菌门、厌盐菌、梭状芽孢杆菌和三角洲变形菌的硫酸盐还原菌，并分离出两种对嗜盐厌氧菌和脱硫弧菌共培养有活性的噬菌体。实验结果表明，在混合培养中加入几种噬菌体的混合物可以有效抑制 SRB 等产生 H_2S 的生物生长。噬菌体生物防治法通过减少对有毒化学杀菌剂的需求，降低了生产成本和环境污染危害。

3）生物膜抑制和清除

生物膜态微生物与常见的浮游态微生物相比有着显著的不同，其抗性更强、更难清除且危害更大。生物膜是微生物为适应自然环境而特有的生命现象。据报道，生物膜态菌对各种化学杀菌剂的敏感程度只是同种浮游菌的 0.1~0.001。由于生物膜态菌对杀菌剂的抗性更强，故生物膜给杀菌效果带来严重的影响，在生物膜尚未形成前采取措施抑制腐蚀菌生物膜的形成是控制腐蚀生物的有效措施。Davies 等[86]发现抗生素和低电流联合作用产生的生物电效应可有效抑制生物膜形成。研究发现，杀菌剂十二烷基硫酸钠会阻断细菌簇与群体感应信号联系，抑制这些细胞间信号，从而阻碍生物膜的突变分化。Shanks 等[87]实验发现浓度在 0.5% 以上的柠檬酸钠能有效抑制金黄色葡萄球菌和表皮葡萄球菌的生物膜形成和细胞生长，且 EDTA 钠和柠檬酸钠与庆大霉素联用均能有效预防生物膜的形成。

2. 腐蚀抑制剂分泌

微生物可以通过分泌腐蚀抑制剂来减缓金属腐蚀，根据腐蚀抑制机理的不同可分为缓蚀剂氨基酸类和抗生素短杆菌肽等。氨基酸类物质不仅通过形成自组装膜来抑制金属腐蚀，一些微生物分泌的多肽类物质还可以作为抗生素抑制腐蚀菌的活性[88]。Jayaraman 等[89]利用基因工程技术，在枯草芽孢杆菌 be1500 和枯草芽孢杆菌 WB600 中表达吲哚霉素和结核菌素基因，在连续反应器中，其分泌的抗菌肽，可使 SRB 菌的存活率降低 83%，对 304 不锈钢的腐蚀有 6~12 倍的抑制作用。比起使用高剂量的化学杀菌剂，利用生物代谢产生的抗生素、多肽类物质抑制 SRB 的生长无疑是更好的选择。

3. 生物膜层控制

实际上，随着一些抗腐蚀微生物的发现及研究的开展，人们逐渐认识到微生物不仅会加速金属腐蚀，在某些条件下，许多微生物还有抑制金属腐蚀的能力，其抑制效率甚至远远好于某些防腐蚀涂层。相比使用杀菌剂等其他传统防腐技术，微生物有益作用被认为是一种最有前景、有效且环境友好的防腐技术。多项研究表明某些生物膜的形成可以抑制金属腐蚀的发生。杜鹃等发现芽孢杆菌的存在会在 A3 钢表面形成致密的生物膜，该膜层在金属与溶液间起到很好的机械阻隔作用，可以有效地抑制了 A3 钢的腐蚀过程。Örnek 等[90]利用枯草芽孢杆菌形成的再生生物膜来抑制铝合金和铜合金 C2600BRASS 的点蚀，他们发现当铝和铜合金表面形成生物膜时，其腐蚀电位明显正移，腐蚀速率明显降低。

4. 非生物膜屏障保护

一些不能形成生物膜的微生物也可以通过产生其他屏障减缓金属腐蚀。有研究显示假单胞菌和微球菌等能够在非无菌工业系统中通过抑制 SRB 而降低 MIC，这些生物不仅能够去除腐蚀产物，还能通过消耗溶解氧、降低开路电位和在金属表面产生原子氢保护层而导致金属表面钝化，保护金属免受进一步腐蚀[91]。Dubiel 等[92]发现一种突变株希瓦氏菌 MR^{-1}，该突变株在生物膜形成和铁还原方面存在缺陷，在厌氧条件下将 Fe^{3+} 还原为 Fe^{2+}，Fe^{2+} 进入液相主体消耗了氧气，生成的产物附着在金属表面，形成一道钝化层屏障，从而加强了腐蚀耐受能力。Volkland 等[93]发现如果溶液中存在足够量的磷酸盐，则红球菌属中菌株 C125 和恶臭假单胞菌 Mt2 于好氧条件下，会在非合金钢上形成阻蚀的蓝铁矿层，这种铁矿钝化了钢的表面，能够抑制腐蚀形成过程。

随着科技的不断进步和人们对生物防腐技术的深入了解，生物防腐技术有望在油气田行业中发挥越来越重要的作用，为油气田生产的可持续发展提供有力支持。

参考文献

[1] Demir B，Broughton R M，Huang T S，et al. Polymeric antimicrobial N-halamine-surface modification of stainless steel[J]. Industrial & engineering chemistry research，2017，56（41）：11773-11781.

[2] 王慧 . 中科院金属所成功开发出含铜不锈钢新型植入材料 [J]. 粉末冶金工业，2014，(3)：39.
[3] 刘永红，李海清，李德超，等 . 不锈钢镀 Ag 涂层的制备及对变形链球菌的抗菌性研究 [J]. 口腔医学研究，2014，30 (9)：29-32.
[4] 张冠军，齐国权，戚东涛 . 非金属及复合材料在石油管领域应用现状及前景 [J]. 石油科技论坛，2017，36 (2)：26-31，37.
[5] 王大鹏，孙岩，张友强，等 . 增强热塑性塑料复合管的现状及进展 [J]. 塑料，2017，46 (4)：69-72.
[6] 叶鼎铨 . 国外纤维增强热塑性塑料发展概况 [J]. 玻璃纤维，2012，246 (4)：33-36.
[7] Amani M，Rauf A A. An update on the use of fiberglass casing and tubing in oil and gas wells[J]. International Journal of Petroleum and Petrochemical Engineering，2017，3 (4)：43-53.
[8] Rafiee R. On the mechanical performance of glass-fibre-reinforced thermosetting-resin pipes：A review[J]. Composite Structures，2016，143：151-164.
[9] 梁剧 . 钢丝绳带缠绕增强塑料复合管的强度分析 [D]. 广州：华南理工大学，2014.
[10] 郭强，孙阳洋，刘兴茂，等 . 非金属管在油田的应用及探讨 [J]. 天然气与石油，2012，30 (6)：6，19-21.
[11] Pham D，Sridhar N，Qian X，et al. A review on design，manufacture and mechanics of composite risers[J]. Ocean Engineering，2016，112：82-96.
[12] 叶鼎铨 . 国外纤维增强热塑性塑料发展概况 [J]. 玻璃纤维，2012，246 (4)：33-36.
[13] 全娇娇 . 集输油用柔性复合管的环境适用性评价研究 [D]. 西安：西安石油大学，2020.
[14] Badeghaish W，Noui-mehidi M，Salazar O. The future of nonmetallic composite materials in upstream applications[C]. SPE-198572-MS，2019.
[15] 王薇，王俊涛，魏向军，等 . 井下柔性复合管注水技术及应用 [J]. 石油钻采工艺，2017，39 (1)：83-87.
[16] 冯德华，綦耀光，余焱群 . 海洋纤维增强复合柔性管拉伸性能 [J]. 中国石油大学学报 (自然科学版)，2021，45 (4)：146-152.
[17] 李岩，柴鹏举，顾孝宋 . 弯矩作用下玻璃钢内衬再生复合管稳定性能分析 [J]. 河北工程大学学报 (自然科学版)，2023，40 (2)：9-14.
[18] 张洪霖 . 油管内衬 SHS 陶瓷涂层的变形损伤研究 [D]. 大庆：东北石油大学，2013.
[19] 张千东，尚志荣，高永 . 提高油田井口管线抗冲刷磨损能力的技术研究 [J]. 技术研究，2021 (3)：55-56.
[20] 董巍，王荣敏，毛泾生，等 . 长庆油田污水回注管材应用情况对比分析 [J]. 石油工程建设，2010，36 (1)：16，122-123.
[21] 夏蓉 . 非金属管道在大庆油田应用的适应性及运维措施 [J]. 油气田地面工程，2019，38 (11)：12-15.
[22] 李金桂 . 郑家燊 . 表面工程技术和缓蚀剂 [M]. 北京：中国石化出版社，2007.
[23] Saha G C，Khan T I，Zhang G A. Erosion-corrosion resistance of microcrystalline and near-nanocrystalline WC-17Co high velocity oxy-fuel thermal spray coatings[J]. Corrosion science，2011，53 (6)：2106-2114.
[24] 巴雅尔 . 基于有限元模拟的钢基 WC 陶瓷涂层协调性能研究 [D]. 徐州：中国矿业大学，2022.
[25] 张露 . 碳化钨涂层在海洋环境下的腐蚀行为机制研究 [D]. 沈阳：沈阳理工大学，2022.
[26] 时海芳，姜晓红，李智超 . 金属基抗菌涂层发展现状 [J]. 电镀与涂饰，2008，27 (10)：55-58.
[27] 季君晖，史维明 . 抗菌材料 [M]. 北京：化学工业出版社，2003.
[28] 孙晓萱，高建新，李杭，等 . 金属抗菌机理的研究进展 [J]. 功能材料，2020，51 (9)：9066-9071.
[29] 彭子凌 . 纳米氧化锌复合材料的制备与可见光催化杀菌性能 [D]. 武汉：华中科技大学，2018.
[30] 王鹏鸽，张静，王震宇，等 . 光催化反应中活性氧化物种产生及抗菌机制研究 [J]. 地球环境学报，

2023，14（5）：539-556.

[31] 宋中华，张士诚，周理志，等．镍钨合金镀层油管适用性［J］. 腐蚀与防护，2014，35（12）：1256-1259.

[32] 赵斌，王锐，李智超，等．镁合金 Ni-Ce-P/ 纳米 TiO_2 化学复合镀层抗菌性能研究［J］. 热加工工艺，2010，39（24）：173-175.

[33] 王红艳，周苏闽．载银磷酸锆抗菌复合镀层的组成与性能研究［J］. 腐蚀科学与防护技术，2006，18（2）：129-131.

[34] Gnanadhas D P，Marathe S A，Chakravortty D. Biocides-resistance，cross-resistance mechanisms and assessment[J]. Expert Opinion. Investigational. Drugs，2013，22（2）：191-206.

[35] 顾学斌，谢小保．工业杀菌剂应用技术［M］. 北京：化学工业出版社，2021.

[36] 王淋．油田含聚水低分子有机胺类杀菌剂的合成与评价［D］. 青岛：中国石油大学（华东），2018.

[37] 赵婉莹．新型杀菌剂的研究［D］. 大庆：东北石油大学，2013.

[38] Jennings M C，Minbiole K P，Wuest W M. Quaternary ammonium compounds：An antimicrobial mainstay and platform for innovation to address bacterial resistance[J]. ACS infectious diseases，2015，1（7）：288-303.

[39] Etim I I N，Dong J，Wei J，et al. Effect of organic silicon quaternary ammonium salts on mitigating corrosion of reinforced steel induced by SRB in mild alkaline simulated concrete pore solution［J］. Journal of Materials Science & Technology，2021，64：126-140.

[40] Obłąk E，Piecuch A，Rewak-Soroczyńska J，et al. Activity of gemini quaternary ammonium salts against microorganisms［J］. Applied Microbiology and Biotechnology，2018，103（2）：625-632.

[41] Asadov Z H，Ahmadova G A，Rahimov R A，et al. Micellization and Adsorption Properties of New Cationic Gemini Surfactants Having Hydroxyisopropyl Group［J］. Journal of Chemical & Engineering Data，2019，64（3）：952-962.

[42] 周旋峰，石荣莹．阳离子杀菌剂的现状及其发展趋势［J］. 中国洗涤用品工业，2020，3：187-193.

[43] 刘俏．油田杀菌剂杀菌效能研究［D］. 大庆：东北石油大学，2022.

[44] Liu X，Li Z，Fan Y，et al. A mixture of D-Amino acids enhances the biocidal efficacy of CMIT/MIT against corrosive vibrio harveyi biofilm[J]. Frontiers in Microbiology，2020，11.

[45] Gao B，Zhang X，Sheng Y. Studies on preparing and corrosion inhibition behaviour of quaternized polyethyleneimine for low carbon steel in sulfuric acid［J］. Materials Chemistry and Physics，2008，108（2-3）：375-381.

[46] 汤亚男．半导体基仿生纳米功能表面的构筑及杀菌性能研究［D］. 长春：吉林大学，2022.

[47] Cui F，Li T，Wang D，et al. Recent advances in carbon-based nanomaterials for combating bacterial biofilm-associated infections［J］. J Hazard Mater，2022，431：128597.

[48] He D，Yu Y，Liu F，et al. Quaternary ammonium salt-based cross-linked micelle templated synthesis of highly active silver nanocomposite for synergistic anti-biofilm application［J］. Chemical Engineering Journal，2020，382：122976.

[49] Kuznetsov Y I. Current state of the theory of metal corrosion inhibition［J］. Protection Metals，2002，38（2）：103-111.

[50] 间宫富士雄．缓蚀剂及其应用技术［M］. 北京：国防工业出版社，1984.

[51] 张玲玲．川西气田某气井中 CO_2 腐蚀规律、缓蚀剂的筛选及其缓蚀机理研究［D］. 青岛：中国海洋大学，2007.

[52] 米思奇．苯并咪唑类缓蚀剂的定量构效关系研究及分子设计［D］. 青岛：中国石油大学（华东），2013.

[53] 杨怀玉，祝英剑，陈家坚，等．IMC 系列缓蚀剂研究及在我国油田的应用［J］. 油田化学，1999，16

(3): 273-277.

[54] 李国敏，李爱魁，郭兴蓬，等．松香胺类 RA 缓蚀剂对碳钢在高压 CO_2 体系中缓蚀机理研究 [J]. 腐蚀科学与防护技术，2004，16（3）：125-128.

[55] 任呈强，张军平，刘道新，等．噻唑在油气环境中油管钢的电化学缓蚀机理研究 [J]. 机械工程材料，2005，29（3）：22-24.

[56] Potekhina J S, Sherisheva N G, Povetkina L P, et al. Role of microorganisms in corrosion inhibition of metals in aquatic habitats[J]. Applied Microbiology and Biotechnology, 1999, 52 (5): 639-646.

[57] 郦和生，楼琼慧，秦会敏，等．一种杀菌缓蚀剂用组合物及其应用：CN201310447371.X [P]. 2018-03-02.

[58] 任山，郭建春，康毅，等．页岩气管线专用环保一体化杀菌缓蚀剂及其制备方法：CN202011506970.0 [P]. 2021-07-06.

[59] 刘粉粉，丁其杰，孟文博，等．一种用于油井集输及污水处理系统的杀菌型缓蚀剂及其制备方法：CN201910359759.1 [P]. 2021-01-26.

[60] 余华利，于磊，赵万伟．一种杀菌缓蚀剂及其制备方法与应用：CN202111670899.4 [P]. 2023-07-11.

[61] 韦博鑫，才政，闫孟弟，等．一种氯化十六烷基吡啶作为微生物腐蚀杀菌缓蚀剂的应用：CN202311131787.0 [P]. 2023-12-26.

[62] Wang J L, Hou B S, Xiang J, et al. The performance and mechanism of bifunctional biocide sodium pyrithione against sulfate reducing bacteria in X80 carbon steel corrosion [J]. Corrosion Science, 2019, 150: 296-308.

[63] Aiad I A, Tawfik S M, Shaban S M, et al. Enhancing of corrosion inhibition and the biocidal effect of phosphonium surfactant compounds for oil field equipment [J]. Journal of Surfactants and Detergents, 2013, 17 (3): 391-401.

[64] Zhu H, Li X, Lu X, et al. Efficiency of gemini surfactant containing semi-rigid spacer as microbial corrosion inhibitor for carbon steel in simulated seawater [J]. Bioelectrochemistry, 2021, 140: 107809.

[65] 樊凯，孙德任，冯杨，等．气田泡沫排水工艺中泡排剂的研究进展 [J]. 化工技术于开发，2023，52（12）：41-46.

[66] Xu D, Li Y, Gu T, A synergistic D-tyrosine and tetrakis hydroxymethyl phosphonium sulfate biocide combination for the mitigation of an SRB biofilm[J]. World Journal of Microbiology & Biotechnology, 2012, 28 (10): 3067-3074.

[67] Dos Santos E S, De Souza L C V, De Assis P N, et al. Novel potential inhibitors for adenylylsulfate reductase to control souring of water in oil industries [J]. Journal of Biomolecular Structure and Dynamics, 2013, 32 (11): 1780-1792.

[68] 陈朋超，戴联双，赵晓利．油气管道清管技术与应用 [M]. 北京：石油工业出版社，2017.

[69] 温雪．抑制油田微生物腐蚀的现状与发展趋势 [J]. 全面腐蚀控制，2022，36（3）：83-84.

[70] 刘兆利．碳化钛 / 二氧化钛光催化杀菌剂的制备及性能评价 [D]. 咸阳：西北农林科技大学，2022.

[71] Legay M, Gondrexon N, Le Person S, et al. Enhancement of heat transfer by ultrasound: review and recent advances[J]. International Journal of Chemical Engineering, 2011, 2011: 1-17.

[72] 白妍，葛雨珺，向迎春，等．非热杀菌技术杀灭食品中芽孢效能及机理研究进展 [J]. 食品科学，2019，40（15）：314-322.

[73] Soleimanzadeh B, Amoozandeh A, Shoferpour M, et al. New approaches to modeling Staphylococcus aureus inactivation by ultrasound[J]. Annals of Microbiology, 2018, 68 (6): 313-319.

[74] 彦龙，李保国．高电流密度的高压脉冲电场杀菌装置的设计 [J]. 食品工业，2013，34（5）：168-170.

[75] 王益．高频电磁水处理及其控制技术研究 [D]. 上海：上海交通大学，2007.

[76] 吕泽琦，谢彦召，杨海亮．消毒灭菌的电离辐射与电磁辐射等物理技术比较分析［J］. 强激光与粒子束，2020，32（5）：130-140.
[77] 陈伟雄，廖辉，何志明．紫外杀菌装置智能控制技术研究与应用［J］. 中国照明电器，2016，（7）：16-19.
[78] 吴进怡．柴柯．材料的生物腐蚀与防护［M］. 北京：冶金工业出版社，2012.
[79] Stoeva M K，Nalula G，Garcia N，et al. Resistance and Resilience of Sulfidogenic Communities in the Face of the Specific Inhibitor Perchlorate[J]. Frontiers in Microbiology，2019，10：654.
[80] Pillay C，Lin J. Metal corrosion by aerobic bacteria isolated from stimulated corrosion systems：Effects of additional nitrate sources[J]. International Biodeterioration & Biodegradation，2013，83：158-165.
[81] 苏三宝，张凡，喻高明，等．油藏环境异化铁还原菌的生物多样性［J］. 科学技术与工程，2018，18（30）：30-34.
[82] 佘栋宇，谢秀祯，王锐萍，等．脱氮硫杆菌对硫酸盐还原菌生长的抑制作用［J］. 基因组学与应用生物学，2013，32（1）：65-69.
[83] 张冰，张雨，牛永超，等．油田地面系统反硝化药剂配方的研制［J］. 油气田地面工程，2017，36（4）：27-28.
[84] Mathews E R，Barnett D，Petrovski S，et al. Reviewing microbial electrical systems and bacteriophage biocontrol as targeted novel treatments for reducing hydrogen sulfide emissions in urban sewer systems[J]. Reviews in Environmental Science and Bio/Technology，2018，17（4）：749-764.
[85] Summer E，Liu M，Summer N S，et al. Phage of sulfate reducing bacteria isolated from high saline environment[J]. NACE - International Corrosion Conference Series，2011.
[86] Davies D G，Parsek M R，Pearson J P，et al. The Involvement of Cell-to-Cell Signals in the Development of a Bacterial Biofilm[J]. Science，1998，280（5361）：295-298.
[87] Shanks R M Q，Sargent J L，Martinez R M，et al. Catheter lock solutions influence staphylococcal biofilm formation on abiotic surfaces[J]. Nephrology Dialysis Transplantation，2006，21（8）：2247-2255.
[88] Korenblum E，Sebastián G V，Paiva M M，et al. Action of antimicrobial substances produced by different oil reservoir Bacillus strains against biofilm formation[J]. Applied Microbiology and Biotechnology，2008，79（1）：97-103.
[89] Jayaraman A，Mansfeld F B，Wood T K. Inhibiting sulfate-reducing bacteria in biofilms by expressing the antimicrobial peptides indolicidin and bactenecin[J]. Journal of Industrial Microbiology and Biotechnology，1999，22（3）：167-175.
[90] Örnek D，Wood T K，Hsu C H，et al. Corrosion control using regenerative biofilms（CCURB）on brass in different media[J]. Corrosion Science，2002，44（10）：2291-2302.
[91] Potekhina J S，Sherisheva N G，Povetkina L P，et al. Role of microorganisms in corrosion inhibition of metals in aquatic habitats[J]. Applied Microbiology and Biotechnology，1999，52（5）：639-646.
[92] Dubiel M，Hsu C H，Chien C，et al. Microbial Iron Respiration Can Protect Steel from Corrosion[J]. Applied and environmental microbiology，2002，68：1440-1445.
[93] Volkland H P，Harms H，Müller B，et al. Bacterial Phosphating of Mild（Unalloyed）Steel[J]. Applied and Environmental Microbiology，2000，66（10）：4389-4395.

第七章 长宁页岩气田微生物腐蚀控制技术应用实践

四川盆地及其周缘五峰组—龙马溪组海相页岩是我国页岩气规模开发、持续上产的最现实领域[1-3]。勘探资料表明四川盆地南部是我国海相页岩气储量最丰富的典型示范性地区。长宁页岩气田位于四川盆地西南缘，提交探明地质储量为$4400\times10^8m^3$，历经10余年的探索，于2020年建成$50\times10^8m^3/a$的页岩气生产能力的开发区块。截至2023年11月30日，长宁页岩气田累计生产页岩气突破$300\times10^8m^3$。

与常规天然气的开发生产相比，页岩气藏具有压力和产能衰减速率快、生产周期长、进入增压开采周期短和投产初期产出水量大等显著特征，页岩气通常采用自然递减、后期增压的方式生产。以长宁页岩气示范区块为例，通过控压生产及合理的配产，单井产量下降趋势都低于预期，单井首年产量递减率低于65%；井口压力高（20MPa以上），压力递减快，随着生产时间的延长，递减率也随之降低，但下降趋势都超过预期，实际生产过程中最好的生产井在生产1.5年后，井口压力已经下降到集输压力以下；单井初期水量大（部分井达到了$300m^3/d$），下降幅度快于压力下降幅度，首年下降幅度在85%以上[4]。页岩气井生产表现为初期产量快速递减，中后期低压小产、生产周期长的动态特征。

长宁页岩气田开发过程中无地层水产出，二氧化碳含量低且不含硫化氢，因此普遍认为不会发生严重腐蚀。2015年，井场排采橇管线出现严重砂砾冲刷腐蚀问题。2019年10月，长宁页岩气田集气管线频繁发生腐蚀穿孔，失效导致的气量损失达到$5000\times10^4m^3$，分析发现二氧化碳＋微生物是腐蚀发生的主要原因。中国石油西南油气田公司经过多轮技术攻关，自主形成了针对长宁页岩气田工况环境的微生物腐蚀控制技术。生产中，通过采用杀菌缓蚀剂和杀菌起泡剂等化学药剂，同时辅助地面管线优选材质＋内衬涂层油管等系列防腐措施，长宁页岩气田的微生物腐蚀得到了有效防治，为页岩气田微生物腐蚀控制树立了成功的案例，切实保障了气田安全快速上产。

第一节 长宁页岩气田基本情况

2009年5月，中国石油启动页岩气勘探开发试验，并按照落实资源、评价产能、攻克技术、效益开发的目标，确定在四川威远构造实施第一口页岩气井。2009年12月18日，由西南油气田承钻的我国第一口页岩气评价井威201井在威远构造开钻，目的层位为志留系龙马溪组和寒武系九老洞组。这口井于2010年4月18日完钻，8月在筇竹寺组和龙马溪组成功获气。2011年2月，经过直井改水平井，又成功实施了中国第一口页岩气水平井威201-H1井，压裂并获气，从此掀开了页岩气实现工业性生产、进入大规模开发的序幕。

2012 年，由中国石油西南油气田公司钻探的宁 201-H1 获得 $10\times10^4m^3$ 以上的高产气流，进一步增强了中国石油大力开发页岩气业务的决心与信心。为加快川南地区页岩气评价和有利区优选，自 2010 年以来，持续开展蜀南地区 718 条共计 1.6×10^4km 的二维地震老资料重新连片处理和解释，编制了上奥陶顶构造图、埋深图、五峰组—龙马溪组地层厚度图、优质页岩厚度图等基础工业化图件，有力支撑了整个川南地区五峰组—龙马溪组页岩气的评价工作。在威远、长宁等区块页岩气单井产量获得突破后，2011 年中国石油向国家能源局提出，在全国范围内增设一批页岩气国家示范区。2012 年，长宁—威远国家级页岩气示范区获得批复，西南油气田编制了威远、长宁页岩气 $20\times10^8m^3/a$、$50\times10^8m^3/a$ 开发方案，有力助推两地页岩气工业化开采示范区建设。2020 年 5 月 7 日，长宁页岩气田累计产量突破 $100\times10^8m^3$，成为中国石油第一个累计产量超 $100\times10^8m^3$ 的页岩气田。

一、气田位置及地质特征

长宁页岩气田位于宜宾市珙县、兴文县、筠连县境内，属四川盆地南部水富—叙永地区页岩气矿权范围。长宁页岩气勘探区块大地构造位于四川盆地川南低陡褶皱带（图 7-1-1）。研究区构造主体位于长宁单箱形、长轴背斜构造带。长宁背斜主体构造的轴部为北西西—南东东向，西自高县以南，东至叙永县，消失于叙永构造之中；背斜两翼不对称，北翼及东端陡，南翼及西端缓（40°~60°），呈现出东宽西窄的形态，轴部出露的地层为下奥陶统，龙马溪组地层被剥蚀殆尽（图 7-1-2）[5]；背斜内次级褶皱和断裂发育，断裂走向大多为北东—南南西向和北西—北北西向，以逆断层为主。主要页岩气目的层为志留系龙马溪组和寒武系筇竹寺组。构造两翼志留系相对发育，总厚为 770~1300m。龙马溪组在两翼发育较全，厚度 200~320m。

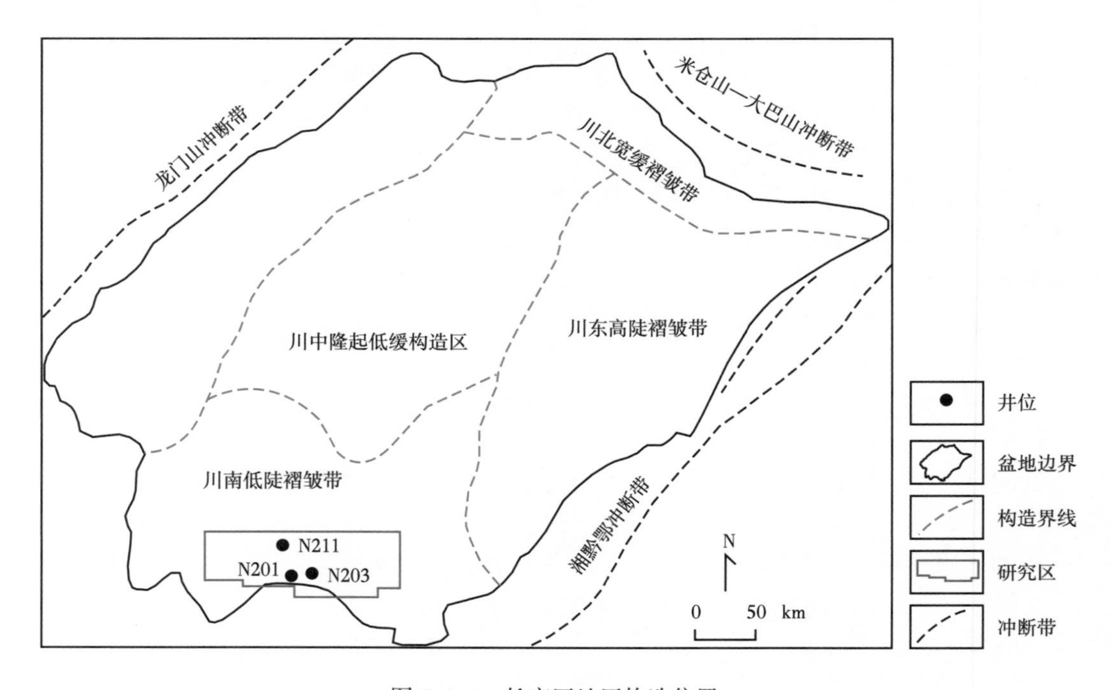

图 7-1-1 长宁区地区构造位置

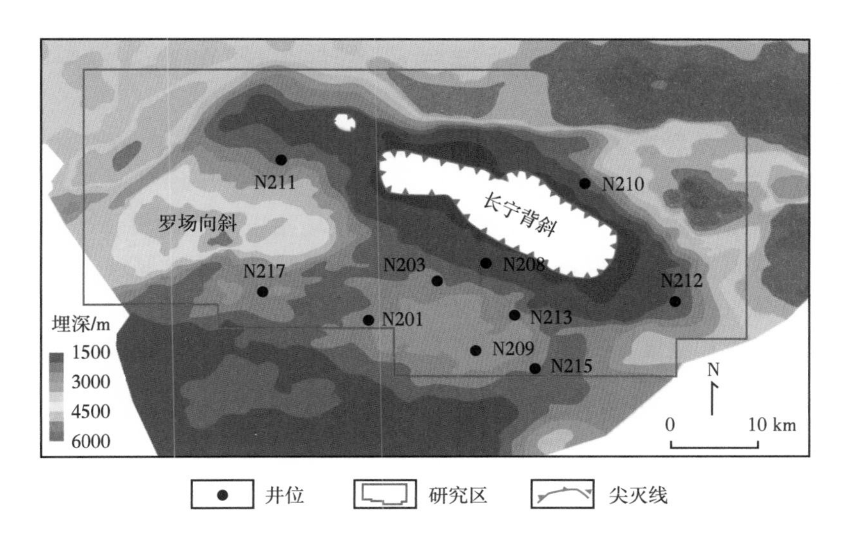

图 7-1-2　龙马溪组埋深情况

龙马溪组埋深 2000~3500m，为深水陆棚相沉积，底部优质页岩段厚度为 30~50m，有机碳含量（TOC）2.0%~4.0%，脆性矿物含量 55.3%~71.9%，孔隙度 3.0%~6.0%，含气量 3.93~6.47m^3/t。龙马溪组原始地层压力 31.57~49.877MPa，压力系数 1.35~2.03，地层温度 75~90℃；产出流体烃类组成以甲烷为主，重烃含量低，不含硫化氢。

二、气田工况环境

根据长宁页岩气田开发现状，一般将开发过程分为两个阶段，即排采期（投产半年内）和生产期。排采期存在较高的出砂量，可达 64~86g/s，进入生产期后出砂量迅速降低，半年以后阶段各个区域基本测不出砂。另外，页岩气集输系统不同阶段不同位置管线内气液流速大不相同，排采期场站管线气液流速最高可达 18m/s，生产期场站管线流速处在 2~4m/s，集气管线气体流速 2~3m/s，液体流速低于 0.5m/s。

综合以上分析可知，前期排采期由于放压生产，出砂量较大，失效的主要原因为砂的冲刷，失效主要发生在砂含量较大的排污及流态变化较大的弯头、三通等位置；微生物腐蚀在生产阶段更为凸显，进入生产期半年以内少量出砂，腐蚀主要以积砂、积液下的腐蚀为主，存在砂粒与微生物腐蚀的耦合作用。后一阶段腐蚀以积液下的微生物腐蚀为主，主要发生在排污弯头、出站爬坡及低洼位置。

页岩气田的腐蚀环境也具有特殊性，从页岩气气质分析结果可知，甲烷的摩尔分数普遍大于 98%，二氧化碳的摩尔分数普遍小于 0.5%，最高可达 2%，不含硫化氢。对压裂液和压裂返排液的分析结果表明，压裂返排液 pH 值为 6.0~7.5，硫酸根含量在 500mg/L 以内，氯离子含量在 10000~30000mg/L，矿化度在 10000~50000mg/L。压裂液及返排液中含有硫酸盐还原菌（SRB），检测到浓度最高的气井达到 110×10^4 个 /mL，SRB 浓度超过了 NB/T 14002.3—2022《页岩气　储层改造　第 3 部分：压裂返排液回收和处理方法》中规定的 25 个 /mL。

第二节　长宁页岩气田微生物腐蚀行为

长宁页岩气井下油管微生物腐蚀失效主要发生在井下温度低于 80℃ 井段，以穿孔为主要特征；温度高于 80℃ 的井段也会发生腐蚀，但是由于微生物活性不高，因此腐蚀程度相对较轻。地面系统的微生物腐蚀失效主要集中在场站排污管线和采气管线焊缝部位及集气管线的低洼或爬坡段。在腐蚀表现形式上，地面系统的微生物腐蚀失效也以穿孔为主要特征，主要发生在生产期。影响微生物腐蚀的主要因素包括微生物种类、氯离子浓度、二氧化碳浓度、流速和温度等，腐蚀机理主要是二氧化碳和微生物的耦合作用。

一、长宁页岩气田微生物腐蚀现状

页岩气井主要以水平井为主，油管材质以 N80 钢为主，套管材质以 TP125 和 TP140 为主，油管和套管之间没有封隔器，主要井身结构如图 7-2-1 所示。

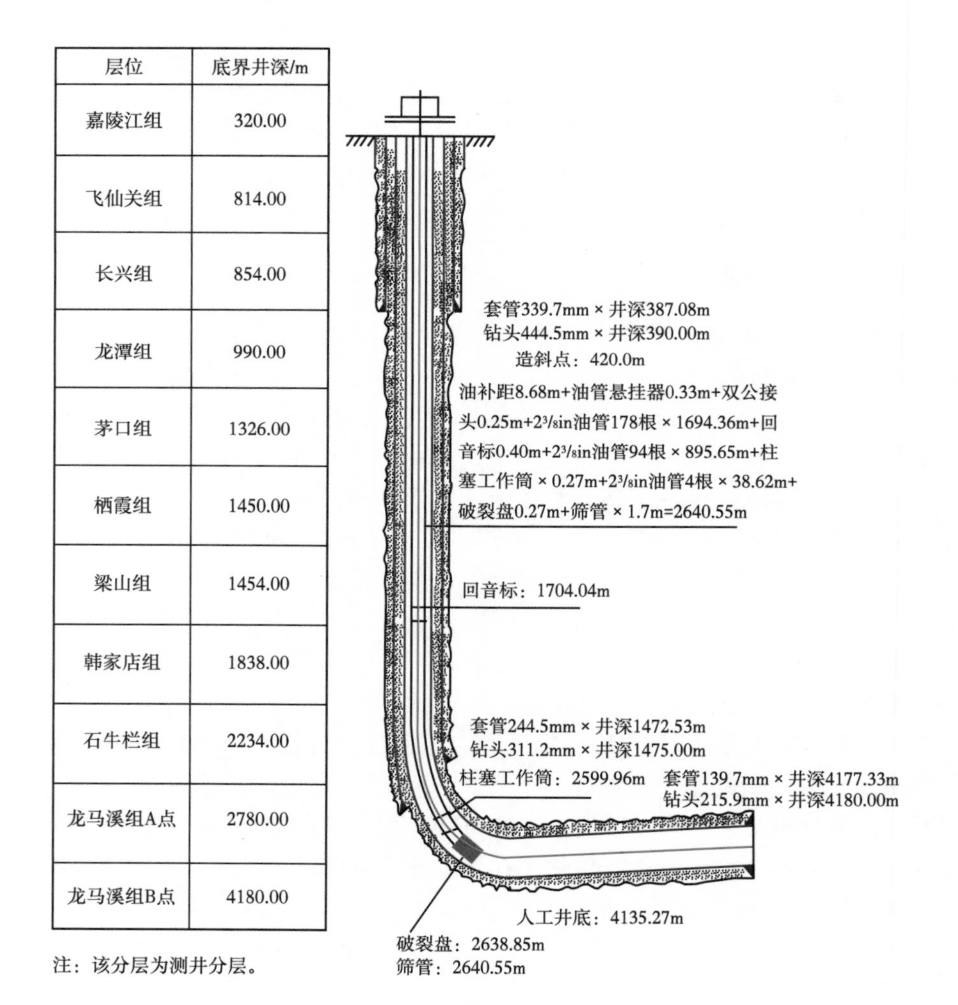

层位	底界井深/m
嘉陵江组	320.00
飞仙关组	814.00
长兴组	854.00
龙潭组	990.00
茅口组	1326.00
栖霞组	1450.00
梁山组	1454.00
韩家店组	1838.00
石牛栏组	2234.00
龙马溪组A点	2780.00
龙马溪组B点	4180.00

注：该分层为测井分层。

图 7-2-1　典型页岩气井井身结构

页岩气井筒面临较宽温域（室温 ~150℃）的腐蚀环境，不同井深腐蚀程度呈现较大区别，其中油管腐蚀失效主要发生在地面至井下 2000m 段（温度低于 80℃），腐蚀以点蚀穿孔为主，折合腐蚀速率最高超过 30mm/a，腐蚀产物主要为 $FeCO_3$、铁的硫化物和铁的氧化物等为主；2000m 以深井段（温度高于 80℃）也会发生腐蚀，但是程度较地面—井下 2000m 段轻，以局部腐蚀坑为主要特征，折合腐蚀速率最高达到 1mm/a，腐蚀产物以 $FeCO_3$ 和铁的氧化物等为主；套管损伤主要发生在 2800~3000m 处，以局部减薄为主要特征。井口失效主要发生在井口针型阀，生产期以微生物腐蚀诱发的点蚀为主。图 7-2-2 是某页岩气井油管腐蚀外观照片，图 7-2-3 是其套管 MIT 腐蚀检测结果，图 7-2-4 是井口阀门失效外观。井下管柱腐蚀特征见表 7-2-1。

（a）0~2000m段

（b）2000~2500m段

图 7-2-2 油管腐蚀外观照片

图 7-2-3 套管 MIT 腐蚀检测结果（2800~3000m 段）

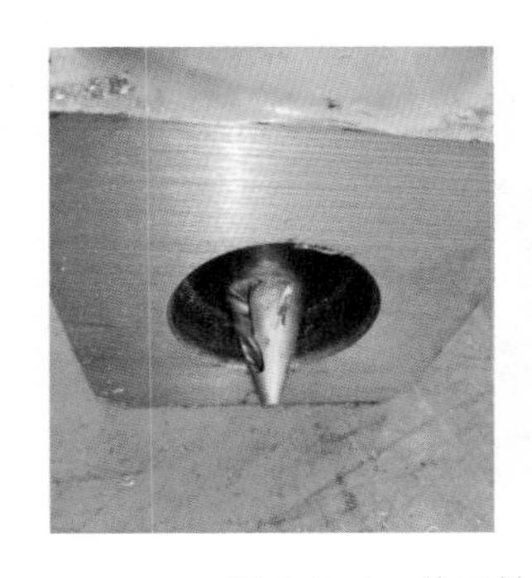

图 7-2-4 井口针型阀阀尖失效外观

表 7-2-1　井下管柱腐蚀特征

管柱	井段	腐蚀形貌
油管	地面—井下 2000m	穿孔
	2000m 以下	腐蚀坑
油层套管	2800~3000m	局部减薄
采气树	井口	沟痕、波纹等形状的凹槽

页岩气平台的微生物腐蚀问题主要集中在生产阶段。排采阶段具有高温、高压、高砂量和高液量的特点。表现为管线内局部积液造成的微生物 +CO_2 腐蚀导致管线腐蚀穿孔失效（排污管线积液部位）和微生物 +CO_2+ 砂砾三因素叠加导致的腐蚀失效（排污阀附近的大小头和焊缝等部位），折合最高腐蚀速率达到 20mm/a，腐蚀产物以 $FeCO_3$、铁的硫化物和铁的氧化物等为主。地面采气管线腐蚀外观如图 7-2-5 和图 7-2-6 所示。

图 7-2-5　排污管线穿孔失效

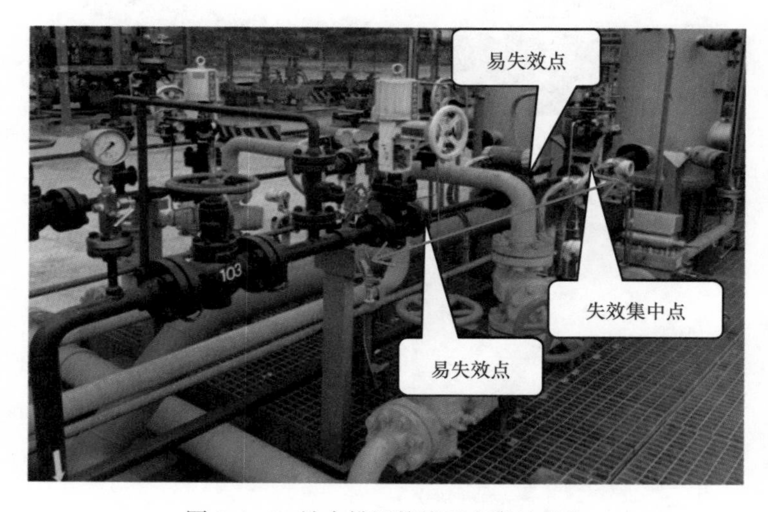

图 7-2-6　站内排污管线重点腐蚀部位

站内采气管线在排采期主要是冲蚀，生产阶段在焊缝等薄弱部位易发生微生物腐蚀，腐蚀形态主要是点蚀。采气管线微生物腐蚀特征见表 7-2-2，重点腐蚀部位如图 7-2-7 所示。

表 7-2-2　采气管线微生物腐蚀特征

生产阶段	腐蚀易发生位置	腐蚀易发生部位	腐蚀形貌
生产阶段	除砂器至分离器管线	本体 / 焊缝	散点状点蚀
	站内排污管线排污阀上游	焊缝为主	散点状点蚀
	排污汇管及埋地段	焊缝为主	散点状点蚀

图 7-2-7　站内采气管线重点腐蚀部位

综上所述，页岩气生产系统普遍存在微生物腐蚀，井筒和集输系统都有微生物腐蚀失效，且占总失效的 90% 以上，而且腐蚀形态主要是局部点蚀，具有极强的隐蔽性和破坏性。所以控制微生物腐蚀对于保障页岩气生产系统安全平稳运行显得尤为重要。

二、长宁页岩气田微生物腐蚀主控因素

长宁区块页岩气田微生物腐蚀的影响因素有二氧化碳浓度及分压、氯离子含量、营养物质、微生物活性、温度及 pH 值等。其中温度在 80℃ 及以下，SRB 具备活性，与二氧化碳会发生协同作用促进腐蚀。温度在 80℃ 以上，SRB 不具备活性，二氧化碳是腐蚀主控因素；同时腐蚀还受到流速、液体介质等因素影响。针对不同腐蚀影响因素，基于长宁页岩气田现场条件开展了腐蚀行为研究，明确相关因素对腐蚀的影响规律。

1. 二氧化碳浓度及分压

腐蚀介质为自配模拟现场水腐蚀介质，温度 35℃、实验时间 21d。由图 7-2-8 可知，随着二氧化碳浓度升高，腐蚀速率在 500mg/L 以下增长较慢，但当二氧化碳浓度进一步升高，腐蚀速率迅速增大。原因在于：一方面，二氧化碳促进细菌生长及生物膜的形成；另一方面，随着二氧化碳浓度的增加，电化学腐蚀也会逐渐加强。

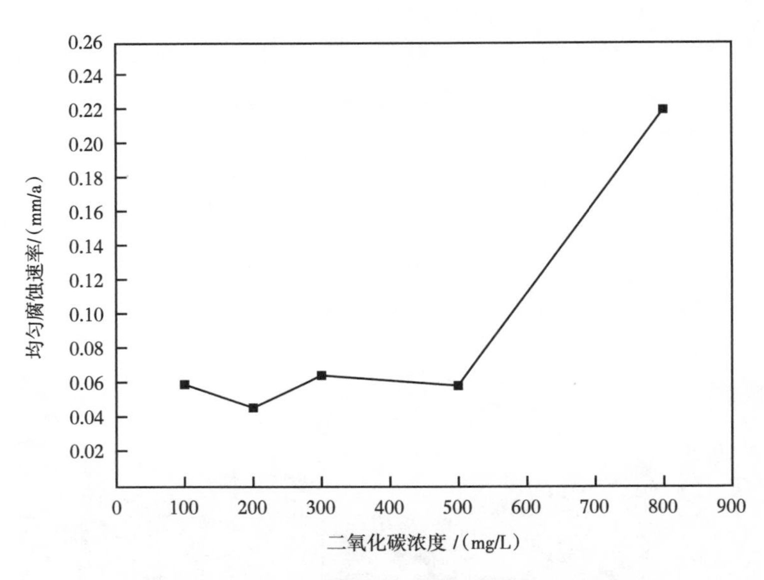

图 7-2-8　二氧化碳含量对腐蚀速率的影响规律

腐蚀形态方面，低浓度和高浓度二氧化碳均易出现局部腐蚀特征，形态均以点蚀为主，如图 7-2-9 所示，CO_2 浓度为 100mg/L 和 800mg/L 条件下局部腐蚀较其他浓度明显。推断原因可能是低浓度下形成的二氧化碳腐蚀产物较少，生物膜的存在抑制了营养物质的传递，微生物腐蚀较强，促进了膜下微生物从铁表面直接获得电子产生点蚀。而高浓度的二氧化碳加速电化学腐蚀，使得整体腐蚀速率增大，并促进形成完整的产物膜，同样抑制了营养物质传递，使膜下微生物直接从铁表面获得电子，导致局部点腐蚀加剧（图 7-2-10）。

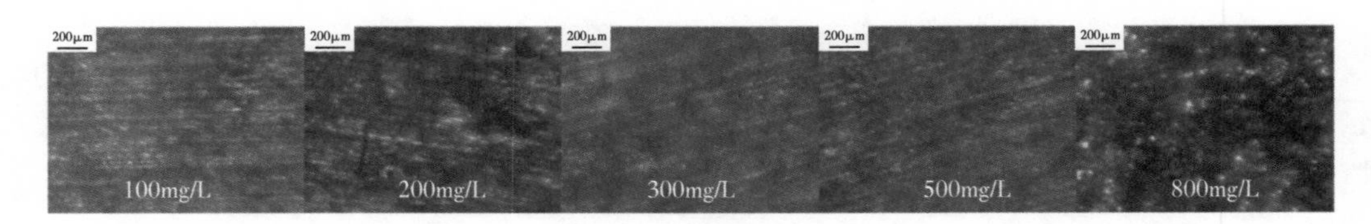

图 7-2-9　二氧化碳对局部腐蚀的影响规律

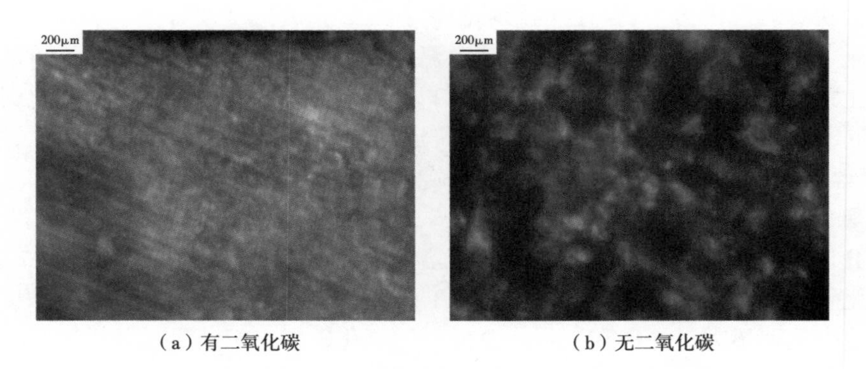

（a）有二氧化碳　　（b）无二氧化碳

图 7-2-10　有无二氧化碳对生物膜形成的影响

在高压状态下还原腐蚀情景，发生 CO_2 对微生物腐蚀仍存在影响，当总压 5MPa，二氧化碳分压分别为 0.1MPa、0.2MPa、0.5MPa 时，腐蚀速率如图 7-2-11 所示。

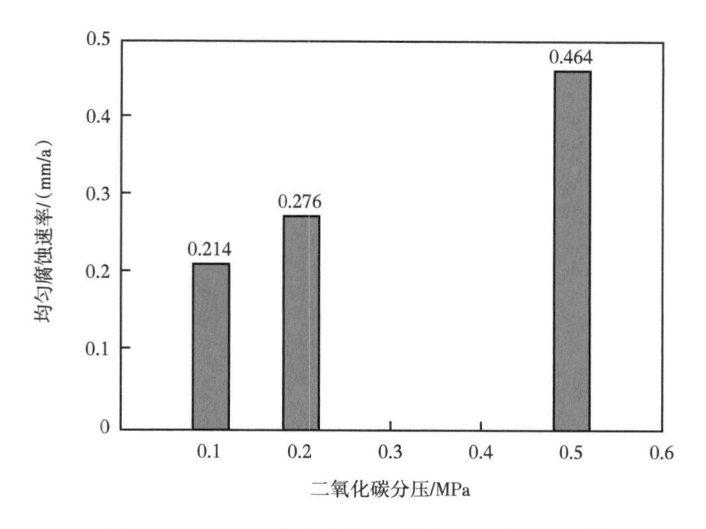

图 7-2-11 二氧化碳分压对腐蚀速率的影响规律

随着二氧化碳分压（分压大于 0.1MPa）升高，均匀腐蚀速率逐渐增大。原因在于：一方面，二氧化碳分压越高，引起的电化学腐蚀越严重，且二氧化碳分压上升促进微生物生长成膜，膜下微生物从铁表面直接获得电子促进点蚀；另一方面，微生物生长成膜形成的局部容差电池也会促进二氧化碳局部腐蚀的发生。而且由图 7-2-12 可知，蚀孔形态未见明显区别，说明在二氧化碳高分压条件下，生物膜形成较快，膜下微生物覆盖整个试片表面，发生耦合的电化学腐蚀。

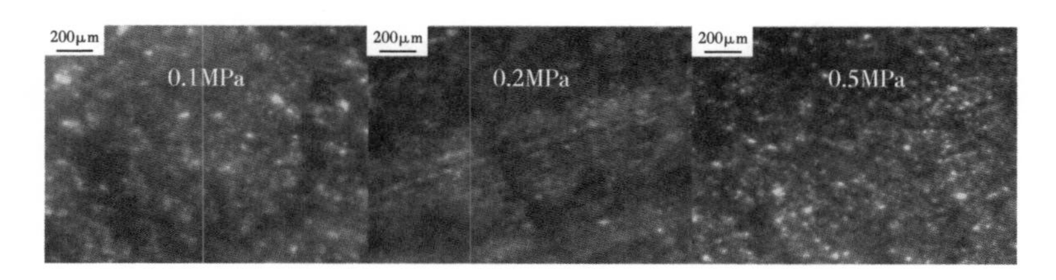

图 7-2-12 二氧化碳分压对局部腐蚀的影响规律

2. 氯离子浓度

研究发现，随着氯离子的增加，腐蚀速率先降低后升高，超过一定浓度又降低，当氯离子浓度处在 40000mg/L 时，腐蚀速率最高为 0.14mm/a（图 7-2-13）。原因在于氯离子浓度较低时，微生物生长的条件适宜，微生物以游离状态存在于溶液中，腐蚀并不严重。随着氯离子的增加，一方面微生物易倾向于附着到钢铁表面产生生物膜，图 7-2-13 中 10000mg/L 的条件下生物膜不完整，膜下微生物容易从溶液中获得较丰富的营养物质，抑制膜下微生物从铁表面获得电子，再加上生物膜阻挡腐蚀性介质侵蚀的作用，因此腐蚀速率随着氯离子浓度增加腐蚀速率略有降低；另一方面随着氯离子浓度的逐渐增加会促进二氧化碳腐蚀，而氯离子浓度达到更高的水平时，促进形成完整致密的生物膜，膜内微生物从溶液中的获取营养物质的过程受阻，促进膜内微生物从铁表面获得电子，因此腐蚀速率逐渐增大。但是当氯离子浓度大于50000mg/L时，微生物生长受到抑制，生物膜对腐蚀的抑制作用占主导，腐蚀速率由升转降。

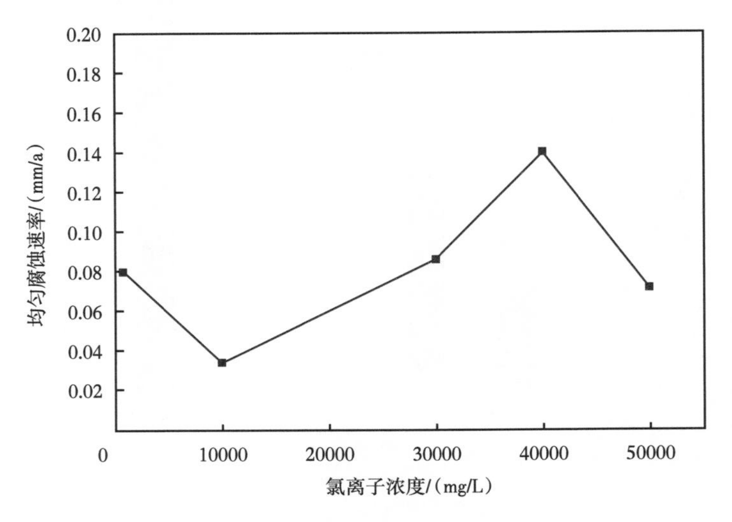

图 7-2-13　氯离子对腐蚀速率的影响规律

而且，高氯离子浓度下，微生物腐蚀减弱，点蚀也在一定程度上受到抑制。由图7-2-14可知，当氯离子小于40000mg/L时，腐蚀形态呈现局部腐蚀特征，当氯离子为50000mg/L，腐蚀形态呈现均匀腐蚀，局部腐蚀特征并不明显。

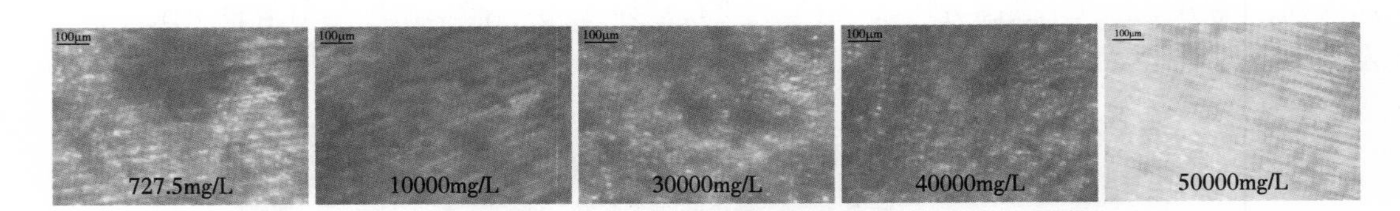

图 7-2-14　氯离子对局部腐蚀的影响规律

3. 营养物质

随着压裂液的重复利用，返排液中的有机营养物质富集导致腐蚀性微生物群落改变，从而影响腐蚀。鉴于此，首先考察了营养物质（乳酸钠和二氧化碳）对SRB腐蚀的影响，对比实验条件见表7-2-3。

表 7-2-3　有无营养物质实验条件

序号	氯离子浓度 /（mg/L）	二氧化碳浓度 /（mg/L）	有无乳酸钠	均匀腐蚀速率 /（mm/a）
1	727.5	0	无	0.1060
2	727.5	0	有	0.0483
3	20000	200	有	0.0466
4	20000	200	无	0.0476

由表 7-2-3 和图 7-2-15 可知，无二氧化碳和无乳酸条件下的均匀腐蚀速率较有二氧化碳或有乳酸的条件高。同样，由图 7-2-16 可知，无乳酸钠条件下的局部腐蚀较有乳酸钠条件更严重。原因在于无碳源情况下，微生物倾向于在试片表面固着成膜，促使膜下微生物直接从试片表面获得电子，导致腐蚀速率较高。

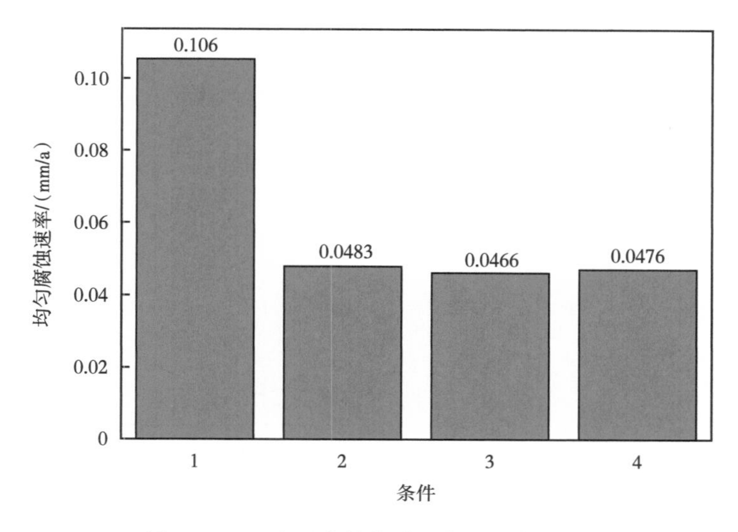

图 7-2-15 有无营养物质对腐蚀速率的影响

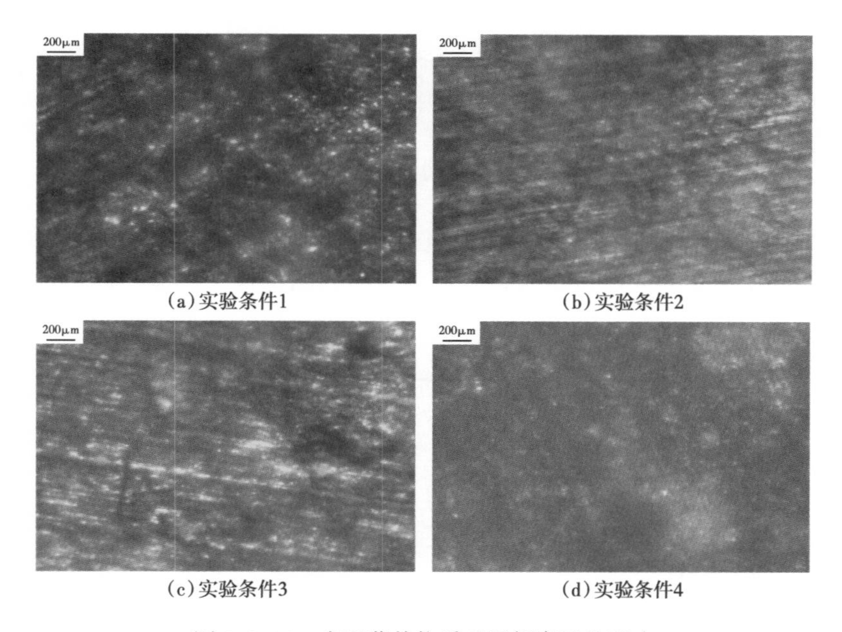

(a)实验条件1 (b)实验条件2

(c)实验条件3 (d)实验条件4

图 7-2-16 有无营养物质对局部腐蚀的影响

考虑到无乳酸钠条件下，微生物活性可能降低，因此同时考察了不同乳酸钠含量条件的评价实验。

虽然发现乳酸钠存在条件下的微生物腐蚀比无乳酸钠条件下更轻微，但乳酸的存在会影响微生物活性，具有的影响规律并非单一降低腐蚀速率的变化趋势。

由图 7-2-17 和图 7-2-18 可知，随着乳酸钠含量的升高，均匀腐蚀速率先升高后降低，可能的原因在于乳酸钠含量增加导致膜下微生物活性增加，同时提供了微生物向金属表面固着所需的有机物，导致腐蚀速率升高。随着营养物质继续增加，微生物有足够的营养物质用于生长代谢，从而抑制腐蚀性微生物从金属表面固着并获得电子，腐蚀速率降低。由体视显微镜照片可知，乳酸钠浓度为 0.7g/L 的条件下的局部腐蚀相对于高浓度乳酸钠条件下的局部腐蚀更严重。

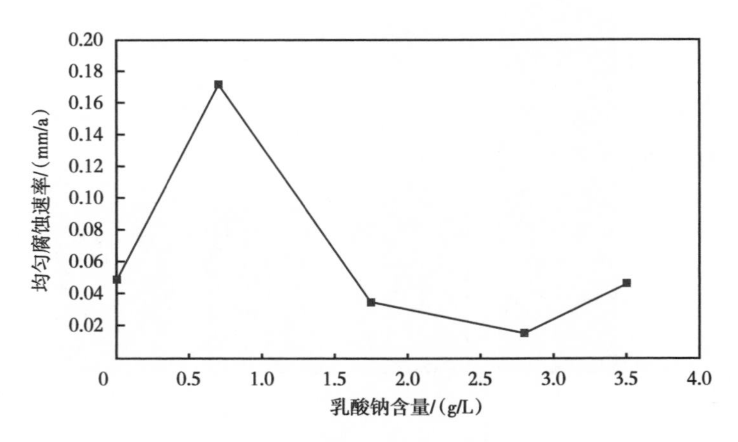

图 7-2-17　不同乳酸钠含量对腐蚀速率的影响

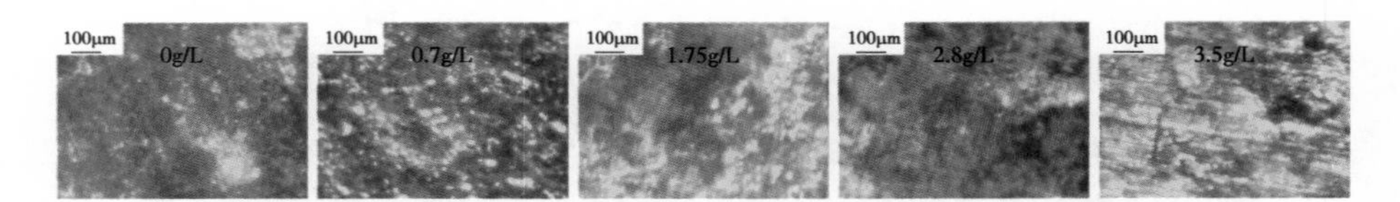

图 7-2-18　不同乳酸钠含量对局部腐蚀的影响

此外，硫酸根浓度对微生物腐蚀也存在影响，在硫酸根离子浓度分别为 50mg/L、100mg/L、200mg/L、300mg/L 和 600mg/L 的条件下，腐蚀速率的变化趋势如图 7-2-19 和图 7-2-20 所示。

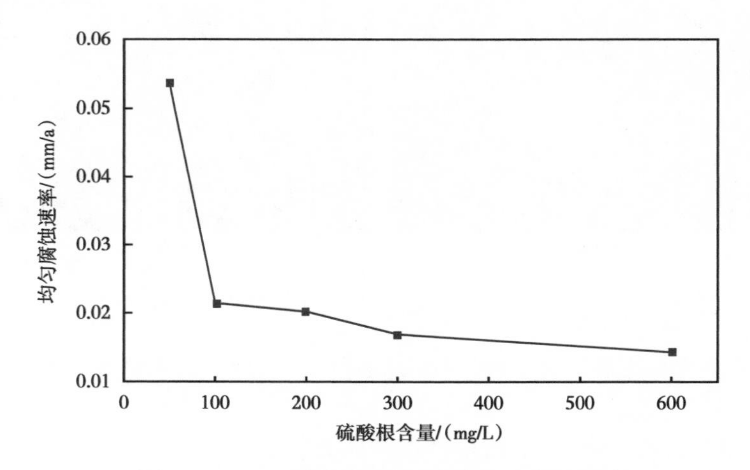

图 7-2-19　不同硫酸根含量对腐蚀速率的影响

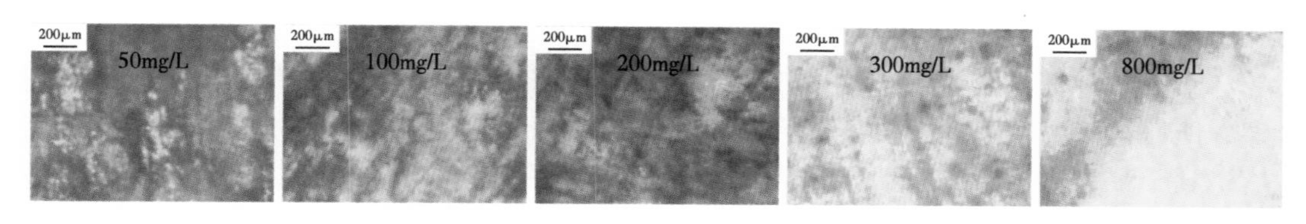

图 7-2-20　不同硫酸根含量对局部腐蚀的影响

随着硫酸根浓度的升高，均匀腐蚀速率呈下降趋势，原因在于硫酸根离子越多，硫酸盐还原菌还原硫酸盐形成硫离子的浓度越高，导致硫离子与氢结合形成硫化氢的局部浓度越高，而硫化氢具有一定的毒性，不利于微生物存活，导致微生物活性下降，因此腐蚀速率逐渐降低。

但是，不同硫酸根浓度的条件下都有点蚀发生，这表明局部存在的一些菌落受 H_2S 毒害的影响较小，能够进行生命活动诱发点蚀。值得注意的是，硫酸根是 SRB 常用的电子受体，与 SRB 的代谢活性息息相关。因此，关于硫酸根对微生物腐蚀的影响规律还有待深入研究。

4. pH 值的影响

由图 7-2-21 可知，在 pH 值为 4.2~9.2 时，随着 pH 值升高，腐蚀速率先升高后降低，转折点在 5~6。由图 7-2-22 可知，pH 值升高改变了腐蚀形态，从均匀腐蚀转变为局部腐蚀。当 pH 值为 8.2 时，试片表面呈现局部腐蚀深坑，说明 pH 值对局部腐蚀影响较大。低 pH 值条件下析氢腐蚀较为主导，随着 pH 值升高至中碱性，膜下微生物活性升高，菌落形成的局部腐蚀电池活性随之提高，导致点蚀加重。

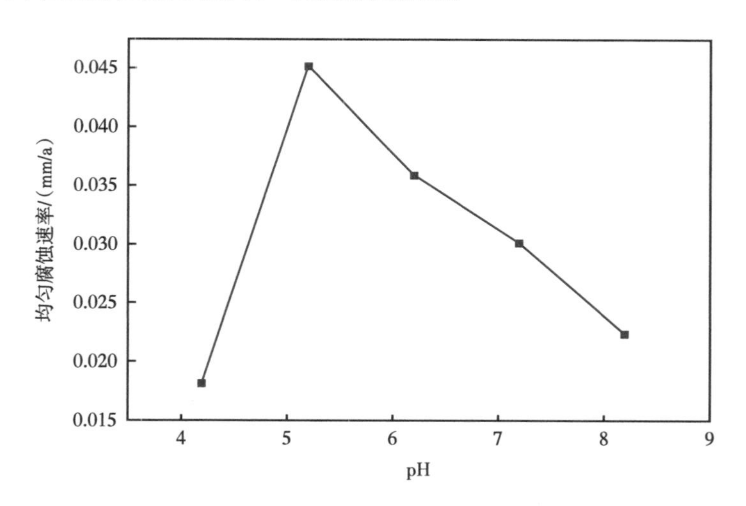

图 7-2-21　不同 pH 值对腐蚀速率的影响

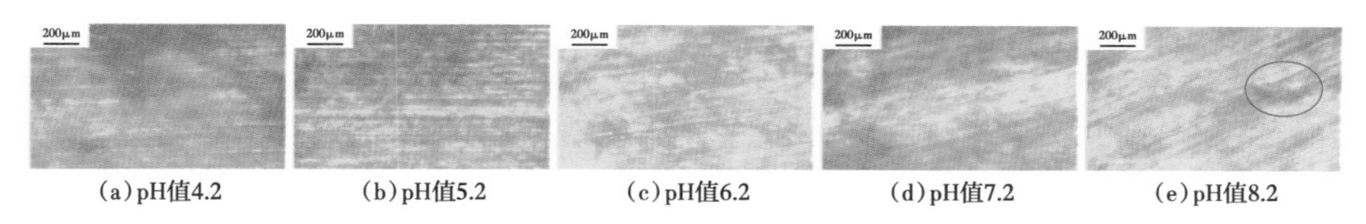

(a) pH值4.2　(b) pH值5.2　(c) pH值6.2　(d) pH值7.2　(e) pH值8.2

图 7-2-22　不同 pH 值对局部腐蚀的影响

5. 温度

在页岩气地面系统温度范围内，由图 7-2-23 可知，35~45℃ 的条件最适宜 SRB 生长代谢，所以在该温度范围内的腐蚀活性最高，均匀腐蚀速率也相对其他温度范围更高。当温度达到 50℃ 时，研究表明，SRB 活性下降，均匀腐蚀速率随之降低，当温度为 55℃ 时，均匀腐蚀速率略有上升，原因在于温度升高促进了二氧化碳腐蚀。

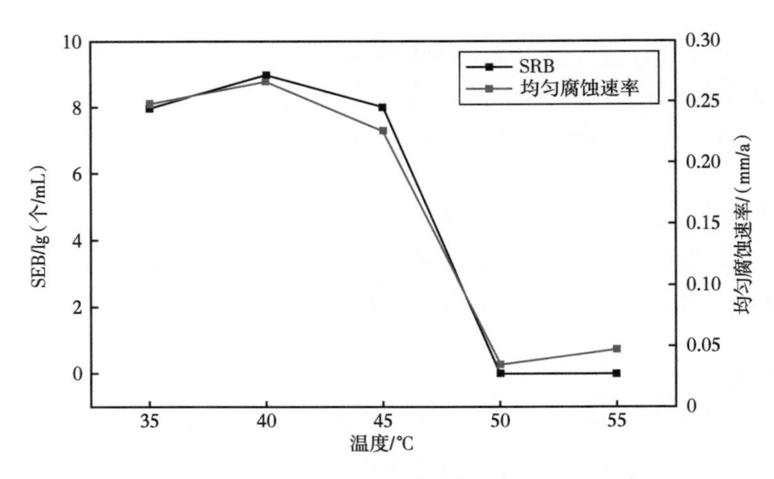

图 7-2-23　不同温度对腐蚀速率及 SRB 活性的影响

三、长宁页岩气田微生物腐蚀机理

页岩气田存在二氧化碳和微生物，现有微生物腐蚀机理复杂，且腐蚀主控因素多样，针对长宁页岩气田返排液中检测出的典型腐蚀微生物 SRB 及铁细菌（IB），通过模拟现场返排液腐蚀行为分析 SRB 与 IB 存在下对腐蚀的影响，探讨长宁页岩气田微生物腐蚀机理。

1. 现场返排液条件下微生物腐蚀行为

分析表明，长宁 H25A 平台水样中存在 SRB 和 IB，矿化度达到 48676.33mg/L，而且 pH 值为 6~7，适合腐蚀性微生物生长（表 7-2-4）。

表 7-2-4　长宁 H25 平台集气支线水质分析结果

SO_4^{2-} 浓度 / mg/L	Cl^- 浓度 / mg/L	Na^+ 浓度 / mg/L	K^+ 浓度 / mg/L	Mg^{2+} 浓度 / mg/L	Ca^{2+} 浓度 / mg/L	SRB 浓度 / 个 /mL	IB 浓度 / 个 /mL
299.52	31776.87	15046.03	468.86	173.82	911.23	6.0×10^4	6.0×10^4

页岩气集输管道的点蚀是在微生物腐蚀的持续作用下形成的。本节阐述了 L245N 材质在长宁 H25A 返排液中点蚀的形成过程。实验中，温度为 35℃，CO_2 浓度为 200mg/L，按照以下时间节点分析腐蚀行为的发展：3d、7d、15d、30d、60d、75d 和 90d。实验过程中检测了 SRB 和 IB 的浮游浓度与固着量变化（表 7-2-5）。随着时间的延长，营养物质逐渐消耗，SRB 和 IB 的浮游浓度及固着量呈下降趋势，SRB 浓度下降更快。90d 后，浮游 SRB 浓度显著低于 IB，但固着 SRB 浓度显著高于 IB，表明固着菌量的变化趋势与浮游菌不同，长周期状态下固着微生物仍会影响腐蚀行为。

表 7-2-5 试验后腐蚀介质腐蚀性微生物浓度检测结果

浸泡时间 / d	浮游 SRB 浓度 / 个 /mL	浮游 IB 浓度 / 个 /mL	固着 SRB 浓度 / 个 /mL	固着 IB 浓度 / 个 /mL
0	>110×10^4	6.0×10^4	—	—
3	>110×10^4	6.0×10^4	5.39×10^6	5.39×10^4
7	25×10^4	25×10^3	2.24×10^6	2.24×10^5
15	6.0×10^3	25×10^3	5.39×10^4	5.39×10^4
30	6.0×10^2	110×10^2	5.39×10^4	2.24×10^3
60	2.5×10^3	20×10^2	2.24×10^4	2.24×10^2
90	70	70×10^2	1.16×10^3	0

L245N 的腐蚀速率变化如图 7-2-24 所示，试样的均匀腐蚀速率在 30d 达到最高值（约为 0.18mm/a）。30~60d 内开始降低，75d 后稳定在 0.060mm/a 左右。图 7-2-25 显示了 L245N 试样前期失重急剧增大，但在后期失重增长缓慢的变化趋势。

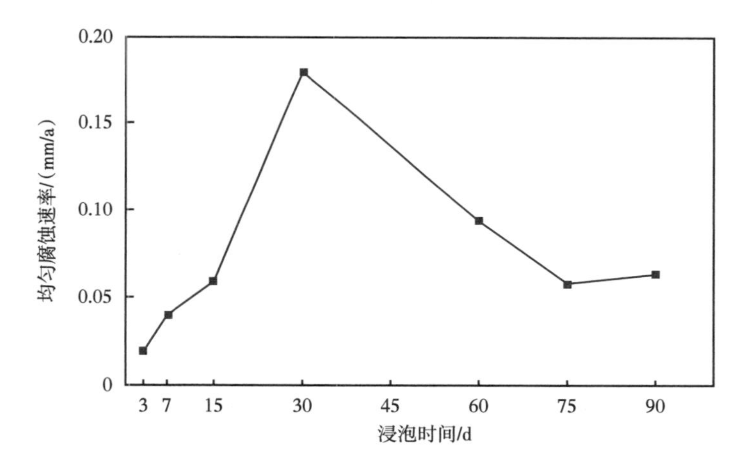

图 7-2-24 浸泡时间对均匀腐蚀速率的影响规律

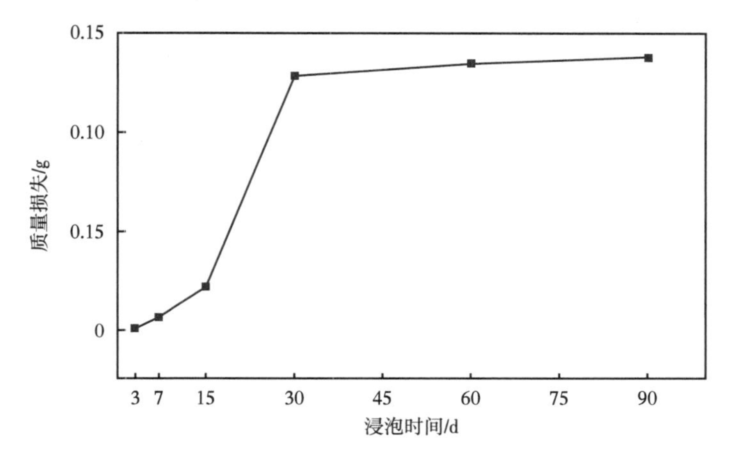

图 7-2-25 浸泡时间对质量损失的影响规律

去除腐蚀产物后试片的腐蚀形态如图 7-2-26 所示。腐蚀 3d 和 7d 后，未观察到明显的凹坑［图 7-2-26（a）和图 7-2-26（b）］，说明初始阶段以均匀腐蚀为主。腐蚀 15d 后，试片表面出现一些圆形凹坑［图 7-2-26（c）］，表明点蚀已经萌生并且随着浸泡时间的增加不断发展。后期的宽度也不断增大，形状开始变得不规则［图 7-2-26（d）和图 7-2-26（f）］，与页岩气田现场集输管道的蚀孔形貌一致。

(a)浸泡3d　(b)浸泡7d　(c)浸泡15d　(d)浸泡30d　(e)浸泡60d　(f)浸泡90d

图 7-2-26　不同浸泡时间后试样的腐蚀形貌

图 7-2-27 显示了去除腐蚀产物后的 3D 显微镜测量结果。与图 7-2-26 的形貌结果一致，L245N 腐蚀 7d 后表面相对均匀，未出现深坑，试片表面的深度差不超过 5μm［图 7-2-27（a）和图 7-2-27（d）］。但随着时间的增加，试片面出现了局部凹坑，腐蚀 30d 和 60d 后，试片表面出现了深度分别为 41.5μm［图 7-2-27（b）和图 7-2-27（e）］和 72.8μm［图 7-2-27（c）和图 7-2-27（f）］的蚀孔，深度分别是腐蚀 7d 时深度差的 8 倍和 14 倍。对应的点蚀速率分别为 0.48mm/a 和 0.41mm/a，微生物腐蚀作用下的点蚀已达到严重水平。

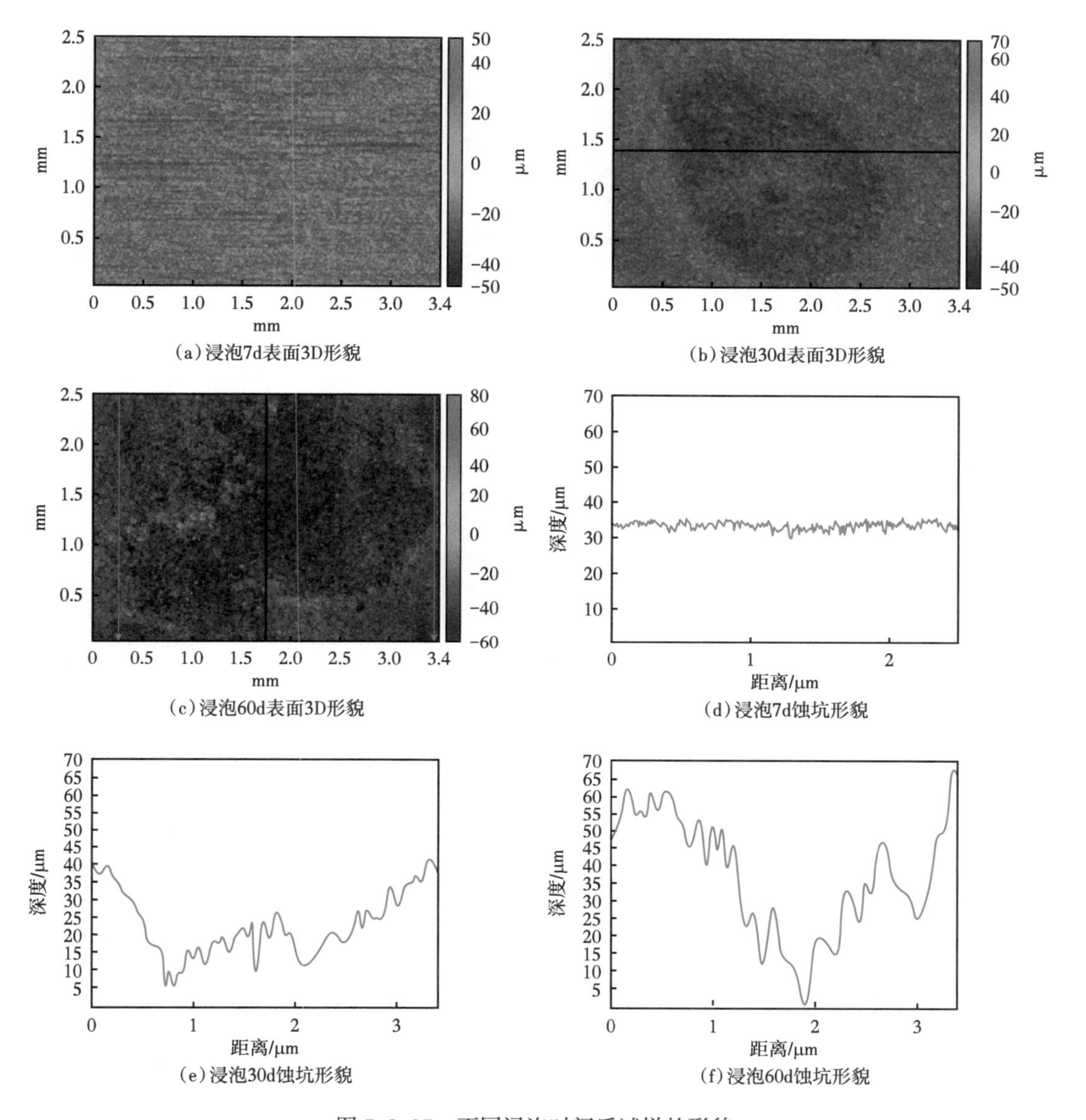

图 7-2-27　不同浸泡时间后试样的形貌

微生物代谢作用下形成了生物膜，生物膜由菌体、代谢分泌物和腐蚀产物构成。生物膜在长周期实验过程中经历了一个完整化和致密化的过程。浸泡 3d 后，仅观察到试片表面沉积了一层薄的腐蚀产物（图 7-3-28）。浸泡 7d 后，在试片表面可以观察到附着的微小颗粒与菌体，但它们是局部分布的，并没有完全覆盖试片表面［图 7-2-28（c）和图 7-2-28（d）］。腐蚀时间达到 15d 和 30d 后，如图 7-2-29 所示，试片表面完全被微小的颗粒和固着细胞覆盖，形成了完整的生物膜。由图 7-2-30 可知，随着腐蚀时间延长，生物膜更加致密，可抑制 CO_2 等介质的侵蚀，所以腐蚀速率在后期下降。同时，生物膜表面的固着细胞也有一定程度的减少，与固着微生物分析结果一致。［图 7-2-30（c）和图 7-2-30（d）］。

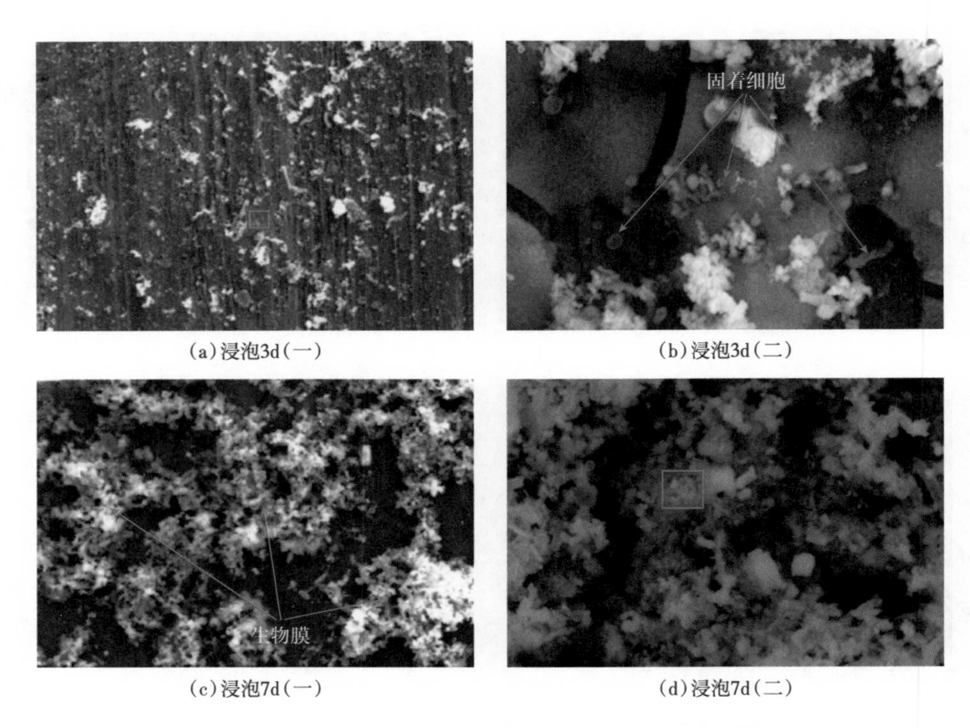

(a)浸泡3d(一)　(b)浸泡3d(二)
(c)浸泡7d(一)　(d)浸泡7d(二)

图 7-2-28　浸泡 3d 和 7d 后形成的生物膜的 SEM 图像(红框为 EDS 检测区域)

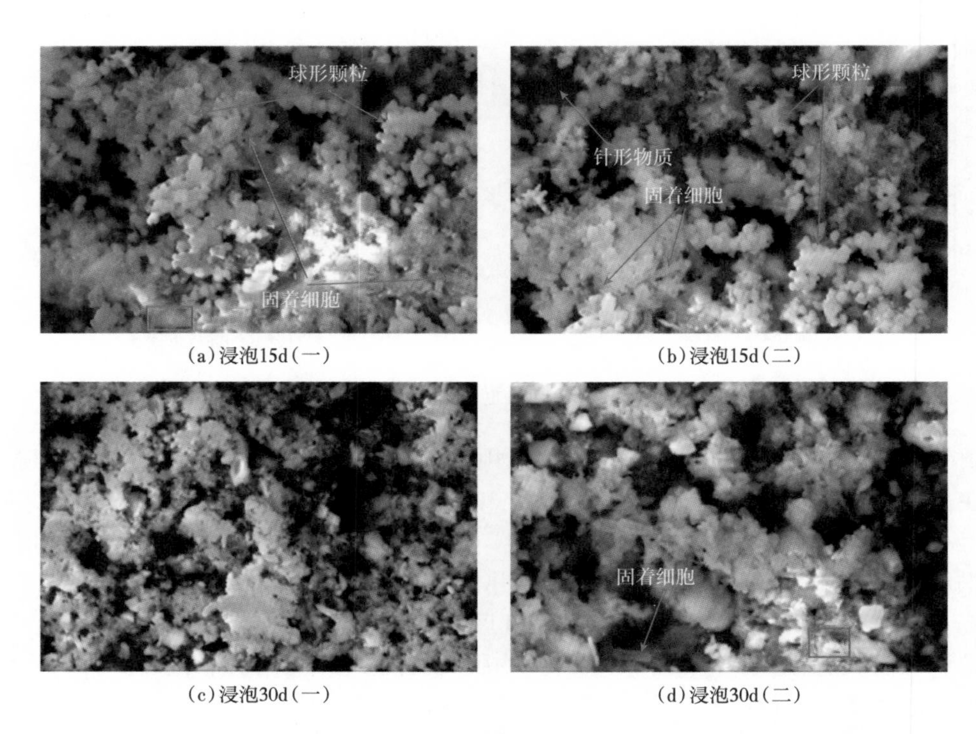

(a)浸泡15d(一)　(b)浸泡15d(二)
(c)浸泡30d(一)　(d)浸泡30d(二)

图 7-2-29　浸泡 15d 和 30d 后形成的生物膜的 SEM 图像(红框为 EDS 检测区域)

(a)浸泡60d(一)　(b)浸泡60d(二)

(c)浸泡90d(一)　(d)浸泡90d(二)

图 7-2-30　浸泡 60d 和 90d 后形成的生物膜的 SEM 图像(红框为 EDS 检测区域)

生物膜促进点蚀的机理还要进一步通过产物成分剖析。EDS 分析结果表明，生物膜的主要组成元素是 Fe、C、O 和 S。C 和 O 元素来自微生物的代谢产物和腐蚀产物，S 元素来自 SRB 代谢产生的硫化物(表 7-2-6)。

生物膜内 S 元素的占比随时间的延长呈增大趋势，表明 SRB 的代谢腐蚀持续进行。另一方面，S 元素在生物膜内的分布并不均匀，以腐蚀 90d 形成的生物膜为例，对图 7-2-30 中不同形态的膜层，检测发现 S 元素占比分别为 4.45% 和 0.30%，相差 10 倍以上。由此可知菌落代谢产生的硫化物在膜内不均匀沉积。

表 7-2-6　不同浸泡时间形成的生物膜的 EDS 分析结果

浸泡时间 /d	Fe/%（质量分数）	C/%（质量分数）	O/%（质量分数）	S/%（质量分数）
3	89.71	3.04	7.25	0.56
7	46.11	12.20	39.83	1.87
15	39.00	12.52	46.10	2.39
30	35.94	13.57	46.39	4.10
60	75.36	3.87	18.81	1.96
90	58.43	6.59	30.53	4.45
90	70.90	2.75	26.05	0.30

XPS 分析结果为：C1s 光谱可以曲线拟合出几个峰，分别对应于 C—C、C—O 和 CO_3^{2-}。根据所有测试样品的 Fe2p 光谱，峰归属于 Fe_2O_3、$FeCO_3$ 和 FeO(OH)。S2p 光谱曲线拟合有 2~3 个峰，分别对应于 SO_4^{2-}、S 和 FeS_2，表明 CO_2 腐蚀和微生物腐蚀同时

进行，存在 SRB 代谢产生的硫化物，微生物的代谢产物中混合有少量 $FeCO_3$。

对于不同时间段形成的产物成分，如图 7-2-31 所示，生物膜的主要成分都是有机物、FeS_2、Fe_2O_3、S 和 $FeCO_3$，腐蚀产物成分极为相近。

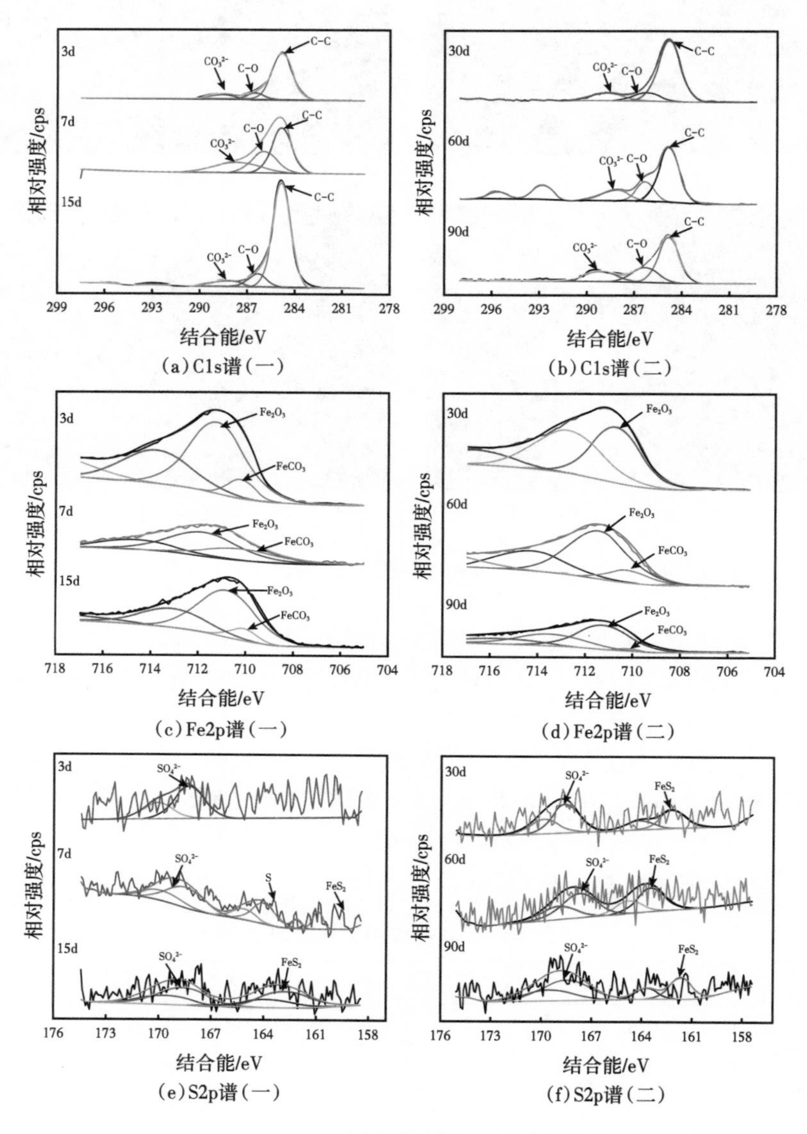

图 7-2-31　不同浸泡时间 XPS 分析结果

2. 长宁页岩气田微生物腐蚀机理

综合以上分析，页岩气集输管道发生点蚀穿孔的主要原因是积液中存在以 SRB 和 IB 为主的腐蚀性微生物。如图 7-2-32 所示，点蚀的发展机理主要分为三步：

①生物膜的形成。

腐蚀性微生物不断向金属表面附着，并繁殖形成菌落，随着菌落和分泌物的堆积，管壁表面逐渐形成生物膜，而且结构也越来越完整，促进膜下微生物的代谢活性的提高。

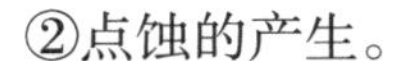

②点蚀的产生。

生物膜下菌落中的 SRB 直接获取附着部位金属的电子，导致金属失去电子发生点蚀，并在细胞内利用电子催化硫酸根还原。同时，IB 的存在会夺取亚铁离子的电子，促进铁的去离子化过程，加速点蚀，并促进微量溶氧的还原。

③点蚀的发展。

随着时间的延长，膜下的缺氧环境造成好氧的 IB 逐渐衰亡，但 IB 的存在有利于形成致密的生物膜隔绝有害物质，从而促进厌氧的 SRB 代谢，而且 SRB 代谢产生的硫化物在膜内沉积，使得膜内的部分 SRB 细胞虽然没有直接接触金属，但可以利用硫化物的导电性传递电子，间接获取金属的电子，继续促进点蚀发展，最终导致管道穿孔。

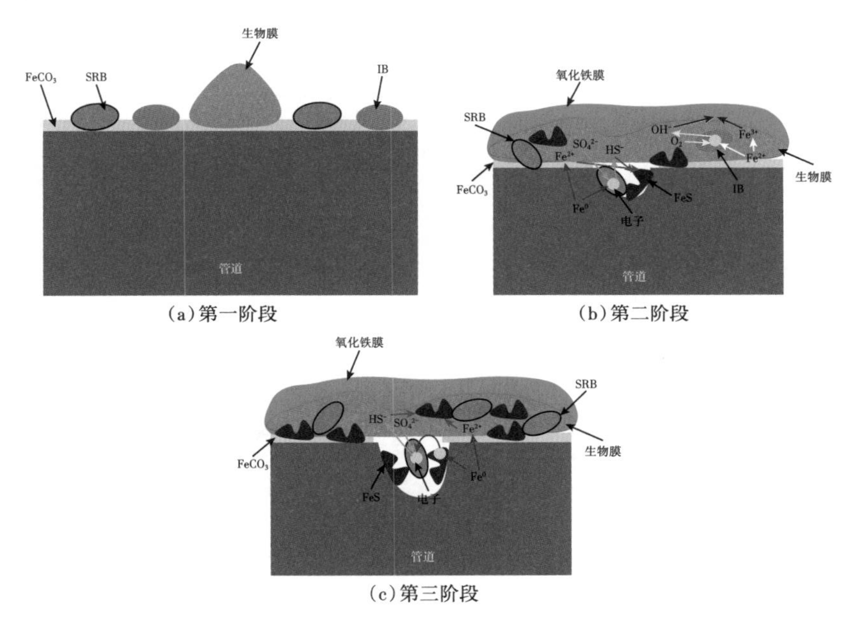

(a)第一阶段　(b)第二阶段

(c)第三阶段

图 7-2-32　页岩气返排液点蚀机理示意图

第三节　长宁页岩气田微生物腐蚀控制技术及应用

一、微生物腐蚀控制技术

1. 杀菌缓蚀剂控制技术

杀菌缓蚀剂是兼具杀菌和缓蚀性能的单一药剂体系或杀菌剂和缓蚀剂等组合使用以取得杀菌和缓蚀性能的多组分药剂体系。通过上述腐蚀机理分析，微生物腐蚀与生物膜形成密切相关，相对浮游态的微生物，膜内微生物对于包括杀菌剂在内的各种抑菌因子有更强的抵抗力，研究认为生物膜的保持机制可能是糖胶质间质的保护作用，也可能是膜内微生物在生理状态上产生了改变，或者是上述二者共同作用的结果。因此杀菌缓蚀剂应考虑其杀菌—缓蚀—抑菌等性能，并且在应用中考虑其抑泡性能等。

(1)杀菌剂分子结构对抑菌性能的影响。

最小抑菌浓度是指在用于微生物鉴定的稀释法的试管内或小孔内完全抑制腐蚀性微

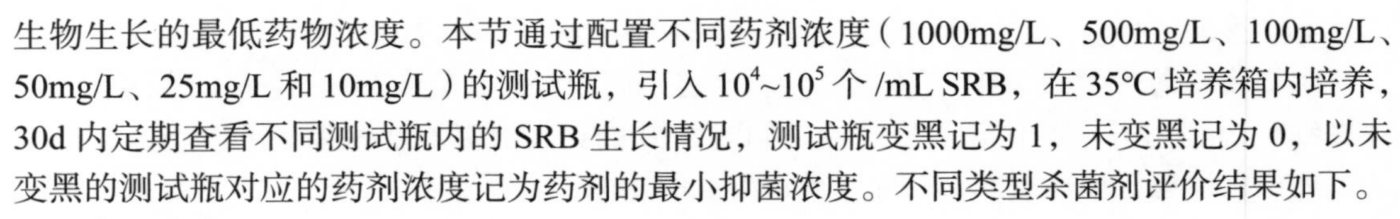
生物生长的最低药物浓度。本节通过配置不同药剂浓度（1000mg/L、500mg/L、100mg/L、50mg/L、25mg/L 和 10mg/L）的测试瓶，引入 10^4~10^5 个 /mL SRB，在 35℃ 培养箱内培养，30d 内定期查看不同测试瓶内的 SRB 生长情况，测试瓶变黑记为 1，未变黑记为 0，以未变黑的测试瓶对应的药剂浓度记为药剂的最小抑菌浓度。不同类型杀菌剂评价结果如下。

①三嗪类。

选取 R_1、R_2、R_3 为不同基团的三嗪类杀菌剂进行最小抑菌浓度评价，结果如图 7-3-1 所示。

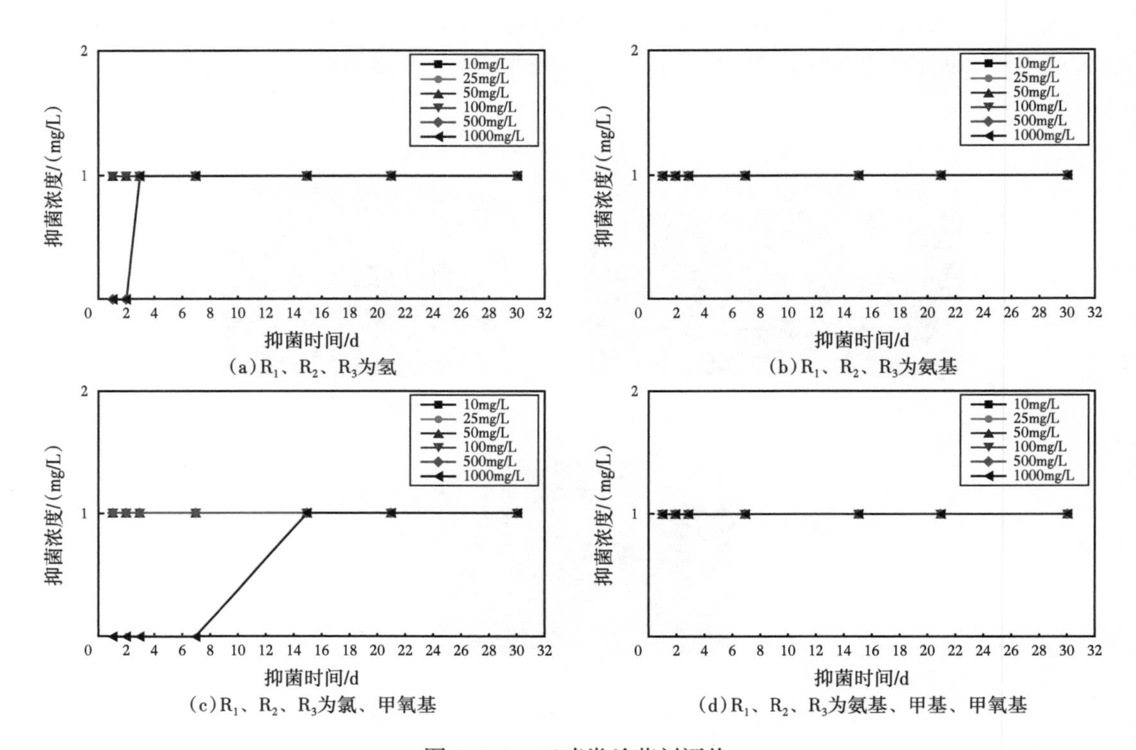

（a）R_1、R_2、R_3为氢　（b）R_1、R_2、R_3为氨基

（c）R_1、R_2、R_3为氯、甲氧基　（d）R_1、R_2、R_3为氨基、甲基、甲氧基

图 7-3-1　三嗪类杀菌剂评价

当三嗪类杀菌剂成分的取代基为强供电子基团时，药剂杀菌性能变弱，抑菌浓度超过 1000mg/L，而取代基为强吸电子基团（如氯）时，药剂杀菌性能变强，抑菌浓度降低。如 R_1、R_2 和 R_3 为氯、甲氧基时，抑菌浓度低于 1000mg/L，但随着时间的延长，抑菌浓度升高，说明微生物对药剂容易产生抗药性。

②磷酸酯类。

选取 R_1、R_2 和 R_3 为烷基的磷酸酯类物质进行最小抑菌浓度评价，结果如图 7-3-2 所示。磷酸酯类杀菌剂杀菌效果较差，抑菌浓度超 1000mg/L，原因在于酯类的分散效果较差，杀菌剂只能与细胞壁作用，无法与细胞内部的物质或结构作用，杀菌性能相对较弱。

③季铵盐。

选取 R_1、R_2、R_3 和 R_4 其中一处基团带有苯环和未带苯环的季铵盐类杀菌剂进行最小抑菌浓度评价，结果如图 7-3-3 所示。

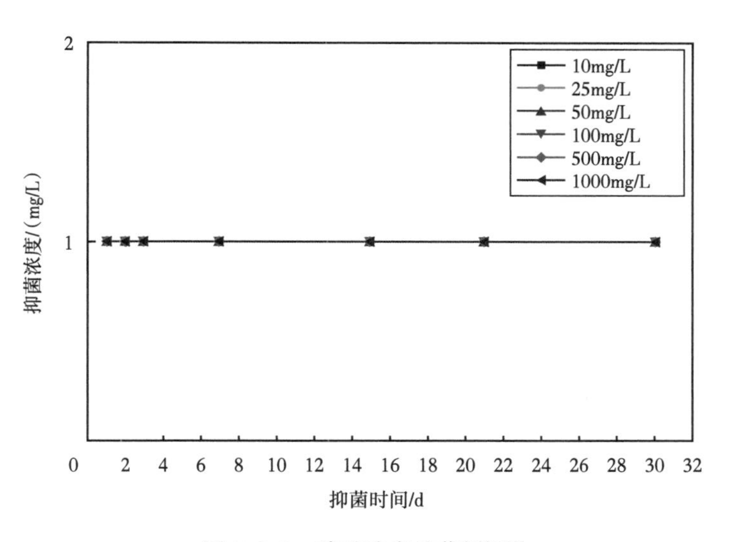

图 7-3-2　磷酸酯类杀菌剂评价

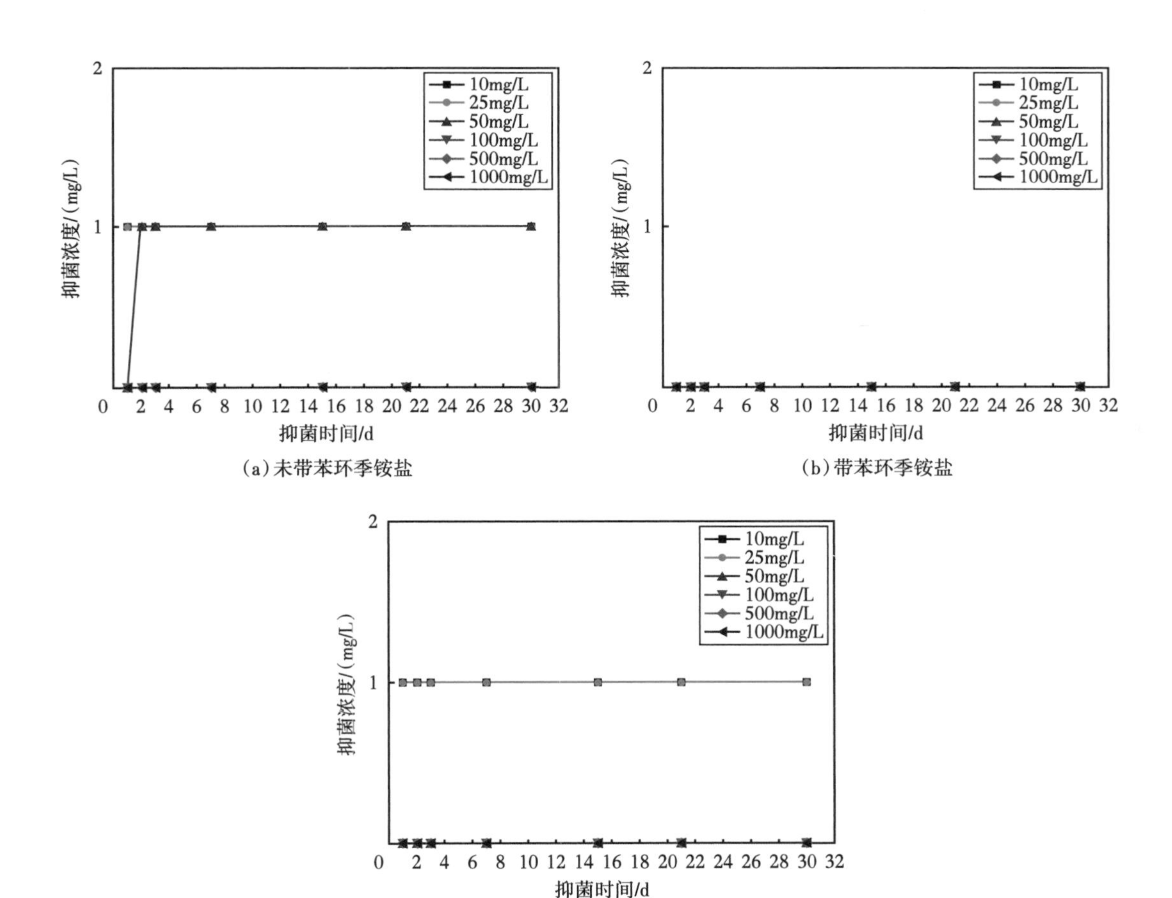

(a)未带苯环季铵盐

(b)带苯环季铵盐

(c)未带苯环季铵盐与酯类杀菌剂1∶1复配

图 7-3-3　季铵盐类杀菌剂评价

带苯环季铵盐类杀菌剂比未带苯环季铵盐类杀菌剂效果更优，原因在于季铵盐杀菌机理是影响细胞膜的通透性，而带苯环类杀菌剂的结构分子量较高，对细胞膜的破坏力更强。另外，将未带苯环的季铵盐与酯类复配，与单一季铵盐的杀菌效果对比，季铵盐复配酯类物质的杀菌剂抑菌浓度比单一季铵盐杀菌剂的低 50%。

④咪唑类。

选取 R_1、R_2 和 R_3 为不同基团的咪唑类杀菌剂进行最小抑菌浓度评价，结果如图 7-3-4 所示。

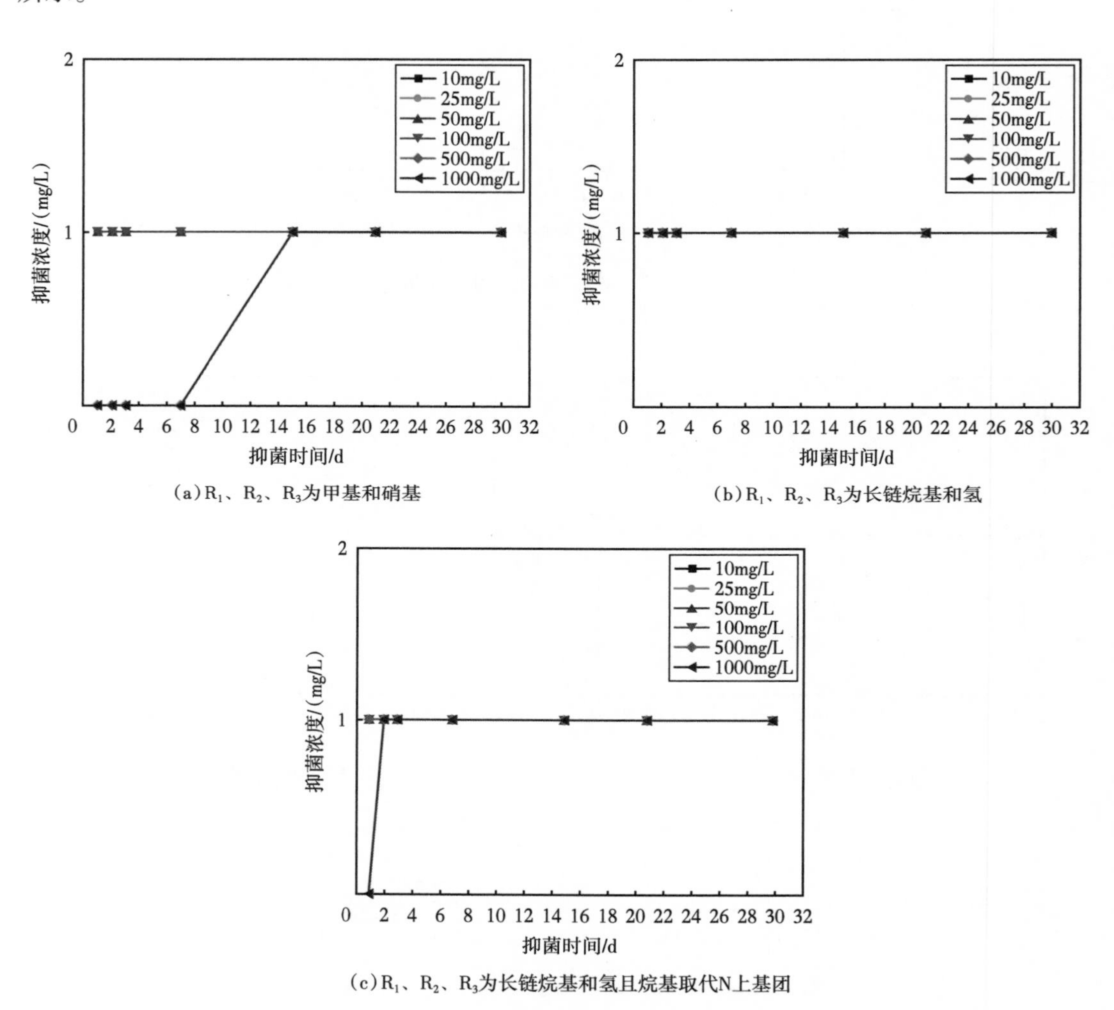

（a）R_1、R_2、R_3为甲基和硝基

（b）R_1、R_2、R_3为长链烷基和氢

（c）R_1、R_2、R_3为长链烷基和氢且烷基取代N上基团

图 7-3-4　咪唑类杀菌剂评价

带强吸电子基团的咪唑杀菌剂效果要优于供电子基团，烷基取代 N 上基团的结构杀菌效果要优于取代其他位上的结构，但随着时间的延长，抑菌浓度升高，表明微生物对杀菌剂产生了抗药性。

⑤喹啉类。

选取 R_1 和 R_2 为苄基基团的喹啉类杀菌剂进行最小抑菌浓度评价，结果如图 7-3-5 所示。

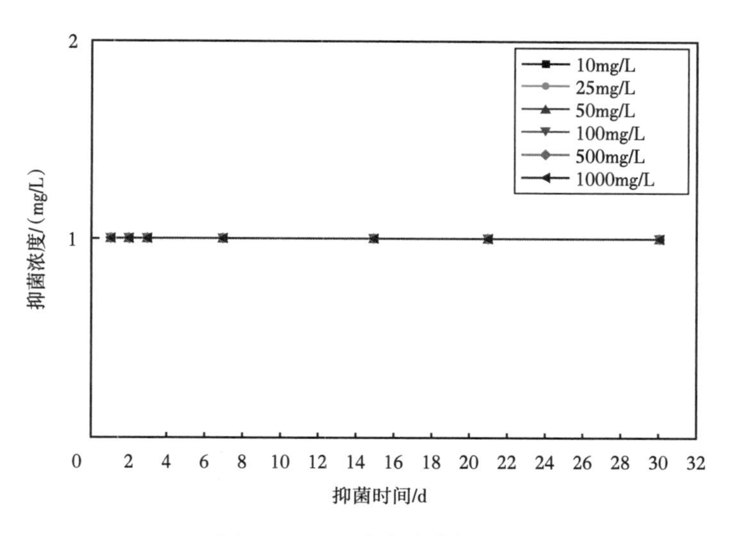

图 7-3-5　喹啉类杀菌剂评价

喹啉类杀菌剂的抑菌浓度超过 1000mg/L，抑菌效果相对较差。

⑥金属离子。

选取成分中存在具有杀菌功能的 Cu^{2+} 的杀菌剂进行杀菌效果评价，结果如图 7-3-6 所示。

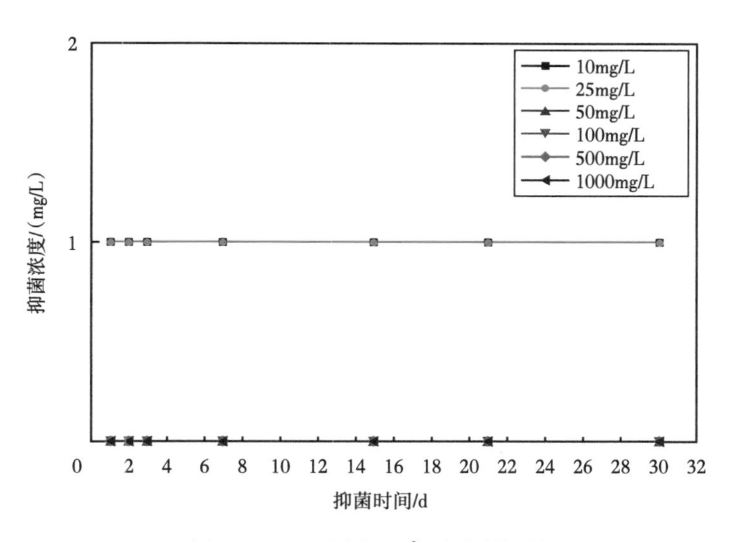

图 7-3-6　金属类 Cu^{2+} 杀菌剂评价

含 Cu^{2+} 的杀菌剂的抑菌浓度为 50mg/L，具有较好的抑菌效果。

(2)杀菌剂分子结构对缓蚀性能的影响。

基于以上具备杀菌性能的分子结构，结合可能具有缓蚀性能的化合物，在模拟长宁页岩气田返排液矿化度的溶液中进行缓蚀性能评价，评价条件如下。材质：L360N；腐蚀介质：模拟返排液；二氧化碳浓度：500mg/L；测试时间：72h；测试温度：40℃；杀菌缓蚀剂浓度：1000mg/L。选取的分子结构见表 7-3-1，结果如图 7-3-7 所示。

表 7-3-1　选取的分子结构及编号

编号	分子结构	特征
A		R_1、R_2、R_3 为氯、甲氧基
B		带苯环季铵盐
C		R_1、R_2、R_3 为甲基和硝基
D		R_1、R_2、R_3 为长链烷基和氢且烷基取代 N 上基团
E		R_1、R_2 为苄基基团

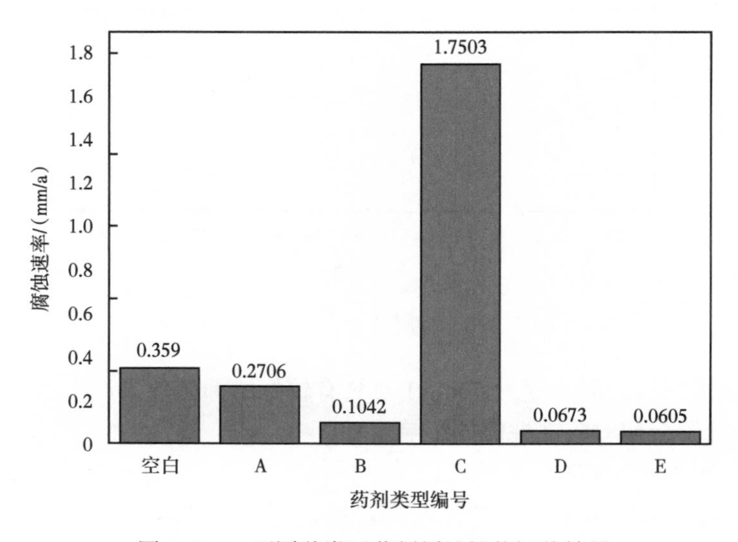

图 7-3-7　不同种类型药剂缓蚀性能评价结果

三嗪、季铵盐、N-烷基仕咪唑及喹啉等类型药剂均具有一定的缓蚀性能，其中以喹啉类杀菌剂的缓蚀效果最好，咪唑次之，季铵盐再次，最后是三嗪，当咪唑上为硝基取代时反而会促进腐蚀。

（3）杀菌缓蚀一体剂开发。

基于季铵盐分子自组装特性及纳米粒子渗透特性，中国石油西南油气田公司天然气研究院研发了CT2-21杀菌缓蚀剂。

根据SY/T 0532—2012《油田注入水细菌分析方法 绝迹稀释法》开展杀菌缓蚀剂在不同浓度下静态24h的杀菌效果评价，结果见表7-3-2，CT2-21杀菌缓蚀剂在浓度为100mg/L时的杀菌率可达100%。

表7-3-2 CT2-21杀菌缓蚀剂杀菌性能评价结果

浓度/（mg/L）	菌量/（个/mL）	杀菌率/%
0	2.5×10^3	—
80	2.5×10^2	90
100	0	100

根据JB/T 7901—1999《金属材料实验室均匀腐蚀全浸试验方法》开展CT2-21杀菌缓蚀剂的缓蚀效果评价，结果见表7-3-3。CT2-21杀菌缓蚀剂可将L360N的腐蚀速率控制在0.1mm/a以下，取得80%的缓蚀率。

表7-3-3 CT2-21杀菌缓蚀剂缓蚀性能评价结果

浓度/（mg/L）	腐蚀速率/（mm/a）	缓蚀率/%
0	0.3784	—
500	0.0909	75.98
1000	0.0744	80.34

采用Waring-Blender搅拌法对药剂的起泡性能进行评价，该方法由量杯和高速搅拌器（转速大于1000r/min）构成。向量杯内加入200mL待测液，然后以恒定的速度搅拌一段时间，搅拌停止后立即读取泡沫体积，间隔一段时间再次读取泡沫体积，以表征CT2-21杀菌缓蚀剂的起泡性能，结果见表7-3-4，CT2-21杀菌缓蚀剂不起泡且具有抑泡性能。

表7-3-4 CT2-21杀菌缓蚀剂起泡性能评价结果

测试样	初始泡沫体积/mL	1min泡沫体积/mL	3min泡沫体积/mL
宁209H34现场水	3	0	0
宁209H34现场水+2%药剂	0	0	0
长宁H8现场水	0	0	0
长宁H8现场水+2%药剂	0	0	0

2. 材料优选技术

针对页岩气田微生物腐蚀，目前应用的材料有抗菌钢和非金属材料，抗菌钢主要为含Cu和含Cr合金钢，非金属材料主要有钢骨架复合管、纤维增强复合管和柔性复合管。

（1）抗菌钢耐蚀性能。

选取含 Cu（抗菌钢）及含 Cr 的钢材进行耐蚀性能评价。腐蚀介质以 API 培养基为基础：0.5g/L Na_2SO_4、1.0g/L NH_4Cl、0.1g/L $CaCl_2$、0.5g/L K_2HPO_4、2.0g/L $MgSO_4$、3.5g/L $C_3H_5NaO_3$、1.0g/L 酵母汁，pH 值调节为 7.20，将硫酸根离子含量调成 300mg/L，乳酸钠调成 0.7g/L，氯离子浓度为 20000mg/L，实验周期为 21d，温度仍为 35℃，二氧化碳 200mg/L。

由图 7-3-8 可知，实验条件下，碳钢的均匀腐蚀速率均要高于不锈钢（13Cr 腐蚀轻微），而且抗菌管线钢腐蚀速率要略高于 L360N 及 L360QS，碳钢与抗菌钢均匀腐蚀速率均高于 0.1mm/a 的控制要求。

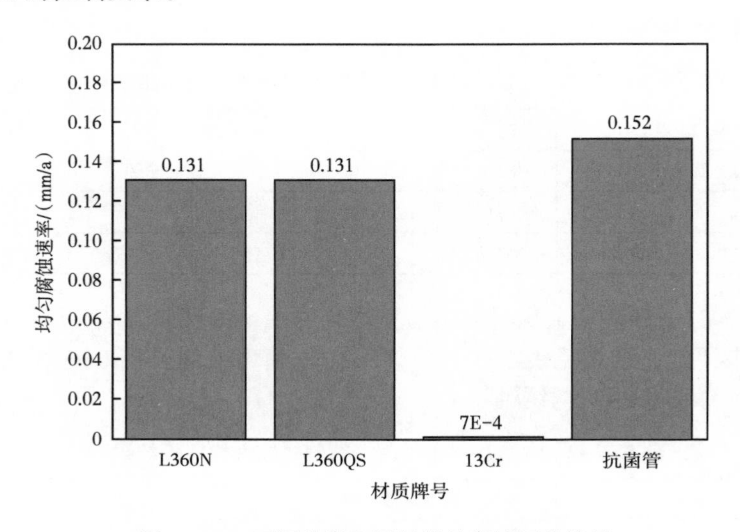

图 7-3-8　不同种类金属材料的腐蚀评价结果

根据以上评价结果，13Cr 具备较高的耐蚀性能，其他水平的含 Cr 钢也具有一定的耐微生物腐蚀性能。由图 7-3-9 可知，相同的评价条件下，随着 Cr 含量的增加，金属的耐蚀性能增加。由图 7-3-10 局部腐蚀可知，1Cr 钢存在与 L360N 相似的局部面状腐蚀坑，3Cr 及以上水平的合金耐蚀性能显著提升，随着 Cr 含量的增加，材料局部腐蚀倾向性降低。

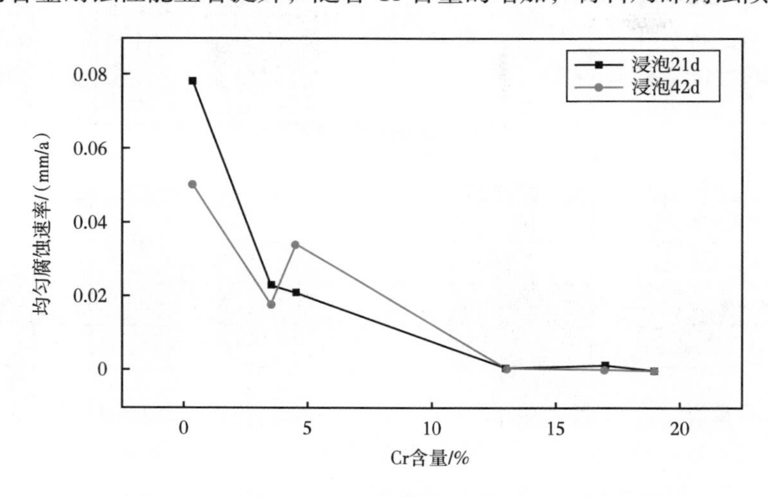

图 7-3-9　不同 Cr 含量的合金材质的腐蚀评价结果

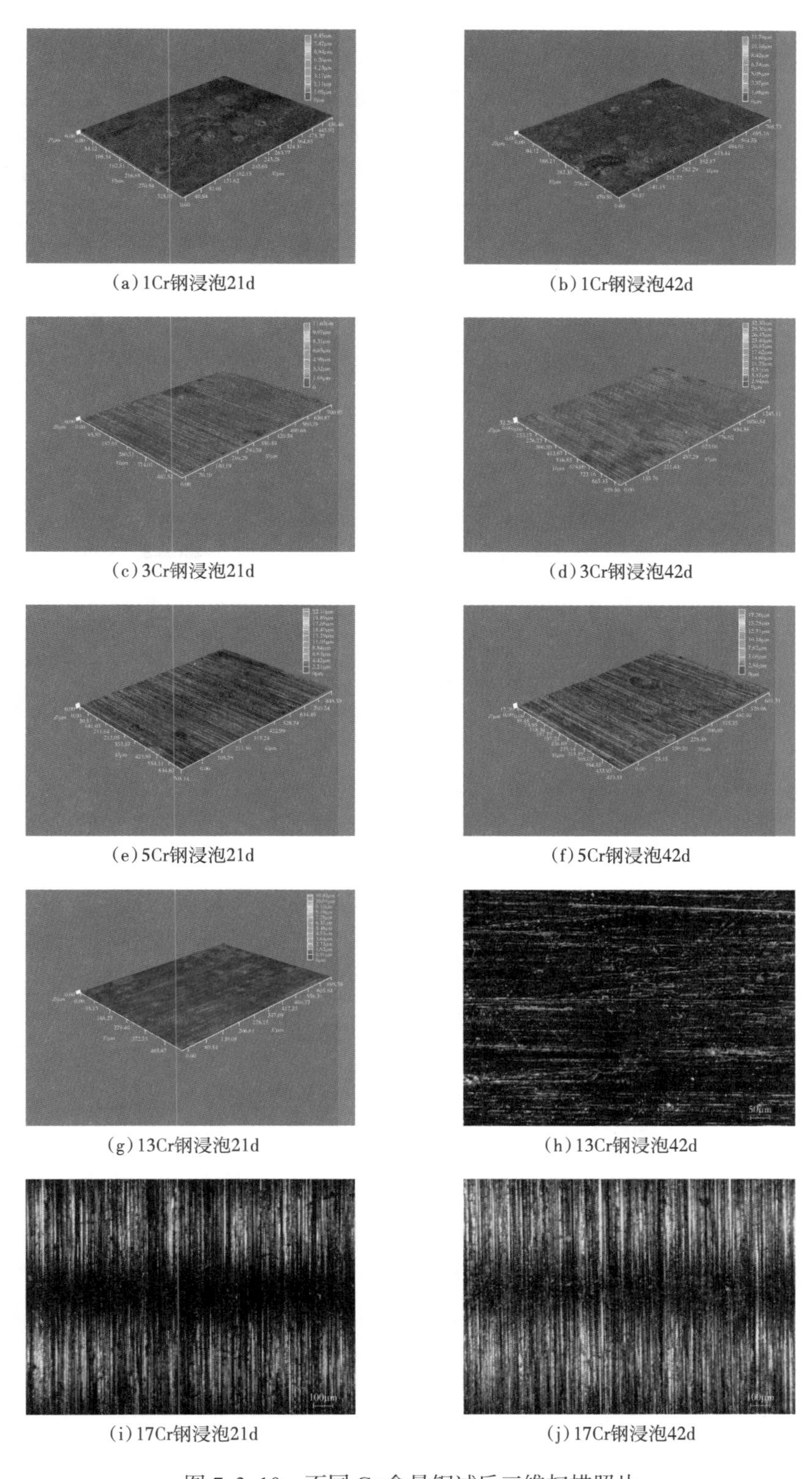

(a) 1Cr钢浸泡21d　(b) 1Cr钢浸泡42d

(c) 3Cr钢浸泡21d　(d) 3Cr钢浸泡42d

(e) 5Cr钢浸泡21d　(f) 5Cr钢浸泡42d

(g) 13Cr钢浸泡21d　(h) 13Cr钢浸泡42d

(i) 17Cr钢浸泡21d　(j) 17Cr钢浸泡42d

图 7-3-10　不同 Cr 含量钢试后三维扫描照片

（2）非金属材料耐蚀性能。

实验条件参考川南某页岩气区块工况，管线集输压力5MPa，服役温度30~40℃，CO_2含量普遍低于1%，不含H_2S。地层污水pH值为6.0~7.5，含硫酸盐还原菌（SRB）等腐蚀性微生物，高矿化度（10000~50000mg/L）。由于非金属材质具有优异的化学惰性，故通过设置苛刻的实验条件来加速材质的老化过程，以便于评估长期服役环境下的耐久性和寿命。采用高温高压釜模拟页岩气田场站排污管线服役环境，对纤维增强复合管和钢骨架复合管进行水热加速老化（工况：90℃、CO_2分压0.5MPa，总压5MPa，SRB细菌，实验设备为高温高压釜，模拟返排液组成见表7-3-5）浸泡实验，实验周期分别为15d、30d和45d。由于非金属管具有非均质性，各类指标众多，为系统反映管材性能损伤变化，主要从管材形貌、硬度、红外光谱/氧化诱导（化学稳定性）和力学性能等关键指标开展综合评价。

表7-3-5　模拟水离子组成

离子含量/（mg/L）					pH值	总矿化度/mL/L	SRB培养液/mL/L
Na^+	Ca^{2+}	Mg^{2+}	HCO_3^-	Cl^-			
2988.74	39.75	30.58	480	11385.99	6	14925.06	100

内壁材质红外光谱分析结果如图7-3-11所示，两种管材的红外光谱图较初始基本一致，主要峰位无明显变化，在波数730cm^{-1}附近为—CH_2—平面摇摆振动峰，1470cm^{-1}附近为—CH_2弯曲振动峰，2850cm^{-1}附近为—CH_2—对称伸缩振动峰，2920cm^{-1}附近为—CH_2—反对称伸缩振动峰，HDPE本身所具备的结晶性正是引起摇摆振动吸收峰分裂成多重峰的主要因素。聚乙烯长分子链未发生断裂，对比发现纤维增强复合管水热老化30d后在1100cm^{-1}附近出现较明显的C—OH伸缩振动峰，表明非金属材料存在一定的老化。随着时间推移，在1700cm^{-1}附近出现的C═O特征峰浓度存在升高趋势，这两种新官能团的出现表明老化进行的过程存在着旧链断裂及新的官能团羟基、羰基的引入。

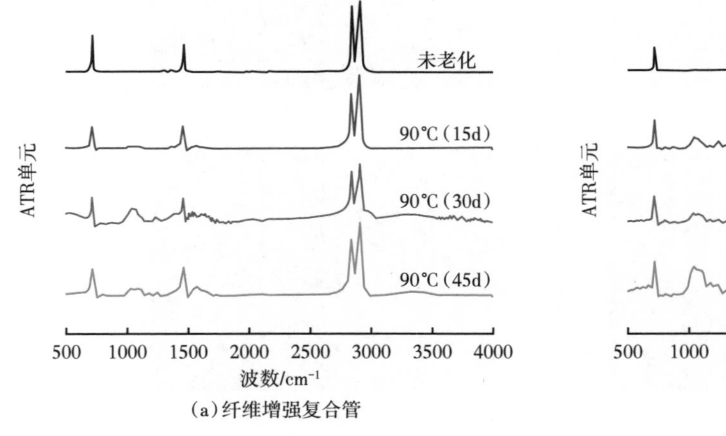

（a）纤维增强复合管

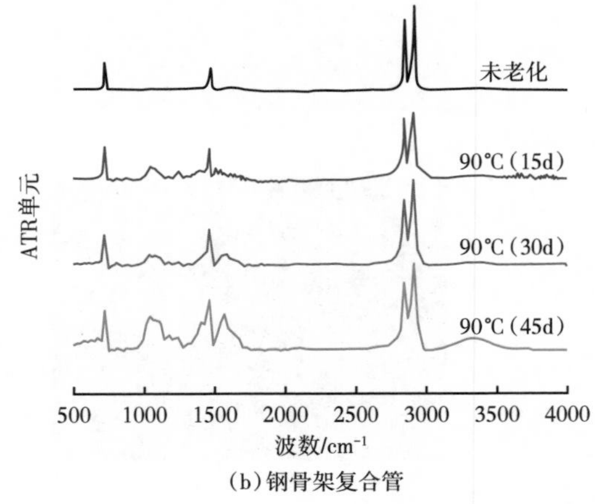

（b）钢骨架复合管

图7-3-11　FTIR图谱

采用差示扫描量热法（DSC）测定复合管保护层聚乙烯材料氧化诱导时间（等温OIT），如图7-3-12所示，结果表明，水热老化对于试样的氧化诱导温度影响较大，在老化15d、30d和45d后，氧化诱导时间降低明显，表明试样抵抗氧化的能力发生了减弱，开始出现了分子链交联结构的破坏，链段的活性提升导致氧化诱导时间缩短，这与红外光谱分析结果相吻合。

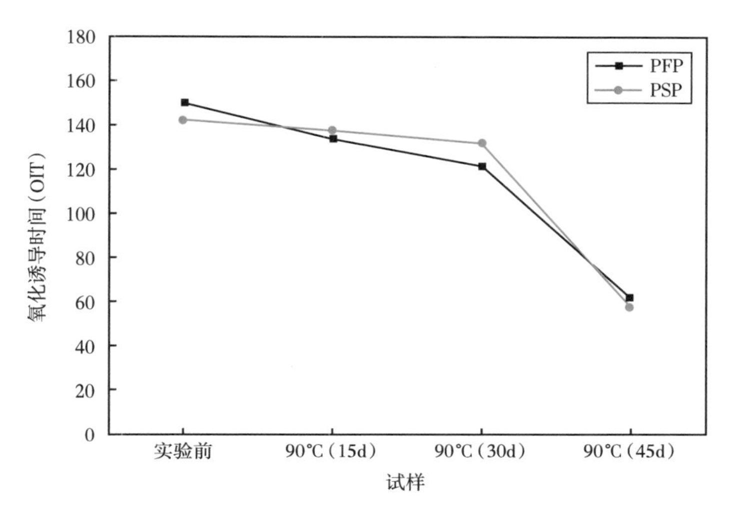

图7-3-12　氧化诱导时间（OIT）

材质各项性能的损伤影响会总体反映在管体结构整体强度的变化上，现场非金属管的失效形式主要为破损／破裂，其服役安全与管体抗内压强度密切相关。为了进一步评估水热老化对两种复合管力学性能的影响，对老化前后的管材进行了力学性能检测。选择测试环向拉伸强度的方式来表征复合管的环向强度。拉伸结果（图7-3-13）表明纤维增强复合管强度和塑性整体高于钢骨架复合管；由表7-3-6可知，随着水热老化时间的延长，复合管环向拉伸强度和等效抗内压强度降低，纤维增强管和钢骨架复合管的等效内压有所降低。

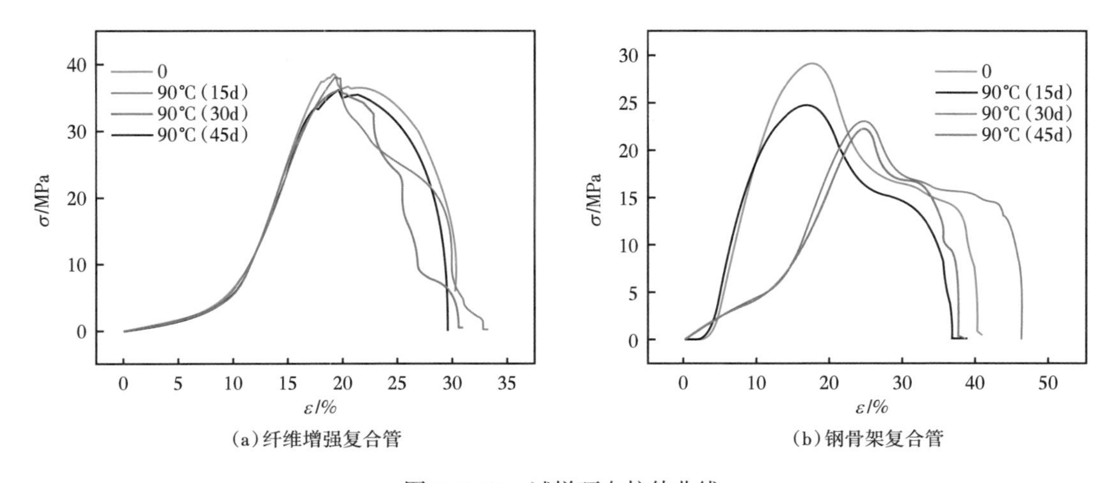

图7-3-13　试样环向拉伸曲线

按照《流体输送用热塑性塑料管道系统耐内压性能的测定》GB/T 6111—2018 标准使用环向强度计算管体等效抗内压强度，计算公式为：

$$P=\sigma\frac{2e_{\text{n}}}{d_{\text{n}}-e_{\text{n}}} \tag{7-3-1}$$

式中 P——实验压力，MPa；

σ——由实验压力引起的环应力，MPa；

e_{n}——管材自由长度部分的工程壁厚，mm；

d_{n}——试样的公称外径，mm。

表 7-3-6 环向拉伸及等效内压强度结果

实验工况	环向拉伸应力最大值 /MPa	等效内压强度 /MPa
PE 管	38.60	9.36
PE 管水热 90℃（15d）	36.22	8.87
PE 管水热 90℃（30d）	35.36	8.66
PE 管水热 90℃（45d）	33.38	8.17
PSP 管	28.04	6.08
PSP 管水热 90℃（15d）	24.74	5.37
PSP 管水热 90℃（30d）	23.10	5.01
PSP 管水热 90℃（45d）	22.30	4.84

为了预测长时间服役环境下非金属管道强度，对不同老化 / 服役时间下的等效内压强度进行曲线拟合，结果如图 7-3-14 所示，拟合方程为：

$$y=A_1\cdot\exp\left(\frac{-x}{t_1}\right)+y_0 \tag{7-3-2}$$

对于纤维增强复合管，等效内压强度随时间变化的拟合曲线方程为：

$$y=2.45\exp\left(\frac{-x}{33.74}\right)+6.77 \tag{7-3-3}$$

对于钢骨架复合管，等效内压强度随时间变化的拟合曲线方程为：

$$y=1.40\exp\left(\frac{-x}{20.99}\right)+4.66 \tag{7-3-4}$$

式中 x——90℃下加速老化时间，d；

y——对应老化时间后等效内压，MPa。

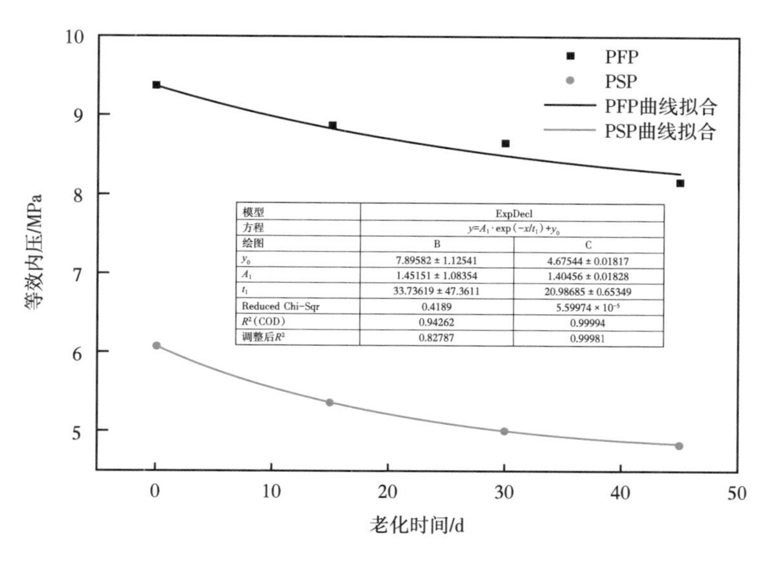

模型	ExpDecl	
方程	$y=A_1 \cdot \exp(-x/t_1)+y_0$	
绘图	B	C
y_0	7.89582 ± 1.12541	4.67544 ± 0.01817
A_1	1.45151 ± 1.08354	1.40456 ± 0.01828
t_1	33.73619 ± 47.3611	20.98685 ± 0.65349
Reduced Chi-Sqr	0.4189	5.59974×10^{-5}
R^2（COD）	0.94262	0.99994
调整后R^2	0.82787	0.99981

图 7-3-14 基于强度模型的拟合曲线

结合时温等效原理，即用高温度、短时间的模拟实验预测低温度下材料的长期性能，目前已成熟运用于橡胶、热塑性材料和复合材料等长期寿命预测。

时温等效原理方程：

$$\Delta T=\frac{1}{\alpha}\lg\left(\frac{t_{\text{Lifetime}}}{t_{\text{Test}}}\right) \tag{7-3-5}$$

式中 ΔT——实验温度—服役温度，℃；

t_{Lifetime}——预测寿命，a；

t_{Test}——实验时间，d；

α——时温等效系数。

时温等效系数取 α=0.075（依据 API15S 可缠绕增强塑料管线管），得出复合管寿命预测方程为：

纤维增强复合管：

$$t_{\text{Lifetime}}=\frac{33.74}{365}\times 10^{0.075(90-T)}\ln\frac{2.45}{P-6.77} \tag{7-3-6}$$

钢骨架复合管：

$$t_{\text{Lifetime}}=\frac{20.99}{365}\times 10^{0.075(90-T)}\ln\frac{1.40}{P-4.66} \tag{7-3-7}$$

式中 T——服役温度，℃；

P——设定的管材内压强度阈值，MPa；

t_{Lifetime}——预测寿命，a。

可根据管道的公称压力和强度安全系数，预测不同服役温度下管道的安全寿命。如取强度安全系数为1.2，即内压强度阈值为1.2倍公称压力，对于纤维增强复合管（PFP），公称压力为6MPa，内压强度阈值为7.2MPa，代入寿命预测方程解出60℃服役环境下寿命为28年。对于钢骨架复合管（PSP），公称压力为4MPa，内压强度阈值为4.8MPa，代入寿命预测方程解出60℃服役环境下寿命为23年。

综上，加速老化工况下复合管虽然在微观分子层面出现了老化损伤迹象，但其未表现出与页岩气场站排污工况介质环境有明显的不适应性，复合管在微生物腐蚀作用下仍具有较长的服役寿命，可作为排污管线材质使用。

3. 工艺优化技术

目前页岩气微生物腐蚀控制的工艺优化主要包括返排液处理、清管作业、提升除砂效率和减少薄弱部件等优化场站工艺流程，提升脱水率等方式缓解腐蚀失效问题。

（1）返排液处理。

目前页岩气压裂生产中，普遍采用返排液重复利用。返排液成分复杂、矿化度高、含有丰富的有机物及多样的腐蚀性微生物。因此，为减少注入压裂液自身腐蚀介质的引入，应减少返排液回用次数，或开展返排液处理回用，返排液回用时应控制腐蚀性微生物、有机物和结垢离子含量。

（2）优化场站工艺流程。

页岩气生产系统中，微生物会与砂等协同，加速腐蚀的发生。因此在生产过程中，应尽量除去返排出的砂砾。一方面，减少冲刷腐蚀；另一方面，减轻微生物裹挟在砂砾中，加速微生物腐蚀的发生。基于工艺流程特征，从提升除砂效率和减少薄弱部件两方面优化工艺。

目前过滤式除砂器处理量小，除砂筒易挤压变形，且无法时时排砂，除砂效果不佳。旋流式除砂器处理量大，除砂效果可达91%以上，且具备时时排砂功能，充分满足页岩气生产现场需求。对于排采初期，出砂量较大时，建议采用二级除砂器，进一步减少砂砾对管线的影响。另外，建议在井口至除砂器、除砂器至分离器及排污管线设定砂砾检测点，获取测试点砂砾质量流率，根据砂砾变化情况，保障仪器设备的正常运行并较少腐蚀的发生。对于场站中微生物腐蚀的薄弱部件，有效降低平台撬块、设备、管件及焊口的数量，大幅减少易失效点。

（3）提升脱水率。

管线中的残液为微生物提供了生存环境，因此，为进一步降低微生物腐蚀，应尽量降低管线中的含水量。根据产水量的变化，设计多级脱水撬装，从而减少管线中残液。

二、微生物腐蚀控制技术应用

长宁页岩气田在建设初期未考虑腐蚀控制措施，后期严格执行腐蚀控制设计要求，并结合实际进行优化完善取得了显著的防腐效果，气田微生物腐蚀整体受控，保障了安全生产。

1. 井工程腐蚀控制

1）气井完井方式及油套管材质选择

长宁页岩气田气井主要采取光油管完井方式，综合考虑技术经济性，长宁页岩气田气井完井管材料以碳钢为主，油管多数采用N80碳钢材质，套管多数采用TP125和TP140。

为了防止微生物腐蚀，部分气井采用内涂层，在井筒材料防腐方面，目前在现场应用过程中初步展示出一定效果的材料主要是环氧酚醛树脂内涂层油管，其具备可耐微生物 + 二氧化碳腐蚀、成本相对较低等优点，但在使用过程中也存在一些局限性，具体见表 7-3-7。

表 7-3-7　碳钢内涂环氧酚醛树脂涂层油管问题

碳钢油管 + 环氧树脂内涂层	主要问题	适用范围
	只能保护油管内壁；耐磨性较金属差；长期应用效果尚需进一步验证	环空无积液、未开展环空采气、未开展柱塞采气气井，且建议使用温度低于 130℃

内涂油管性能可参考标准 SY/T 6717《油管和套管内涂层技术条件》的要求。

长宁页岩气田于 2022 年 11 月在宜 207 井交替下入环氧酚醛内涂层油管和非涂层油管，并于 2023 年 12 月起油管检测。涂层与非涂层油管应用后的外观如图 7-3-15 所示。

可以看出，内涂油管在现场应用后具有较好的抗微生物腐蚀能力，油管的腐蚀程度显著减轻，失效得到了有效的缓解。

(a) 未使用内涂层的油管

(b) 使用内涂层的油管

图 7-3-15　内涂层油管试验后外观

2) 杀菌缓蚀剂加注

井筒腐蚀控制从压裂、完井、排采、生产到气井寿命终止整个过程，宜采用加注杀菌剂、缓蚀剂、泡排剂等控制和降低集输管道的腐蚀。

(1) 压裂阶段井筒腐蚀控制。

为了防止储层及井筒中微生物引发的腐蚀，必须在施工现场监测压裂液中 SRB 的含量，检测方法采用 SY/T 0532《油田注入水细菌分析方法　绝迹稀释法》，含量指标须符合行业标准 NB/T 14003.1《页岩气　压裂液　第 1 部分：滑溜水性能指标及评价方法》的规定，低于 25 个 /mL。

(2) 排采阶段井筒腐蚀控制。

排采阶段（未下油管），在开井见水、返排见气、投产前检测一次返排液中的 SRB 含量，SRB 含量如达不到标准 NB/T 14002.3—2022 中低于 25 个 /mL 的要求，则考虑排采期加注杀菌缓蚀剂。杀菌缓蚀剂的选择及加注量按以下执行，并根据现场检测结果进行优化。

①杀菌缓蚀剂选择。

选择的杀菌缓蚀剂应符合表 7-3-8 中的指标规定，并结合现场情况及时调整杀菌剂加量、更换杀菌剂种类或使用复合杀菌剂。

表 7-3-8 杀菌缓蚀剂性能控制指标

序号	项目	控制指标
1	现场液体相容性	相容
2	腐蚀速率 / (mm/a)	小于 0.1
3	SRB 含量	小于 25 个 /mL
4	IB 含量	小于 10^4 个 /mL

②杀菌缓蚀剂加注量确定。

杀菌缓蚀剂加注量首先按厂家标准配方与排液量确定，如果加入杀菌剂后的腐蚀性微生物含量无法满足 NB/T 14003.1 或 NB/T 14002.3 的要求，则需要及时提高加量。

a. 套管采气场站。

杀菌缓蚀剂采用关井间歇加注，加注量计算公式：

$$M=VCT \tag{7-3-8}$$

式中 M——杀菌缓蚀剂加量，g；

V——单井返排液量，m^3；

C——药剂浓度（实验室推荐或现场经验），mg/L；

T——加注周期，d。

b. 油管采气非泡排场站。

杀菌缓蚀剂由环空连续加注，加注量计算公式：

$$M=VC \tag{7-3-9}$$

式中 M——杀菌缓蚀剂加量，g；

V——单井返排液量，m^3；

C——药剂浓度（实验室推荐或现场经验），mg/L。

c. 油管采气泡排场站。

缓蚀泡排药剂连续加注。

连续加注量计算公式：

$$M=VC \tag{7-3-10}$$

式中 M——杀菌缓蚀剂加量，g；

V——单井返排液量，m^3；

C——药剂浓度（实验室推荐或现场经验），mg/L。

③杀菌缓蚀剂加注工艺。

a. 套管采气场站。

采用泡排车从井口进行加注，加注完后关井 24h 后开井生产。

b. 油管采气非泡排场站。

采用加注泵从环空进行连续加注。

c. 油管采气泡排场站。

同泡排药剂一起加注或使用缓蚀功能的泡排药剂。

页岩气井井筒腐蚀监测 / 检测主要是 SRB 含量测定，并配合井口腐蚀监测 / 检测手段执行，SRB 含量测定周期见表 7-3-9。

表 7-3-9　采样分析周期

监测内容	取样位置	数据采集及频次	检测方法
SRB 含量测定	混砂车、配液罐	压裂施工前对配液用水及压裂液小样检测各一次，压裂施工中随机对现场压裂液抽检一次	按 SY/T 0532 执行
	井口分离器	在开井见水、返排见气、投产前检测返排液各一次，开始生产后每季度检测一次	按 SY/T 0532 执行

长宁页岩气区块井下加注杀菌缓蚀剂后腐蚀性微生物含量显著下降（图 7-3-16），返排液腐蚀评价结果显示腐蚀速率低于 0.076mm/a（图 7-3-17），井下药剂加注后返排至平台，失效率也显著下降（图 7-3-18），加注杀菌缓蚀剂是有效的微生物腐蚀防治措施。

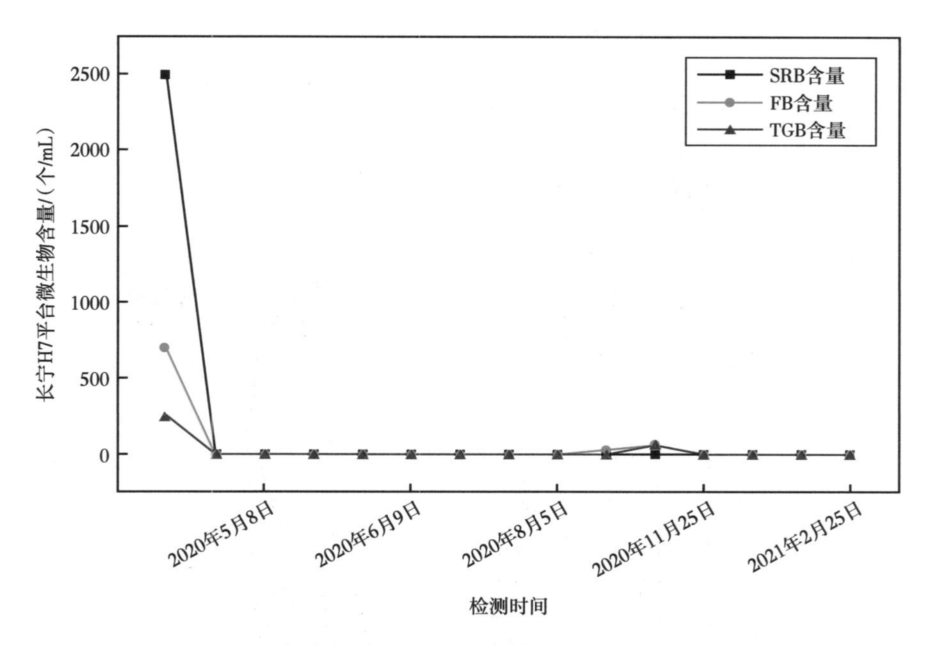

图 7-3-16　药剂加注后平台腐蚀性微生物含量检测结果

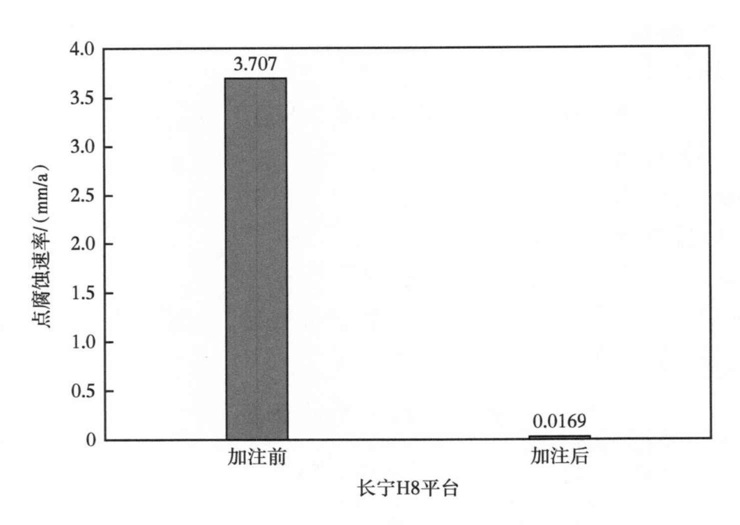

图 7-3-17　加注前后返排腐蚀性室内评价结果对比

2. 地面集输系统腐蚀控制

1）非金属管材应用

非金属管材于 2021 年 4 月在长宁页岩气排污管线开展应用试验，前期该排污管线采用普通碳钢，投运仅 2 个月就发生 2 次刺漏。2021 年 4 月将平台低压段排污管线改为钢骨架复合管，运行 7 个月未出现刺漏。2021 年 11 月取下该段复合管（图 7-3-18）进行检测，发现该钢骨架复合管应用后内壁仍保持平滑状态，未出现鼓泡、剥落、缺陷等情况。

图 7-3-18　非金属管应用后外观

2）杀菌缓蚀剂加注

（1）场站杀菌缓蚀剂加注。

①杀菌缓蚀剂选择。

选择的杀菌缓蚀剂应符合指标规定，并结合现场情况及时调整杀菌剂加量，更换杀菌剂种类或使用复合杀菌剂。

②杀菌缓蚀剂加注量确定。

连续加注量计算公式：

$$M=VC \tag{7-3-11}$$

式中　M——杀菌缓蚀剂加量，g；

V——单井返排液量，m^3；

C——药剂浓度（实验室推荐或现场经验），mg/L。

③杀菌缓蚀剂加注工艺。

a. 设置泡排加注口场站。采用加注泵从雾化装置进行连续加注。

b. 未设置泡排加注口场站。采用加注泵从测温测压套进行连续加注。

在现场井口位置设置加注点，场站杀菌缓蚀剂加注考虑采用井筒地面一体化加注，加注示意图如图 7-3-19 所示。以长宁 H12 平台为例，加注杀菌缓蚀剂后现场测得的腐蚀性微生物浓度见表 7-3-10。

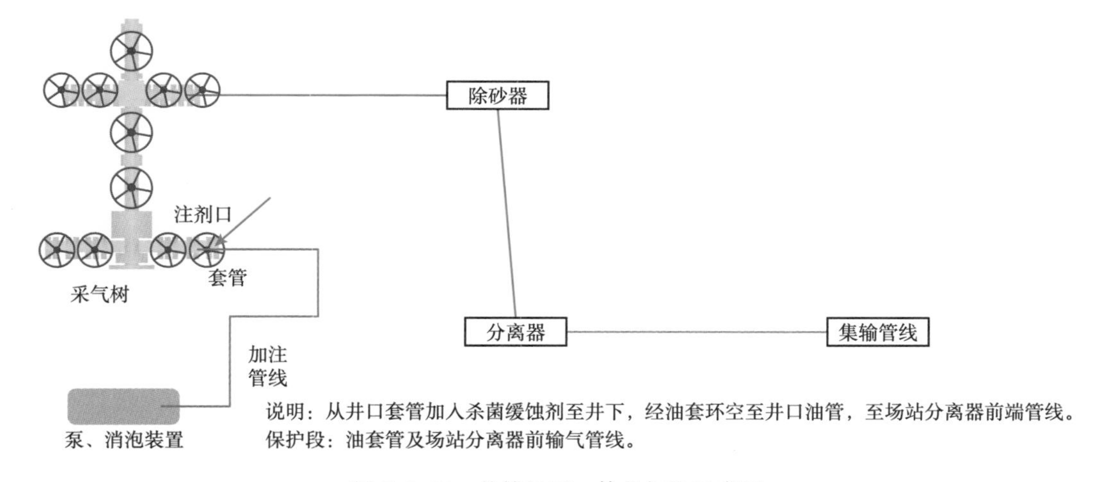

图 7-3-19　井筒地面一体化加注示意图

表 7-3-10　长宁 H12 井下连续加注控制效果

取样日期	SRB 个数 /（个 /mL）	TGB 个数 /（个 /mL）	IB 个数 /（个 /mL）
2022 年 7 月 16 日	0	0	0
2022 年 7 月 23 日	0	0	0
2022 年 8 月 2 日	0	0	0
2022 年 8 月 9 日	0	0	0

续表

取样日期	SRB 个数 /（个 /mL）	TGB 个数 /（个 /mL）	IB 个数 /（个 /mL）
2022 年 8 月 20 日	0	0	0
2022 年 8 月 26 日	0	0	0
2022 年 9 月 9 日	0	0	0
2022 年 9 月 20 日	0	0	0
2022 年 10 月 3 日	0	0	0
2022 年 10 月 9 日	0	0	0
2022 年 11 月 3 日	0	0	0

根据现场生产工况，对长宁页岩气田的平台优化加注 8 轮次，包括加注工艺与加注浓度，优化后的平均加注量降低 70% 以上。应用后检测到的腐蚀性微生物浓度达标率 100%，失效次数显著减少（图 7-3-20）。

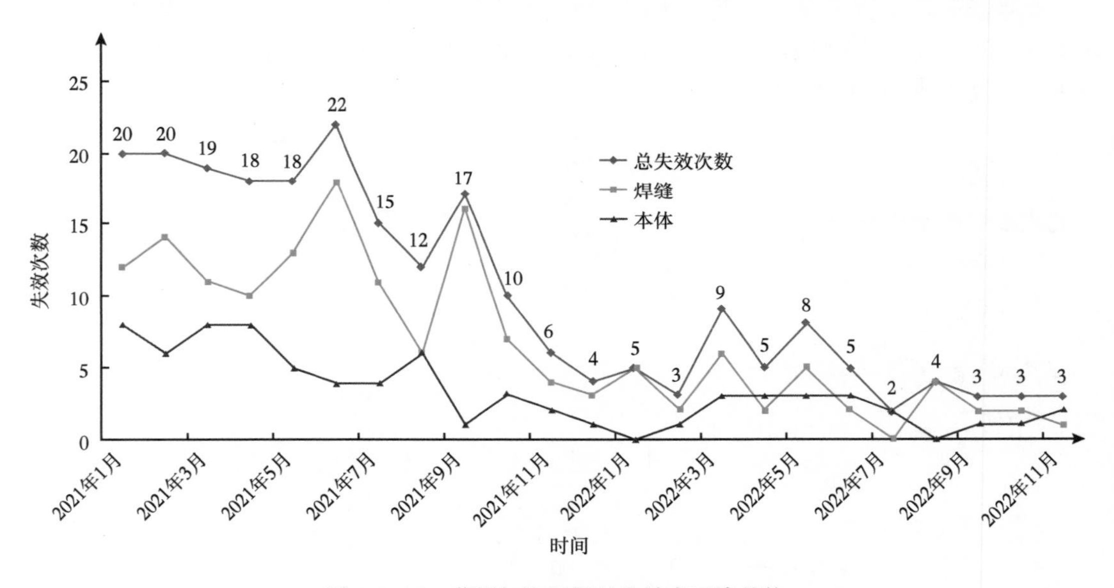

图 7-3-20　药剂加注后场站失效率下降趋势

（2）集气管线杀菌缓蚀剂加注。

①杀菌缓蚀剂选择。

选择的杀菌缓蚀剂应符合指标规定，并结合现场情况及时调整杀菌剂加量、更换杀菌剂种类或使用复合杀菌剂。

②杀菌缓蚀剂加注量确定。

③杀菌缓蚀剂加注工艺。

在“集气管线出站位置”的压力表下端加装“三通接口”或者单独设置加注口，并利用加注装置连续将杀菌缓蚀剂注入集气管线，如图 7-3-21 所示。

（a）加注现场

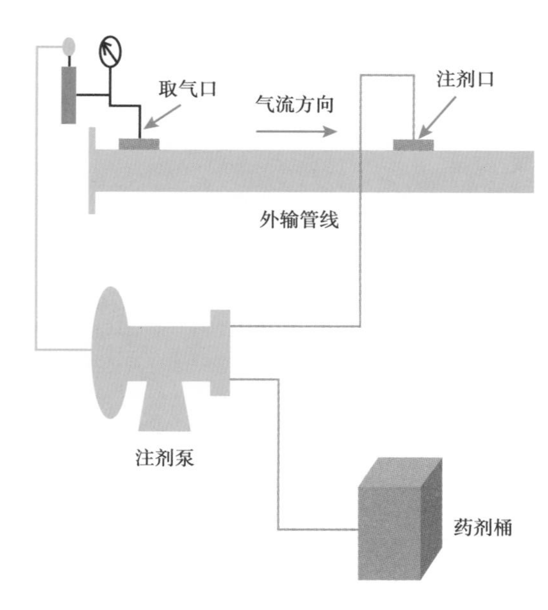

（b）加注流程示意图

图 7-3-21　杀菌缓蚀剂加注位置

页岩气集气管线腐蚀监检测主要是现场铁离子浓度分析、杀菌缓蚀剂残余浓度分析、SRB 含量测定。

① 现场铁离子浓度分析。

监测点位于集气站及中心站，宜每季度开展一次。

② 杀菌缓蚀剂残余浓度分析。

监测点位于集气站及中心站，宜每季度开展一次。

③ 硫酸盐还原菌含量测定。

监测点位于集气站及中心站，取样分析频率见表 7-3-11。

表 7-3-11　采样分析周期

监测内容	取样位置	数据采集及频次	备注
SRB 含量测定	中心站、集气站	药剂开始加注或优化加注时，前一个月每 9d 一次，后期一季度一次	按 SY/T 0532 执行

在平台出站位置向集气管线加注杀菌缓蚀剂，在宁 201 井区中心站、长宁 H7 集气站、长宁 H19 集气站、宁 209 井区中心站、宁 209H1 集气站、宁 209H6 集气站和宁 209H35 集气站的返排液中检测腐蚀性微生物、铁离子浓度、缓蚀剂残余浓度、管线壁厚跟踪检测，结果如图 7-3-22 至图 7-3-33 所示。

由图 7-3-32 至图 7-3-33 可知，药剂加注量优化后可将集气管线 SRB 浓度控制在 25 个 /mL 以下，微生物腐蚀失效得到了有效控制。

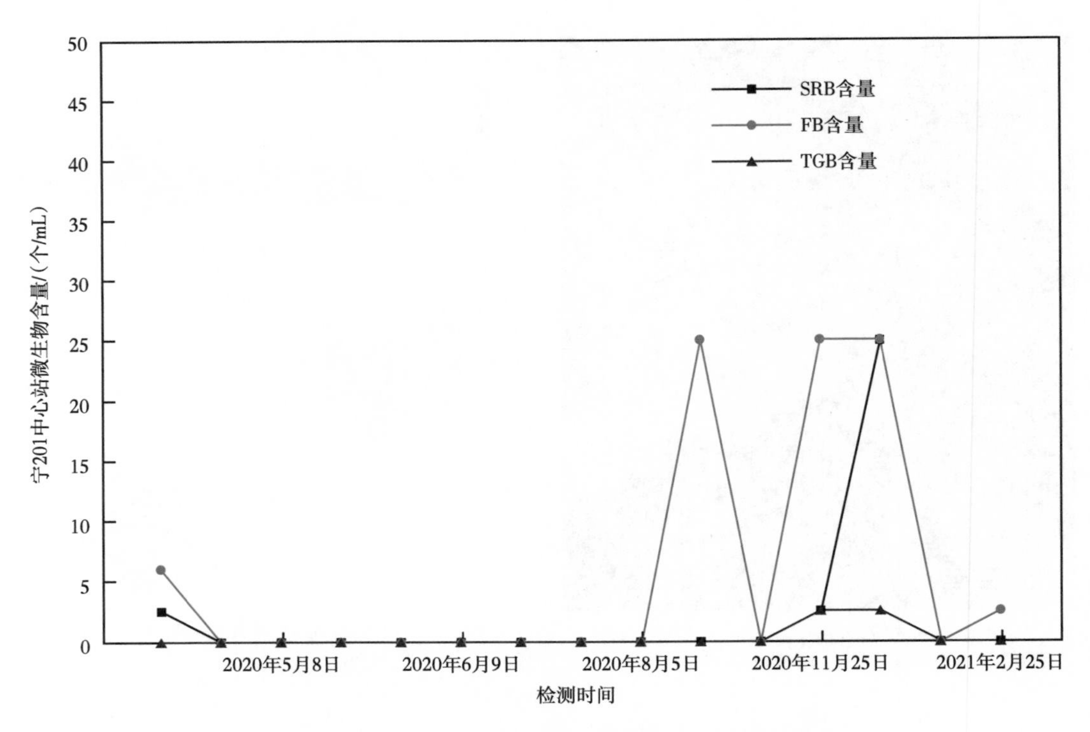

图 7-3-22　宁 201 中心站腐蚀性微生物监测结果

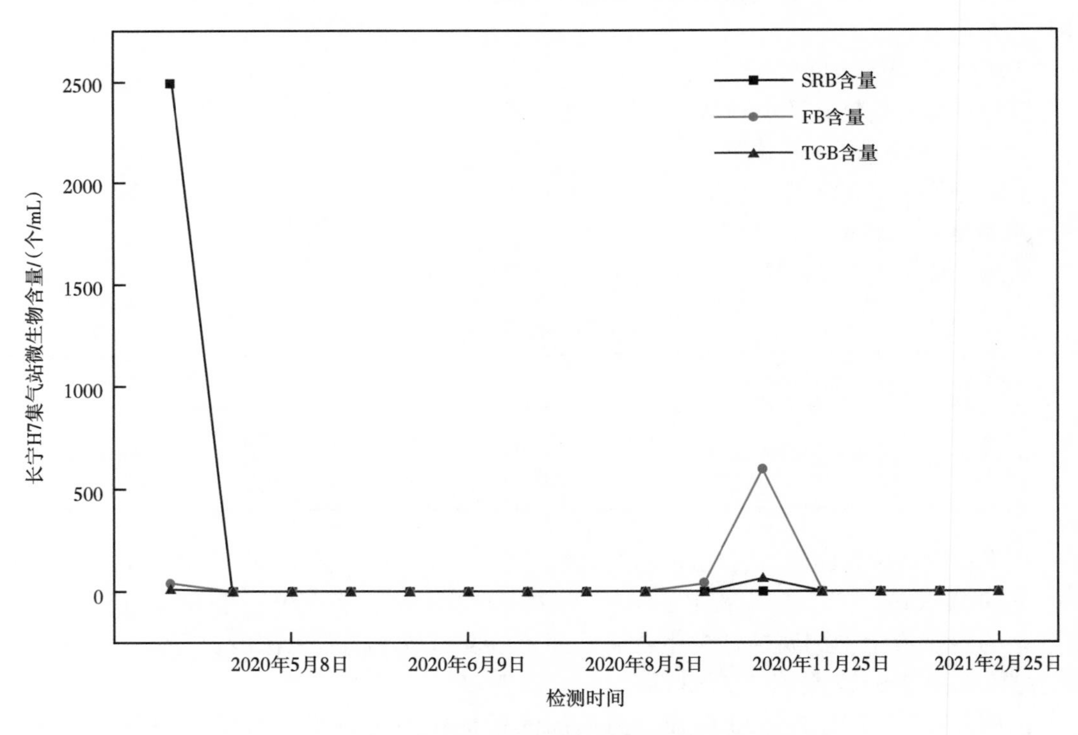

图 7-3-23　长宁 H7 集气站腐蚀性微生物监测结果

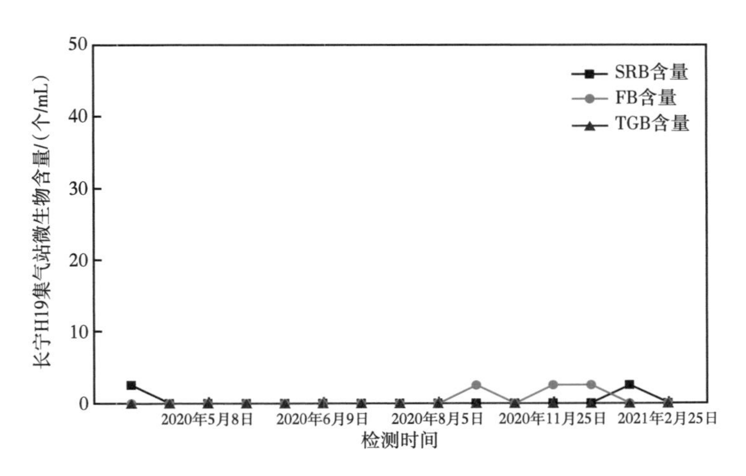

图 7-3-24　长宁 H19 集气站腐蚀性微生物监测结果

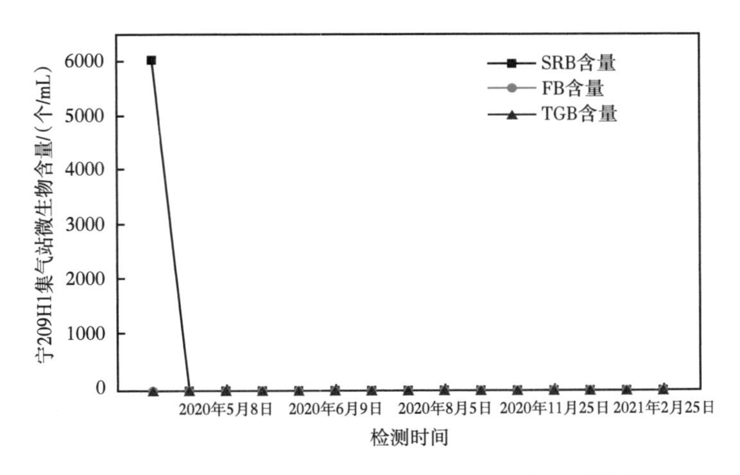

图 7-3-25　宁 209H1 集气站腐蚀性微生物监测结果

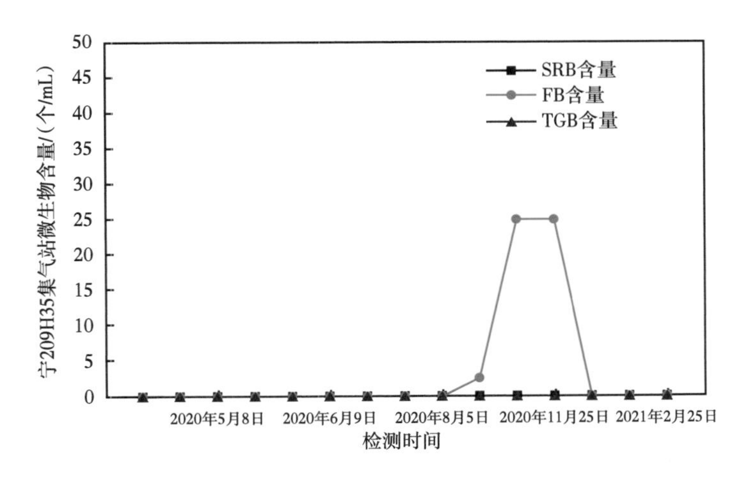

图 7-3-26　宁 209H35 集气站腐蚀性微生物监测结果

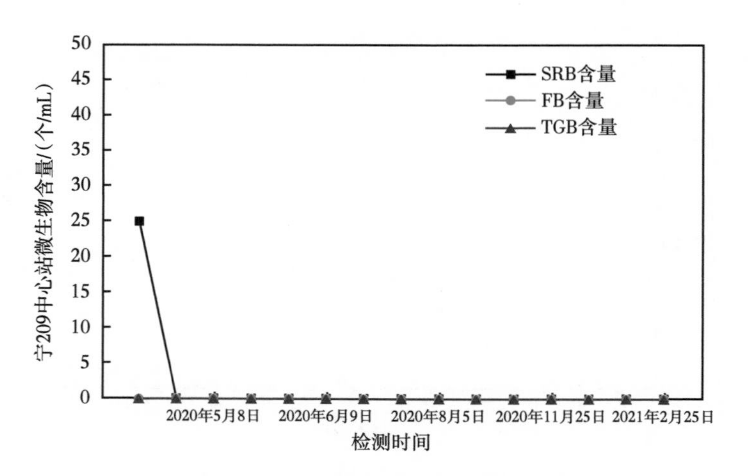

图 7-3-27 宁 209 中心站腐蚀性微生物监测结果

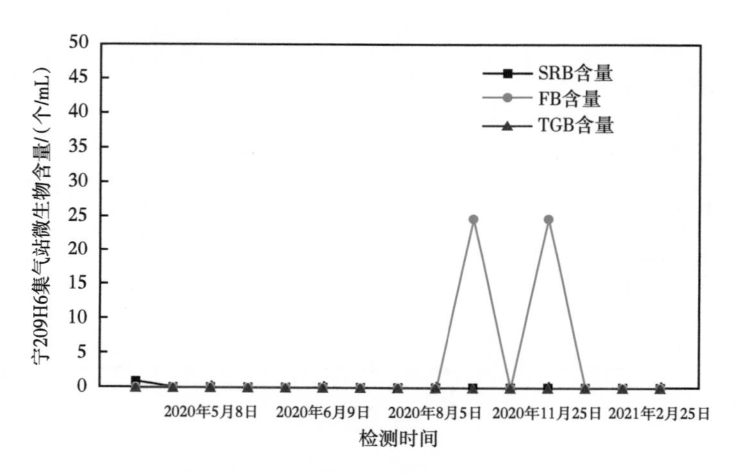

图 7-3-28 宁 209H6 集气站腐蚀性微生物监测结果

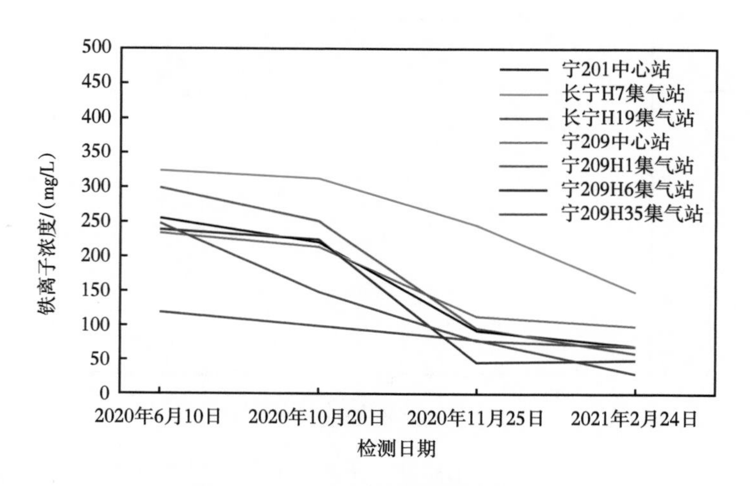

图 7-3-29 各监测点铁离子监测结果

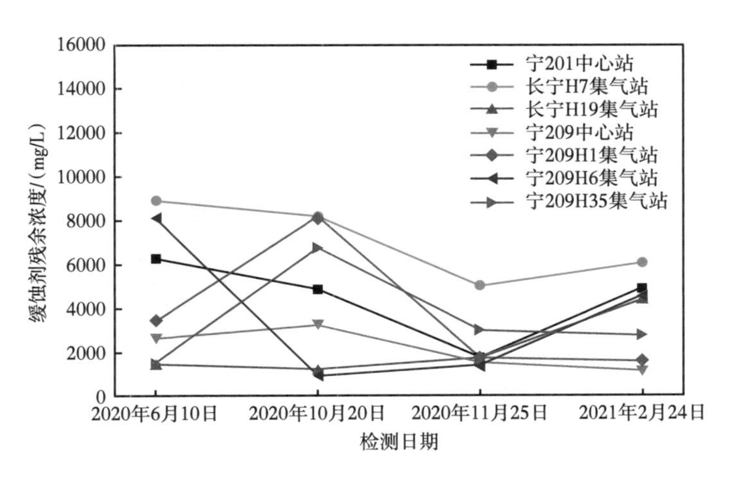

图 7-3-30　各监测点缓蚀剂残余浓度监测结果

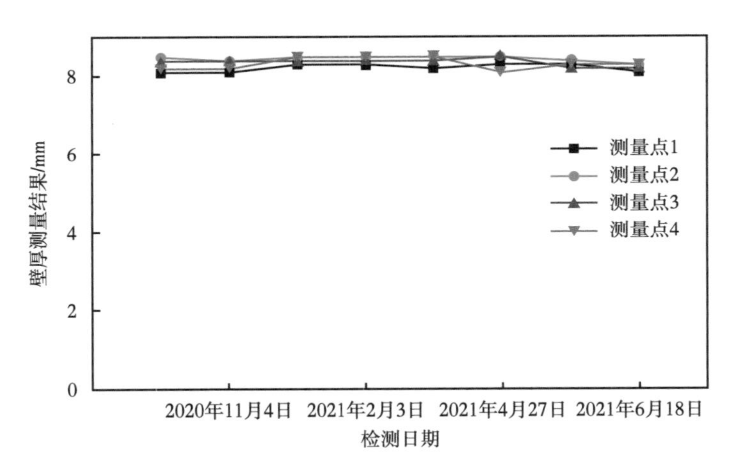

图 7-3-31　长宁 H7 集气站—H19 井组来气管线壁厚监测结果

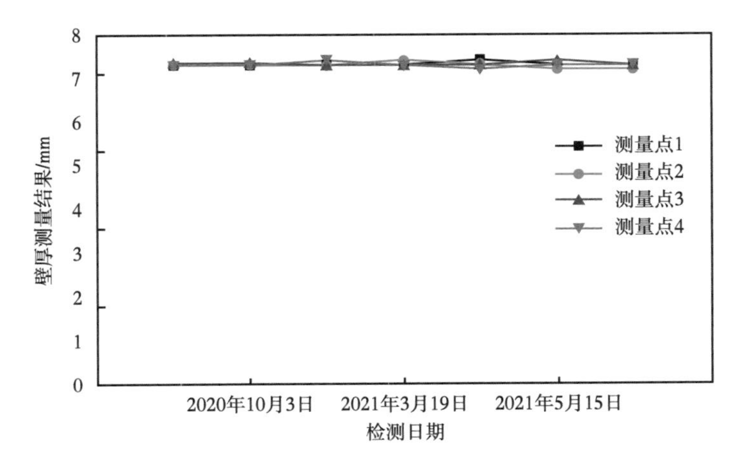

图 7-3-32　宁 209H6 集气站—宁 209H28 井组来气管线弯头壁厚监测结果

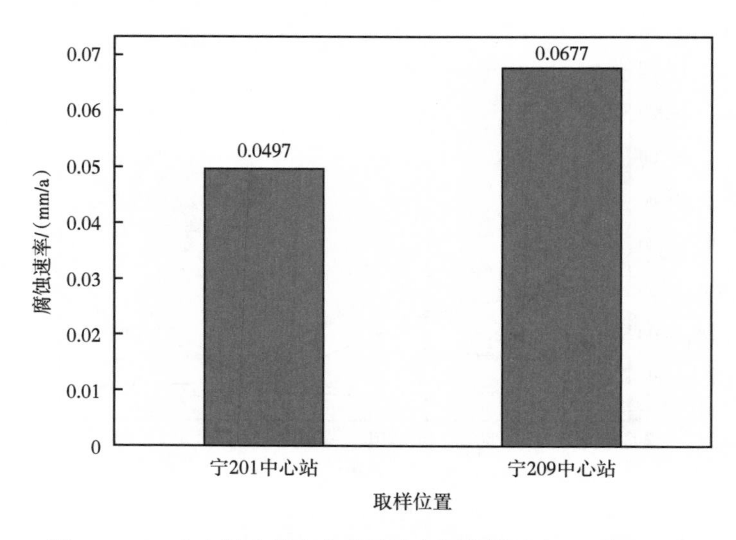

图 7-3-33　中心站水样室内腐蚀速率评价结果（2020 年 12 月）

3）场站壁厚检测

（1）建立年度定点测厚计划、定点测厚记录，并对测厚点进行目视化标识，定点标识不宜设置过大，建议直径不超过 1.5cm。

（2）检测点选择定点和随机点相结合，并重点针对设备及管道易腐蚀部位开展定点测厚。测厚布点位置应包括：冲刷严重及高湍流区域，如弯头、大小头、三通和孔板附近等；流速较小且有沉积物存在易发生垢下腐蚀的部位，如分离器等；气、液相界面处，如塔等；温度较高区域；盲肠及死角部位，如取样管道、排污管道、调节阀旁通和开停工平衡管道等；评估易腐蚀的其他部位。

（3）结合生产实际制定定点测厚制度，明确检测方法、周期、位置及厚度值的有效范围等内容。统一采用超声波测厚仪进行检测；原则上定点测厚频率每年一次，对腐蚀异常部位应增加测厚频率，加强监控；当厚度减薄到规定值时，应及时采取措施避免泄漏事故发生。

第四节　长宁页岩气田微生物腐蚀控制实践经验

长宁页岩气田的微生物腐蚀在生产期尤为突出，其中伴随有与 CO_2 的耦合作用。腐蚀特征主要为局部腐蚀形貌，以局部点蚀穿孔为主。中国石油西南油气田公司天然气研究院针对长宁页岩气田腐蚀控制中存在的“腐蚀评价方法误差大”“腐蚀主控因素不明确”“腐蚀控制缺乏有效手段”的难题，研发了覆盖页岩气田地面集输系统全流程、全生命周期的腐蚀防控方法体系、系列产品及成套技术，取得重大创新成果如下：

（1）建立了页岩气田材料腐蚀评价体系，解决了腐蚀评价方法误差大的难题。基于胞内电子传递理论，创新建立 CO_2 与微生物共存条件下的腐蚀评价方法，室内首次还原了现场腐蚀形貌及过程。

（2）揭示了页岩气田 /CO_2/ 微生物协同作用腐蚀机理，解决了腐蚀主控因素不明确的难题。基于细菌成膜因子和电化学腐蚀热 / 动力学等理论建立了实验方法，揭示了页岩气田材料腐蚀本质规律，量化了 CO_2 浓度、氯离子、温度和 pH 值等因素对腐蚀的影响，明确了页岩气田返排液环境中，集输管道材质在微生物腐蚀作用下的点蚀发展过程和机理。

（3）自主研发“材料防腐 + 工艺优化 + 药剂防腐”三位一体的页岩气田腐蚀控制技术，解决了腐蚀控制缺乏有效手段的难题。基于季铵盐分子自组装特性及纳米粒子渗透特性，研发了杀菌缓蚀剂体系及配套应用工艺技术，杀菌率大于 99.99%，缓蚀率大于 80%，现场应用后控制腐蚀速率小于 0.076mm/a、SRB 浓度低于 25 个 /mL；优选出能够有效抵抗微生物腐蚀的井下涂层、地面耐蚀钢材和防治排污管失效的复合材质，现场失效率降低 90% 以上。

长宁页岩气田微生物腐蚀控制技术的成功实践，有力推动了页岩气田微生物腐蚀防治水平的提升。截至目前，已在长宁页岩气田、四川页岩气田、蜀南气矿页岩气田和重庆气矿页岩气田共 170 多个平台，超过 750km 管线大规模应用，并推广到吉林油田及浙江油田，实现了页岩气田腐蚀控制从事后被动维修向主动防控的重大转变，保障了川南页岩气 400 余亿方天然气的安全开发。同时也存在以下不足：

（1）目前长宁页岩气田普遍采用腐蚀性微生物浓度检测和壁厚监测 / 检测等多手段结合表征其腐蚀控制效果，但由于目前页岩气田适用的生物膜探针技术不够成熟，腐蚀监测手段适应性未明确，腐蚀控制缺乏时时监测有效手段，无法实现腐蚀控制效果的实时监测，腐蚀控制方案优化不足。

（2）现场使用的智能加注一体化橇具备自动加注、现场和远程均可操作、数据上传，以及数据监控和数据异常报警等功能。但目前只有几个平台采用此类装置，无法高效开展药剂加注，加注成本较高。

参考文献

[1] 马新华 . 非常规天然气“极限动用”开发理论与实践 [J]. 石油勘探与开发，2021，48（2）：326-336.

[2] 邹才能，赵群，丛连铸，等 . 中国页岩气开发进展、潜力及前景 [J]. 天然气工业，2021，41（1）：1-14.

[3] 赵文智，贾爱林，位云生，等 . 中国页岩气勘探开发进展及发展展望［J］. 中国石油勘探，2020，25（1）：31-44.

[4] 汤林，宋彬，唐馨，等 . 页岩气地面工程技术 [M]. 北京：石油工业出版社，2020：11-14.

[5] 周昊，陈雷，李雪松，等 . 川南长宁地区五峰组和龙马溪组页岩储层差异性分析 [J]. 断块油气田，2021，28（3）：289-294.

[6] Wang Y，Yu L，Tang Y，et al. Pitting behavior of L245N pipeline steel by microbiologically influenced corrosion in shale gas produced water with dissolved CO_2［J］.Journal of Materials Engineering and Performance，2022，32（13）：5823-5836.

第八章　页岩气田微生物腐蚀控制技术展望

根据国家能源局规划，2030—2035 年我国的页岩气增量将达到我国天然气整体增量的 50%，年产量将达 800×10^8~$1000\times10^8m^3$；可以预见，页岩气必将成为我国未来天然气增产的主体。另一方面，随着页岩气田规模的不断扩大和深层页岩气田的开发，给页岩气生产系统腐蚀控制带来了新的挑战。

（1）页岩气田微生物来源及演化规律方面。

目前虽然有少量关于页岩气田微生物来源溯源的报道，但是限于现有技术水平及实验条件，仍然存在许多未知问题。随着未来微生物分离分析技术的进步和实验装备水平的提升，需要继续深入研究腐蚀性微生物来源，明确不同种群微生物在页岩气田中的分布特征、演化规律和相互作用，揭示其在页岩气田不同工况下的生存状态和富集过程及对腐蚀的影响机制，指导腐蚀风险点的定位以及腐蚀控制策略的制订。

（2）页岩气田腐蚀分析评价技术方面。

随着对微生物腐蚀研究的深入，人们发现越来越多的微生物会对腐蚀产生影响，但是目前的研究以单种微生物对腐蚀的影响为主，且在页岩气田生产系统流动环境中不同因素与腐蚀之间的关系还未完全掌握。未来可以将微生物学的先进技术融入腐蚀研究之中，系统揭示微生物的活动对腐蚀的影响，特别是开展页岩气田多种微生物存在时的腐蚀机制及影响因素研究，明确不同工况环境下的腐蚀行为，为现场腐蚀控制提供准确指导。

（3）页岩气田腐蚀控制技术方面。

页岩气井开发过程中存在产量递减快的特点，为了满足气田效益开发的需求，对页岩气田井筒、地面集输管线和设备等材质选用提出了更高的要求。未来发展方向主要集中在低成本耐蚀材料的持续开发和应用研究，如低成本耐蚀表面改性技术研发、不同含 Cr 量钢和抗菌钢在现场工况环境的适应性研究、高频焊管现场推广应用研究等，进一步完善形成页岩气田材料选择技术。

随着腐蚀机理研究的不断深入和深层页岩气的开发，药剂腐蚀控制技术面临诸多挑战：（1）药剂长期使用，可能会导致微生物产生耐药性，杀菌效果变差；（2）微生物腐蚀主要为生物膜下微生物引起，常规药剂无法有效进入生物膜内导致防腐效果降低；（3）深层页岩气井下温度高，常规药剂经过高温老化后性能降低。因此，下一步发展方向主要集中在高性能低成本的药剂开发及应用研究方面。

页岩气开发过程中生产工况变化快，整体工艺优化及经验做法缺少标准支撑，未来发展方向主要集中在梳理经验做法，结合气田生产工况、腐蚀因素和机制，开展采输气工艺设备、参数及流程等方面的优化研究，并标准化。

（4）页岩气田腐蚀监测／检测与预测技术方面。

现有页岩气田地面集输系统腐蚀监测／检测技术体系还不够完善，特别是针对局部腐蚀、应力腐蚀缺乏有效监测手段，而且井筒腐蚀也缺乏高效的监测／检测技术。随着非金属、内涂层等新型材料在腐蚀控制中应用越来越广泛，其缺陷监测／检测技术也需要开展相应的研究。同时，现有腐蚀预测技术不适用于页岩气田微生物存在环境，无法预测腐蚀风险，相关技术仍处于空白。未来需要针对这些问题开展攻关，全面准确掌握气田的腐蚀情况和腐蚀风险，支撑腐蚀控制决策的制订。

（5）页岩气田微生物腐蚀失效分析技术方面。

基于失效分析技术和微生物学科的发展，我国页岩气田微生物腐蚀失效分析技术已取得长足进步。随着对微生物腐蚀失效行为研究的深入，未来发展方向主要包括：一是加强适用于页岩气田微生物腐蚀分析技术的研究应用。借鉴融合各行业微生物腐蚀领域的先进理论和技术，针对页岩气田工况特点，发展微生物种群与活性鉴定、微生物形态学观察、微生物腐蚀形貌成像等相关技术在油气田领域的应用，制定标准化的分析技术规范。二是建立健全的微生物腐蚀失效分析网和数据库，发展失效人工智能诊断。各类失效案例不仅仅只是材料服役周期内的一次孤立事故，还存在一定的普遍性、继发性和内在特征规律。需建立标准化微生物失效数据库，集成系统的失效分析知识、数据和专家经验，利用大数据开展多样本的规律性综合分析，构建微生物失效分析大数据智能应用系统，开展微生物腐蚀潜在性失效隐患的识别、分类和预测，实现腐蚀失效智能分类识别及判定，用以有效地提高设计、制造、运行管理和决策水平。

（6）其他方面。

腐蚀基因工程：由于材料腐蚀过程及其与环境作用的复杂性，传统片段化的腐蚀数据已不能满足发展需求，油气田大数据必将成为竞争的新焦点。在未来，腐蚀大数据的应用须结合数据湖、云处理及机器学习等技术，进一步发展腐蚀数据地图、腐蚀基因工程和智能化应用。

腐蚀失效智能识别：腐蚀失效评价中，由于分析人员对腐蚀机理认识不同，导致分析结果具有主观性、不确定性和局限性。随着计算机视觉技术在材料学、医学、军事科学等领域中广泛应用，未来可以将该技术应用于腐蚀失效识别中，利用计算机技术提取不同类型腐蚀的特征，建立腐蚀知识图谱，利用 AI 识别、机器学习等，实现腐蚀类型智能识别和远程诊断。